Creo 9.0

从入门到精通

实战案例
视频版

U0334218

周涛 主编　　吕 姣 叶 姿 副主编

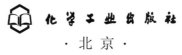

化学工业出版社

·北京·

内 容 简 介

本书从实际应用出发，全面系统地介绍 Creo 软件在机械设计及产品设计方面的实际应用，主要包括二维草图设计、零件设计、柔性建模、装配设计、工程图、曲面设计、自顶向下设计等功能模块。本书列举了大量操作实例，融合了数字化设计理论、原则及经验，同时配套视频课程讲解，能够帮助读者快速掌握 Creo 软件操作技能，并深刻理解设计思路和方法，从而在实际应用中能够真正实现举一反三、灵活应用。对于有一定基础的读者，本书也能使其在技能技巧和设计水平上得到一定提升。

本书提供了丰富的学习资源，包括视频精讲＋素材源文件＋手机扫码看视频＋读者交流群＋专家答疑等。

本书内容全面，实例丰富，可操作性强，可作为广大工程技术人员的 Creo 自学教材和参考书籍，也可供机械设计相关专业师生学习使用。

图书在版编目（CIP）数据

Creo9.0 从入门到精通：实战案例视频版 / 周涛主编；吕姣，叶姿副主编. --北京：化学工业出版社，2024.8. -- ISBN 978-7-122-44875-0

Ⅰ. TB472-39

中国国家版本馆 CIP 数据核字第 20245ZK959 号

责任编辑：曾　越　　　　　　　文字编辑：温潇潇
责任校对：王鹏飞　　　　　　　装帧设计：王晓宇

出版发行：化学工业出版社
　　　　　（北京市东城区青年湖南街 13 号　邮政编码 100011）
印　　装：河北延风印务有限公司
787mm×1092mm　1/16　印张 25¼　字数 674 千字
2025 年 1 月北京第 1 版第 1 次印刷

购书咨询：010-64518888　　　　　售后服务：010-64518899
网　　址：http://www.cip.com.cn
凡购买本书，如有缺损质量问题，本社销售中心负责调换。

定　　价：109.00 元

前 言

Creo 是一个可伸缩的套件，集成了多个可互相操作的应用程序，功能覆盖整个产品开发领域，广泛用于机械设计、产品设计及非标自动化设计领域。本书从实际应用出发，全面系统介绍 Creo 软件在机械设计及产品设计方面的实际应用。

一、编写目的

软件只是一个工具，学习软件的主要目的是更好、更高效地完成实际工作，所以在学习过程中一定不要只学习软件本身的一些基本操作，要将重点放在思路与方法的学习以及方法与技巧的灵活掌握上，同时还要多总结、多归纳、多举一反三，否则很难将软件这个工具真正灵活运用到我们实际工作中，这正是笔者写作这本书的初衷。

二、本书内容

本书从实际应用出发，体系完整，内容丰富，案例具有针对性，各章内容如下：

第 1 章主要介绍 Creo 软件的一些基础知识，包括用户界面、鼠标操作、主要功能模块及文件操作等，方便读者对 Creo 软件有一个初步的认识与了解，为进一步学习打好基础。

第 2 章主要介绍 Creo 二维草图的设计，包括草图的绘制、约束的处理、尺寸标注及二维草图设计方法、技巧与规范等。二维草图的学习与使用是三维产品设计的前提与基础，也是需要读者熟练掌握的内容，读者在学习过程中一定要特别注意。

第 3 章主要介绍 Creo 零件设计中的具体问题，首先介绍三维特征设计工具，然后从实际应用出发，讲解零件设计要求及规范、零件设计方法，根据图纸进行零件设计等。

第 4 章主要介绍 Creo 软件的柔性建模功能，包括柔性建模基础、形状曲面选择、柔性变换、识别、编辑特征等，并列举了几个柔性建模案例，帮助读者更好地理解柔性建模功能。

第 5 章主要介绍 Creo 装配设计，包括装配约束类型、高效装配操作、装配设计方法（包括顺序装配和模块装配）、装配编辑、装配简化表示及分解视图、装配干涉分析等。

第 6 章主要介绍 Creo 工程图，包括工程图视图、工程图标注、工程图明细表等。对实际工程图出图要求与规范进行介绍，帮助读者创建符合标准要求的工程图。

第 7 章主要介绍 Creo 曲面设计，按照实际曲面设计流程详细介绍曲线线框设计、曲面设计工具、曲面编辑操作、曲面实体化操作、曲面拆分与修补、渐消曲面设计等。

第 8 章主要介绍 Creo 自顶向下设计，包括自顶向下设计流程、骨架模型设计方法、控件设计方法、复杂系统自顶向下设计等。

为了读者更加全面地学习和掌握 Creo，笔者还对 Creo 的各种实际应用进行了讲解，如钣金设计、焊件设计、运动仿真、动画设计、管道设计、电气设计、产品渲染和有限元分析等。由于篇幅有限，该部分内容读者可扫描二维码阅读，各章内容介绍如下：

第 9 章主要介绍 Creo 钣金设计，包括基础钣金壁及附属钣金壁设计、钣金折弯及展平设计，同时全面系统介绍了钣金设计的各种方法。

第 10 章主要介绍 Creo 焊件设计，包括截面梁操作、接头处理、连接器元素及设备元素等操作，帮助用户高效设计焊件产品。

第 11 章主要介绍 Creo 运动仿真，包括装配连接、机构连接、仿真初始条件、仿真驱动条件、动态仿真条件及仿真测量与分析等，同时还介绍了运动仿真方法与技巧。

第 12 章主要介绍 Creo 动画设计，包括动画设计思路及方法、定时视图动画、定时样式动画及定时透明动画设计方法等，帮助用户创建各种产品展示动画。

第 13 章主要介绍 Creo 管道设计，包括管道配件设计、管道线路设计与编辑、管路配件放置与编辑等，方便用户进行各种三维管道线路的设计。

第 14 章主要介绍 Creo 电气设计，包括电气零件设计、电气线路设计及编辑、电气线束展平等，方便用户进行各种三维电气线束的设计。

第 15 章主要介绍 Creo 产品渲染，包括外观材质处理、渲染场景、渲染光源、渲染出图等操作，帮助用户通过渲染得到真实的渲染效果图片。

第 16 章主要介绍 Creo 有限元分析，包括有限元分析流程、边界条件定义、有限元网格划分、装配结构分析及分析后处理操作等。

三、本书特点

内容全面，快速入门

本书详细介绍了 Creo9.0 的使用方法和设计思路，内容涵盖基础操作、二维草图设计、零件设计、柔性建模、装配设计、工程图、曲面设计、自顶向下设计等。本书根据实际产品设计的流程编写，内容循序渐进，结构编排合理，符合初学者的学习特点，能够帮助读者真正实现快速入门的学习效果。

案例丰富，实用性强

本书所有知识点都辅以大量原创实例，讲解过程中将设计思路、设计理念与软件操作充分融合，使读者知其然并知其所以然，真正做到活学活用，举一反三，帮助读者将软件更好地运用到实际工作中。

视频讲解，资源丰富

本书针对每个知识点都准备了对应的原始素材文件及讲解视频。模型素材都是在 Creo 环境中创建的原创模型，读者在学习每个知识点时最好一边看书，一边听视频讲解，然后根据视频讲解打开相应文件进行练习，这样学习效果会更好。同时为了方便读者学习，本书提供了读者交流群等服务。以上资源可扫描二维码获取。

四、关于作者

本书由武汉卓宇创新计算机辅助设计有限公司技术团队编写，由周涛主编，吕姣和叶姿为副主编，参加编写的还有刘浩、吴伟、顾幸、王海波、侯俊飞、白玉帅、李倩倩、涂彪、顾红晨、章贤等。

武汉卓宇创新计算机辅助设计有限公司技术团队由来自企业一线的资深工程师组建而成，长期致力于提供专业的 CAD/CAM/CAE 软件定制培训，具有丰富的实战经验及教学经验。该公司目前已成功为航天科工、中国原子能、大庆油田、华北油田、西马克、万家乐燃气具、东风本田、华腾电子、中钞制版等企业提供专业的企业内训及技术支持，深受业界好评。

笔者多年来一直从事机械设计及产品设计工作，积累了丰富的实战经验，同时有着十余年的 Creo 软件培训教学经验，常年为国内外著名企业提供企业内训及技术支持，同时也帮助这些企业解决了很多实际问题。

本书可作为高等学校教材，也可作为培训与继续教育用书，还可供工程技术人员参考使用。另外，考虑到本书作为教材及培训用书方面的配套需求，提供了与书稿内容对应的练习素材文件及 PPT 课件，读者可扫描二维码自行下载。

由于笔者水平有限，加之编写时间仓促，书中难免有不足之处，恳请读者批评指正。

特别说明

在学习本书或按照本书上的实例进行操作时，需事先在计算机上安装 Creo9.0 软件。读者可以登录官方网站购买正版软件，也可到当地电脑城、软件经销商处咨询购买。

编　者

目录

CONTENTS
目录

赠送电子书目录

第1章

Creo快速入门

微信扫码，立即获取
全书配套视频与资源

学习 Creo 软件需要首先学习 Creo 软件最基础的内容。本章首先介绍软件功能模块，让读者从整体上认识 Creo 软件的功能应用，然后介绍 Creo 用户界面、鼠标操作、文件操作等基本问题，最后通过一个具体案例详细介绍 Creo 零件设计的一般过程，让读者在实际操作中熟悉 Creo 软件。

1.1 Creo 功能模块介绍

Creo 软件是一款综合性的三维设计软件，包括多个功能模块，不同的功能模块可以完成不同的技术工作，下面介绍 Creo 软件主要功能模块。

💡 **说明**：了解 Creo 功能模块让读者知道 Creo 能够完成哪些工作，然后根据自己实际工作需要选择功能模块学习，对用户定位学习目标非常有帮助。

（1）零件设计模块

Creo 零件设计模块主要用于二维草图及各种三维零件结构的设计。Creo 零件设计模块利用基于特征的思想进行零件设计，零件上的每一个结构都可以看作是一个个的特征，零件的设计就是特征的设计。Creo 零件设计模块提供了各种功能强大的面向特征的设计工具，能够方便进行各种零件结构设计，Creo 零件设计应用举例如图 1-1 所示。

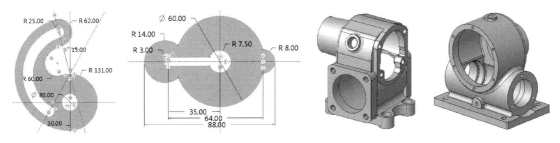

图 1-1 Creo 零件设计应用举例

在 Creo 快速访问工具条中单击"新建"按钮 📄，系统弹出"新建"对话框，在该对话框的"类型"区域选择"零件"选项，单击"确定"按钮，系统进入 Creo 零件设计环境，进行二维草图绘制及零件设计，如图 1-2 所示。

（2）柔性建模模块

柔性建模是一种非参数化的建模方式，用户可以非常自由地修改选定的几何对象而不必在意对象直接的设计关系。柔性建模可以作为参数化建模的一个非常有用的补充工具，它为用户提供了更高的设计灵活性，使用户对导入特征的编辑更加方便快捷。

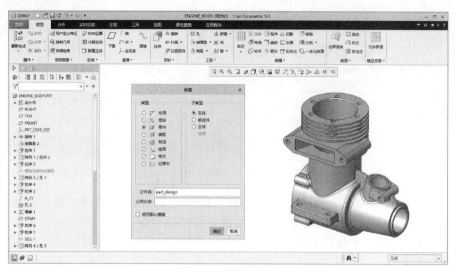

图 1-2　新建零件文件与零件设计界面

在零件环境的功能选项卡区域展开"柔性建模"功能面板，有各种柔性建模工具供选择，如图 1-3 所示，包括形状曲面选择、搜索、变换、识别及编辑特征等。

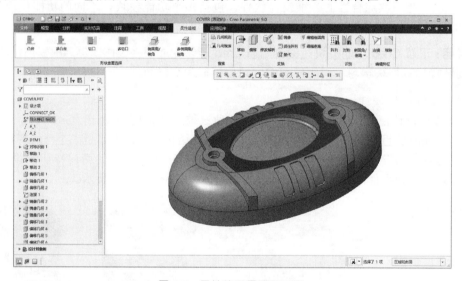

图 1-3　柔性建模界面及工具

（3）装配设计模块

Creo 装配设计模块主要用于产品装配设计，就是将已经设计好的零件导入到 Creo 装配环境进行参数化组装以得到最终的装配产品。装配设计是进一步学习和使用自顶向下设计、运动仿真、动画设计、管道设计、线缆设计、产品渲染及模具设计的基础，在学习和使用这些高级内容之前必须具备装配设计能力，否则很难学好后面的高级内容。

在"新建"对话框的"类型"区域选择"装配"选项，单击"确定"按钮，系统进入 Creo 装配设计环境，进行产品装配设计，如图 1-4 所示。

（4）工程图模块

Creo 工程图模块主要用于创建产品工程图，包括零件工程图和装配工程图。在工程图模块中，用户能够方便地创建各种工程图视图（如主视图、投影视图、轴测图、剖视图等），

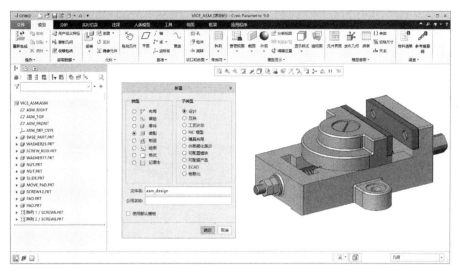

图 1-4　新建装配文件及装配设计环境

还可以进行各种工程图标注（如尺寸标注、公差标注、粗糙度符号标注等）。另外，工程图模块具有强大的工程图模板定制功能以及工程图符号定制功能，还可以自动生成零件明细表，并且提供与其他图形文件（如 dwg、dxf 等）的交互式图形处理，从而扩展 Creo 工程图实际应用。

在"新建"对话框的"类型"区域选择"绘图"选项，完成相关设置后系统进入 Creo 工程图环境，进行工程图出图，如图 1-5 所示。

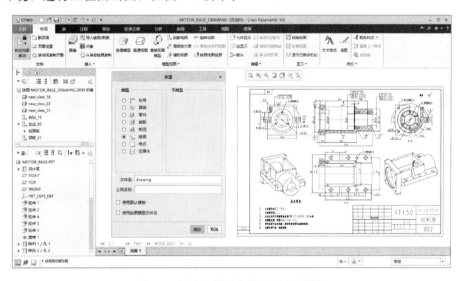

图 1-5　新建工程图文件及工程图界面

（5）曲面设计功能

Creo 曲面设计功能主要用于曲线及曲面造型设计，完成一些复杂的产品造型设计。曲面设计功能提供了多种高级曲面造型工具，如填充曲面、扫描曲面、边界混合曲面及扫描混合曲面等，帮助用户完成复杂曲面设计。

Creo 中并没有专门的曲面设计模块，但是零件设计环境中提供了用于曲面设计的各种工具，如图 1-6 所示，方便用户进行各种曲面设计。

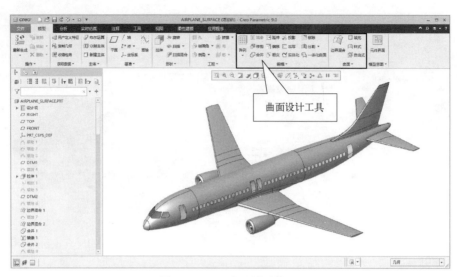

图 1-6　Creo 曲面设计工具

（6）样式曲面设计模块

Creo 样式曲面设计模块提供了更为灵活自由的曲面造型方法，包括 3D 空间曲线的绘制及自由曲面的设计，用于设计更为复杂的曲面造型。Creo 样式曲面设计是一般曲面设计的补充，大大提高了曲面造型设计效率，特别适合产品概念造型设计。

在零件设计环境"模型"功能面板的"曲面"区域单击 样式 按钮，系统进入样式曲面设计环境，该环境提供了样式曲面设计工具，如图 1-7 所示。

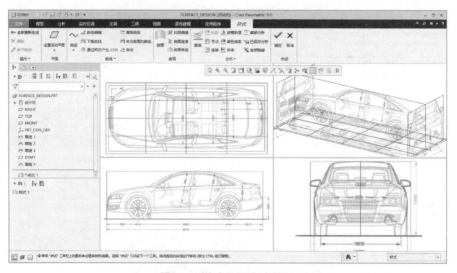

图 1-7　样式曲面设计界面

（7）自顶向下设计功能

自顶向下设计（Top_Down Design）是一种从整体到局部的设计方法，是目前最常用的产品设计与管理方法。基本思路是：首先设计一个反映产品整体结构的骨架模型，然后从骨架模型向下游细分，得到下游级别的骨架模型及中间控制结构（控件），然后根据下游级别骨架和控件来分配各个零件间的位置关系和结构，最后根据分配好的零件间的关系，完成各零件的细节设计。Creo 自顶向下设计应用举例如图 1-8 所示。

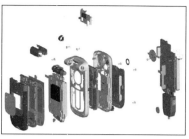

图 1-8　自顶向下设计应用举例

在零件设计与装配设计环境中使用"模型"功能面板"获取数据"区域的命令，如图 1-9 所示，进行各种情况下的几何关联复制，这也是自顶向下设计的关键技术，使用这些几何关联复制工具，使各种自顶向下设计更加方便。自顶向下设计工具见图 1-9。

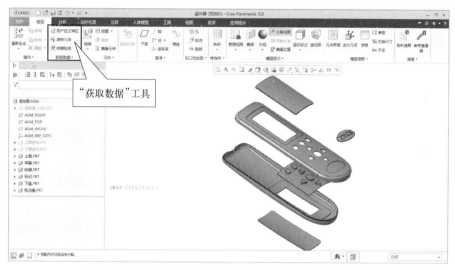

图 1-9　自顶向下设计工具

（8）钣金设计模块

Creo 钣金设计模块主要用于钣金设计，能够完成各种常见钣金结构设计，包括平整钣金壁、法兰钣金壁、钣金折弯、钣金成型与冲压等，还可以在考虑钣金折弯参数的前提下对钣金件进行展平，从而方便钣金件的加工与制造。

在"新建"对话框的"类型"区域选择"零件"选项，然后在"子类型"区域中选择"钣金件"选项，单击"确定"按钮，系统进入 Creo 钣金设计环境，如图 1-10 所示。

（9）框架设计功能

Creo 框架设计主要用于设计各种焊件结构，厂房钢结构、桥梁钢结构、大型机械设备上的护栏结构、非标自动化产品的框架结构等，都是使用各种型材焊接装配而成的，都可以使用 Creo 框架设计功能完成。

Creo 框架设计必须以装配设计为基础，首先新建装配文件，然后在功能选项卡区中单击"框架"选项卡，进入 Creo 框架设计环境，如图 1-11 所示。

（10）焊接设计模块

Creo 焊接设计模块主要用于焊接设计，模块中提供了各种焊接设计处理，包括焊条参数的定义、各种焊缝参数的定义，焊接模块还方便创建焊接工程图（包括焊缝明细表），对实际焊接设计具有很好的指导意义。

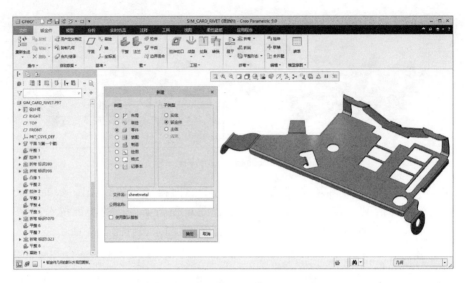

图 1-10　新建钣金文件与钣金设计环境

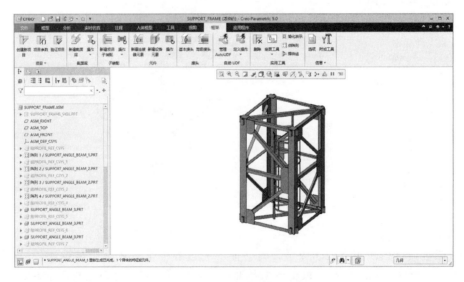

图 1-11　Creo 框架设计环境

在零件设计环境或装配设计环境的"应用程序"功能面板中单击"焊接"按钮，系统进入焊接模块，在该模块中进行各种焊接方式及焊接参数定义，如图 1-12 所示。

（11）运动仿真模块

Creo 运动仿真模块主要用于运动学及动力学仿真，用户通过在机构中定义各种机构运动副（如销钉副、圆柱副、滑动副等），使机构各部件能够实现不同运动连接，还可以向机构中添加各种力学对象（如弹簧、力与扭矩、阻尼、重力、3D 接触等）使机构运动仿真更接近于真实水平。因为运动仿真反映的是机构在三维空间的运动效果，所以通过机构运动仿真能够轻松检查出机构在实际运动中的动态干涉问题，并且能够根据实际需要测量各种仿真数据并导出仿真视频文件，具有很强的实际应用价值。

在装配设计环境的"应用程序"功能面板中单击"机构"按钮，系统进入运动仿真模块，如图 1-13 所示，在运动仿真模块中进行机构运动仿真及分析。

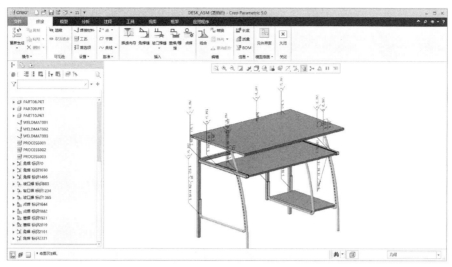

图 1-12 焊接模块及焊接环境

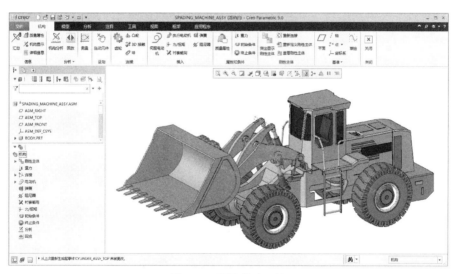

图 1-13 运动仿真环境

（12）动画设计模块

Creo动画设计模块主要用于各种动画效果设计，方便用户进行装配拆卸动画设计、产品展示动画设计等。这些动画效果可以作为产品前期的展示与宣传，提前进行市场开发，从而缩短了产品从研发到最终量产的周期，还可以作为产品维护展示，指导工作人员进行相关的维护操作。

在装配设计环境的"应用程序"功能面板中单击"动画"按钮 📷，系统进入动画模块，如图1-14所示，在动画模块进行各种动画效果设计。

（13）产品渲染功能

Creo产品渲染功能主要用来对产品模型进行渲染，也就是给产品模型添加外观材质、虚拟场景等，模拟产品实际外观效果，使用户能够预先查看产品最终实际效果，从而在一定程度上给设计者反馈。Creo提供了功能完备的外观材质库供渲染使用，方便用户进行产品渲染。

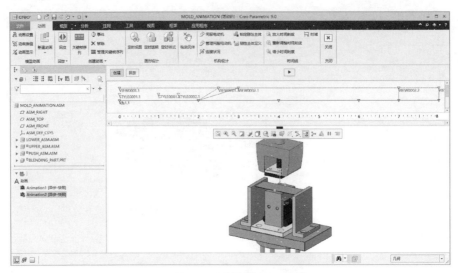

图 1-14　动画设计环境

在零件设计环境或装配设计环境的"应用程序"功能面板中单击"Render Studio"按钮 🫖，系统进入产品渲染环境，如图 1-15 所示。

图 1-15　产品渲染环境

（14）管道设计模块

Creo 管道设计模块主要用于三维管道布线设计，用户通过定义管道线材、创建管道路径并根据管道设计需要向管道中添加管道线路元件（管接头、三通管、各种泵或阀等），能够有效模拟管道实际布线情况，查看管道在三维空间的干涉问题。另外，模块中提供了多种管道布线方法，帮助用户进行各种情况下的管道布线，从而提高管道布线设计效率。管道布线完成后，还可以创建管道工程图，指导管道实际加工与制造。

在装配设计环境的"应用程序"功能面板中单击"管道"按钮 🖊，系统进入管道模块，如图 1-16 所示，在该模块中进行管道布线设计。

（15）电缆设计模块

Creo 电缆设计模块主要用于三维电缆布线设计，用户通过定义线材、创建电缆铺设路

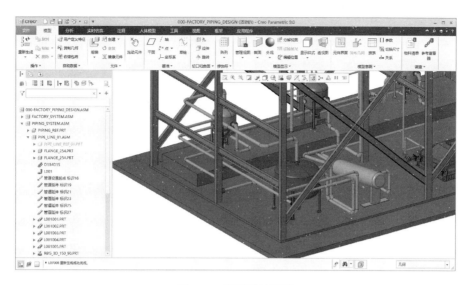

图 1-16　管道设计环境

径，能够有效模拟电缆实际铺设情况，查看电缆在三维空间的干涉问题。另外，模块中提供了各种整理电缆的工具，帮助用户铺设更加紧凑的电缆，从而节约电缆铺设成本。电缆铺设完成后，还可以创建电缆钉板图，指导电缆实际加工与制造。

在装配设计环境的"应用程序"功能面板中单击"缆"按钮，系统进入电缆设计模块，如图 1-17 所示，在该模块中进行电气线束设计。

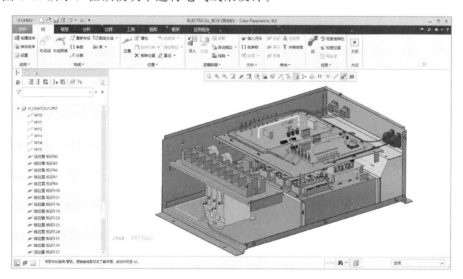

图 1-17　电缆设计环境

（16）注塑模具设计功能

Creo 注塑模具设计功能，提供了多种型芯、型腔设计方法，使用 Creo 模具外挂 EMX，帮助用户轻松完成整套模具的模架设计。

在"新建"对话框中的"类型"区域选择"制造"选项，然后在"子类型"区域中选择"模具型腔"选项，单击"确定"按钮，系统进入模具型腔设计环境，进行注塑模具型腔结构设计，如图 1-18 所示。

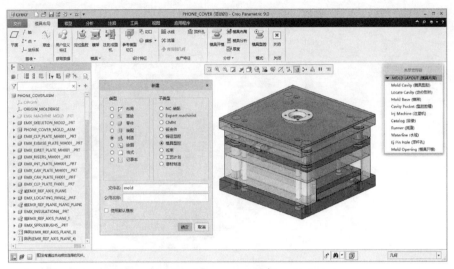

图 1-18   新建模具文件及模具型腔结构设计环境

说明：在电脑上同时安装 Creo 和 PDX 软件包后，在 Creo 中使用 PDX 工具进行级进模具设计，方便用户创建条带布局及冲压排样设计。

（17）逆向设计功能

逆向设计功能就是根据提供的点云数据对产品进行逆向造型设计，包括点云处理、逆向曲线设计、逆向曲面设计等。

在 Creo 零件设计环境中打开或导入逆向数据（如点云数据），然后选择"重新造型"命令，系统进入重新造型环境，如图 1-19 所示。

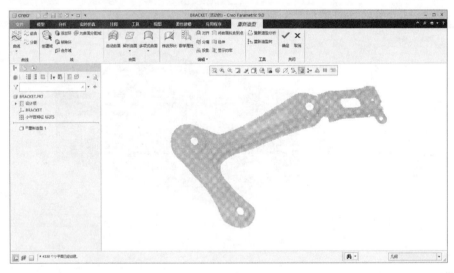

图 1-19   逆向设计环境

（18）结构分析模块

Creo 结构分析模块主要用于有限元分析，是进行可靠性研究的重要应用模块。该模块具有 Creo 自带的材料库供分析使用，另外还可以自己定义新材料供分析使用，能够方便地加载约束和载荷，模拟产品真实工况，同时网格划分工具也很强大，网格可控性强，方便用户对不同结构进行网格划分。另外，在该模块中可以进行静态及动态分析、模态分析、疲劳分析以及热分析等。

在零件环境或装配设计环境的"应用程序"功能面板中单击"Simulate"按钮，系统进入有限元分析模块，如图1-20所示，在有限元分析模块进行结构分析。

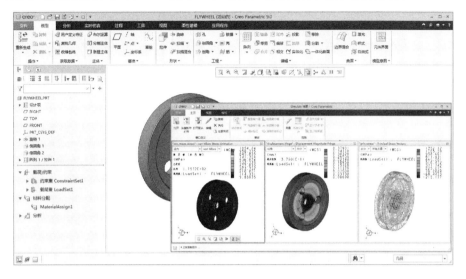

图1-20　Simulate分析环境

（19）数控加工编程模块

Creo数控加工编程模块主要用于模拟零件数控加工操作并得出零件数控加工程序，允许用户采用参数化的方法定义数值控制（NC）工具路径，凭此可加工Creo生成的模型，对这些信息做后期处理，产生驱动NC器件所需的编码。

在"新建"对话框中的"类型"区域选择"制造"选项，然后在"子类型"区域中选择"NC装配"选项，单击"确定"按钮，系统进入Creo数控加工环境，如图1-21所示，在该环境中进行数控加工参数的定义，模拟数控加工刀路及加工过程。

图1-21　新建NC文件及数控加工环境

1.2 Creo 用户界面

启动 Creo9.0 软件后，系统弹出如图 1-22 所示的启动界面，界面中间其实就是一个内置浏览器，单击界面左下角的"显示浏览器"按钮，关闭浏览器。

图 1-22　Creo 欢迎界面

Creo 中不同功能模块用户界面各不相同，本节主要介绍 Creo 零件设计用户界面。本小节打开练习文件 ch01 basis\1.2\base_part 进入零件设计模块，零件设计用户界面如图 1-23 所示。

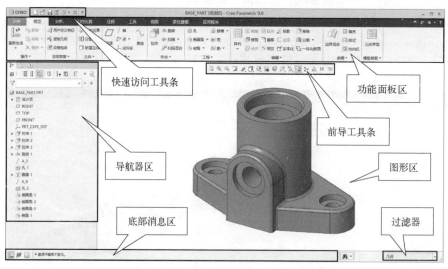

图 1-23　Creo9.0 零件设计用户界面

Creo 零件设计用户界面主要包括快速访问工具条、功能面板区、导航器区、前导工具条、图形区、底部消息区及过滤器，下面具体介绍。

（1）快速访问工具条

快速访问工具条中包括常用的文件操作命令按钮，如 ▯（新建）、▯（打开）、▯（保存）、↶（撤销）、↷（重做）、 （更新）、 （窗口）及 （关闭）等。

（2）功能面板区

功能面板区包括当前软件模块中常用的命令工具，包括"文件"菜单及"模型""分析""实时仿真""注释""工具""视图""柔性建模""应用程序"等选项卡，如图1-24所示。

图1-24 零件模块功能面板区

功能面板中的"文件"菜单包括常用的文件操作命令及软件常用设置命令，如图1-25所示。该菜单不随软件模块变化而变化，在该菜单中选择"选项"命令，系统弹出如图1-26所示的"Creo Parametric选项"对话框，对软件进行个性化设置。

图1-25 "文件"菜单

图1-26 "Creo Parametric选项"对话框

"模型"选项卡中包含当前软件模块中常用的命令工具，因为现在是零件设计模块，所以该选项卡中主要是零件设计中常用的特征工具。

"应用程序"选项卡中包含Creo软件所有的扩展功能模块，如图1-27所示。零件模块中的应用程序都是适用于零件模型的扩展功能，如果是装配模块，其应用程序都是适用于装配模型的扩展功能，如图1-28所示。

图1-27 零件模块"应用程序"选项卡

图1-28 装配模块"应用程序"选项卡

功能选项卡区除了以上介绍的"文件"菜单、"模型"及"应用程序"选项卡以外，其余选项卡属于辅助选项卡，其中一部分会随着软件模块的变化而变化。

（3）导航器区

导航器区包括三个选项卡：模型树、文件夹浏览器和收藏夹。其中最重要的是模型树，模型树中列出了模型中包含的所有对象，同时反映模型的创建过程以及每步使用的创建工具。模型树中的每一个对象与模型中的对象都是一一对应的，如图 1-29 所示。

（4）前导工具条

前导工具条中包括常用的辅助工具，如图 1-30 所示。在前导视图中单击 🔍 按钮调整模型居中显示、单击 🔍 按钮放大模型、单击 🔍 按钮缩小模型、单击 🗋 按钮重画模型、单击 🖌 按钮切换渲染选项、单击 🗂 按钮设置模型显示样式、单击 🍁 按钮设置模型定向、单击 🖥 按钮启用视图管理器、单击 🗔 按钮切换透视图显示、单击 ⅔ 按钮设置基准特征显示与隐藏、单击 🗝 按钮设置注释显示与隐藏、

图 1-29　模型树中的对象与模型中的对象一一对应

单击 ➤ 按钮设置旋转中心、单击 ▲ 按钮开启与关闭仿真、单击 ❚❚ 按钮暂停仿真、单击 ▤ 按钮设置动画选项。

![前导工具条图标]

图 1-30　前导工具条

（5）图形区

在 Creo 中模型的创建及主要操作都是在图形区完成的。

（6）底部消息区

底部消息区会实时地显示与当前操作相关的提示信息，提示用户当前在做什么以及下一步要做什么。比如，我们在"模型"功能面板的"形状"区域单击"拉伸"按钮 🗂，此时在消息区会出现 ➡ 选择一个平面或平面曲面作为草绘平面，或者选择草绘。提示信息，提示我们要创建拉伸特征需要首先选取一个平面作为草绘平面绘制草图或直接选择一个草图。

（7）过滤器

过滤器主要用于过滤选择模型中的特定对象。比如现在需要选取如图 1-31 所示模型中的面对象，当我们将鼠标放置在图 1-32 所示的面附近时，系统可能会选中图 1-32 所示的错误对象（圆柱面的边线），为了方便快速地选取图 1-31 所示的面对象，可以先在图 1-33 所示的过滤器中选中"曲面"选项（表示只能选择曲面对象），然后将鼠标放置在需要选取对象的附近就可以快速准确地选取需要的对象。

图 1-31　需要选中的面对象

图 1-32　错误的选择结果

图 1-33　过滤器中选取对象

1.3　Creo 鼠标操作

在使用 Creo 软件过程中绝大部分操作是依靠鼠标来完成的，所以必须熟练掌握 Creo 鼠标操作，特别是如何使用鼠标对模型进行控制。

（1）旋转模型

按住鼠标中键（滚轮）并拖动鼠标可以旋转模型。

（2）缩放模型

滚动鼠标滚轮，可以对模型进行放大与缩小（向前滚动滚轮缩小模型，向后滚动滚轮放大模型）控制。另外，按住 Ctrl 键，同时按住鼠标中键（滚轮）并前后拖动鼠标，也可对模型进行缩放控制。

（3）平移模型

按住 Shift 键，同时按住中键（滚轮）并拖动鼠标，可平移模型。

1.4　Creo 文件操作

学习和使用 Creo 软件一定要熟练掌握文件操作，包括设置工作目录、新建文件、打开文件、保存文件、文件格式转换及删除与拭除文件等。

1.4.1　设置工作目录

工作目录就是用来管理当前项目文件的文件夹，我们开始任何一个项目，首先必须考虑的就是项目管理的问题。一个项目往往包含很多文件，而且这些文件之间往往是有关联的，如果不放在一起进行管理，很容易发生项目文件丢失或文件关联失效的问题，从而影响我们对项目文件的有效管理。所以我们在开始一个项目之前，首先要创建一个用来管理（存放）项目文件的文件夹（项目工作目录），然后在软件中设置项目工作目录，那么我们在管理项目（打开项目文件、保存项目文件或编辑项目文件）时，系统就会自动在创建的工作目录中进行，提高了管理效率。

在 Creo 中设置工作目录的一般过程如下：

步骤 1　新建项目文件夹。在电脑合适位置新建项目文件夹（如 D:\creo_files）。

步骤 2　设置工作目录。当 Creo 中没有打开任何文件时，直接在"主页"功能面板单击"选择工作目录"按钮 🖱️，系统弹出如图 1-34 所示的"选择工作目录"对话框，在该对话

图 1-34　"选择工作目录"对话框

框中选择项目文件夹（如 D:\creo_files），单击"确定"按钮，完成设置。

💡 **说明**：当 Creo 中有打开的文件时，需要在"文件"菜单中选择"管理会话"→"选择工作目录"命令，然后在"选择工作目录"对话框中设置工作目录。

1.4.2　新建文件

在 Creo 中任何一个项目的真正开始都是从新建文件开始的，比如要绘制一个二维草图，

可以新建一个草绘文件；如果要设计一个零件模型，可以新建一个零件文件；如果要设计一个装配产品，可以新建一个装配文件；等等。

在快速访问工具条中单击"新建"按钮 ，系统弹出如图 1-35 所示的"新建"对话框，在"类型"区域设置新建文件类型，"子类型"区域是对文件类型的补充，在"文件名"文本框中输入文件名称，在对话框的最下部选中"使用默认模板"选项，新建的文件采用系统默认模板来创建，如果取消该选项，用户可以自己选择文件模板。

> **说明**：文件模板规定了文件的一些主要属性参数，比如单位制系统。不同的模板，单位制系统一般是不一样的。

例如新建一个零件文件，首先在"新建"对话框的"类型"区域选择"零件"选项，在"子类型"区域选择"实体"选项，单击"确定"按钮，系统弹出如图 1-36 所示的"新文件选项"对话框，在该对话框中可以继续设置文件模板，还可以定义文件中的 DESCRIPTION 和 MODELED_BY 两个文件参数，将来显示在模型参数列表中。

> **说明**：新建零件文件时一般选择 "mmns_part_solid_abs" 模板，也就是毫米单位的零件模板，表示在设计零件时使用毫米作为设计单位。

图 1-35　"新建"对话框

图 1-36　"新文件选项"对话框

1.4.3　打开文件

打开文件就是在 Creo 软件中打开已经存在的 Creo 文件或其他格式的文件，在 Creo 中可以对打开的文件进行相关编辑。Creo 提供了多种打开文件的方法，主要包括直接打开文件、打开工作目录中的文件和打开会话中的文件三种方法。

图 1-37　直接打开文件

（1）直接打开文件

直接打开文件就是单击"打开"按钮 ，系统直接从默认的初始位置打开文件，如图 1-37 所示。这种方法一般是初次启动软件，没有任何设置的情况下打开文件。

（2）打开工作目录中的文件

如果在打开文件之前设置了工

作目录（如 F：\creo_jxsj\ch01 start），当选择"打开"命令时，系统自动从设置的工作目录中打开文件，包括以下两种方式：

① 设置工作目录后，选择"打开"命令，直接打开工作目录中的文件，如图 1-38 所示，在"文件打开"对话框中单击"预览"按钮，可以预览将要打开的文件。

图 1-38　打开工作目录中的文件（一）

② 另外，在导航器区展开"文件夹浏览器"，然后在弹出的界面中选择"工作目录"命令，如图 1-39 所示，也可以快速从工作目录中选择文件打开。

图 1-39　打开工作目录中的文件（二）

（3）打开会话中的文件

第三种打开文件的方法就是打开会话中的文件，会话在这里可以理解为"曾经打开过的"或是"存在于当前内存中的"，也可理解为"临时垃圾桶"。在每次使用 Creo 软件的过程中，我们打开的每个文件都存在于系统会话中，如果不小心将文件关闭了，在不关闭软件的前提下，我们可以在会话中找回之前操作过的文件。打开会话中的文件包括以下两种方法：

① 在"文件打开"对话框中单击"在会话中"，对话框切换至"会话"窗口，可以快速打开会话中的文件，如图 1-40 所示。

② 另外，在导航器区展开"文件夹浏览器"，然后在弹出的界面中单击"在会话中"，也可以快速地在会话中选择文件打开，如图 1-41 所示。

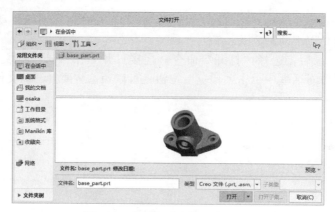

图 1-40　打开会话中的文件（一）

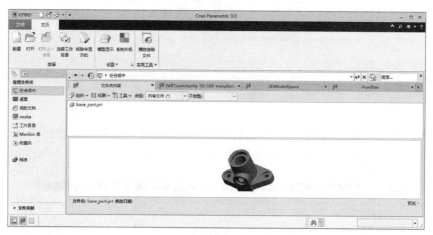

图 1-41　打开会话中的文件（二）

1.4.4　保存副本与文件格式转换

在实际工作中，我们经常需要在 Creo 软件中打开其他格式的文件或是将 Creo 文件转换成其他格式文件在其他软件中打开，要完成这样的操作就需要进行文件格式的转换。在 Creo 中使用"保存副本"命令进行文件格式转换。

> **说明：** 实际中像这样的问题很常见，比如说我们在使用一些专业的分析软件（如 AN-SYS）做分析时，因为这些专业的分析软件往往在几何建模方面的功能不够强大，所以一般不在专业分析软件中创建几何模型，都是使用 CAD 软件（如 NX）来创建几何模型，然后将模型导入到专业分析软件中做分析。要完成这样的操作就需要事先将 CAD 做好的几何模型转换成专业分析软件能够识别的文件格式（如 stp），然后才可以顺利将几何模型导入专业分析软件中。常用软件能够识别的文件格式如图 1-42 所示。

软件类型	软件名称	常用文件格式
CAD 软件	Pro/E、Creo、UGNX、CATIA、Solidworks、Inventor、SolidEdge	stp、igs、x_t
CAE 软件	ANSYS、ABAQUS	
CAM 软件	MASTERCAM	
其他软件	3DMAX	

图 1-42　常用软件能够识别的文件格式

下面打开练习文件 ch01 start\base_part，首先将 base_part 零件转换成 stp 文件，然后在 Creo 中打开 stp 文件（将 stp 文件转换成 Creo 文件）。

（1）将 Creo 文件转换成 stp 文件

打开 base_part 零件后，在"文件"菜单中选择"另存为"→"保存副本"命令，系统弹出如图 1-43 所示的"保存副本"对话框，在对话框的"类型"下拉列表中选择"STEP(＊.stp)"选项，表示将文件转换成 stp 格式，单击"确定"按钮。

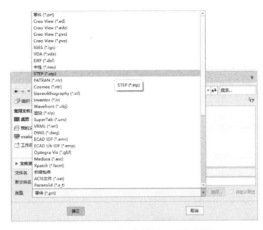

图 1-43　"保存副本"对话框

> **说明：** 在保存文件时，默认情况下是将当前文件保存为 **Creo** 文件，在"保存副本"对话框中的"类型"下拉列表中选择其他文件类型，可以将当前文件保存为其他类型的文件，读者可自行操作，此处不再赘述。

（2）在 Creo 中打开 stp 文件

在 Creo 中选择"打开"命令，系统弹出"文件打开"对话框，在对话框的"类型"下拉列表中选择"STEP(.step，.stp)"选项［或"所有文件（＊）"选项］，如图 1-44 所示，表示打开 stp 文件，选择前面转换的 stp 文件，单击"导入"按钮。

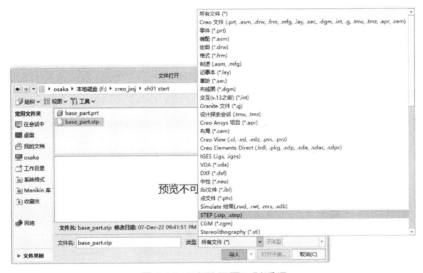

图 1-44　"文件打开"对话框

在 Creo 中打开其他格式文件时，系统会弹出如图 1-45 所示的"导入新模型"对话框，用来设置导入模型。导入文件后，在模型树中看不到模型的创建步骤，也不能编辑模型参数，只能在工作区查看模型外观，如图 1-46 所示。

1.4.5　删除与拭除文件

删除与拭除文件都是文件操作中非常重要的操作，其中删除文件包括删除文件旧版本及删除所有版本，拭除文件包括拭除未显示文件及拭除当前文件，下面具体介绍。

图 1-45　"导入新模型"对话框

图 1-46　导入外部文件

（1）删除文件旧版本

在 Creo 中每次单击"保存"按钮 📇 保存文件时，系统都会生成一个新版本文件，并将其写入磁盘。系统对存储的每一个版本连续编号（简称版本号），例如，对于零件模型文件，其格式为 base_part. prt. 1、base_part. prt. 2 等，如图 1-47 所示。

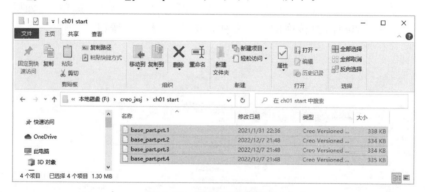

图 1-47　保存文件的版本

> 💡 **说明**：在 Creo 中保存的每个版本都会占用系统内存，例如，一个 15M 大小的零件模型，我们不做任何改动单击 10 次"保存"按钮 📇 将其保存为 10 个版本，那么文件夹的大小就是 10×15M=150M，所以要及时清理文件夹中的无用版本，以免内存过大，占用过多的系统资源。

多次保存文件的版本号（1、2、3 等），只有通过文件夹窗口才能看到。在 Creo 中打开文件时，在文件列表中则看不到这些版本号，在 Creo 中只能打开最新版本的那个文件，如果在文件夹窗口中还是看不到版本号，可在文件夹窗口中单击"查看"选项卡，在"显示/隐藏"区域选中"文件扩展名"选项，如图 1-48 所示。

图 1-48　设置文件扩展名

使用 Creo 软件创建模型文件时，在最终完成模型的创建后，可将模型文件的所有旧版本删除。在"文件"菜单中选择"管理文件"→"删除旧文件"命令，系统弹出如图 1-49 所示"删除旧版本"对话框，单击"是"按钮删除所有旧版本文件。

（2）删除文件中的所有版本

在"文件"菜单中选择"管理文件"→"删除所有版本"命令，系统弹出如图 1-50 所示的"删除所有确认"对话框，单击"是"按钮，删除当前对象的所有版本。

> **说明**：如果选择删除的对象是族表的一个实例，则实例和普通模型都不能被删除；如果选择删除的对象是普通模型，则将删除此普通模型。

图 1-49　"删除旧版本"对话框

图 1-50　"删除所有确认"对话框

（3）从内存中拭除未显示的对象

在快速访问工具条中单击"关闭"按钮 ，窗口中的对象将不显示在图形区，但只要工作区处于活动状态，对象仍保留在内存中，这些对象称为"未显示对象"。

在"主页"选项卡中点击"拭除未显示的"按钮 ，系统弹出如图 1-51 所示的"拭除未显示的"对话框，在该对话框中列出未显示对象，单击"确定"按钮，所有的未显示对象将从内存中拭除，但它们不会从磁盘中删除，仍然保留在文件夹中。

（4）从内存中拭除当前对象

第一种情况：如果当前对象为零件、格式或布局等类型时，在"文件"菜单中选择"管理会话"→"拭除当前"命令，系统弹出如图 1-52 所示的"拭除确认"对话框，单击"是"按钮，当前对象将从内存中拭除，但它们不会从磁盘中删除。

图 1-51　"拭除未显示的"对话框

图 1-52　"拭除确认"对话框

第二种情况：如果当前对象为装配、工程图或模具等类型时，在"文件"菜单中选择"管理会话"→"拭除当前"命令，系统弹出"拭除确认"对话框，选取要拭除的关联对象后，再单击"是"按钮，则当前对象及选取的关联对象将从内存中被拭除。

1.5　零件设计过程

Creo 最基本的一项功能就是零件设计，接下来以图 1-53 所示的零件模型为例，详细介绍使用 Creo 软件进行零件设计的一般过程，使读者尽快熟悉 Creo 软件的一些常用操作，达到快速入门的目的，同时也是对本章内容的一个总结。

（1）分析模型思路

三维模型设计基本思路是：首先创建基础结构，然后创建其余结构；首先创建加材料结构，然后创建减材料结构；首先创建主体结构，然后创建细节结构。

根据以上三维模型设计基本思路，再结合本例三维模型，具体设计过程如下：

步骤 1　创建如图 1-54 所示的底板结构作为整个三维模型的基础结构。

步骤 2　创建如图 1-55 所示的竖直圆柱凸台（加材料过程）。

图 1-53　零件模型　　　　图 1-54　底板基础特征　　　　图 1-55　竖直圆柱凸台

步骤 3　创建如图 1-56 所示的水平圆柱凸台（加材料过程）。

步骤 4　创建如图 1-57 所示的竖直通孔（减材料过程）。

步骤 5　创建如图 1-58 所示的水平通孔（减材料过程）。

图 1-56　水平圆柱凸台　　　　图 1-57　竖直通孔　　　　图 1-58　水平通孔

步骤 6　创建如图 1-59 所示的倒圆角（最后创建细节结构）。

（2）新建模型文件

三维模型设计首先要新建零件文件，同时还需要注意文件管理，也就是要新建工作目录并在新建文件时正确设置工作目录，下面具体介绍。

步骤 1　新建工作目录。在如图 1-60 所示的位置创建工作目录文件夹，将文件夹重命名为"零件设计"，作为保存模型文件的工作目录。

图 1-59　倒圆角　　　　图 1-60　创建工作目录文件夹

步骤 2　设置工作目录。在"主页"选项卡中单击"选择工作目录"按钮，系统弹出"选择工作目录"对话框，选择上一步创建的文件夹为工作目录，如图 1-61 所示。

　　步骤3　新建文件。在快速访问工具条中单击"新建"按钮 ，系统弹出"新建"对话框，在"类型"区域选择"零件"选项，在"文件名"中输入文件名称 part，取消选中"使用默认模板"选项，如图1-62所示，单击"确定"按钮，系统弹出"新文件选项"对话框，选择"mmns_part_solid_abs"模板，单击"确定"按钮。

图1-61　设置工作目录

图1-62　新建文件

（3）创建三维模型

接下来按照以上分析的模型设计思路创建三维模型。

　　步骤1　创建如图1-63所示的底板。这种底板结构（板块状的结构）需要使用"拉伸"命令来创建，基本思路就是首先选择平面绘制合适的草图，然后将草图沿着与草图平面垂直的方向拉伸得到这种底板结构。

　　a. 选择命令。在"模型"功能面板的"形状"区域单击"拉伸"按钮 ，系统弹出如图1-64所示的"拉伸"操控板，在该操控板中定义拉伸属性参数。

图1-63　创建底板

图1-64　"拉伸"操控板

　　b. 定义草图平面进入草绘环境。在图形区空白位置单击，系统弹出如图1-65所示的快捷菜单，在快捷菜单中单击"定义内部草绘"按钮 ，系统弹出"草绘"对话框，选择TOP基准面为草图平面，系统自动选择RIGHT基准面为参考面，默认方向"右"，如图1-66所示，单击"草绘"按钮，系统进入草绘环境。

　　c. 创建拉伸草图。在"草绘"选项卡的"草绘"区域选择 矩形 菜单中的"中心矩形"命令 中心矩形，以坐标原点为中心绘制如图1-67所示的矩形作为拉伸草图，单击"确定"按钮 ，完成草图绘制并退出草绘环境。

　　d. 定义拉伸属性。完成草图绘制后，图形区显示拉伸预览效果，拖动拉伸高度控制点（图形中橙色原点）调整拉伸高度，如图1-68所示。

说明：此处在定义拉伸高度属性时还可以在"拉伸"操控板的 49.2 文本框中输入拉伸深度，读者可自行练习。

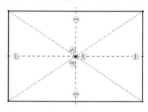

图 1-65　快捷菜单　　　　　　图 1-66　"草绘"对话框　　　　　图 1-67　绘制拉伸草图 1

　　e. 完成拉伸特征创建。单击"拉伸"操控板中的"确定"按钮 ✓。

　　步骤 2　创建如图 1-69 所示的竖直圆柱凸台。这种圆柱凸台结构需要使用"拉伸"命令来创建，基本思路就是首先选择平面绘制合适的草图，然后将草图沿着与草图平面垂直的方向拉伸得到这种圆柱凸台结构。

　　a. 选择命令。在"模型"功能面板的"形状"区域单击"拉伸"按钮 ▣。

　　b. 选择草图平面。选择底板上表面为草图平面。

　　c. 绘制拉伸草图。在"草绘"选项卡的"草绘"区域单击"草绘"按钮 ⊙ 圆 ▾，以坐标原点为圆心绘制如图 1-70 所示的圆作为拉伸草图。

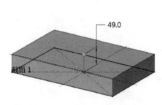

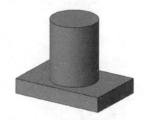

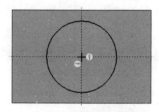

图 1-68　定义拉伸属性 1　　　　图 1-69　创建竖直圆柱凸台　　　图 1-70　绘制拉伸草图 2

　　d. 定义拉伸属性。完成草图绘制后，图形区显示拉伸预览效果，拖动拉伸高度控制点（图形中橙色原点）调整拉伸高度，如图 1-71 所示。

　　e. 完成拉伸特征创建。单击"拉伸"操控板中的"确定"按钮 ✓。

　　步骤 3　创建如图 1-72 所示的水平圆柱凸台。这种圆柱凸台结构需要使用"拉伸"命令来创建，基本思路就是首先选择平面绘制合适的草图，然后将草图沿着与草图平面垂直的方向拉伸得到这种圆柱凸台结构。

　　a. 选择命令。在"模型"功能面板的"形状"区域单击"拉伸"按钮 ▣。

　　b. 选择草图平面。选择 FRONT 基准面为草图平面。

　　c. 绘制拉伸草图。在"草绘"选项卡的"草绘"区域单击"草绘"按钮 ⊙ 圆 ▾，绘制如图 1-73 所示的圆作为拉伸草图。

　　d. 定义拉伸属性。完成草图绘制后，图形区显示拉伸预览效果，拖动拉伸高度控制点（图形中橙色原点）调整拉伸高度，如图 1-74 所示。

　　e. 完成拉伸特征创建。单击"拉伸"操控板中的"确定"按钮 ✓。

　　步骤 4　创建如图 1-75 所示的竖直通孔。这种竖直通孔结构同样可以使用"拉伸"命令来创建，基本思路就是首先选择平面绘制合适的草图，然后将草图沿着与草图平面垂直的方向拉伸并将其从已有的实体中"减去"即可得到这种通孔。

图 1-71　定义拉伸属性 2

图 1-72　创建水平圆柱凸台

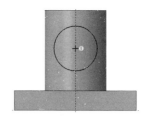
图 1-73　绘制拉伸草图 3

a. 选择命令。在"模型"功能面板的"形状"区域单击"拉伸"按钮 。

b. 选择草图平面。选择竖直圆柱体的顶面为草图平面。

c. 绘制拉伸草图。在"草绘"选项卡的"草绘"区域单击"草绘"按钮 圆 ▼，绘制如图 1-76 所示的圆作为拉伸草图。

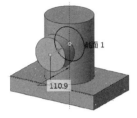
图 1-74　定义拉伸属性 3

图 1-75　创建竖直通孔

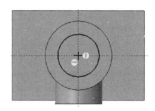
图 1-76　绘制拉伸草图 4

d. 定义拉伸属性。完成草图绘制后，在"拉伸"操控板单击"移除材料"按钮 移除材料，如图 1-77 所示，表示将创建的拉伸对象从已有的实体中"减去"，然后拖动拉伸高度控制点（图形中橙色原点）调整拉伸高度，如图 1-78 所示。

图 1-77　定义"移除材料"

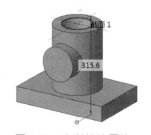
图 1-78　定义拉伸属性 4

e. 完成拉伸特征创建。单击"拉伸"操控板中的"确定"按钮 。

步骤 5　创建如图 1-79 所示的水平通孔。这种水平通孔结构同样可以使用"拉伸"命令来创建，基本思路就是首先选择平面绘制合适的草图，然后将草图沿着与草图平面垂直的方向拉伸并将其从已有的实体中"减去"即可得到这种通孔。

a. 选择命令。在"模型"功能面板的"形状"区域单击"拉伸"按钮 。

b. 选择草图平面。选择 FRONT 基准面为草图平面。

c. 绘制拉伸草图。在"草绘"选项卡的"草绘"区域单击"草绘"按钮 圆 ▼，绘制如图 1-80 所示的圆作为拉伸草图。

d. 定义拉伸属性。完成草图绘制后，在"拉伸"操控板单击"移除材料"按钮 移除材料，然后拖动拉伸高度控制点调整拉伸高度，如图 1-81 所示。

e. 完成拉伸特征创建。单击"拉伸"操控板中的"确定"按钮 。

图 1-79　创建水平通孔

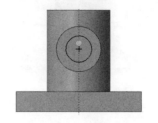

图 1-80　绘制拉伸草图 5

图 1-81　定义拉伸属性 5

步骤 6　创建如图 1-82 所示的倒圆角。在"模型"功能面板的"工程"区域单击"倒圆角"按钮 ，系统弹出如图 1-83 所示的"倒圆角"操控板，选择如图 1-84 所示的两条模型边线，设置圆角半径为 8，单击"确定"按钮 ，完成倒圆角创建。

图 1-82　创建倒圆角

图 1-83　定义"倒圆角"

完成零件模型设计后的模型树如图 1-85 所示，在模型树中显示模型的创建过程以及每一步所使用的命令工具，同时，模型树也是将来对模型进行编辑的重要平台。

图 1-84　选择模型边线

图 1-85　模型树

（4）保存模型文件

完成模型设计后，在快速访问工具条中单击"保存"按钮 ，系统将零件模型保存到前面设置的工作目录中（如果没有提前设置工作目录，此处需要临时设置）。

本小节详细介绍了零件设计的一般过程，案例中介绍的模型设计思路是针对一般三维模型设计的，也是针对软件初学者提出的一种设计思路，主要目的是让读者尽快熟悉 Creo 三维模型设计操作，为以后进一步学习打好基础。实际上，零件设计还要考虑很多具体的设计因素，如草图设计问题、设计方法与设计顺序问题、设计效率与修改效率问题、设计要求与规范性问题、设计标准问题、面向装配设计问题、工程图出图问题等，这些问题对于零件设计来讲也是非常重要的，这些具体的考虑将在本书第 3 章零件设计中具体讲到。

第2章

二维草图设计

二维草图是零件设计基础，同时也是整个软件学习和使用的基础。本章首先介绍二维草图绘制工具、二维草图几何约束及二维草图尺寸标注等基本问题，然后重点介绍二维草图设计方法与技巧，指导读者高效规范进行二维草图设计。

2.1 二维草图基础

学习二维草图之前需要先认识二维草图，了解二维草图的作用及特点，还有二维草图的构成，这样能够帮助读者确定二维草图学习方向及学习目标。

2.1.1 二维草图作用

（1）用来创建三维特征

在三维设计中，三维特征一般都是基于二维草图来创建的。如图 2-1 所示，绘制一个封闭的二维草图，然后使用拉伸工具对二维草图进行拉伸就可以得到一个拉伸特征，如果没有二维草图，就无法使用特征设计工具创建三维特征，也就无法进行三维设计，由此可见二维草图与三维特征之间的关系。

(a) 二维草图　　　通过拉伸　　　(b) 拉伸特征

图 2-1　二维草图与三维特征的关系

另外，二维草图在三维模型中直接影响着三维模型的结构形式，如图 2-2 和图 2-3 所示的两个三维模型（模型 A 和模型 B），从这两个模型的模型树中可以看出这两个三维模型设计的思路和使用的工具都是一样的，都主要使用了"拉伸"命令来设计。但是我们发现，即使是这样，这两个模型依然存在着很大的差异，那么其主要原因是什么呢？其实就是在使用拉伸命令创建拉伸特征时，拉伸所使用的二维草图截面是不一样的，模型 A 中的拉伸 1 是使用图 2-2（c）所示草图进行拉伸的，模型 B 中的拉伸 1 是使用图 2-3（c）所示草图进行拉伸的，拉伸 2 所使用的二维草图截面也不尽相同，所以得到的结果是不一样的！可见二维草图对三维模型结构的影响。

（2）其他应用

二维草图除了用来创建三维特征截面，还有很多其他方面的应用：

① 在装配设计中，使用草图做一些辅助参考图元辅助产品装配。

(a) 模型A的模型树

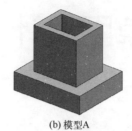

(b) 模型A

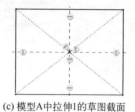

(c) 模型A中拉伸1的草图截面

图 2-2　模型 A 模型树及特征截面分析

(a) 模型B的模型树

(b) 模型B

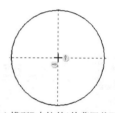

(c) 模型B中拉伸1的草图截面

图 2-3　模型 B 模型树及特征截面分析

② 在曲面设计中，使用二维草图设计曲线线框。

③ 在工程图设计中，使用二维草图处理工程图中的一些特殊问题。

④ 在自顶向下设计中，使用二维草图设计骨架模型。

⑤ 在管道设计和电气设计中，使用二维草图创建路径参考曲线。

综上所述，二维草图应用非常广泛，基本贯穿于整个 Creo 软件的应用，所以要学好和用好 Creo 软件，首先必须熟练掌握二维草图设计！

2.1.2　二维草图构成

二维草图主要包括三大要素，分别是草图轮廓形状、草图几何约束和草图尺寸标注。三大要素缺一不可，其中草图轮廓形状与尺寸标注属于显性要素，几何约束属于隐性要素，如图 2-4 所示，草图的设计主要就是围绕这三大要素展开的。

在 Creo 中绘制二维草图一定要处理好草图三大要素的关系，其中草图轮廓形状与草图尺寸标注应该与设计图纸完全一致，草图约束需要根据设计图纸进行认真分析，然后在Creo 中添加合适的几何约束。Creo 中的几何约束有对应的符号显示，方便用户查看草图约束情况，如图 2-5 所示，图中草图附近的符号就是约束符号。

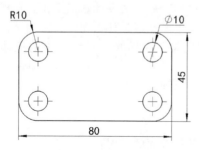

图 2-4　二维草图三大要素

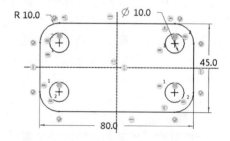

图 2-5　Creo 二维草图中的约束符号

2.1.3 二维草图环境

在 Creo 中绘制草图需要首先进入二维草图环境，包括以下两种方法：

方法一：在快速访问工具条中单击"新建"按钮，系统弹出"新建"对话框，在对话框中选中"草绘"选项，单击"确定"按钮，系统进入如图 2-6 所示的独立草绘环境，在该环境中只能进行二维草图的绘制。

图 2-6 独立草绘环境

方法二：首先新建一个零件文件，在零件设计环境的"模型"功能面板的"基准"区域单击"草绘"按钮，定义草图平面后，系统进入如图 2-7 所示的零件草绘环境，在该环境完成草图绘制后再返回到零件环境进行三维零件设计。

图 2-7 零件草绘环境

对比以上介绍的两种草绘环境，独立草绘环境只能绘制草图，零件草绘环境在完成草图绘制后可以直接进行三维设计，所以后者应用更广泛。本书在介绍二维草图绘制时都是在零件草绘环境进行的，这样便于后期直接进行三维设计。

2.2 二维草图绘制

Creo 草绘环境提供了多种草图绘制工具，包括直接草绘工具、辅助草绘工具及草绘编辑工具，这些都是二维草图绘制的必备工具。

2.2.1 直接草绘工具

直接草绘工具就是直接用来绘制二维草图的工具，主要包括直线、矩形、圆、圆弧、椭圆、样条、圆角、倒角、偏移及加厚等。

（1）绘制直线及相切直线

在"草绘"选项卡的"草绘"区域使用 ✓ 线 ▼ 下拉菜单绘制直线及相切直线。

绘制单条直线。在"草绘"选项卡的"草绘"区域单击"直线"按钮 ✓ 线 ▼，在绘图区单击鼠标左键以确定直线的第一个端点（直线起点），然后拖动鼠标到合适的位置再单击鼠标左键以确定直线的第二个端点（直线终点），最后单击鼠标中键完成直线绘制，如图 2-8 所示。

如果要绘制连续直线，在确定直线的第二个端点后不要单击鼠标中键，继续在合适的位置单击鼠标左键以确定直线的第三个通过点及更多的通过点，在确定最后一个通过点后单击鼠标中键完成直线绘制，如图 2-9 所示。

绘制相切直线。在"草绘"选项卡的"草绘"区域单击 ✓ 线 ▼ 下拉菜单中的 ✕ 直线相切 命令，在直线与第一个圆（或圆弧）相切的切点位置单击以确定相切直线的第一个切点，然后移动鼠标到第二个圆（或圆弧）相切的切点位置单击以确定相切直线的第二个切点，如图 2-10 所示。

   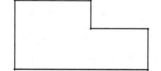   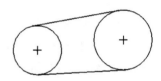

图 2-8 绘制单条直线   图 2-9 绘制连续直线   图 2-10 绘制相切直线

（2）绘制矩形及平行四边形

在"草绘"选项卡的"草绘"区域使用 □ 矩形 ▼ 下拉菜单绘制矩形及平行四边形，矩形包括拐角矩形、斜矩形、中心矩形，下面具体介绍。

绘制拐角矩形。在"草绘"区域单击 □ 矩形 ▼ 下拉菜单中的 □ 拐角矩形，在绘图区单击鼠标左键以确定矩形第一个顶点，然后拖动鼠标到合适的位置再单击鼠标左键以确定矩形的第二个顶点，单击鼠标中键结束矩形绘制，结果如图 2-11 所示。

绘制斜矩形。在"草绘"区域单击 □ 矩形 ▼ 下拉菜单中的 ◇ 斜矩形，在绘图区单击鼠标左键以确定矩形第一个顶点，然后拖动鼠标到合适的位置再单击鼠标左键以确定矩形的第二个顶点，继续拖动鼠标到合适的位置单击以确定矩形的第三个顶点，单击鼠标中键结束斜矩形绘制，结果如图 2-12 所示。

绘制中心矩形。在"草绘"区域单击 □ 矩形 ▼ 下拉菜单中的 □ 矩形 ▼，在绘图区单击鼠标左键以确定矩形中心点，然后拖动鼠标到合适的位置再单击鼠标左键以确定矩形的一个顶点，单击鼠标中键结束中心矩形绘制，结果如图 2-13 所示。

绘制平行四边形。在"草绘"区域单击 □ 矩形 ▼ 下拉菜单中的 ▱ 平行四边形，在绘图区单击鼠标左键以确定平行四边形第一个顶点，然后拖动鼠标到合适的位置再单击鼠标左键以确定平行四边形的第二个顶点，继续拖动鼠标到合适的位置单击以确定平行四边形的第三个顶点，单击鼠标中键结束平行四边形绘制，结果如图 2-14 所示。

图 2-11 拐角矩形

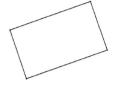
图 2-12 斜矩形

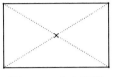
图 2-13 中心矩形

图 2-14 平行四边形

（3）绘制圆

在"草绘"选项卡的"草绘"区域使用 ⊙ 圆 ▼ 下拉菜单绘制圆，下拉菜单包括圆心和点、同心、3 点及 3 点相切等选项，下面具体介绍。

使用圆心和点绘制圆。在"草绘"区域单击 ⊙ 圆 ▼ 下拉菜单中的 ⊙ 圆心和点，单击鼠标左键以确定圆心位置，拖动鼠标到合适的位置以确定圆的半径，单击鼠标中键完成圆的绘制，如图 2-15 所示。

绘制同心圆。在"草绘"区域单击 ⊙ 圆 ▼ 下拉菜单中的 ◎ 同心，然后选择已有的圆，拖动鼠标到合适的位置单击以确定同心圆的大小，单击鼠标中键，结束同心圆的绘制，如图 2-16 所示。

通过三点绘制圆。在"草绘"区域单击 ⊙ 圆 ▼ 下拉菜单中的 ○ 3点，然后选择如图 2-17 所示三角形的三个顶点，系统根据这三个顶点绘制一个圆。

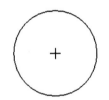
图 2-15 圆心和点绘制圆

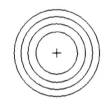
图 2-16 绘制同心圆

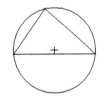
图 2-17 通过三点绘制圆

通过三切线绘制圆。在"草绘"区域单击 ⊙ 圆 ▼ 下拉菜单中的 ○ 3相切，然后选择如图 2-18 所示的三角形三条边作为相切对象，得到如图 2-18 所示三切线圆。

（4）绘制圆弧及圆锥曲线

在"草绘"选项卡的"草绘"区域使用 ⌒ 弧 ▼ 下拉菜单绘制圆弧及圆锥曲线，下拉菜单包括 3 点/相切端、圆心和端点、3 相切、同心及圆锥等选项，下面具体介绍。

绘制 3 点/相切端圆弧。在"草绘"区域单击 ⌒ 弧 ▼ 下拉菜单中的 ⌒ 3点/相切端，在绘图区单击鼠标左键以确定圆弧的第一个端点，拖动鼠标到合适的位置再单击鼠标左键以确定圆弧的第二个端点，然后将鼠标移动到两个端点中间的位置继续移动鼠标以确定圆弧的大小，到合适的位置再单击鼠标左键确定圆弧的通过点，如图 2-19 所示。

绘制圆心和端点圆弧。在"草绘"区域单击 ⌒ 弧 ▼ 下拉菜单中的 ⌒ 圆心和端点，在绘图区单击鼠标左键以确定圆弧圆心，拖动鼠标到合适的位置单击以确定圆弧的第一个端点，继续拖动鼠标到合适的位置单击以确定圆弧的第二个端点，如图 2-20 所示。

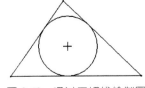
图 2-18 通过三切线绘制圆

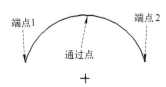
图 2-19 三点圆弧

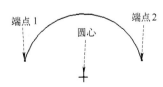
图 2-20 圆心和端点圆弧

绘制 3 相切圆弧。在"草绘"区域单击 弧 ▼ 下拉菜单中的 3相切 ，依次选择如图 2-21 所示三角形的三条边为相切对象，绘制与三条边相切的圆弧。

绘制同心圆弧。在"草绘"区域单击 弧 ▼ 下拉菜单中的 同心 ，然后选择已有的圆弧为参考，拖动鼠标到合适的位置单击以确定圆弧的第一个端点，继续拖动鼠标到合适的位置单击以确定圆弧的第二个端点，完成同心圆弧的绘制，如图 2-22 所示。

绘制圆锥曲线。在"草绘"区域单击 弧 ▼ 下拉菜单中的 圆锥 ，在合适位置单击以确定圆锥曲线的第一个端点，拖动鼠标到合适的位置再次单击鼠标以确定圆弧第二个端点，最后拖动鼠标以确定圆锥曲线的形状，完成圆锥曲线绘制，如图 2-23 所示。

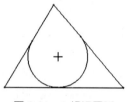 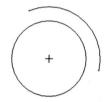 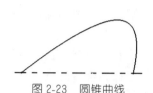

图 2-21　3 相切圆弧　　　　图 2-22　同心圆弧　　　　图 2-23　圆锥曲线

（5）绘制椭圆

在"草绘"选项卡的"草绘"区域使用 椭圆 ▼ 下拉菜单绘制椭圆，包括轴端点椭圆及中心和轴椭圆，下面具体介绍。

绘制轴端点椭圆。在"草绘"区域单击 椭圆 ▼ 下拉菜单中的 轴端点椭圆 ，在绘图区合适位置单击两次以确定椭圆长轴或短轴端点，然后在合适位置单击以确定椭圆大小，完成椭圆的绘制，如图 2-24 所示。

绘制中心和轴椭圆。在"草绘"区域单击 椭圆 ▼ 下拉菜单中的 中心和轴椭圆 ，在绘图区合适位置单击以确定椭圆中心，然后在合适的位置单击以确定椭圆的长半轴（或短半轴），最后在合适位置单击以确定椭圆的短半轴（或长半轴），如图 2-25 所示。

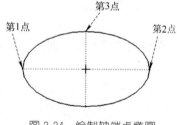 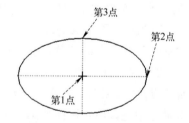

图 2-24　绘制轴端点椭圆　　　　图 2-25　绘制中心和轴椭圆

（6）绘制圆角

在"草绘"选项卡的"草绘"区域使用 圆角 ▼ 下拉菜单绘制圆角，下拉菜单包括圆形及圆形修剪等选项、椭圆形及椭圆形修剪等选项，下面具体介绍。

绘制圆形圆角。圆形圆角就是使用圆弧绘制的圆角，包括圆形及圆形修剪两种。如图 2-26 所示的草图，在"草绘"区域单击 圆角 ▼ 下拉菜单中的 圆形 ，选择如图 2-26 所示的两条边线为圆角对象，结果如图 2-27 所示；在"草绘"区域单击 圆角 ▼ 下拉菜单中的 圆形修剪 ，选择如图 2-28 所示的两条边线为圆角对象，结果如图 2-28 所示。

绘制椭圆形圆角。椭圆形圆角就是使用椭圆弧绘制的圆角，同样包括椭圆形及椭圆形修剪两种，具体操作与圆形圆角完全一致，此处不再赘述。

图 2-26 图形示例 1

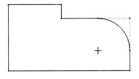

图 2-27 绘制圆形圆角

图 2-28 绘制圆形修剪圆角

> 💡 **说明**：实际二维草图绘制中一般使用"圆形修剪"命令绘制圆角，这样绘制圆角后没有虚拟交线；另外，实际绘图中椭圆形圆角应用也比较少见。

（7）绘制倒角

在"草绘"选项卡的"草绘"区域使用 ⟋ 倒角 ▾ 下拉菜单绘制倒角，下拉菜单包括倒角及倒角修剪两种选项，下面具体介绍。

如图 2-29 所示的草图，在"草绘"区域单击 ⟋ 倒角 ▾ 下拉菜单中的 ⟋ 倒角，选择如图 2-29 所示的两条边线为倒角对象，结果如图 2-30 所示；在"草绘"区域单击 ⟋ 倒角 ▾ 下拉菜单中的 ⟋ 倒角修剪，选择如图 2-29 所示的两条边线为倒角对象，结果如图 2-31 所示。

> 💡 **说明**：实际二维草图绘制中一般使用"倒角修剪"命令绘制倒角，这样绘制倒角后没有虚拟交线（类似于"圆角修剪"命令）。

图 2-29 图形示例 2

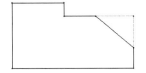

图 2-30 用"倒角"命令绘制倒角

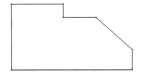

图 2-31 用"倒角修剪"命令绘制倒角

（8）偏移草图

在"草绘"选项卡的"草绘"区域单击"偏移"按钮 ⧉ 偏移，将已有的草图按照一定距离进行偏移，下面以图 2-32 所示的草图为例介绍偏移草图操作。

在"草绘"选项卡的"草绘"区域单击"偏移"按钮 ⧉ 偏移，系统弹出如图 2-33 所示的"偏移"工具条，选择如图 2-34 所示的圆弧作为偏移对象，此时在草图中显示偏移效果，在输入框中输入偏移距离 5，单击 ✓ 按钮，得到如图 2-35 所示的偏移结果。

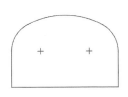

图 2-32 偏移草图

图 2-33 "偏移"工具条

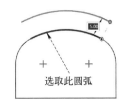

图 2-34 选取偏移对象

> 💡 **说明**：创建偏移草图时如果需要调整偏移方向，可以拖动绿色圆点调整偏移方向，也可以在偏移值之前输入负号调整偏移方向。

在"偏移"工具条中单击 ▤ 按钮，系统弹出"链"对话框，选中"基于规则"选项，此时"链"对话框如图 2-36 所示，选中"部分环"选项，此时在草图中选中如图 2-37 所示的圆弧段，系统将选中整个连续草图进行偏移，结果如图 2-38 所示。单击"反向"按钮，系统将选中如图 2-39 所示的对象进行偏移，结果如图 2-40 所示。

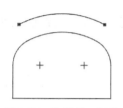  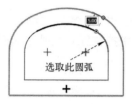

图 2-35　偏移单一对象　　　　图 2-36　"链"对话框　　　　图 2-37　选取偏移对象

选择单个对象后，在如图 2-36 所示的"链"对话框中选择"完整环"选项，系统将选中整个封闭对象进行偏移，结果如图 2-38 所示。

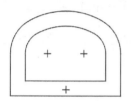 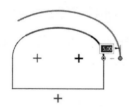 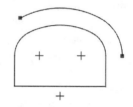

图 2-38　偏移整个对象　　　　图 2-39　调整选择方式　　　　图 2-40　偏移选中对象

（9）投影

使用"投影"命令可以将非当前草图环境的对象（如实体面、边、曲线或其他草图等）转换为当前草图对象，需要注意的是，"投影"命令只有在零件设计环境中绘制草图时，而且还必须有非草图对象存在的前提下才可以使用。

如图 2-41 所示的实体模型，现在需要在 DTM1 基准面上绘制如图 2-42 所示的草图，后期可以使用该草图创建如图 2-43 所示的三维特征，这种情况下就可以使用"投影"命令来绘制这个草图，下面以此为例介绍投影操作。

步骤1　打开练习文件 ch02 sketch\2.2\01\sketch09。

步骤2　进入草绘环境。在"模型"功能面板的"基准"区域单击"草绘"按钮 ⌒，选择 DTM1 基准面为草图平面，接受系统默认的参考平面，系统进入草绘环境。

图 2-41　实体模型　　　　图 2-42　绘制草图　　　　图 2-43　创建三维特征

步骤3　选择命令。在"草绘"选项卡的"草绘"区域单击"投影"按钮 ▢ 投影，系统弹出如图 2-44 所示的"投影"工具条（与"偏移"工具条一样）。

步骤4　创建投影草图。选择如图 2-45 所示的模型边

图 2-44　"投影"工具条

线为投影对象，在"投影"工具条中单击 ▤ 按钮，系统弹出"链"对话框，选中"基于规则"选项，然后选中"完整环"选项，如图 2-46 所示，系统选择整个环边为投影对象，结果如图 2-47 所示。

> 💡 **说明：** 在"投影"操作中选择投影对象的方法与"偏移"命令是一样的，读者在操作时注意对比理解这两个命令。

图 2-45　选择投影对象

图 2-46　"链"对话框

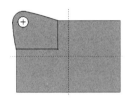

图 2-47　投影结果

2.2.2　辅助草绘工具

辅助草绘工具既是二维草图绘制参考，又是直接草绘工具的补充，主要包括构造中心线、几何中心线、构造模式及构造线、文本、选项板等。

（1）构造中心线

使用"构造中心线"作为绘制草图的基准或参考，在"草绘"选项卡的"草绘"区域使用 | 中心线 ▼ 下拉菜单绘制构造中心线及构造相切中心线，其绘制方法与 2.2.1 节介绍的直线及相切直线的绘制是完全一样的，只是线型不一样，下面具体介绍。

在"草绘"区域单击"中心线"按钮 | 中心线 ▼ ，在绘图区绘制如图 2-48 所示的两条正交中心线作为草图的基准线，这些中心线将作为草图绘制的基准。

在"草绘"区域单击 | 中心线 ▼ 下拉菜单中的 ╳ 中心线相切，在圆弧相切位置单击，系统创建如图 2-49 所示的构造相切中心线，这些相切中心线将作为草图绘制的参考线。

（2）几何中心线

使用"几何中心线"同样可以作为草图绘制的基准线或参考线，同时还可以作为旋转特征的旋转轴线、螺旋特征的中心轴线或基准轴线等。

在"草绘"选项卡的"基准"区域单击"中心线"按钮 | 中心线 ，在绘图区绘制两条正交几何中心线，绘制几何中心线结果如图 2-48 所示（与构造中心线结果一致），退出草图环境，此时几何中心线显示结果如图 2-50 所示，类似于基准轴。

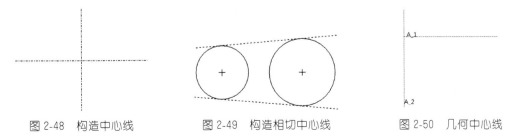

图 2-48　构造中心线　　　　图 2-49　构造相切中心线　　　　图 2-50　几何中心线

（3）构造模式及构造线

草图绘制中除了使用以上介绍的构造中心线或几何中心线作为辅助线以外，有时还需要更多的辅助线才能更准确地完成草图绘制，这种情况下需要使用"构造模式"绘制构造线。构造线主要用来绘制草图中的基准线、辅助线以及定位参考线。图 2-51 所示的是几种常见的构造线在草绘中的应用举例。

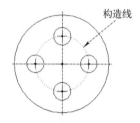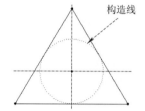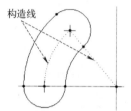

图 2-51　构造线在草绘中的应用举例

在 Creo 中绘制构造线主要有以下两种方法。

第一种方法是在"草绘"选项卡的"草绘"区域单击"构造模式"按钮 ，激活构造模式，激活构造模式后绘制的图形都是构造线，如图 2-52 所示。

第二种方法是直接使用草图绘制工具绘制需要的构造线（此时绘制的图形都是实线），如图 2-53 所示的正交直线，然后选中正交直线右键，在弹出的快捷菜单中选择"构造"命令 ，系统将直线转换成构造线，如图 2-54 所示。

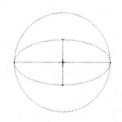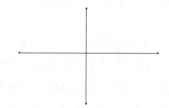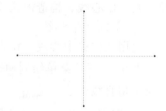

图 2-52　绘制构造线　　　　图 2-53　绘制正交直线　　　　图 2-54　转换构造线

（4）文本

使用"文本"命令在草图中绘制文字，下面具体介绍文本操作。

在"草绘"选项卡的"草绘"区域单击"文本"按钮 ，在图形区合适位置从下到上绘制一条竖直直线作为文本参考，此时系统弹出如图 2-55 所示的"文本"对话框。在"文本"区域选中"输入文本"选项，在其后的文本框中输入"卓宇创新"，此时在图形区绘制的文本参考线的右侧生成文本，如图 2-56 所示，单击"确定"按钮，结果如图 2-57 所示，使用文本中标注的尺寸可以调整文本字体大小及位置。

在绘制文本时，如果在绘制参考直线时是从上到下绘制的，此时将得到如图 2-58 所示的倒置文本；另外，在"输入文本"文本框右侧单击 按钮，系统弹出如图 2-59 所示的"文本符号"对话框，方便用户在输入文本时使用这些特殊文本符号。

在绘制文本时还需要注意文本字体的问题，在"字体"区域的"选择字体"下拉列表中设置文本字体，如图 2-60 所示。Creo 系统自带的文本字体比较少，为了丰富 Creo 字体库，可以将 Windows 字体库或网上下载的字体库复制到 Creo 字体库（默认地址为：D:\Program Files\PTC\Creo 9.0.2.0\Common Files\text\fonts）以扩充 Creo 字体库，如图 2-61 所示。

图 2-56　创建文本

图 2-55　"文本"对话框

图 2-57　调整字体大小及位置

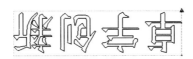

图 2-58　倒置文本

图 2-59　"文本符号"对话框

图 2-60　字体列表

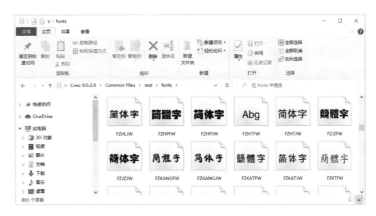

图 2-61　扩充字体库

说明：此处扩充的字体库在 Creo 的任何功能模块中都是有效的，比如将来在工程图中使用字体时同样可以使用这里扩充的字体库。

（5）选项板

在实际二维草图设计中经常需要绘制各种形状相似的草图，如常见多边形、常见星形等，如果每次遇到这样的草图都重新绘制显然是一种重复劳动，而且影响绘图效率。Creo草图环境提供了"选项板"工具，类似于一个草图库，就是将这些常见的草图形状收集起来供用户多次调用，下面具体介绍"选项板"工具的使用。

在"草绘"选项卡的"草绘"区域单击"选项板"按钮，系统弹出如图 2-62 所示的"草绘器选项板"对话框，对话框中包括多边形、轮廓、形状及星形等常见图形。将"星形"选项卡中的"五角星"拖放到绘图区即可在绘图区生成一个五角星草图，如图 2-63 所示，同时系统弹出如图 2-64 所示的"导入截面"操控板，用来调整导入图形的位置、比例及旋转角度，本例不做任何调整，直接单击"确定"按钮。

系统自带的选项板图形文件非常有限，只有少量的常见图形，用户根据实际绘图需要可以扩充选项板，下面具体介绍扩充选项板操作。

图 2-62 "草绘器选项板"对话框   图 2-63 导入草图截面

图 2-64 "导入截面"操控板

系统自带的选项板图形文件通常保存在 D:\Program Files\PTC\Creo 9.0.2.0\Common Files\text\sketcher_palette 文件夹中，为了扩充选项板及以后调用方便，需要先在该文件夹下新建一个新的图形文件夹，存放图形文件，如图 2-65 所示。

图 2-65 新建图形文件夹

新建图形文件夹后，接下来需要将绘制好的图形文件存放到以上创建的图形文件夹中方便以后随时调用，本例将 ch02 sketch\2.2\02\sketch_section 文件夹中的三个图形文件保存到图形文件夹中，如图 2-66 所示。

 说明：此处保存到选项板的图形文件必须在单独的草绘文件中绘制，也就是在"新建"对话框中新建"草绘"类型的文件进行绘制，否则无法扩充到选项板中。

图 2-66 保存图形文件

完成图形文件保存后，在"草绘"选项卡的"草绘"区域单击"选项板"按钮 ，系统弹出"草绘器选项板"对话框，对话框中包括新建的图形文件夹，如图 2-67 所示，选择"我的选项板"选项卡中的"S01"拖放到绘图区绘制如图 2-68 所示的图形。

图 2-67　选择图形文件

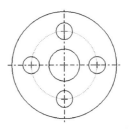

图 2-68　绘制的图形

2.2.3　草绘编辑工具

使用直接草绘工具及辅助草绘工具绘制的草图不一定就是最终需要的草图，有时还需要对草图进行必要的编辑以得到符合设计要求的草图，包括删除段、拐角、镜像、分割、旋转调整大小、复制/粘贴等。

（1）删除段

使用"删除段"命令修剪草图中的多余部分，在"草图"选项卡的"编辑"区域单击"删除段"按钮 ，对草图进行修剪，修剪方式有两种：

第一种方式是修剪草图中的单一对象，直接在草图多余部分单击，如图 2-69 所示，系统将鼠标单击的部位删除以达到修剪草图的目的，如图 2-70 所示。

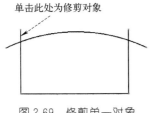

图 2-69　修剪单一对象

图 2-70　修剪单一对象结果

第二种方式是拖动一条轨迹，如图 2-71 所示，系统将与轨迹相交的草图部分删除，如图 2-72 所示，使用这种方法可以快速修剪草图中大量多余部位。

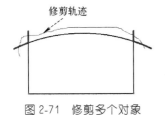

图 2-71　修剪多个对象

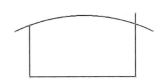

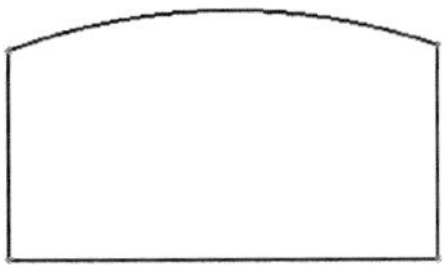

图 2-72　修剪多个对象结果

（2）拐角

实际草图绘制中经常会出现如图 2-73 所示的断开拐角及如图 2-74 所示的相交拐角，使用"拐角"命令将草图中断开的拐角或相交的拐角进行处理得到完整拐角。

在"草图"选项卡的"编辑"区域单击"拐角"按钮 ，选择如图 2-73 所示的断开拐角对象或如图 2-74 所示的相交拐角对象，结果如图 2-75 所示。

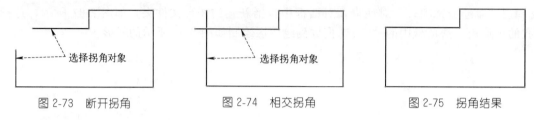

图 2-73　断开拐角　　　　图 2-74　相交拐角　　　　图 2-75　拐角结果

（3）镜像

使用"镜像"命令将草图对象沿着中心线对称复制得到完整的对称草图，这样做既可以简化草图的绘制，减少草绘工作量，提高草绘效率，又可以保证草图对称性。下面以如图 2-76 所示的草图为例介绍镜像草图操作。

步骤 1　打开练习文件 ch02 sketch\2.3\sketch303。

步骤 2　选择镜像对象。框选整个草图作为镜像对象。

步骤 3　创建镜像草图。在"草绘"选项卡的"编辑"区域单击"镜像"按钮 📏 镜像，选择图中竖直中心线为镜像轴线，完成镜像操作，结果如图 2-77 所示。

💡 **说明：** 镜像草图的镜像轴线既可以使用构造中心线，又可以使用一般的直线，但是最好使用构造中心线作为镜像轴线，这样更规范。

在实际草图绘制时，使用"镜像"命令除了对草图的一半进行镜像以外，还经常用来对草图中的局部结构（如图 2-78 所示）进行镜像，结果如图 2-79 所示。

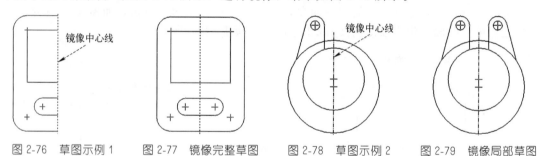

图 2-76　草图示例 1　　图 2-77　镜像完整草图　　图 2-78　草图示例 2　　图 2-79　镜像局部草图

（4）分割

使用"分割"命令将完整的草图对象进行分割打断。如图 2-80 所示的草图，需要在中心线与圆相交的四个位置将圆分割打断，下面以此为例介绍分割操作。

在"草绘"选项卡的"编辑"区域单击"分割"按钮 ⌐ 分割，在中心线与圆相交的四个位置单击确定分割位置，系统将圆分割成四个部分，结果如图 2-81 所示。

💡 **说明：** 在创建"混合"特征时经常需要使用"分割"命令对草图进行分割打断处理，使各混合草图的图元数相等，以保证混合特征的顺利创建。

（5）旋转调整大小

使用"旋转调整大小"命令对草图对象进行旋转或比例缩放。如图 2-82 所示的草图，需要将圆内部的图形缩放到原图的 0.8 倍，同时旋转 45°得到如图 2-83 所示图形，下面以此为例介绍旋转调整大小操作。

首先选择圆内部的草图对象，在"草绘"选项卡的"编辑"区域单击"旋转调整大小"按钮 🔄 旋转调整大小，系统弹出如图 2-84 所示的"旋转调整大小"操控板，在 △ 文本框中输入旋转角度45°，在 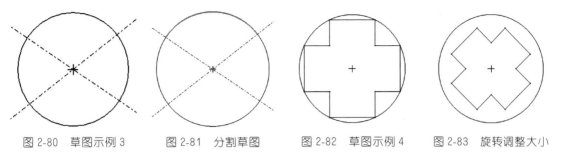文本框中输入缩放比例0.8，单击"确定"按钮 ✔。

图 2-80 草图示例 3   图 2-81 分割草图   图 2-82 草图示例 4   图 2-83 旋转调整大小

图 2-84 "旋转调整大小"操控板

（6）复制/粘贴

使用"复制/粘贴"命令可以对绘制的草图对象进行复制粘贴操作，然后在同一个草图文件，或者不同的草图文件（甚至不同文件类型）之间进行共享，大大提高了草图利用率。

如图 2-85 所示的草图，需要对草图进行处理得到如图 2-86 所示的结果，这种情况可以首先复制草图并旋转90°，然后将草图中的多余部分删除，下面具体介绍。

步骤 1 打开练习文件 ch02 sketch\2.3\sketch306。

步骤 2 复制草图。使用鼠标框选整个草图作为复制对象，在"草绘"选项卡的"操作"区域单击"复制"按钮 📋（或 Ctrl＋C），完成草图复制。

步骤 3 粘贴草图。在"草绘"选项卡的"操作"区域单击"粘贴"按钮 📋（或 Ctrl＋V），在图形区合适位置单击以粘贴草图，如图 2-87 所示。

图 2-85 草图示例 5   图 2-86 草图处理结果   图 2-87 粘贴草图

步骤 4 移动旋转并整理草图。粘贴草图后，系统弹出如图 2-88 所示的"粘贴"操控板，首先选中草图的 ⊗ 位置将草图拖放到与原图原点重合的位置，然后在 ⚼ 文本框中输入旋转角度90°，在 ➚ 文本框中输入缩放比例1，如图 2-89 所示，单击"确定"按钮 ✔，结果如图 2-90 所示，最后将多余部分删除，结果如图 2-86 所示。

💡 **说明**：在粘贴草图时，一定要在确定草图之前拖动草图 ⊗ 位置移动草图，确定草图后，草图的位置就不能准确地移动了。

图 2-88 "粘贴"操控板

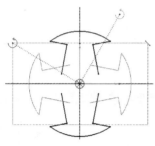

图 2-89 移动旋转草图

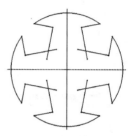

图 2-90 移动旋转结果

2.3 二维草图几何约束

草图几何约束就是指草图中图元和图元之间的几何关系，比如水平、竖直、相切、垂直、平行、对称等。草图几何约束是二维草图三大要素中一个非常重要的要素。而且也是一个最难处理的要素，同时也是三大要素中唯一一个不可见的要素。在具体草图绘制过程中需要根据草图设计意图分析草图中的约束条件，然后在 Creo 中使用"几何约束"命令添加合适的约束条件。

在 Creo 草图环境中，使用"草绘"选项卡"约束"区域的命令添加几何约束，包括九种几何约束：竖直约束、水平约束、垂直约束、相切约束、中点约束、重合约束、对称约束、相等约束、平行约束，如图 2-91 所示。

（1）竖直约束

使用竖直约束既可以约束某条直线竖直，也可以约束两个顶点在竖直方向对齐。

如图 2-92 所示的草图，在"草绘"选项卡的"约束"区域单击"竖直"按钮

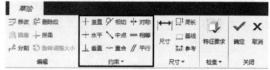

图 2-91 约束工具

┼ 竖直，选择如图 2-92 所示的倾斜直线，结果如图 2-93 所示（倾斜直线变竖直）；如果选中如图 2-92 所示的两个端点，结果如图 2-94 所示（两点竖直对齐）。

图 2-92 竖直约束

图 2-93 约束直线竖直

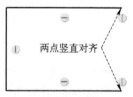

图 2-94 约束点竖直对齐

> 💡 **说明**：添加几何约束后，系统会在约束对象附近添加相应的约束符号，在草绘环境的"前导"工具条中展开 菜单，选中 ☑ ⅃⁄ 约束显示 选项显示几何约束符号，取消选中 ☐ ⅃⁄ 约束显示 选项隐藏几何约束符号。

（2）水平约束

使用水平约束既可以约束某条直线水平，也可以约束两个顶点在水平方向对齐。

如图 2-95 所示的草图，在"草绘"选项卡的"约束"区域单击"水平"按钮 ┼ 水平，选择如图 2-95 所示的倾斜直线，结果如图 2-96 所示（倾斜直线变水平）；如果选中如图 2-95 所示的两个端点，结果如图 2-97 所示（两点水平对齐）。

图 2-95　水平约束　　　　图 2-96　约束直线水平　　　　图 2-97　约束点水平对齐

（3）垂直约束

使用垂直约束约束两条直线相互垂直。

如图 2-98 所示的草图，在"草绘"选项卡的"约束"区域单击"垂直"按钮 ┴ 垂直，选择如图 2-98 所示的两条斜线，系统约束两条斜线垂直，如图 2-99 所示。

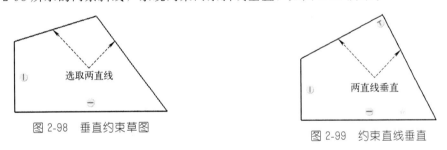

图 2-98　垂直约束草图　　　　　　　图 2-99　约束直线垂直

（4）相切约束

使用相切约束约束圆弧与圆弧或圆弧与直线相切。

如图 2-100 所示的草图，在"草绘"选项卡的"约束"区域单击"相切"按钮 ♀ 相切，选择如图 2-100 所示的圆弧与圆弧，结果如图 2-101 所示（圆弧与圆弧相切）；如果选中如图 2-100 所示的圆弧与直线，结果如图 2-102 所示（圆弧与直线相切）。

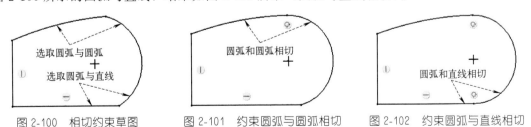

图 2-100　相切约束草图　　　图 2-101　约束圆弧与圆弧相切　　　图 2-102　约束圆弧与直线相切

（5）中点约束

使用中点约束将点约束在直线中点位置。

如图 2-103 所示的草图，在"草绘"选项卡的"约束"区域单击"中点"按钮 ↖ 中点，选择如图 2-103 所示的两条斜线，系统约束圆心在直线中点，如图 2-104 所示。

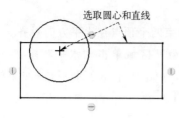

图 2-103　中点约束草图

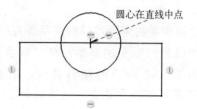

图 2-104　约束圆心在直线中点

（6）重合约束

使用重合约束既可以约束两个顶点重合，又可以约束两条直线共线。

如图 2-105 所示的草图，在"草绘"选项卡的"约束"区域单击"重合"按钮 ↦ 重合，选择如图 2-105 所示的两个顶点，结果如图 2-106 所示（两个顶点重合）；如果选中如图 2-105 所示的两条直线，结果如图 2-107 所示（两条直线共线）。

图 2-105　重合约束草图　　　　图 2-106　约束顶点重合　　　　图 2-107　约束直线共线

（7）对称约束

使用对称约束约束两个顶点关于中心线对称。

如图 2-108 所示的草图，在"草绘"选项卡的"约束"区域单击"对称"按钮 ⊹ 对称，选择如图 2-108 所示的上部两个顶点及中心线，结果如图 2-109 所示（上部两个顶点关于中心线对称）；相同方法选择如图 2-108 所示的下部两个顶点及中心线，结果如图 2-109 所示（下部两个顶点关于中心线对称）。

💡 **说明：** 在 Creo 中只能添加两个点的对称，不能直接约束两直线或两圆弧对称，如果要约束两直线对称，只能分别约束两直线上两对点对称，圆弧对称类似。

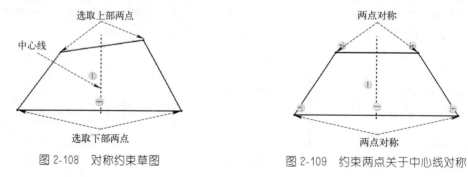

图 2-108　对称约束草图　　　　　　图 2-109　约束两点关于中心线对称

（8）相等约束

使用相等约束既可以约束两条直线等长又可以约束两个圆弧或圆等半径。

如图 2-110 所示的草图，在"草绘"选项卡的"约束"区域单击"相等"按钮 ═ 相等，选择如图 2-110 所示的两条直线，结果如图 2-111 所示（两条直线相等）；如果选中如

图 2-110 所示的两个圆弧或两个圆，结果如图 2-112 所示（圆弧及圆等半径）。

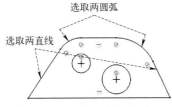

图 2-110 相等约束草图

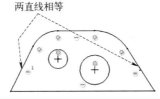

图 2-111 约束直线相等

图 2-112 约束圆弧及圆相等

（9）平行约束

使用平行约束约束两条直线平行。

如图 2-113 所示的草图，在"草绘"选项卡的"约束"区域单击"平行"按钮 ∥ 平行，选择如图 2-113 所示的两条直线，系统约束两条直线平行，如图 2-114 所示。

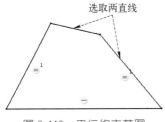

图 2-113 平行约束草图

图 2-114 约束直线平行

2.4 二维草图尺寸标注

尺寸标注也是二维草图中一个重要的要素，同时也是产品设计过程中一项非常重要的设计参数，体现设计者的重要设计意图，而且直接关系到产品的制造与使用，所以我们必须对产品中的每个结构标注合适的尺寸参数。产品设计过程中的尺寸参数绝大部分是在二维草图中标注的，可见二维草图尺寸标注的重要性。

2.4.1 尺寸类型

Creo 草图环境中的尺寸类型包括弱尺寸和强尺寸两种，下面具体介绍。

① 弱尺寸。在 Creo 中绘制的任何草图对象，系统都会自动添加若干尺寸标注（默认情况下这些尺寸颜色为浅蓝色），如图 2-115 所示。这些尺寸是软件系统根据绘制图元的实际大小标注的，相当于初始尺寸或草稿尺寸，这些尺寸称为弱尺寸。

② 强尺寸。弱尺寸经过修改或用户手动标注的尺寸（默认情况下这些尺寸颜色为深蓝色），如图 2-116 所示，这些尺寸称为强尺寸。

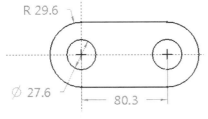

图 2-115 草图中的弱尺寸

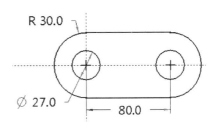

图 2-116 草图中的强尺寸

选中弱尺寸右击，在弹出的快捷菜单中选择 命令，可以将弱尺寸转换成强尺寸，弱尺寸不能人为删除，强尺寸可以人为删除。每添加一个强尺寸，系统会自动删除一个弱尺寸，总的目的是保证草图中的尺寸不多不少刚好将草图完全标注。

2.4.2 尺寸标注

实际草图绘制时，如果系统自动标注了设计所需的初始尺寸（弱尺寸），这种情况下直接修改这些弱尺寸就能得到最终需要的设计尺寸（强尺寸）；如果系统没有标注设计所需的尺寸，这种情况下就需要用户手动标注尺寸，然后修改这些尺寸得到最终需要的设计尺寸。在"草绘"选项卡的"尺寸"区域单击

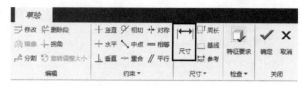

图 2-117　尺寸标注命令

"尺寸"按钮 ，手动标注尺寸，如图 2-117 所示。下面具体介绍常用的尺寸标注操作。

> **说明**：在标注尺寸之前需要首先显示尺寸，在草绘环境的"前导"工具条中展开 菜单，选中 ☑ 尺寸显示 选项显示尺寸标注，取消选中 □ 尺寸显示 选项隐藏尺寸标注。

（1）标注直线长度

单击"尺寸"按钮 ，然后选择要标注的直线对象，在放置尺寸的地方单击鼠标中键完成直线长度尺寸的标注，如图 2-118 所示。

（2）标注两点之间的距离

单击"尺寸"按钮 ，然后选择两点对象，可以标注两点之间的水平尺寸，也可以标注两点之间的竖直尺寸，移动鼠标来确定是标注竖直尺寸还是水平尺寸（将鼠标移动到标注对象的左侧或右侧可以标注竖直尺寸，将鼠标移动到标注对象上方或下方可以标注水平尺寸），最后在放置尺寸的位置单击鼠标中键，如图 2-119 所示。

（3）标注两平行线间的距离

单击"尺寸"按钮 ，依次选择两平行直线对象，在放置尺寸的位置单击鼠标中键，完成两条平行直线间距离尺寸的标注，如图 2-120 所示。

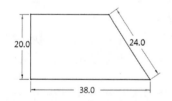
图 2-118　标注直线长度

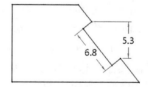
图 2-119　标注两点间距离

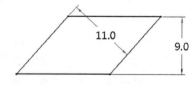
图 2-120　标注两平行直线间距离

（4）标注两线间的夹角尺寸

单击"尺寸"按钮 ，然后依次选择两条直线对象，在放置尺寸的位置单击鼠标中键（一般在夹角中的某一个位置），完成两条线间夹角尺寸的标注，如图 2-121 所示。

（5）标注圆弧直径和半径尺寸

单击"尺寸"按钮 ，在需要标注直径的圆弧上双击鼠标，在放置尺寸的位置单击鼠标中键，完成圆弧直径的标注。在需要标注半径的圆弧上单击鼠标，在放置尺寸的位置单击鼠标中键，完成半径的标注，如图 2-122 所示。

（6）标注两圆弧间的极限尺寸

单击"尺寸"按钮|↔|，分别单击两圆弧的标注位置，如果需要标注两圆弧的最大位置，就在两圆弧的最大位置单击，否则就在最小位置单击，然后在放置尺寸的位置单击鼠标中键，完成尺寸标注，如图 2-123 所示。

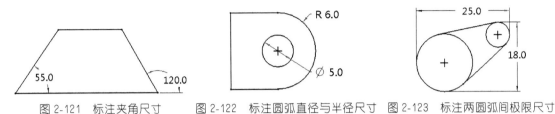

图 2-121　标注夹角尺寸　　　图 2-122　标注圆弧直径与半径尺寸　　图 2-123　标注两圆弧间极限尺寸

（7）标注对称尺寸

对于回转结构的设计，在绘制旋转截面草图时，如果标注如图 2-124 所示的尺寸（相当于标注的是回转截面的半径尺寸）则不符合回转零件设计要求与规范，需要标注如图 2-125 所示的尺寸（相当于回转截面直径尺寸）。

单击"尺寸"按钮|↔|，按照直线—中心线—直线的先后顺序单击草图对象，然后在放置尺寸的位置单击鼠标中键，完成对称尺寸标注，结果如图 2-125 所示。

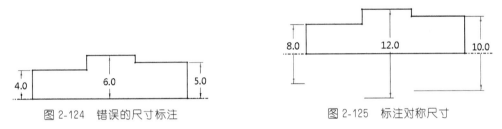

图 2-124　错误的尺寸标注　　　　　　　　　图 2-125　标注对称尺寸

2.4.3　尺寸修改

尺寸修改包括两种方法：一种是直接修改；另一种是使用"修改"命令进行批量修改。下面具体介绍这两种尺寸修改方法。

（1）直接修改尺寸

完成尺寸标注后双击尺寸即可直接修改，如图 2-126 所示的草图，双击草图中的尺寸修改尺寸，结果如图 2-127 所示。

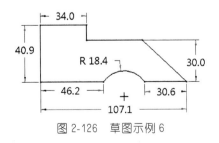

图 2-126　草图示例 6

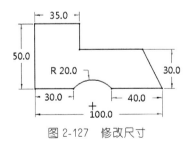

图 2-127　修改尺寸

在修改草图尺寸时一定要注意草图结构问题，因为草图结构在一定程度上影响着尺寸的修改。如图 2-127 所示的草图，现在修改草图中的尺寸 100，从草图结构来看，该尺寸等于尺寸 30 加上尺寸 40，再加上半径为 20 的圆弧的弦长，因为这些尺寸都定了，所以尺寸 100 的修改就会受到这些尺寸的限制。

假设当半径为 20 的圆弧刚好没有时（圆弧弦长为 0），此时是尺寸 100 能够修改的最小尺寸；当半径为 20 的圆弧刚好为半圆时（圆弧弦长为 40），此时是尺寸 100 能够修改的最大尺寸。所以尺寸 100 修改的范围为 70～110，只要修改的值在这个范围之内就可以正常修改，如果超出这个范围就不能修改。

（2）批量修改尺寸

在草图中选中需要修改的尺寸，然后在"草绘"选项卡的"编辑"区域单击"修改"按钮，如图 2-128 所示，系统弹出如图 2-129 所示的"修改尺寸"对话框，使用该对话框批量修改草图中的尺寸。

使用"修改尺寸"对话框修改草图尺寸时，如果选中"重新生成"选项，则表示每修改一个尺寸值，系统都会更新草图，这样可能会导致草图发生很大的变化。如果取消选中"重新生成"选项，则表示只修改尺寸值但不更新草图，这样可以在修改完所有尺寸值后一次性再生，从而不会导致草图发生很大变化。

图 2-128　修改尺寸命令

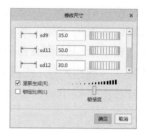

图 2-129　"修改尺寸"对话框

2.4.4　尺寸冲突问题

尺寸冲突，包括尺寸与尺寸之间的冲突以及尺寸与几何约束之间的冲突。无论是哪种冲突，根本原因都是草图中存在不合理的尺寸或约束，我们只需要将这些不合理的尺寸或约束删除就可以解决尺寸冲突的问题。

另外，在标注草图尺寸的时候一定不要形成封闭尺寸，这样也会出现尺寸冲突的问题。如图 2-130 所示的草图，草图中已经标注了一些尺寸，如果我们再去标注如图 2-131 所示的尺寸 20，就会出现尺寸冲突，其根本原因就是尺寸 20 与草图中的 30、半径 15 及 80 三个尺寸形成了封闭尺寸。

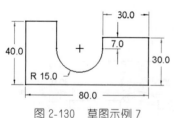

图 2-130　草图示例 7

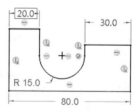

图 2-131　添加尺寸

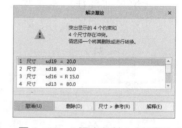

图 2-132　"解决草绘"对话框

草图中一旦出现尺寸冲突，系统将草图中出现尺寸冲突的相关约束与尺寸显示为红色，如图 2-131 所示，同时系统弹出如图 2-132 所示的"解决草绘"对话框，在该对话框中显示出与当前标注尺寸存在冲突的约束与尺寸标注。

解决尺寸冲突问题的方法主要有以下三种：

第一种方法是在"解决草绘"对话框中单击"撤消"按钮，表示撤消当前标注的尺寸，也就是接受原草图中的尺寸标注。

第二种方法是从"解决草绘"对话框中选中不需要的冲突尺寸，然后单击"删除"按钮，表示删除一个冲突尺寸以解决草图尺寸冲突。

第三种方法是从"解决草绘"对话框中选中一个不用修改的冲突尺寸，然后单击"尺寸＞参考"按钮，表示将选中的冲突尺寸设置为参考尺寸，如图 2-133 所示（草图中带"参考"字样的尺寸）。

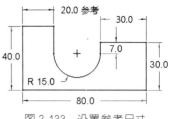

图 2-133 设置参考尺寸

2.4.5 尺寸标注要求与规范

在实际绘图设计中，关于尺寸标注主要有以下两种情况：

第一种情况就是根据已有的设计资料（如图纸）进行尺寸标注。这种情况下进行尺寸标注不用做什么考虑，直接根据图纸要求进行标注就可以。图纸要求在什么地方标注就在什么地方标注，图纸要求标注什么类型的尺寸就标注什么类型的尺寸。标注完所有尺寸后，再根据图纸中尺寸放置位置对尺寸标注进行整理，使草图中所有尺寸放置位置与图纸一致，这样方便对尺寸进行检查与修改。

另外一种情况就是从无到有进行完全自主设计，手边没有任何设计资料，草图中的每个尺寸都需要设计者自行标注。这种情况下的尺寸标注就比较灵活，也比较自由，但是要求也更高，绝对不能随便标注，一定要注意尺寸标注的规范性要求。

尺寸标注要求及规范主要包括以下几点。

（1）尺寸标注基本要求

对于距离尺寸、长度尺寸直接选择图元标注线性尺寸，对于圆弧（小于半圆的非整圆）一般标注半径尺寸，对于整圆一般标注直径尺寸，对于斜度结构一般标注角度尺寸，所以如图 2-134 所示的草图尺寸标注是不合理的，正确的尺寸标注如图 2-135 所示。

（2）所有尺寸标注要便于实际测量

如图 2-136 所示的草图，水平尺寸 49 是从圆角与直边切点到对称中心的距离尺寸，竖直尺寸 56 是两端圆角与直边切点之间的距离尺寸，水平尺寸 13 是圆角两端切点之间的水平距离尺寸，这些尺寸在实际中均不太容易测量，所以这些标注都是不合理的，正确的标注如图 2-137 所示，此时图形中的尺寸便于实际测量。

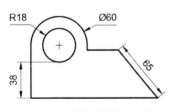

图 2-134 不合理的尺寸标注

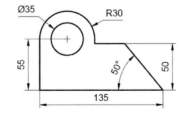

图 2-135 合理的尺寸标注

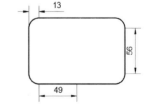

图 2-136 不方便实际测量

（3）所有尺寸要就近标注

在标注图形尺寸时，标注每一段元尺寸时，尽量将标注尺寸放置在相应图元对象附近，不要离得太远，否则影响看图。如图 2-138 所示的草图尺寸标注，所有尺寸标注均远离相应图元对象，导致无法准确看清标注对象，造成读图困难，应该将各尺寸标注到如图 2-139 所示的位置，此时尺寸就近标注，便于读图。

（4）重要的尺寸参数一定要直接标注在草图中，不要间接标注

如图 2-140 所示的图形，圆弧圆心到底边的竖直尺寸是一个非常重要的尺寸，需要直接

体现在图形标注中，但是在图 2-140 所示的标注中并没有直接标注出来，而是标注了 32 这个尺寸，虽然图形中尺寸 32 加上尺寸 21 就是这个重要尺寸，但是这种标注方法属于间接标注，不便于直观读图，应该按照如图 2-141 所示的方式直接标注 53 这个尺寸。

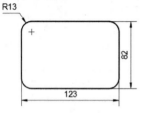

图 2-137　方便实际测量

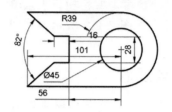

图 2-138　尺寸标注远离图元对象

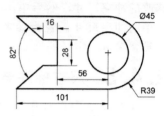

图 2-139　就近标注尺寸

　　另外，在草图标注中，很多时候需要标注草图的总体尺寸，比如总高尺寸、总宽尺寸等，这样在看图时就能够直观了解草图整体大小。如图 2-142 所示的图形，如果要标注草图总高尺寸 79，这样导致尺寸 79 与尺寸 21 和 53 出现封闭尺寸问题，这种情况下可以将尺寸 79 标注为参考尺寸（带括号的尺寸）。

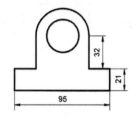

图 2-140　重要尺寸间接标注

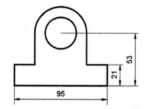

图 2-141　重要尺寸直接标注

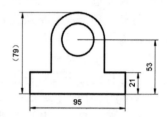

图 2-142　重要尺寸标注为参考尺寸

　　（5）尺寸标注要符合一些典型结构设计要求

　　在一些典型图形设计中，尺寸标注一定要符合典型图形设计的特殊要求，使这些图形设计更加规范。如图 2-143 所示的直槽口草图，如果用在一般的图形设计中，该图的尺寸标注是没有问题的，但是如果用在键槽设计中，这种标注就不规范。同样的直槽口草图，用于键槽设计时，一定要按照图 2-144 所示的方式进行标注，其中尺寸 150 表示键槽的长度尺寸，尺寸 60 表示键槽宽度尺寸。

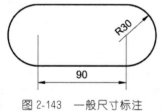

图 2-143　一般尺寸标注

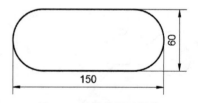

图 2-144　键槽尺寸标注

2.5　二维草图完全约束

　　任何一个空间（二维空间或三维空间）都是无限广阔的，存在于空间中的任何一个对象，都必须是唯一确定的，这里的唯一确定必须包括两层含义：一是对象在空间中的位置必须是唯一确定的；二是对象的形状必须是唯一确定的。缺少其中任何一点，都会导致对象不是唯一确定的，不唯一确定的对象是无法存在于空间中的！

　　对于二维空间中的平面草图，也必须是唯一确定于二维空间的，像这种唯一确定的草图就叫作全约束草图。我们绘制的任何一个草图都必须是全约束的草图！否则绘制的草图就一定是有问题的。

如图 2-145 所示的二维草图，没有对草图形状进行尺寸标注，也没有用来控制草图与坐标轴之间关系的约束或尺寸，所以该草图是一个不确定的草图，是一个不完全约束的草图。在草图中添加如图 2-146 所示的尺寸标注，这样，草图的形状是确定的，但是草图与坐标轴之间没有任何关系，也就是说草图的位置是不确定的，草图同样是一个不完全约束的草图。

下面继续对以上草图进行控制，我们在草图中添加如图 2-147 所示的两个尺寸标注，用来控制草图与坐标轴之间的距离，这样，草图的位置也就完全确定下来了，再加上之前草图的形状已经确定了，所以，此时的草图是一个全约束的草图。另外，还可以在草图中添加如图 2-148 所示的两个几何约束，将草图的某些轮廓边线约束到与坐标轴平齐的位置，也可以使草图完全约束。

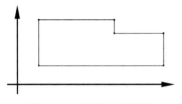

图 2-145 不确定的草图

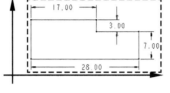

图 2-146 仅形状确定的草图

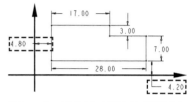

图 2-147 添加尺寸标注使草图固定

在 Creo 中判断草图是否完全约束可以从草图形状和草图位置是否完全确定来进行判断，另外一个更直观的方法是看草图中是否还存在弱尺寸，如果草图中存在弱尺寸就说明草图不完全约束，如果草图中的尺寸全部为强尺寸，那么草图就是完全约束的。

如果使用没有完全约束的草图来设计其他的结构，将会导致其他结构不确定！不确定的结构只能存在于理论设计阶段，而无法存在于实际中！因为不确定的东西是没法

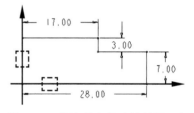

图 2-148 添加几何约束使草图固定

被制造出来的，所以，任何一个设计人员在使用 Creo 软件进行设计时，一定要保证每个结构中的每个草图完全约束！

2.6 二维草图设计方法与技巧

二维草图设计最重要的问题就是要注意草图设计方法与技巧，其实关键就是要处理好二维草图轮廓绘制、几何约束处理及草图尺寸标注的问题。只有理解了二维草图设计方法与技巧，才能够更高效、更规范完成二维草图绘制，才能提高产品设计效率。

2.6.1 二维草图绘制一般过程

二维草图的绘制贯穿整个产品设计阶段，对产品设计的重要性是不言而喻的，那么我们应该如何规范而高效地绘制草图呢？我们一定要注意在 Creo 中进行草图设计的一般过程！在 Creo 二维草图设计环境进行二维草图绘制的一般流程如下。

① 分析草图。分析草图的形状，草图中的约束关系以及草图中的尺寸标注。

② 绘制草图大体轮廓。以最快的速度绘制草图大体轮廓，不需要绘制过于细致。

③ 处理草图中的几何约束。先删除无用的约束，然后添加有用的约束。

④ 标注草图尺寸。按照设计要求或者图纸中的尺寸标注，标注草图中的尺寸。

⑤ 整理草图。按照机械制图的规范整理草图中的尺寸标注。

2.6.2 分析草图

在开始任何一项工作或项目之前，首先一定要对这项工作或项目做一定的分析，而不要急于开始工作或项目，这是一个很好的工作习惯。待我们将工作或项目分析清楚了，再开始一定会达到事半功倍的效果，盲目地开始工作，只会事倍功半！

草图设计亦是如此，而且对草图的前期分析直接关系到后面草图绘制的全过程是否能够顺利进行，对草图的分析主要从以下几个方面入手。

（1）分析草图的总体结构特点

分析草图的总体结构特点，对草图做到心中有数，胸有成竹，能够帮助我们快速得出一个可行的草图绘制方案，同时也能够帮助我们快速完成草图大体轮廓的绘制。

（2）分析草图的轮廓形状

分析草图的轮廓形状时需要特别注意草图中的一些典型结构，比如圆角，还有"直线—圆弧—直线相切""圆弧—圆弧—圆弧相切"以及"直线—圆弧—圆弧相切"等结构。这些典型的草图结构都具有独特的绘制方法与技巧，灵活运用这些独特的绘制方法与技巧，能够大大提高草图轮廓绘制效率。

（3）分析草图中的几何约束

草图中的几何约束就是草图中各图元之间的几何关系，一般比较常见的有对称关系、平行关系、相等关系、共线关系、等半径关系、相切关系、竖直和水平关系等。分析清楚了草图中的几何约束关系才能更快更好地处理草图中的约束问题。

草图中的几何约束往往是最难分析也是最难把握的，因为草图中的几何约束关系属于草图中的一种隐含属性，不像草图轮廓和草图尺寸那么明显，需要绘制草图的人自行分析与判断。一般根据产品设计要求、草图结构特点以及草图中标注的尺寸来分析草图中的几何约束，而且分析的结果因人而异，只要能够将草图约束到需要的状态即可，可能有多种添加约束的具体方法。

在分析草图约束时，可以一个图元一个图元地去分析，分析每个图元的约束关系，当然也要注意一些方法和技巧，比如说，一般情况下，圆角不用考虑约束，因为圆角的约束是固定的，就是两个相切，除此以外需要分析的就是圆角半径值了。对于一般圆弧，我们主要看两点，一点是圆弧与圆弧相连接的图元之间的关系，一般情况下相切的情况比较多，第二点要看的就是圆弧的圆心位置，最后就是圆弧的半径值，注意这几点草图约束就很容易分析了。

（4）分析草图中的尺寸

首先，通过尺寸分析，能够直观看出草图整体尺寸大小，帮助我们在绘制轮廓时确定轮廓比例；其次，就是看看草图中哪些地方需要标注尺寸，方便我们快速标注草图尺寸。总之，分析草图的最终目的就是要对草图非常了解，做到胸有成竹，也是为下一步做好铺垫！

2.6.3 绘制草图大体轮廓

草图大体轮廓就是指草图的大概轮廓形状，我们开始绘制草图时，往往不需要绘制得很细致，只需要绘制一个大概的形状就可以了。因为在产品最初的设计阶段，工程师一般是没有很精确的形状及尺寸的，只有一个大概的图形甚至一个大概的"想法"。所以，绘制草图时先绘制草图大概形状，然后经过后续的步骤使草图具体化是有一定道理的。

（1）草图绘制效率

实际上，做产品结构设计，其中 $70\% \sim 80\%$（甚至更多）的时间都是在绘制二维草图，所以，只要二维草图绘制得快，那么产品结构设计自然就快，要想提高设计效率，就一定要提高草图绘制速度。经验告诉我们，影响草图绘制速度最主要的原因就是草图轮廓的绘制以及草图约束的处理，其中最能够有效提高草图绘制速度的就是草图轮廓的绘制。所以在绘制草图轮廓时一定要快，不要绘制得过于细致，因为不论草图轮廓绘制得多么细致，后面的工作还是要一步一步去做，所以绘制细致的草图轮廓就没有太大的意义，反而浪费了很多时间。一般地，对于草图大体轮廓的绘制控制在数秒以内就比较合理了。

（2）绘制草图基准及辅助参考线

首先确定草图的尺寸大小基准，这一点对于草图的绘制非常重要，特别是结构复杂的草图，绘制草图轮廓时不注意尺寸大小，会对后面的工作带来很大的影响。快速确定尺寸大小的方法是先在草图中找一个比较有代表性的图元，根据草图中标注的尺寸（或者估算的尺寸）将其绘制在草图平面相应的位置（相对于坐标原点的位置），然后以此基准作为参照绘制草图的大体轮廓。

绘制草图基准参考图元时尽量选择草图中的完整图元，如圆、椭圆、矩形等，并且要注意该基准参考图元相对于坐标轴的位置关系，同时要按照设计草图标注基准参考图元的尺寸。如图 2-149 所示的连接片截面草图，在绘制大体轮廓时就应该选择草图中直径为 55 的圆为基准参考图元，如图 2-150 所示，然后在该基准参考图元的基础上绘制草图大体轮廓，结果如图 2-151 所示。

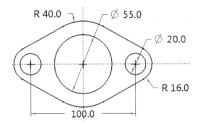

图 2-149　连接片截面草图

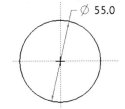

图 2-150　绘制基准参考图元

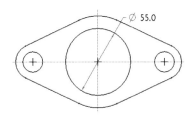

图 2-151　绘制草图大体轮廓

如果草图中没有合适的较为完整的图元作为基准参考图元，可以根据草图尺寸大小估算一个草图图元作为基准参考图元。如图 2-152 所示的面板盖截面草图，在绘制大体轮廓时可以根据草图整体宽度绘制如图 2-153 所示的直线（长度为 70）作为基准参考图元，然后在该参考图元的基础上绘制草图大体轮廓，如图 2-154 所示。

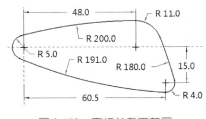

图 2-152　面板盖截面草图

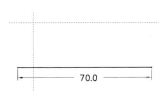

图 2-153　绘制基准参考图元

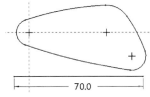

图 2-154　绘制草图大体轮廓

为了辅助草图轮廓的绘制或对草图进行特殊尺寸的标注，需要在草图中绘制一些参考辅助线，这个时候就需要先绘制这些参考辅助线，在参考辅助线基础上再去绘制草图中的其他结构，这样能够大大提高草图轮廓的准确性，也为后续工作做好铺垫。

如图 2-155 所示的吊摆草图，草图中的一段半径为 135 的圆弧的主要作用是对草图结构进行定位，像这种对草图起定位作用的图元一般叫作辅助线，在绘制草图时，应该先绘制这些辅助线，如图 2-156 所示，再将辅助图元变成构造图元，如图 2-157 所示。

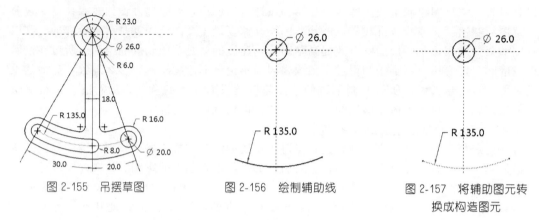

图 2-155　吊摆草图　　　　图 2-156　绘制辅助线　　　　图 2-157　将辅助图元转
换成构造图元

（3）草图大体轮廓的把握

虽然说是草图的大体轮廓，但是也不要绘制得太"大体""太随意"了，否则会给后面的操作带来不必要的麻烦，也会严重影响后面草图的绘制，从而影响草图绘制效率。在绘制草图大体轮廓时一定要注意以下两点：

① 一定要控制草图轮廓相对于草图坐标轴或草图主要参考对象之间的位置。如图 2-158 所示的垫片截面草图，在绘制该草图大体轮廓时，要注意草图轮廓相对于坐标轴的位置，图 2-159 所示的草图轮廓与坐标轴偏差太大，对草图后期的处理影响很大，而图 2-160 所示的坐标轴位置关系就比较好。

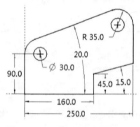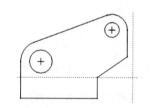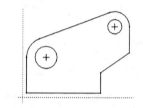

图 2-158　垫片截面草图 1　　　图 2-159　与坐标轴偏差太大　　　图 2-160　与坐标轴位置合适

② 一定要把握好草图大体轮廓与草图最终结构的相似性。如图 2-161 所示的吊钩截面草图，在绘制该草图大体轮廓时，要注意草图轮廓的相似性，相似性越高，绘制草图就越顺利，所以在绘制草图大体轮廓时要时刻注意草图与设计草图之间的相似性，如果不注意相似性，草图后期处理会比较困难，比如无法添加约束、无法修改标注的尺寸等，特别是圆弧结构比较多的草图。如图 2-162 所示的草图相似性控制得比较好，如图 2-163 所示的草图相似性控制得就不是很好，这样会严重影响草图后期的处理。

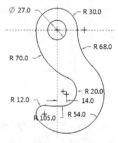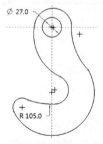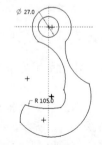

图 2-161　吊钩截　　　图 2-162　草图相似性　　　图 2-163　草图相似性控制
面草图　　　　　控制得比较好　　　　得比较差

（4）对称与非对称结构草图的绘制

如果草图为非对称结构，则按照一般的方法来绘制。如果是对称结构，那么在绘制草图大体轮廓时就有两种方法：一种是使用对称方式来绘制；另一种就是使用一般的方法来绘制。这一点很重要，直接关系到草图绘制的总体把握，而且，草图对称与不对称这两种绘制方法存在很大区别。

需要注意的是，对于对称草图，不一定非要按照对称方式来绘制，一般对于复杂的对称草图，特别是圆弧结构比较多或者对称性比较高的草图最好使用对称方式绘制，这样能够大大减少草图绘制工作量，提高草图绘制速度。如图 2-164 所示的垫片截面草图，草图结构比较复杂，而且草图对称性比较好（上下左右分别关于水平中心线和竖直中心线对称），在绘制草图轮廓时就应该使用对称的方式来绘制，先绘制如图 2-165 所示的四分之一草图，然后对草图进行镜像得到完整草图轮廓，如图 2-166 所示。

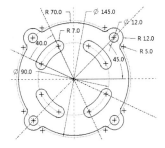

图 2-164　垫片截面草图 2

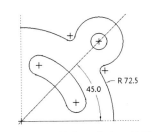

图 2-165　绘制四分之一草图

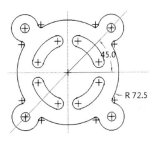

图 2-166　镜像草图轮廓

而对于一些简单的对称草图，一般是直接来绘制的，然后通过几何约束使草图对称。对简单的草图使用对称方式绘制反而使草图绘制复杂化。如图 2-167 所示的燕尾槽滑盖截面草图，属于结构简单的草图，不用使用对称方式来绘制，应该直接绘制如图 2-168 所示的草图大体轮廓，然后使用几何约束使草图对称，如图 2-169 所示。

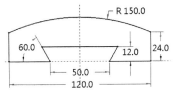

图 2-167　燕尾槽滑盖截面草图

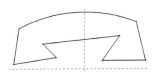

图 2-168　直接绘制草图大体轮廓

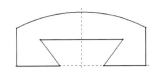

图 2-169　约束草图轮廓对称

另外，对于对称结构的草图，有时根据草图的结构特点，我们还会采用局部对称的方式来绘制。在绘制如图 2-170 所示的垫片截面草图轮廓时可以先绘制如图 2-171 所示的局部结构，然后对该局部结构进行镜像得到如图 2-172 所示的整个草图轮廓。总之，草图的绘制一定要活学活用。

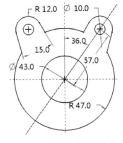

图 2-170　垫片截面草图 3

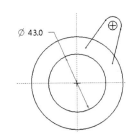

图 2-171　绘制局部镜像部位

图 2-172　对草图局部进行镜像

（5）典型草图结构的绘制

绘制草图轮廓时需要特别注意草图中的一些典型结构，比如"直线—圆弧—直线相切""圆弧—圆弧—圆弧相切"以及"直线—圆弧—圆弧相切"等结构。

对于"直线—圆弧—直线相切"结构，如图 2-173 所示，一般是直接绘制成折线样式（图 2-174），然后使用倒圆角命令绘制中间的圆弧结构，如图 2-175 所示。

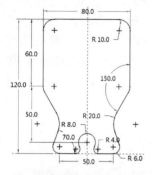

图 2-173 "直线—圆弧—
直线相切"结构

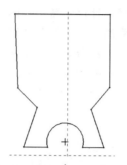

图 2-174 绘制初步轮廓折线

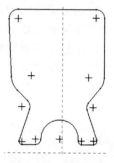

图 2-175 倒圆角

"圆弧—圆弧—圆弧相切"（图 2-176）和"直线—圆弧—圆弧相切"（图 2-177）结构也是如此，先绘制两边的结构，中间部分的圆弧同样使用倒圆角工具来绘制，如图 2-178 和图 2-179 所示，这样既省去了绘制圆弧的麻烦，同时也省去了添加两个相切约束的麻烦，提高了草图绘制效率。

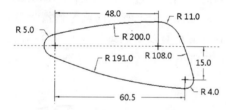

图 2-176 草图中的"圆弧—圆弧—圆弧相切"结构

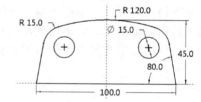

图 2-177 草图中的"直线—圆弧—圆弧相切"结构

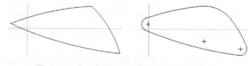

图 2-178 "圆弧—圆弧—圆弧"画法

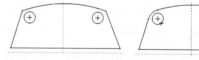

图 2-179 "直线—圆弧—圆弧"画法

2.6.4 处理草图中的几何约束

处理草图中的几何约束就是按照设计要求或者图纸要求，根据之前对草图约束的分析，处理草图中图元与图元之间的几何关系，主要包括两部分内容：

首先是删除草图中无用的草图约束，我们在快速绘制草图大体轮廓时，系统难免会自动捕捉一些约束，这些自动捕捉的约束中有些是有用的约束，有些可能是无用的。对于无用的约束一定要删除干净，一个不能留！因为这些无用的约束保留在草图中会出现两个结果，一个是有用的约束加不上去，另外一个是有用的尺寸加不上去，总之，会使最终的草图无法完全约束！

无用的约束处理干净后，就要根据之前分析的结果正确添加有用的几何约束，这一部分也可以说是草图绘制过程中最灵活，也最难掌控的一个环节，这一部分处理得好坏也直接影响草图绘制效率。因为草图中的几何约束都是绘图者自己分析判断出来的，同一个草图可能有很多种添加约束的方法，完全因人而异，总之，只要将草图正确约束到我们需要的状态就可以了。这一部分一定要处理好，否则后期会花费大量时间，来检查草图约束的问题，从而大大影响草图绘制效率。

实际上，在处理草图约束时，有时草图中的约束实在是确定不了，这个时候就应该暂时放下，继续后面的操作，一定不要添加没有把握的约束，一旦这个约束错误，对后面的影响就大了，总之，对于没有把握的约束要放在草图的最后去处理。

另外，如果在绘制草图轮廓时绘制了参考辅助线，那么草图中的参考辅助线也要完全约束，否则软件会认为草图没有完全约束，虽然说参考辅助线是否完全约束并不影响草图结果，但是会给审核草图的人员造成误解。

2.6.5 标注草图尺寸

草图绘制的最后是标注草图尺寸，这是草图绘制过程中最简单的一个步骤，主要是根据设计要求或者图纸尺寸要求，在相应的位置添加尺寸标注，尺寸标注一般流程如图 2-180 所示，下面具体介绍尺寸标注流程。

① 首先快速标注所有尺寸，而不要急于修改尺寸值，如果标注一个，修改一个，这样效率比较低，而且容易使草图发生很大变化，影响草图进一步的绘制。

② 其次一定要判断完成所有尺寸标注后的草图是否是完全约束的草图，如果是完全约束草图就继续下一步操作，如果草图还没有完全约束，那么一定不要继续下一步的操作，一定要停下来检查草图没有完全约束的原因，解决草图完全约束的问题后再继续下一步操作。

③ 最后按照设计要求或图纸要求修改草图中的尺寸，修改草图尺寸时一定要注意修改的先后顺序，否则会严重影响其他尺寸的修改。在修改草图尺寸时，主要遵循的一个原则就是避免草图因为修改尺寸而发生太大的变化，以至于无法观察草图的轮廓形状。

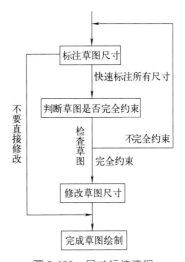

图 2-180 尺寸标注流程

如图 2-167 所示的燕尾槽滑盖截面草图，在绘制该草图过程中，尺寸标注完成前如图 2-181 所示，如果首先修改草图中的 1244.4 尺寸（修改为 120），此时草图变成如图 2-182 所示的结构，因为这个修改使草图变化很大，严重影响对草图的后续操作，所以先修改 1244.4 尺寸是不对的。

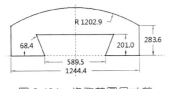

图 2-181 修改草图尺寸前

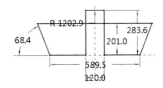

图 2-182 修改草图尺寸后

一般地，如果绘制的草图整体尺寸都比目标草图尺寸大，这时应该首先修改小尺寸，如果绘制的草图比目标草图小，就需要首先修改大尺寸，这样才能保证尺寸的修改不至于使草图轮廓形状发生太大的变化。

如图 2-181 所示的草图，现在需要修改草图中的尺寸至图 2-167 所示的结果，因为

图 2-181 所示草图中的尺寸比设计尺寸都大，就需要先修改草图中较小的尺寸，所以正确的修改顺序是先修改角度尺寸 68.4、竖直方向的 201 和 283.6，最后修改水平方向的 589.5 和 1244.4，最后修改半径尺寸 1202.9。

另外，如果在修改尺寸过程中遇到修改不了的尺寸，可以先放下来去修改其他能够修改的尺寸，将这些暂时不能修改的尺寸放在最后去修改；如果草图中的尺寸实在是修改不了，可以采用逐步修改的方法来修改，逐步将尺寸修改到最终目标尺寸。

草图尺寸标注完成后，还需要整理草图中各尺寸的位置，各尺寸要摆放整齐、紧凑，而且各尺寸位置要和图纸尺寸位置对应，这样有一个好处就是便于以后对草图的检查与修改，如果不按照图纸位置放置草图尺寸，容易给检查或者审核草图的人员造成漏标草图尺寸的错觉。

2.7　二维草图设计案例

本章前面章节已经详细介绍了二维草图绘制各项具体内容，下面再通过几个草图设计实战案例详细讲解二维草图设计，加深读者对二维草图设计方法与技巧的理解，帮助读者提高二维草图设计实战能力。

2.7.1　锁孔截面草图设计

如图 2-183 所示的草图，草图结构简单且对称，主要由圆、圆弧以及直线构成。像这种特点的草图可以按照 CAD 的绘图思路进行绘制，就是先绘制辅助草图图元，然后通过修剪的方法得到需要的草图。具体绘制过程请参看随书视频讲解。

2.7.2　垫块截面草图设计

如图 2-184 所示草图，草图结构简单且对称，主要由圆弧和直线构成。像这种特点的草图按照本章讲解的思路进行绘制，首先绘制草图大体轮廓，然后处理草图约束，保证草图的对称性，最后标注尺寸并修改。具体绘制过程请参看随书视频讲解。

2.7.3　滑块截面草图设计

如图 2-185 所示的草图，草图结构简单且对称，主要由圆、圆弧和直线构成，而且在草图中还包括"直线—圆弧—直线"的典型结构，像这种典型的草图结构可使用典型的绘制方法，然后处理草图约束并标注草图尺寸。具体绘制过程请参看随书视频讲解。

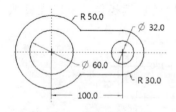

图 2-183　锁孔截面草图

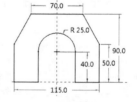

图 2-184　垫块截面草图

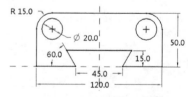

图 2-185　滑块截面草图

2.7.4　铣刀盘截面草图设计

如图 2-186 所示的草图，草图属对称结构的草图，草图中存在简单结构拼凑的痕迹，所以可以按照 CAD 绘图思路进行绘制；另外，草图中的局部存在相似结构，为了减少草图轮廓绘制工作量，应该采用阵列草图或其他草图变换工具绘制，提高草图绘制效率。具体绘制过程请参看随书视频讲解。

2.7.5　水杯轮廓草图设计

　　如图 2-187 所示的草图，草图结构划分比较明显，主要包括水杯体和手柄两部分，而且两部分草图中均包含"直线—圆弧—直线"典型草图结构，应该按照典型方法进行绘制，另外，手柄部分属于明显的等距偏移结构，可以使用"等距实体"命令来绘制。具体绘制过程请参看随书视频讲解。

2.7.6　显示器轮廓草图设计

　　如图 2-188 所示的草图，草图结构划分比较明显，按照结构关系，首先绘制草图大体轮廓，注意首先绘制参考草图，然后处理草图中的几何约束，保证整个草图的对称性，最后标注尺寸。具体绘制过程请参看随书视频讲解。

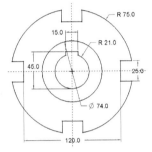

图 2-186　铣刀盘截面草图

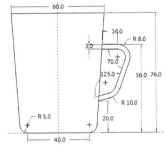

图 2-187　水杯轮廓草图

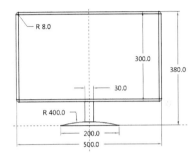

图 2-188　显示器轮廓草图

第3章

零件设计

微信扫码，立即获取
全书配套视频与资源

零件设计是 Creo 软件最基本的一项功能，同时也是学习与使用 Creo 其他功能模块的基础。完成零件设计后通过组装得到装配产品，可以创建零件工程图，还可以通过产品渲染得到零件效果图，最后还可以使用有限元分析功能进行强度、刚度及稳定性分析等，由此可见零件设计的重要性。

3.1　三维特征设计

三维特征简称特征，是零件中最小、最基本的几何单元，任何一个零件都是由若干个特征组成的，如拉伸特征、孔特征、圆角特征、倒角特征、拔模特征等，所以零件设计的关键是要掌握各种特征设计工具。下面具体介绍 Creo 中常用三维特征设计工具，为零件设计做准备。

3.1.1　拉伸特征

拉伸特征就是将一个二维草图沿着一定的方向（默认与草图平面垂直的方向）拉出一定高度形成的三维几何特征。在"模型"选项卡的"形状"区域单击"拉伸"按钮 ![] 创建拉伸特征，使用拉伸特征可以创建多种拉伸效果，下面具体介绍。

（1）拉伸凸台

拉伸凸台就是指创建"凸出效果"的拉伸特征，下面以图 3-1 所示的连接板模型为例介绍拉伸凸台特征的创建过程。

步骤 1　选择命令。在"模型"功能面板的"形状"区域单击"拉伸"按钮 ![]，系统弹出如图 3-2 所示的"拉伸"操控板，在该操控板中定义拉伸特征。

图 3-1　连接板模型

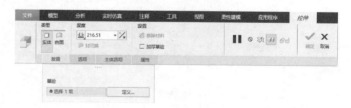

图 3-2　"拉伸"操控板

步骤 2　定义草图平面进入草绘环境。在图形区空白位置单击，在系统弹出的快捷菜单中单击"定义内部草绘"按钮 ![]，系统弹出"草绘"对话框，选择 TOP 基准面为草图平面，采用系统默认的参考平面，单击"草绘"按钮，系统进入草绘环境。

步骤 3　创建拉伸草图。在草绘环境中绘制如图 3-3 所示的草图作为拉伸截面草图，单击"确定"按钮 ✔，完成草图绘制并退出草绘环境。

步骤4 定义拉伸参数。完成草图绘制后，系统返回至"拉伸"操控板，在 ⊥⁻ 文本框中输入拉伸高度10，此时拉伸效果如图3-4所示。

步骤5 完成拉伸特征创建。单击"拉伸"操控板中的"确定"按钮 ✔。

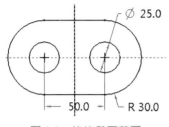

图3-3 拉伸截面草图

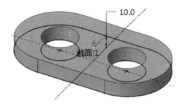

图3-4 定义拉伸参数

（2）拉伸切除

拉伸切除就是指创建"切除效果"的拉伸特征。如图3-5所示的基体模型，现在需要创建如图3-6所示的V形槽，这种结构就可以使用拉伸切除来创建，下面具体介绍。

步骤1 打开练习文件 ch03 part\3.1\extrude_cut。

步骤2 选择命令。在"模型"功能面板的"形状"区域单击"拉伸"按钮 📦。

步骤3 创建拉伸截面草图。选择如图3-7所示的模型表面为草图平面进入草绘环境，在草绘环境中绘制如图3-8所示的拉伸截面草图。

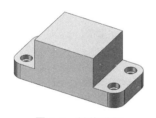

图3-5 基体模型

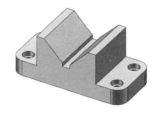

图3-6 V形槽

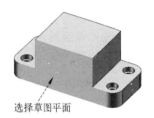

图3-7 选择草图平面

步骤4 定义拉伸切除。在"拉伸"操控板中单击"反向"按钮 ✗ 调整拉伸方向使其指向实体内侧，单击"移除材料"按钮 ◢移除材料，表示将创建的拉伸对象从已有的实体中"减去"，在 ⊥⁻ 下拉列表中选择 ⼚⼚选项，表示完全切除，如图3-9所示，此时拉伸切除效果如图3-10所示，单击"拉伸"操控板中的"确定"按钮 ✔，完成拉伸切除操作。

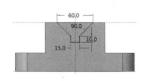

图3-8 绘制拉伸截面草图

图3-9 定义拉伸切除

图3-10 拉伸切除效果

3.1.2 旋转特征

旋转特征就是将一个二维草图绕着一根轴线旋转一定的角度形成的三维几何特征，一般用来设计零件中的回转结构。在"模型"选项卡的"形状"区域单击"旋转"按钮 ⼚ 旋转 创建旋转特征，使用旋转特征可以创建多种旋转效果，下面具体介绍。

（1）旋转凸台

旋转凸台就是指创建"凸出效果"的旋转特征，下面以图 3-11 所示的手柄模型为例介绍旋转凸台特征的创建过程。

步骤 1 选择命令。在"模型"功能面板的"形状"区域单击"旋转"按钮 旋转，系统弹出如图 3-12 所示的"旋转"操控板，在操控板中定义旋转特征。

图 3-11 手柄模型

图 3-12 "旋转"操控板

步骤 2 定义草图平面进入草绘环境。在图形区空白位置单击，在系统弹出的快捷菜单中单击"定义内部草绘"按钮，系统弹出"草绘"对话框，选择 FRONT 基准面为草图平面，采用系统默认的参考平面，单击"草绘"按钮，系统进入草绘环境。

步骤 3 创建旋转草图。在草绘环境中绘制如图 3-13 所示的草图作为旋转截面草图，草图中必须有使用"草绘"选项卡"基准"区域的"中心线"命令 中心线 绘制的中心线，将此中心线设为旋转轴线，单击"确定"按钮，完成草图绘制并退出草绘环境。

步骤 4 定义旋转参数。完成草图绘制后，系统返回至"旋转"操控板，在 文本框中输入旋转角度，系统默认为 360°，此时旋转效果如图 3-14 所示。

步骤 5 完成旋转特征创建。单击"旋转"操控板中的"确定"按钮。

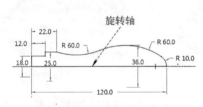

图 3-13 旋转截面草图

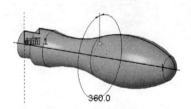

图 3-14 旋转效果

（2）旋转切除

旋转切除就是指创建"切除效果"的旋转特征，就是将旋转出来的几何体从已有的实体中减去，一般用来创建零件中的回转腔体结构。如图 3-15 所示的固定支座模型，需要在该模型上创建如图 3-16 所示的回转腔体结构，腔体内部结构如图 3-17 所示，下面以此为例介绍旋转切除的创建过程。

图 3-15 固定支座模型

图 3-16 创建回转腔体结构

图 3-17 腔体内部结构

步骤 1 打开练习文件 ch03 part\3.1\revolve_cut。

步骤 2 选择命令。在"模型"功能面板的"形状"区域单击"旋转"按钮 旋转。

步骤 3 创建旋转截面草图。选择 FRONT 基准面为草图平面进入草绘环境，在草绘环境中绘制如图 3-18 所示的旋转截面草图，注意绘制旋转轴。

步骤 4 定义旋转切除。在"旋转"操控板中单击"移除材料"按钮 移除材料 （图 3-19），将创建的旋转对象从已有的实体中"减去"，其余参数采用系统默认设置，单击"旋转"操控板中的"确定"按钮 ，完成旋转切除操作。

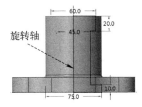

图 3-18 旋转截面草图

图 3-19 定义旋转切除

3.1.3 倒角特征

倒角特征就是在两个面的连接部位或端部创建斜面连接结构，在"模型"选项卡的"工程"区域中单击"倒角"按钮 倒角 ▼ 创建倒角特征。倒角特征的主要作用如下：

① 去除零件上因机加工产生的毛刺。

② 避免因尖锐的棱角结构容易磕碰而损毁结构。

③ 方便产品的装配和拆卸。

如图 3-20 所示的连接轴模型，需要在轴两端创建如图 3-21 所示的倒角结构（方便装配），倒角尺寸为 5，角度为 45°，下面以此为例介绍倒角特征创建过程。

图 3-20 连接轴模型

图 3-21 创建倒角

步骤 1 打开练习文件 ch03 part\3.1\chamfer。

步骤 2 选择命令。在"模型"功能面板的"工程"区域中单击"倒角"按钮 倒角 ▼，系统弹出如图 3-22 所示的"边倒角"操控板，用于定义倒角参数。

步骤 3 选取倒角边线。按住 Ctrl 键在模型上选取如图 3-23 所示的两条模型边线。

说明：同时对多条边创建倒角时，如果要求的倒角尺寸都是一样的，按住 Ctrl 键同时选择多条边线即可。

图 3-22 "边倒角"操控板

图 3-23 选择倒角边线

步骤4 定义倒角参数。在"设置"区域的下拉列表中选择"45×D"选项，表示倒角类型为45°角及距离倒角，在其后的文本框中输入倒角距离为5。

💡 **说明：** 在"边倒角"操控板的"设置"区域的下拉列表中可以设置多种倒角类型，选择"D×D"选项表示相等距离倒角，选择"D1×D2"选项表示不相等距离倒角，选择"45×D"选项表示45°角及距离倒角，区域选项与这三种类似。

步骤5 完成倒角特征创建。单击"边倒角"操控板中的"确定"按钮✓。

3.1.4 圆角特征

圆角特征就是在两个面的连接部位或者端部创建圆弧面连接，在"模型"选项卡的"工程"区域中单击"倒圆角"按钮 🍃倒圆角 ▾。圆角的特征主要作用如下：

① 去除零件上因机加工产生的毛刺；
② 减少结构上的应力集中提高零件强度；
③ 避免因尖锐的棱角结构容易磕碰而损毁结构；
④ 方便产品的装配和拆卸；
⑤ 使结构看上去更美观。

如图3-24所示的基体模型，需要在模型各棱边位置创建圆角，圆角结果如图3-25所示，圆角半径均为3，下面以此为例介绍圆角特征创建过程。

图 3-24　基体模型

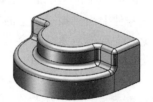
图 3-25　圆角结果

步骤1 打开练习文件 ch03 part\3.1\round。
步骤2 选择命令。在"模型"功能面板的"工程"区域中单击"倒圆角"按钮 🍃倒圆角 ▾，系统弹出如图3-26所示的"倒圆角"操控板，用于定义圆角参数。

图 3-26　"倒圆角"操控板

步骤3 创建圆角一。
① 选择圆角边线。选择如图3-27所示的模型边线为圆角对象。
② 定义圆角半径。在"设置"区域的文本框中输入圆角半径3。
③ 完成圆角特征创建。单击"倒圆角"操控板中的"确定"按钮✓。
步骤4 创建圆角二。参照以上步骤及参数选择如图3-28所示的边线创建圆角二。
步骤5 创建圆角三。参照以上步骤及参数选择如图3-29所示的边线创建圆角三。

💡 **注意：** 本例圆角位置比较多，在创建圆角时一定要注意倒圆角的先后顺序，以便提高倒圆角效率并保证倒圆角质量，这也是零件设计中一定要注意的一个设计问题。

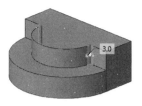
图 3-27　创建圆角一

图 3-28　创建圆角二

图 3-29　创建圆角三

3.1.5　基准特征

基准特征也叫参考特征，在零件设计中属于一种辅助工具，主要用来辅助三维特征的创建，不属于零件结构的一部分。在零件设计中使用基准特征（如图 3-30 所示）就像盖一栋大楼要使用脚手架（如图 3-31 所示）等建筑工具是一样的道理。

常用基准特征包括基准平面、基准轴、基准点及基准坐标系，使用"模型"选项卡"基准"区域的命令创建这些基准特征，如图 3-32 所示。零件设计中基准平面和基准轴应用比较广泛，下面主要介绍这两种基准特征的创建。

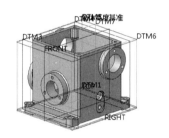
图 3-30　基准特征应用

图 3-31　建筑施工中的辅助工具

图 3-32　基准特征工具

（1）基准平面

在 Creo 中新建零件文件并进入零件设计环境，系统提供了三个原始基准平面，FRONT 基准平面、TOP 基准平面和 RIGHT 基准平面，任何零件都是以这三个基准平面为基础设计的。但是，当零件结构比较复杂时，仅使用这三个基准平面是无法满足设计需要的，这时就需要用户自己根据结构设计需要创建合适的基准平面。

如图 3-33 所示的定位板模型，需要创建如图 3-34 所示的斜凸台，创建该斜凸台的关键是创建如图 3-35 所示的斜凸台基准平面（该基准平面与定位板平面之间的夹角为 30°），下面以此为例介绍基准平面的创建及应用。

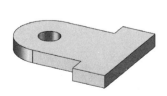
图 3-33　定位板模型

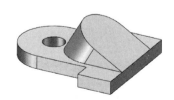
图 3-34　创建斜凸台基准平面

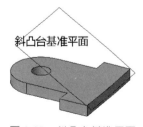
图 3-35　斜凸台基准平面

步骤 1　打开练习文件 ch03 part\3.1\plane。

步骤 2　选择命令。在"模型"功能面板的"基准"区域单击"平面"按钮 ▱，系统弹出如图 3-36 所示的"基准平面"对话框，在该对话框中定义基准平面。

步骤3 定义基准平面参数。

① 选择基准平面参考。按住 Ctrl 键选择如图 3-37 所示的模型表面和模型边线为基准平面参考，将选择的模型表面绕着模型边线旋转一定角度创建基准平面。

② 定义基准平面参数。在对话框的"旋转"文本框中输入旋转角度 30°。

> **说明：** 定义旋转平面方向不对时可以拖动橙色圆点进行调整。

③ 完成基准平面创建。在对话框中单击"确定"按钮，完成基准平面创建。

> **说明：** 完成基准平面创建后，为了便于编辑与管理，可以在模型树中选中创建的基准平面右键，在快捷菜单中选择"重命名"命令，给新建的基准平面重新命名，如图 3-38 所示。

图 3-36 "基准平面"对话框

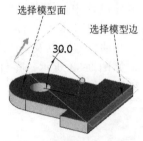
图 3-37 选择基准平面参考

图 3-38 重命名基准平面

步骤4 创建斜凸台。在"模型"功能面板的"形状"区域单击"拉伸"按钮 ，选择以上创建的斜凸台基准平面为草图平面绘制如图 3-39 所示的拉伸截面草图，单击"反向"按钮 调整拉伸方向使其指向定位板一侧，在 下拉列表中选择 选项，如图 3-40 所示，表示从草图平面开始拉伸，一直拉伸到离草图平面最近的平面为止，单击"拉伸"操控板中的"确定"按钮 ，完成斜凸台创建。

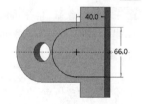
图 3-39 创建拉伸截面草图

图 3-40 定义拉伸属性

（2）基准轴

如图 3-41 所示的阀体模型，需要通过模型中"8 字形"凸台两个圆弧面中心轴创建如图 3-42 所示的基准面，这种情况下需要首先创建如图 3-43 所示的两个圆弧面基准轴，下面以此为例介绍基准轴创建。

图 3-41 阀体模型

图 3-42 创建基准面

图 3-43 创建基准轴

步骤1 打开练习文件 ch03 part\3.1\axis。

步骤2 选择命令。在"模型"功能面板"基准"区域单击"轴"按钮 /轴，系统弹出如图3-44所示的"基准轴"对话框，在该对话框中定义基准轴。

步骤3 创建如图3-45所示的基准轴（A_3）。在模型上选择如图3-46所示的圆弧面为参考，通过圆弧面中心轴线创建基准轴，单击"确定"按钮完成基准轴创建。

图3-44 "基准轴"对话框

图3-45 创建的基准轴

图3-46 选择基准轴参考

步骤4 参照上一步操作选择另外一个圆弧面创建如图3-43所示的基准轴 A_4。

步骤5 创建基准平面。完成以上基准轴的创建后，接下来可以根据这些基准轴创建基准平面。选择"基准平面"命令，依次选择以上创建的"基准轴 A_3"和"基准轴 A_4"为参考，如图3-47所示，创建通过两个轴的基准平面，结果如图3-48所示。

图3-47 定义基准平面

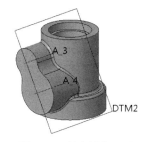

图3-48 创建基准平面

3.1.6 孔特征

孔特征是零件设计中非常常见的一种典型结构，在零件中主要起到安装与定位作用。在"模型"功能面板的"工程"区域单击"孔"按钮 孔，设计孔特征。

如图3-49所示的安装板模型，需要在安装板斜面上创建沉头孔，如图3-50所示，要求沉头孔与斜凸台圆弧面同轴，而且是贯通的，如图3-51所示，下面具体介绍。

图3-49 安装板模型

图3-50 创建沉头孔

图3-51 沉头孔内部结构

步骤1 打开练习文件 ch03 part\3.1\hole。

步骤2 创建基准轴。因为本例要创建的孔与斜凸台圆弧面同轴，这种情况下需要首先创建圆弧面的轴线，后期在创建孔特征时才可以使孔特征与斜凸台圆弧面同轴。在"模型"功能面板"基准"区域单击"轴"按钮 轴，选择如图 3-52 所示的斜凸台圆弧面为基准轴参考，系统创建圆弧面轴线（A_2 基准轴），如图 3-52 所示。

步骤 3 选择命令。在"模型"功能面板的"工程"区域中单击"孔"按钮 孔，系统弹出如图 3-53 所示的"孔"操控板，在该操控板中定义孔参数。

图 3-52　创建基准轴

图 3-53　"孔"操控板

步骤 4 定义孔位置。按住 Ctrl 键选择斜凸台平面及 A_2 基准轴为孔参考，表示在斜凸台平面上创建孔特征，同时孔特征与 A_2 基准轴同轴。

步骤 5 定义孔参数。

① 定义孔类型。在"类型"区域单击"简单"按钮 ，创建简单孔。

② 定义孔轮廓。在"轮廓"区域单击"钻孔"按钮 ，创建标准钻孔，然后在操控板中单击"沉孔"按钮 沉孔，创建沉头孔。

③ 定义孔形状。在"设置"区域的 下拉列表中选择 选项，创建贯通孔，展开"形状"选项卡定义孔形状参数（包括沉头孔下部直径、上部直径及沉头孔深度），具体设置如图 3-54 所示，此时孔预览效果如图 3-55 所示。

步骤 6 完成孔特征创建。单击"孔"操控板中的"确定"按钮 。

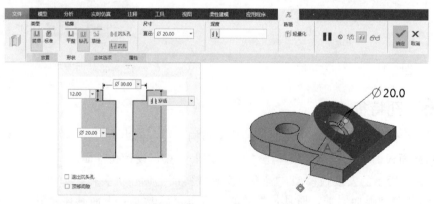

图 3-54　定义孔形状参数　　　　图 3-55　孔预览效果

3.1.7 修饰螺纹

使用"修饰螺纹"命令在圆柱面上添加螺纹属性，以便在工程图中显示螺纹线符号。修饰螺纹包括外螺纹与内螺纹，外螺纹就是在外圆柱面上添加的螺纹，内螺纹就是在孔内表面上添加的螺纹。下面以图 3-56 所示的连接件模型为例介绍修饰螺纹的创建。

（1）创建外螺纹

如图 3-56 所示的连接件模型，现在需要在右端外圆柱面上创建如图 3-57 所示的外螺纹，以便在工程图中显示外螺纹线，如图 3-58 所示，下面具体介绍。

图 3-56　连接件模型

图 3-57　外螺纹

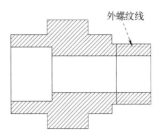

图 3-58　外螺纹线

步骤 1　打开练习文件 ch03 part\3.1\thread。

步骤 2　选择命令。在"模型"功能面板的"工程"区域单击 工程▼ 展开"工程"子菜单，选择 **修饰螺纹** 命令，系统弹出如图 3-59 所示的"螺纹"操控板。

步骤 3　选择螺纹参考。选择如图 3-60 所示的圆柱面为螺纹放置面，在该圆柱面上创建螺纹特征，选择右端面为螺纹起始面，螺纹从右端面开始。

图 3-59　"螺纹"操控板

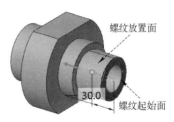

图 3-60　选择螺纹参考

步骤 4　定义螺纹参数。在"螺纹"操控板中单击 按钮，表示创建简单螺纹，设置螺纹直径为 45，螺距为 1，在 文本框中设置螺纹长度为 30，如图 3-61 所示。

步骤 5　完成螺纹特征。单击"螺纹"操控板中的"确定"按钮 。

（2）创建内螺纹

如图 3-56 所示的连接件模型，现在需要在左端内圆柱面上创建如图 3-62 所示的内螺纹，以便在工程图中显示内螺纹线，如图 3-63 所示，下面具体介绍。

图 3-61　定义螺纹参数

步骤 1　选择命令。在"模型"功能面板的"工程"区域单击 工程▼ 展开"工程"子菜单，选择 **修饰螺纹** 命令，系统弹出"螺纹"操控板。

步骤 2　选择螺纹参考。选择如图 3-64 所示的圆柱面为螺纹放置面，表示在该圆柱面上创建螺纹特征，选择左端面为螺纹起始面，表示螺纹从左端面开始。

图 3-62　内螺纹

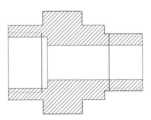

图 3-63　内螺纹线

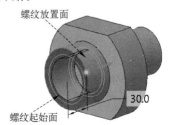

图 3-64　选择螺纹参考

步骤 3 定义螺纹参数。在"螺纹"操控板中单击 [图] 按钮，创建标准螺纹，选择螺纹规格为 M52×5，在 [图] 文本框中设置螺纹长度为 30，如图 3-65 所示。

步骤 4 完成螺纹特征。单击"螺纹"操控板中的"确定"按钮 [√]。

图 3-65　定义螺纹参数

3.1.8　抽壳特征

抽壳特征就是将实体内部完全掏空或在表面上选择一个或多个移除面，系统将这些移除面删除并将内部掏空，形成均匀或不均匀壁厚的壳体。在"模型"选项卡的"工程"区域单击"壳"按钮 [图]壳，创建抽壳特征，下面具体介绍。

如图 3-66 所示的塑料盖模型，目前模型是实心的，如图 3-67 所示，需要创建如图 3-68 所示的壳体，下面以此为例介绍抽壳特征创建过程。

图 3-66　塑料盖模型

图 3-67　实心结构

图 3-68　创建壳体

步骤 1 打开练习文件 ch03 part\3.1\shell。

步骤 2 选择命令。在"模型"功能面板的"工程"区域单击"壳"按钮 [图]壳，系统弹出如图 3-69 所示的"壳"操控板，在该操控板中定义抽壳参数。

步骤 3 定义抽壳。选择模型底面为移除面，表示在抽壳时移除该面，在"壳"操控板的厚度文本框中输入抽壳厚度 2，此时抽壳预览如图 3-70 所示。

图 3-69　"壳"操控板

图 3-70　抽壳预览

步骤 4 完成抽壳特征。单击"壳"操控板中的"确定"按钮 [√]。

3.1.9　拔模特征

在一些产品的设计中，需要将一些结构的表面设计成斜面结构，特别是注塑件或铸造件的设计。在这些产品适当位置设计斜面结构使这些产品在完成注塑或铸造后能够顺利从模具中取出来，保证产品的最终成型，这些斜面结构在工程中称为拔模。

创建拔模特征需要首先了解拔模特征的四个要素，如图 3-71 所示，这些要素一定要根据实际需求正确定义，否则将得到错误的拔模结构。

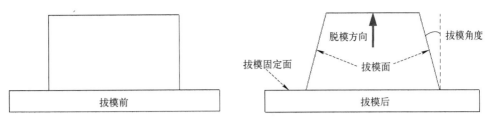

图 3-71 拔模特征结构示意图及拔模特征四要素

如图 3-72 所示的基础模型，需要在模型四周壁面上创建拔模结构，如图 3-73 所示，拔模角度为 15°，下面以此为例介绍拔模特征创建过程。

图 3-72 基础模型

图 3-73 创建拔模结构

步骤 1 打开练习文件 ch03 part\3.1\draft。

步骤 2 选择命令。在"模型"功能面板的"工程"区域单击"拔模"按钮 🍵 **拔模** ▾，系统弹出如图 3-74 所示的"拔模"操控板。

图 3-74 "拔模"操控板

步骤 3 定义拔模面。在"参考"选项卡的"拔模曲面"区域单击，选择拔模侧面为拔模面（也就是拔模前后角度会发生变化的面），如图 3-75 所示。

💡 **说明**：选择拔模面时，如果要选择的拔模面被其他结构遮挡住，为了快速选择拔模面，可以通过单击鼠标右键快速切换选择。

步骤 4 定义拔模枢轴面。在"参考"选项卡中的"拔模枢轴"区域单击，然后选择模型底面为拔模枢轴面（也就是拔模过程中不发生任何变化的面），如图 3-75 所示。

步骤 5 定义拖拉方向（脱模方向）。定义拔模枢轴面后，系统自动定义拖拉方向，也就是拔模过程中的箭头方向，单击箭头调整拖拉方向向上，如图 3-76 所示。

步骤 6 定义拔模角度。完成拔模面、拔模枢轴面及拖拉方向定义后，在"拔模"操控板的"设置角"文本框中输入拔模角度 15°，如图 3-75 所示，单击其后的"反向"按钮 💢 调整拔模角度方向，使拔模效果如图 3-76 所示。

步骤 7 完成拔模特征。单击"拔模"操控板中的"确定"按钮 ✔。

图 3-75　定义拔模枢轴面

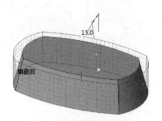

图 3-76　拔模预览

3.1.10　筋特征

筋特征也称加强筋，在零件中主要起支撑作用，提高零件结构的强度，特别在一些起支撑作用的零件上，都会在相应的位置设计加强筋，如箱体零件中安装轴承的孔位置，还有支架或拨叉类零件上一般都设计有加强筋，还有一些塑料盖类零件，因为塑料的强度有限，所以为了提高塑料盖的强度，一般都会设计加强筋结构。

加强筋主要包括两种类型，一种是轮廓筋，就是指在零件中的开放区域设计的加强筋，在"模型"选项卡的"工程"区域选择 筋 ▼ 菜单中的 轮廓筋 命令创建轮廓筋；另外一种是网格筋（轨迹筋），就是指在封闭区域设计的加强筋，在"模型"选项卡的"工程"区域选择 筋 ▼ 菜单中的 轨迹筋 命令创建轨迹筋，下面具体介绍。

（1）轮廓筋

如图 3-77 所示的支架模型，需要在模型中间位置创建如图 3-78 所示的加强筋，这种加强筋是在模型开放区域创建的，也就是轮廓筋，下面以此为例介绍轮廓筋创建。

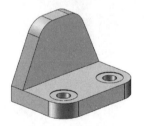

图 3-77　支架模型

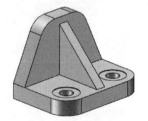

图 3-78　创建加强筋

步骤 1　打开练习文件 ch03 part\3.1\rib_01。

步骤 2　选择命令。在"模型"功能面板的"工程"区域选择 筋 ▼ 菜单中的 轮廓筋命令，系统弹出如图 3-79 所示的"轮廓筋"操控板。

图 3-79　"轮廓筋"操控板

步骤 3　创建加强筋轮廓草图。在图形区空白位置单击，在系统弹出的快捷菜单中单击"定义内部草绘"按钮 ，系统弹出"草绘"对话框，选择 FRONT 基准面为草图平面，采用系统默认的参考平面，单击"草绘"按钮，系统进入草绘环境，绘制如图 3-80 所示的轮廓筋轮廓草图（注意草图为开放直线，两端与实体连接）。

步骤4 定义轮廓筋方向。完成轮廓筋轮廓草图绘制后，单击轮廓筋方向箭头使其指向实体侧，如图 3-81 所示，此时在模型中生成轮廓筋预览。

步骤5 定义轮廓筋厚度。在"轮廓筋"操控板"设置"区域的文本框中设置轮廓筋厚度为 15，单击 ![](按钮调整轮廓筋厚度方向如图 3-82 所示。

步骤6 完成轮廓筋创建。单击"轮廓筋"操控板中的"确定"按钮 ✓。

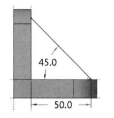

图 3-80 创建轮廓筋轮廓草图

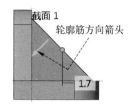

图 3-81 定义轮廓筋方向

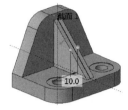

图 3-82 轮廓筋厚度效果

（2）轨迹筋

如图 3-83 所示的壳体模型，需要在模型内部创建如图 3-84 所示的轨迹筋，这种轨迹筋是在模型封闭区域创建的，也就是网格筋，下面具体介绍其创建过程。

图 3-83 壳体模型

图 3-84 创建轨迹筋

步骤1 打开练习文件 ch03 part\3.1\rib_02。

步骤2 选择命令。在"模型"功能面板的"工程"区域选择 筋▼ 菜单中的 轨迹筋命令，系统弹出如图 3-85 所示的"轨迹筋"操控板。

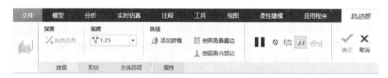

图 3-85 "轨迹筋"操控板

步骤3 创建轨迹筋骨架草图。在图形区空白位置单击，在系统弹出的快捷菜单中单击"定义内部草绘"按钮 ，系统弹出"草绘"对话框，选择如图 3-86 所示的加强筋基准面为草图平面，采用系统默认的参考平面，绘制如图 3-87 所示的轨迹筋骨架草图（注意所有草图末端与壳体内壁面连接）。

步骤4 定义轨迹筋厚度。在"轨迹筋"操控板"宽度"区域的文本框中设置轨迹筋厚度为 1，轨迹筋预览效果如图 3-88 所示。

> **说明：** 在"轨迹筋"操控板的"设置"区域中单击 添加拔模 按钮在轨迹筋侧面添加拔模特征；单击 倒圆角暴露边 按钮在轨迹筋顶部添加圆角特征；单击 倒圆角内部边 按钮在轨迹筋底部添加圆角特征，读者可自行练习，此处不再赘述。

步骤 5 完成轨迹筋创建。单击"轨迹筋"操控板中的"确定"按钮  。

加强筋基准面

图 3-86　选择草图平面

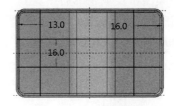

图 3-87　创建轨迹筋骨架草图

图 3-88　轨迹筋预览效果

3.1.11　扫描特征

扫描特征就是将一个截面沿着一条轨迹曲线扫掠在空间形成的一种几何特征。创建扫描特征需要具备两大要素，一是扫描截面，二是扫描轨迹曲线，二者缺一不可。在"模型"选项卡"形状"区域选择 扫描 菜单中的 扫描 命令，创建扫描特征。创建扫描特征与创建拉伸特征类似，同样可以创建"凸台"与"切除"效果，下面具体介绍这两种扫描特征的创建。

（1）扫描凸台特征

扫描凸台就是指创建"凸出效果"的扫描特征，如图 3-89 所示的基础模型，需要在两个圆形法兰之间创建如图 3-90 所示的扫描特征，创建这种扫描特征的关键是准备如图 3-91 所示的扫描截面及轨迹曲线，下面具体介绍其设计过程。

图 3-89　基础模型

图 3-90　创建扫描特征

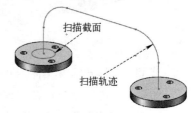

图 3-91　扫描特征要素

步骤 1　打开练习文件 ch03 part\3.1\sweep。

步骤 2　创建扫描轨迹曲线。在"模型"功能面板中单击"草绘"按钮 ，选择 FRONT 基准平面为草图平面绘制如图 3-92 所示的草图作为扫描轨迹曲线。

步骤 3　选择命令。在"模型"选项卡"形状"区域选择 扫描 菜单中的 扫描 命令，系统弹出如图 3-93 所示的"扫描"操控板，在该操控板中定义扫描特征。

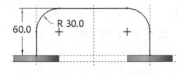

图 3-92　扫描轨迹曲线

图 3-93　"扫描"操控板

步骤 4　定义扫描特征。选择步骤 2 绘制的扫描轨迹曲线作为扫描轨迹，如图 3-94 所示，单击 按钮，系统自动进入草绘环境，绘制如图 3-95 所示的草图作为扫描截面，系统将扫描截面沿着扫描轨迹扫掠得到扫描特征，如图 3-96 所示。

步骤 5　完成扫描特征创建。单击"扫描"操控板中的"确定"按钮 。

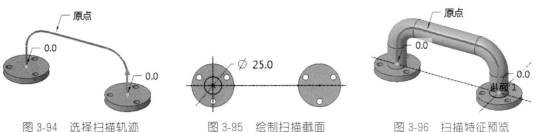

图 3-94 选择扫描轨迹   图 3-95 绘制扫描截面   图 3-96 扫描特征预览

（2）扫描切除特征

扫描切除就是指创建"切除效果"的扫描特征，就是将扫描出来的几何体从已有的实体中减去。如图 3-97 所示的机盖模型，需要在机盖模型边缘位置创建如图 3-98 所示的机盖密封槽，可以使用扫描切除特征来创建，下面具体介绍其设计过程。

步骤 1 打开练习文件 ch03 part\3.1\sweep_cut。

步骤 2 创建扫描轨迹曲线。在"模型"功能面板中单击"草绘"按钮 ，选择如图 3-99 所示的模型表面为草图平面，绘制如图 3-100 所示的草图作为扫描轨迹曲线。

步骤 3 选择命令。在"模型"选项卡"形状"区域选择 扫描 ▼ 菜单中的 扫描 命令，系统弹出"扫描"操控板，在该操控板中定义扫描特征。

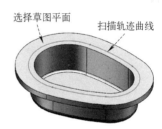

图 3-97 机盖模型   图 3-98 机盖密封槽   图 3-99 草图平面与轨迹曲线

步骤 4 定义扫描特征。选择步骤 2 绘制的扫描轨迹曲线作为扫描轨迹，单击 按钮，系统自动进入草绘环境，绘制如图 3-101 所示的草图作为扫描截面，系统将扫描截面沿着扫描轨迹扫掠得到扫描特征，如图 3-102 所示，在"扫描"操控板单击"移除材料"按钮 移除材料 ，表示将扫描特征从已有的实体中减去。

步骤 5 完成扫描特征创建。单击"扫描"操控板中的"确定"按钮 。

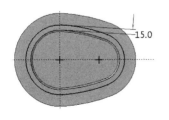
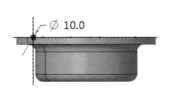

图 3-100 绘制扫描轨迹   图 3-101 绘制扫描截面   图 3-102 创建扫描特征

3.1.12 螺旋扫描特征

零件设计中经常需要设计一些螺旋结构，如弹簧、丝杆等，这种结构需要使用螺旋扫描特征进行设计，Creo 提供了专门的螺旋扫描特征工具，下面具体介绍。

（1）螺旋扫描凸台

以图 3-103 所示的弹簧模型为例介绍螺旋扫描凸台特征的创建过程。

步骤 1 打开练习文件 ch03 part\3.1\helical。

步骤 2 选择命令。在"模型"功能面板的"形状"区域选择 扫描 ▾ 菜单中的 螺旋扫描 命令，系统弹出如图 3-104 所示的"螺旋扫描"操控板。

图 3-103　弹簧模型　　　　　　　　　　图 3-104　"螺旋扫描"操控板

步骤 3 创建螺旋轮廓。在图形区空白位置按住鼠标右键，在系统弹出的快捷菜单中单击"螺旋轮廓"按钮 ，系统弹出"草绘"对话框，选择 FRONT 基准面为草图平面，采用系统默认的参考平面，单击"草绘"按钮，系统进入草绘环境，绘制如图 3-105 所示的螺旋轮廓，包括一条中心线（使用"基准"区域的"中心线"命令绘制）和一条竖直直线（从下往上绘制，扫描起始点在直线下端点）。

步骤 4 定义螺距。绘制螺旋轮廓后，系统返回至"螺旋扫描"操控板，在"螺旋扫描"操控板的"间距值"区域设置螺距为 14。

步骤 5 定义螺旋截面。在"螺旋扫描"操控板的"草绘"区域单击 按钮，系统自动进入草绘环境，绘制如图 3-106 所示的草图作为螺旋截面，系统将螺旋截面沿着螺旋轮廓中的竖直直线方向进行螺旋扫描得到螺旋扫描特征，如图 3-107 所示。

步骤 6 完成螺旋扫描特征创建。单击"螺旋扫描"操控板中的"确定"按钮 。

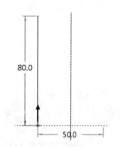

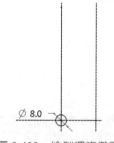

图 3-105　绘制螺旋轮廓　　　图 3-106　绘制螺旋截面　　　图 3-107　螺旋扫描预览

（2）螺旋扫描切除

如图 3-108 所示的螺杆模型，需要创建如图 3-109 所示的外螺纹结构，像这种结构需要使用螺旋扫描切除工具来创建，下面具体介绍创建过程。

步骤 1 打开练习文件 ch03 part\3.1\helical_cut。

步骤 2 选择命令。在"模型"功能面板的"形状"区域选择 扫描 ▾ 菜单中的 螺旋扫描 命令，系统弹出"螺旋扫描"操控板，在该操控板中定义螺旋扫描。

图 3-108 螺杆模型

图 3-109 创建外螺纹结构

步骤 3 创建螺旋轮廓。在图形区空白位置按住鼠标右键，在系统弹出的快捷菜单中单击"螺旋轮廓"按钮 ，选择 FRONT 基准面为草图平面，绘制如图 3-110 所示的螺旋轮廓，包括一条中心线（使用"基准"区域的"中心线"命令绘制）和一条水平直线（从右往左绘制，扫描起始点在直线右端点）及一条相切圆弧。

步骤 4 定义螺距。绘制螺旋轮廓后，系统返回至"螺旋扫描"操控板，在"螺旋扫描"操控板的"间距值"区域设置螺距为 2。

步骤 5 定义螺旋截面。在"螺旋扫描"操控板的"草绘"区域单击 按钮，系统自动进入草绘环境，绘制如图 3-111 所示的草图作为螺旋截面。

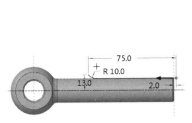

图 3-110 绘制螺旋轮廓

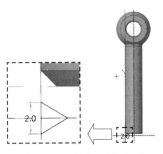

图 3-111 绘制螺旋截面

步骤 6 定义螺旋扫描切除。在"螺旋扫描"操控板单击"移除材料"按钮 移除材料，表示将螺旋扫描特征从已有的实体中减去。

步骤 7 完成螺旋扫描特征创建。单击"螺旋扫描"操控板中的"确定"按钮 。

说明： 本例在创建螺旋扫描切除时，如果直接创建如图 3-112 所示的螺旋轮廓，将得到如图 3-113 所示的错误的螺旋扫描切除特征，实际上我们想要的螺旋扫描切除特征应该是如图 3-113 所示的渐变螺旋扫描切除特征，所以必须要在螺旋轮廓末端添加一段相切圆弧控制末端螺旋扫描切除，正确的螺旋轮廓如图 3-110 所示。

图 3-112 螺旋轮廓　　图 3-113 螺旋扫描切除特征对比

3.1.13 混合特征

混合特征是根据一组二维截面（至少两个截面），经过连续两截面间的拟合在空间形成的几何体特征。如图 3-114 所示的是混合特征示意图，说明了两个截面经过拟合得到混合特征的创建原理。在"模型"选项卡的"形状"区域单击 形状▼ 展开"形状"子菜单，选择 🔗 混合 命令，创建混合特征。

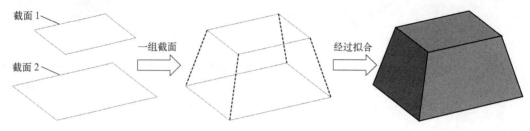

图 3-114　混合特征示意图

如图 3-115 所示的花瓶基础模型，像这种模型可以在模型上用一些假想的切割面去切割模型，如图 3-116 所示，在每个切割面与模型相交位置取一个模型截面，如图 3-117 所示。反过来要创建这样的模型就可以先创建这些切割面，然后在每个切割面上创建模型截面，最后使用混合工具创建这种模型，下面具体介绍。

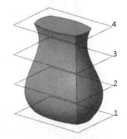
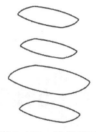

图 3-115　花瓶基础模型　　　图 3-116　假想切割面　　　图 3-117　假想截面

步骤 1　打开练习文件 ch03 part\3.1\blend。

步骤 2　选择命令。在"模型"功能面板的"形状"区域单击 形状▼ 展开"形状"子菜单，选择 🔗 混合 命令，系统弹出如图 3-118 所示的"混合"操控板。

图 3-118　"混合"操控板

步骤 3　创建混合截面 1。在"混合"操控板展开"截面"选项卡，如图 3-119 所示，在该选项卡中定义混合截面。选中"草绘截面"选项，单击"定义…"按钮，选择 TOP 基准面为草图平面绘制如图 3-120 所示的草图作为第一个混合截面，截面中右上角箭头位置为截面起始点。

步骤 4　创建混合截面 2。在"截面"选项卡单击"添加"按钮，系统插入截面 2，在"草绘平面位置定义方式"区域选中"偏移尺寸"选项，设置偏移距离为 50，如图 3-121 所示，表示截面 2 与截面 1 之间的距离为 50。单击"草绘…"按钮，绘制如图 3-122 所示的截面草图（截面 2 是将截面 1 向外偏移 15 得到的）作为第二个混合截面。此时截面中的起始点在左上角位置，与截面 1 的起始点位置不对应，需要将混合截面起始点位置设置到与第一个截面起始点对应的位置。选中截面 2 中与截面 1 起始点对应的顶点右键，在弹出的快捷菜单中选择"起点"命令，将截面 2 中起始点调整到与截面 1 起始点对应的位置，如图 3-123 所示。

图 3-119 "截面"选项卡

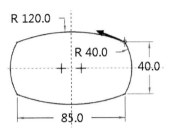

图 3-120 创建混合截面 1

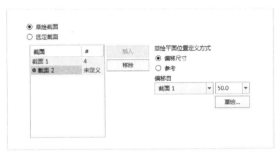

图 3-121 插入截面

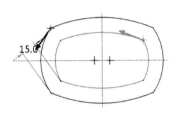

图 3-122 创建混合截面 2

步骤 5 创建混合截面 3。参照步骤 4 操作插入截面 3，设置偏移距离为 50，创建如图 3-124 所示的截面草图，截面 3 是将截面 1 向内偏移 3 得到的。

步骤 6 创建混合截面 4。参照步骤 4 操作插入截面 4，设置偏移距离为 50，创建如图 3-125 所示的截面草图，截面 4 与截面 1 一样（偏移距离为 0）。

步骤 7 完成混合特征创建。单击"混合"操控板中的"确定"按钮。

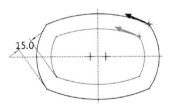

图 3-123 调整起始点

图 3-124 创建混合截面 3

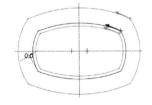

图 3-125 创建混合截面 4

💡 **说明：** 在创建混合特征时一定要保证每个混合截面的起始点位置要对应（本例将所有混合截面的起始点都设置到右上角位置），如果不对应，创建的混合特征将出现扭曲，如图 3-126 所示，这样将严重影响混合特征质量。

图 3-126 扭曲混合特征

3.1.14 镜像特征

镜像特征就是将特征沿着一个平面做对称复制，使用镜像特征能够大大减少工作量，避免不必要的重复性工作，同时保证特征之间的对称关系。在"模型"功能面板的"编辑"区域单击"镜向"按钮 $\mathbb{I}\mathbb{I}$ 镜像，对特征进行镜像操作。

如图 3-127 所示的电气盖，需要对模型中的圆柱凸台进行镜像操作，得到如图 3-128 所示的模型，下面以此为例介绍镜像特征操作。

图 3-127　电气盖模型

图 3-128　创建镜像特征

步骤 1　打开练习文件 ch03 part\3.1\mirror。

步骤 2　选择镜像特征。在模型树中选择如图 3-129 所示的特征为镜像特征。

步骤 3　选择命令。在"模型"功能面板的"编辑"区域单击"镜向"按钮 $\mathbb{I}\mathbb{I}$ 镜像，系统弹出如图 3-130 所示的"镜像"操控板，在该操控板中定义镜像特征。

步骤 4　定义镜像平面。选择 FRONT 基准面为镜像平面，系统将选中的特征沿着 FRONT 基准面对称复制，结果如图 3-128 所示。

步骤 5　完成镜像特征操作。单击"镜像"操控板中的"确定"按钮 ✓。

图 3-129　选择镜像特征

图 3-130　"镜像"操控板

> **说明：**创建镜像特征时，系统默认镜像后的特征与源特征是相互关联的，也就是说源特征发生变化，镜像后的特征也会发生相应变化，如果想解除这种关联特性，需要在"镜像"操控板的"选项"选项卡中取消选中"从属副本"选项，如图 3-131 所示。

在同时镜像多个特征时，为了提高镜像特征效率，简化模型树结构，可以在镜像特征之前将多个特征创建成组特征。具体操作是首先在模型树中选中镜像特征，系统弹出如图 3-132 所示的"确认"对话框，单击"是"按钮，系统将选中的多个特征创建成组特征，结果如图 3-133 所示，以后直接对组特征进行镜像即可。

3.1.15　阵列特征

使用阵列特征将选中特征按照一定的规律进行复制。Creo 中提供了多种阵列方法，包括尺寸阵列、方向阵列、轴阵列、填充阵列、表阵列、参考阵列、曲线阵列、点阵列等。在

"模型"选项卡的"编辑"区域单击"阵列"按钮 ⊞，对特征进行阵列操作，下面具体介绍几种常用的阵列操作。

图 3-131 设置从属副本

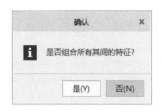

图 3-132 "确认"对话框

图 3-133 创建组特征

（1）尺寸阵列

尺寸阵列，就是通过选择阵列特征中的一些尺寸参数作为阵列方向参考的一种线性阵列方式。在创建尺寸阵列选择尺寸时，如果只选择一个尺寸参考，系统将特征沿着该尺寸方向进行单一方向的线性阵列，如果分别选择两个正交方向尺寸参考，系统将特征同时沿着这两个尺寸方向进行线性阵列，此时阵列结果形成一个矩形区域，所以这种阵列也叫作矩形阵列。如果同时选中两个尺寸参考，系统将特征沿着这两个尺寸方向的"合方向"进行线性阵列，这种阵列方式也叫作斜线阵列。

如图 3-134 所示的面板盖模型，需要将其中的直槽孔特征进行阵列得到如图 3-135 所示的效果，下面以此为例介绍线性阵列创建过程。

步骤 1 打开练习文件 ch03 part\3.1\pattern01。

步骤 2 分析阵列特征尺寸。对特征进行尺寸阵列之前，首先要分析阵列特征的尺寸参数。本例要阵列的特征是图 3-135 所示的直槽孔特征，图 3-136 所示的是直槽孔截面草图，其中 36 和 15 两个尺寸为定位尺寸，R1 和 6 两个尺寸为形状尺寸。进行尺寸阵列时，使用定位尺寸定义阵列方向参考，使用形状尺寸定义阵列过程中的形状变化。对于本例的阵列，只需要将直槽孔沿面板盖长度和宽度两个方向进行阵列，不涉及直槽孔尺寸变化。在尺寸阵列时，只需要选择 36 和 15 两个尺寸定义阵列方向参考即可，其中尺寸 36 属于水平方向的尺寸标注，可以使直槽孔沿着水平方向阵列，尺寸 15 属于竖直方向尺寸标注，可以使直槽孔沿着竖直方向阵列。

图 3-134 面板盖模型

图 3-135 创建线性阵列

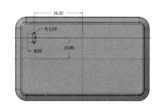

图 3-136 直槽孔截面草图

步骤 3 选择阵列特征。在模型树或模型上选择直槽孔特征（拉伸 2）为阵列对象。

步骤 4 选择命令。在"模型"功能面板的"编辑"区域单击"阵列"按钮 ⊞，系统弹出"阵列"操控板，在该操控板中定义阵列参数。

步骤 5 定义阵列方式。在"类型"区域的下拉列表中选择"尺寸"选项（系统默认选项），表示对阵列特征进行尺寸阵列。

步骤 6 定义尺寸阵列参数。

a. 定义第一方向阵列参数。选择尺寸 36 为方向 1 方向参考，表示沿着尺寸 36 标注的方向进行阵列。展开操控板中的"尺寸"选项卡，在"方向 1"区域中的增量栏中定义该方向的增量（也就是阵列间距）为−4，如图 3-137 所示，最后在第一方向阵列成员数文本框中定义阵列个数为 19，结果如图 3-138 所示。

图 3-137　定义方向 1 阵列参数　　　　　图 3-138　方向 1 阵列结果

b. 定义第二方向阵列参数。在"尺寸"选项卡的"方向 2"区域单击，选择尺寸 15 为方向 2 方向参考，表示沿着尺寸 15 标注的方向进行阵列。在"方向 2"区域中的增量栏中定义该方向的增量（也就是阵列间距）为−10，如图 3-139 所示，最后在第二方向阵列成员数文本框中定义阵列个数为 4，结果如图 3-140 所示。

步骤 7　完成阵列特征操作。单击"阵列"操控板中的"确定"按钮✔。

图 3-139　定义方向 2 阵列参数　　　　　图 3-140　方向 2 阵列结果

在尺寸阵列中，如果在各阵列方向上继续选择特征中的形状尺寸并定义增量，系统将继续对阵列特征沿着指定尺寸方向进行线性阵列，同时会将选中的尺寸在该阵列方向上根据设置的增量进行变化。

如图 3-141 所示的阵列示例模型，需要对长方形板上的圆柱凸台进行阵列，圆柱凸台截面草图如图 3-142 所示，尺寸 75 为水平方向定位尺寸，尺寸 12 为圆柱直径，另外，圆柱凸台的拉伸高度为 8，欲通过阵列得到如图 3-143 所示的阵列效果。

 说明：打开练习文件 "ch03 part\3.1\pattern_ex01" 学习本部分内容。

像这样涉及阵列特征变化的阵列就需要定义形状尺寸增量。在"阵列"操控板中选择尺寸阵列类型，选择定位尺寸 75 为阵列方向参考，表示将阵列特征沿着尺寸 75 的标注方向进行阵列，阵列个数为 8；按住 Ctrl 键，选择圆柱直径尺寸 12，在其增量栏中输入增量 3，表示每个阵列特征比前一个直径增加 3；继续按住 Ctrl 键，选择圆柱凸台高度尺寸 8，在其增量栏中输入增量值 5，表示每个阵列特征比前一个高度增加 5。阵列参数定义如图 3-144 所示，阵列预览结果如图 3-145 所示。

图 3-141 阵列示例模型

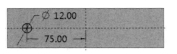

图 3-142 圆柱凸台截面草图

图 3-143 变化阵列效果

图 3-144 定义阵列参数

图 3-145 阵列预览结果

在定义完阵列参数后，在模型上出现表示阵列特征位置的橙色圆点，每个橙色圆点表示一个阵列特征，单击橙色圆点使其变成小黑点（如图 3-146 所示），小黑点表示该处不显示阵列特征（如图 3-147 所示），使用这种操作能够绕开障碍进行阵列。

图 3-146 单击橙色圆点使其变成小黑点

图 3-147 小黑点位置不显示阵列特征

如果要删除阵列特征，有两种删除方式：在模型树中选中阵列特征右键，系统弹出如图 3-148 所示的快捷菜单，在快捷菜单中选择"删除"命令，系统将阵列特征连同原始特征一起删除，结果如图 3-149 所示；如果选择"删除阵列"命令，系统仅删除阵列特征，原始特征依然保留在原始位置，结果如图 3-150 所示。此处介绍的删除阵列特征的两种方式适用于所有的阵列类型，后面章节不再赘述。

图 3-148 快捷菜单

图 3-149 删除结果

图 3-150 删除阵列结果

（2）方向阵列

方向阵列，就是通过在模型中选择方向参考对特征进行线性阵列，方向参考可以是模型上的边线或基准轴，也可以是模型表面或基准平面。如果选择边线或轴，系统将沿着边线或轴的线性方向进行线性阵列，如果选择模型表面或基准平面作为方向参考，系统将沿着模型表面或基准平面的垂直方向进行线性阵列。

如图 3-151 所示的发动机壳体零件模型，现在已经完成了如图 3-152 所示的结构设计，需要继续创建如图 3-153 所示的方向阵列结构，下面以此为例介绍方向阵列操作。

图 3-151　发动机壳体零件模型　　图 3-152　已经完成的结构　　图 3-153　创建方向阵列

步骤 1　打开练习文件 ch03 part\3.1\pattern02。

步骤 2　选择阵列特征。在模型树或模型上选择拉伸 2 特征为阵列对象。

步骤 3　选择命令。在"模型"功能面板的"编辑"区域单击"阵列"按钮 ▦，系统弹出"阵列"操控板，在该操控板中定义阵列参数。

步骤 4　定义阵列方式。在"类型"区域的下拉列表中选择"方向"选项。

步骤 5　定义方向阵列参数。

① 定义阵列方向。选择模型顶面为方向参考，表示沿着该面垂直方向进行阵列，单击第一方向参考后面的"反向"按钮 ↗，调整阵列方向向下。

② 定义阵列参数。在第一方向"成员数"文本框中定义阵列个数为 10，在"间距"文本框中定义阵列间距为 2.5，如图 3-154 所示，阵列预览结果如图 3-155 所示。

步骤 6　完成阵列特征操作。单击"阵列"操控板中的"确定"按钮 ✓。

图 3-154　定义阵列参数

图 3-155　阵列预览结果

使用方向阵列的效果与尺寸阵列类似，但相对于尺寸阵列来说，方向阵列更加直观，更容易理解，在线性阵列中应用非常广泛。

另外，与尺寸阵列类似，选择一个方向参考，可以沿着单一方向进行线性阵列，如果选择两个方向参考，则可以沿着两个方向分别进行线性阵列，也就是矩形阵列。

如图 3-156 所示的示例模型，需要对模型中的圆孔进行阵列，如果只选择如图 3-156 所示的模型边线 1 为方向参考，系统将对孔特征进行单一方向的阵列，结果如图 3-157 所示；如果同时选择如图 3-156 所示的模型边线 1 和模型边线 2 为方向参考，系统将对孔特征进行两个方向的阵列（矩形阵列），结果如图 3-158 所示。

说明：打开练习文件 ch03 part \ 3. 1 \ pattern_ex02 学习本部分内容。

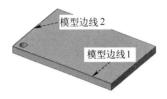

图 3-156 阵列示例模型

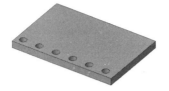

图 3-157 单一方向的阵列

图 3-158 两个方向的阵列

（3）轴阵列

轴阵列就是将特征绕着一根轴进行圆周阵列，阵列特征分布在以轴为圆心的圆周上，选择的轴可以是基准轴，也可以是模型边线或直线。

如图 3-159 所示的带轮模型，需要将其中的扇形孔进行圆周阵列，得到如图 3-160 所示的结果，下面以此为例介绍轴阵列创建过程。

图 3-159 带轮模型

图 3-160 圆周阵列

步骤 1 打开文件 ch03 part\3. 1\pattern03。

步骤 2 选择阵列特征。在模型树中选择"组 LOCAL_GROUP"为阵列对象。

步骤 3 选择命令。在"模型"功能面板的"编辑"区域单击"阵列"按钮 ▦ ，系统弹出"阵列"操控板，在该操控板中定义阵列参数。

步骤 4 定义阵列方式。在"类型"区域的下拉列表中选择"轴"选项，对阵列特征进行轴阵列（也即圆周阵列）。

步骤 5 定义方向阵列参数。

① 选择阵列轴。在模型树或模型上选择 A_1 轴为阵列轴参考，表示绕着该轴进行圆周阵列（此处选择的 A_1 轴是模型自带的，直接选用）。

② 定义阵列个数与阵列角度间距。本例需要将扇形孔绕着中心轴均匀阵列五个，在"第一方向成员"文本框中输入个数 5，单击 ⚠ 角度范围 按钮，在其后的文本框中使用默认的 360，表示在 360°范围内均匀阵列 5 个，如图 3-161 所示。

图 3-161 定义轴阵列参数

步骤 6 完成阵列特征操作。单击"阵列"操控板中的"确定"按钮 ✔ 。

（4）填充阵列

填充阵列，就是将特征在一个封闭的区域里按照一定的排列分布方式进行阵列，填充阵列排列方式有多种，包括矩形、菱形、三角形、环形、螺旋和曲线等。

如图 3-162 所示的防尘盖零件模型，现在需要对模型中间的小孔进行阵列，得到如图 3-163 所示的阵列结果，下面以此为例介绍填充阵列操作。

图 3-162　防尘盖零件模型

图 3-163　创建填充阵列

步骤 1　打开文件 ch03 part\3.1\pattern04。

步骤 2　选择阵列特征。在模型树或模型中选择"孔 2"特征为阵列对象。

步骤 3　选择命令。在"模型"功能面板的"编辑"区域单击"阵列"按钮，系统弹出"阵列"操控板，在该操控板中定义阵列参数。

步骤 4　定义阵列方式。在"类型"区域的下拉列表中选择"填充"选项。

步骤 5　定义阵列填充区域。定义阵列填充区域有两种方式：一种是事先使用草绘工具在阵列面上绘制好填充区域草图；另一种方法是在定义填充阵列过程中定义填充区域草图。本例没有事先提供区域草图，故采用第二种方法定义填充区域。

① 绘制填充区域草图。在图形区空白位置单击，在系统弹出的快捷菜单中单击"定义内部草绘"按钮，系统弹出"草绘"对话框，选择如图 3-164 所示的模型平面为草图平面，采用系统默认的参考平面，绘制如图 3-165 所示的填充区域草图。

② 初步填充阵列。完成填充区域草图绘制后，得到初步的填充阵列效果，如图 3-166 所示，初步阵列结果一般不符合我们预期的要求，需要继续定义填充阵列参数。

图 3-164　选择草绘平面

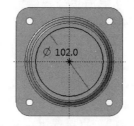

图 3-165　绘制填充区域草图

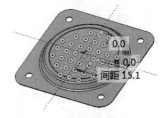

图 3-166　初步填充阵列结果

步骤 6　定义填充阵列参数。

① 定义填充排列方式。在操控板的"栅格阵列"下拉列表中选择阵列排列方式，一共包括如图 3-167 所示的六种排列方式，本例选择第三种（六边形）排列方式，表示阵列特征在填充区域中按照六边形进行分布。

② 定义填充参数。排列方式为六边形时，需要定义阵列间距、边缘间距及旋转角度等三个参数。阵列间距表示每两个阵列特征之间的距离，此处输入 6；边缘间距表示最外侧的阵列特征与填充边界之间的距离，此处输入 0；旋转角度表示对所有阵列特征进行旋转变换，此处不做旋转，不用定义旋转角度，结果如图 3-168 所示。

说明：在填充阵列排列样式中选择"沿曲线"阵列方式，系统将特征沿着封闭填充区域边界进行阵列，即沿着曲线进行阵列。

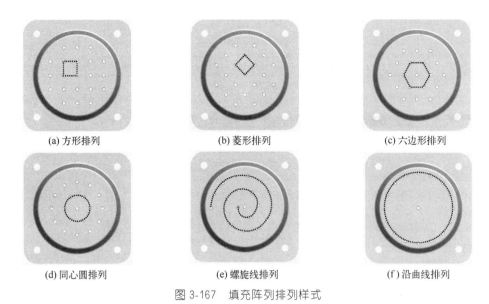

(a) 方形排列　　　　　　　　　(b) 菱形排列　　　　　　　　　(c) 六边形排列

(d) 同心圆排列　　　　　　　　(e) 螺旋线排列　　　　　　　　(f) 沿曲线排列

图 3-167　填充阵列排列样式

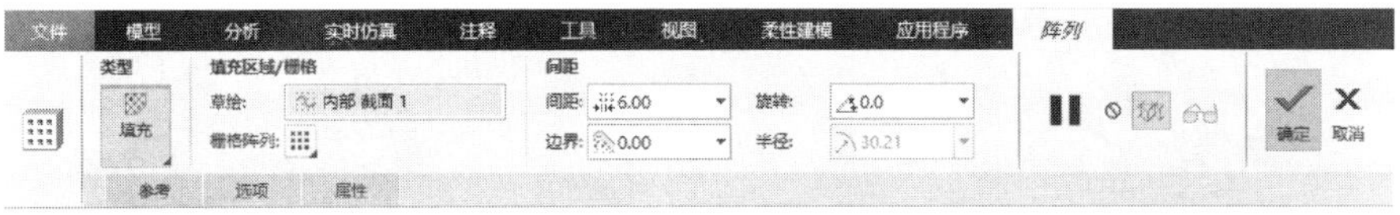

图 3-168　定义填充参数

步骤 7　完成阵列特征操作。单击"阵列"操控板中的"确定"按钮 ✓。

（5）曲线阵列

曲线阵列，就是将特征沿着曲线进行阵列，定义曲线阵列参数有两种方式：一种是定义阵列的个数以及每两个相邻特征在曲线上的距离，系统按照给定参数在曲线上进行阵列；另一种方式是给定阵列个数，系统将特征按照给定阵列个数在曲线上均匀分布。

如图 3-169 所示的护栏模型，需要对零件中的圆柱杆进行阵列，得到如图 3-170 所示的曲线阵列结构，下面以此为例介绍曲线阵列操作。

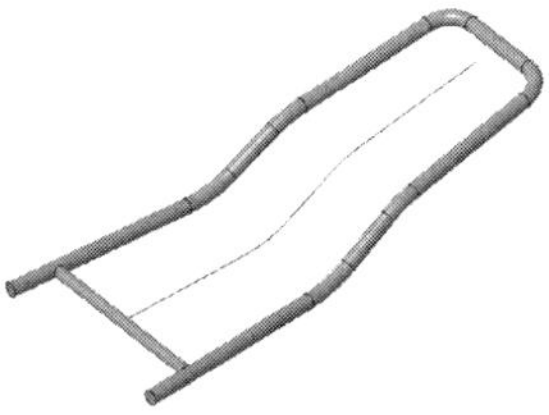

图 3-169　护栏模型 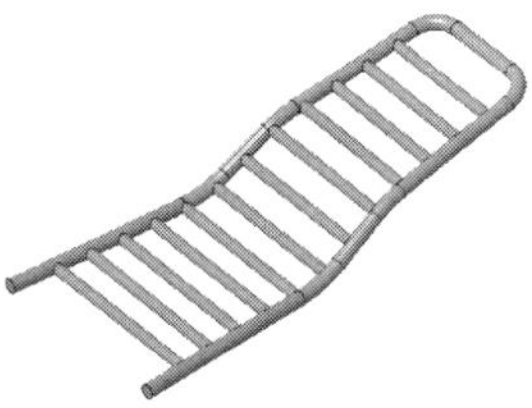　　　　　　　　　　　　　图 3-170　曲线阵列

步骤 1　打开文件 ch03 part\3.1\pattern05。

步骤 2　选择阵列特征。在模型树或模型中选择"拉伸 1"特征为阵列对象。

步骤 3　选择命令。在"模型"功能面板的"编辑"区域单击"阵列"按钮 ▦，系统弹出"阵列"操控板，在该操控板中定义阵列参数。

步骤 4　定义阵列方式。在"类型"区域的下拉列表中选择"曲线"选项。

步骤 5　定义阵列曲线参考。在模型树或模型上直接选择"阵列曲线"为阵列曲线参考，系统将选择的阵列特征沿着该曲线进行阵列。

步骤6 定义曲线阵列参数。在"阵列"操控板中单击 间距 按钮，设置间距为75，如图 3-171 所示，此时曲线阵列预览结果如图 3-172 所示。

💡 **说明**：在曲线阵列时，单击 成员数 按钮，表示在曲线上按照给定个数进行阵列。

图 3-171　定义曲线阵列参数　　　　　　　　　　　图 3-172　曲线阵列预览

步骤7 完成阵列特征操作。单击"阵列"操控板中的"确定"按钮 ✓。

（6）点阵列

点阵列，就是将特征按照草图点或基准点位置进行阵列，点阵列主要用于设计一些无规则的阵列结构，在零件设计中应用非常广泛。

如图 3-173 所示的机盖模型，需要将模型中的螺纹孔创建到其他各个圆柱凸台上，如图 3-174 所示，因为各个圆柱凸台的分布是无规律的，需要使用点阵列来设计。

图 3-173　机盖模型　　　　　　　　　　　　　图 3-174　点阵列

步骤1 打开练习文件 ch03 part\3.1\pattern06。

步骤2 选择阵列特征。在模型树或模型中选择"孔 1"特征为阵列对象。

步骤3 选择命令。在"模型"功能面板的"编辑"区域单击"阵列"按钮 ▦，系统弹出"阵列"操控板，在该操控板中定义阵列参数。

步骤4 定义阵列方式。在"类型"区域的下拉列表中选择"点"选项，如图 3-175 所示，表示对阵列特征进行点阵列。

图 3-175　定义点阵列

步骤5 定义阵列点。定义阵列点有两种方式，在"阵列"操控板中单击 来自草绘 按钮，表示使用草图点进行点阵列，单击 来自基准点 按钮，表示使用基准点进行点阵列。如果使用草图点则既可以选择已有的草图点，也可以在"参考"选项卡中单击"定义"按钮绘制草图点；如果使用基准点则只能选择已有的基准点进行阵列。本例没有提供现成的草图点及基准点，使用定义草图点的方法创建阵列点进行点阵列。

① 定义草绘平面。在图形区空白位置单击，在系统弹出的快捷菜单中单击"定义内部草绘"按钮 ，选择如图 3-176 所示的模型平面为草图平面。

② 绘制草图点。进入草绘环境后，在"模型"选项卡"基准"区域单击 ✕ 点 按钮在各个圆柱凸台中心位置绘制如图 3-177 所示的草图点（已经设计孔的位置不需要绘制草图点），系统在每个草图点位置生成一个阵列特征，如图 3-178 所示。

图 3-176　选择草绘平面

图 3-177　绘制草图点

图 3-178　点阵列预览

步骤 6　完成阵列特征操作。单击"阵列"操控板中的"确定"按钮 ✓。

3.1.16　主体建模

从 Creo7.0 版本开始，Creo 零件设计中提供了主体工具，用于主体建模，这也是 Creo 软件功能上一个比较大的变化，下面具体介绍主体建模方法。

创建主体的方法很多，可以使用"新建主体"命令创建主体，也可以在一些特征工具中直接创建主体。如图 3-179 所示的主体模型，其包括一个立方体和三个圆柱体，下面以此模型为例介绍创建主体操作。后期再使用"布尔运算"命令对主体模型进行处理，得到如图 3-180～图 3-182 所示的模型。

图 3-179　主体模型

图 3-180　最终模型 1

图 3-181　最终模型 2

图 3-182　最终模型 3

步骤 1　设置工作目录：F:\creo_jxsj\ch03 part\3.1。

步骤 2　新建零件文件。选择"新建"命令新建零件文件，名称为 body_design。

步骤 3　默认主体。新建零件进入零件设计环境，系统自动创建如图 3-183 所示的默认主体，在该主体下创建的所有特征都属于该主体。

步骤 4　创建如图 3-184 所示的立方体特征。在"模型"功能面板的"形状"区域单击"拉伸"按钮 ，选择 TOP 基准面为草图平面创建如图 3-185 所示的拉伸草图，拉伸方式为"对称拉伸"，拉伸高度为 120。

图 3-183　默认主体

图 3-184　立方体特征

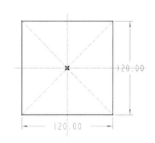
图 3-185　拉伸草图

步骤5 创建如图 3-186 所示的水平方向圆柱体特征。在"模型"功能面板的"形状"区域单击"拉伸"按钮 ，选择 RIGHT 基准面为草图平面创建如图 3-187 所示的拉伸草图，拉伸方式为"对称拉伸"，拉伸高度为 300。

步骤6 创建竖直方向圆柱体特征。参照步骤 5 操作及参数创建竖直方向圆柱体。

步骤7 查看主体。以上创建的三个拉伸特征，系统会自动将其"合并"成一个整体主体，也就是如图 3-188 所示的主体 1。

> **说明：** Creo7.0 之前的各版本中创建特征模型系统都会自动进行合并，也就是此处创建的结果，如果选择"移除材料"命令可以在特征之间创建切除效果。

图 3-186 圆柱体特征

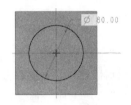

图 3-187 拉伸草图

图 3-188 整体主体

步骤8 在特征中创建主体。在 Creo 的很多特征工具中都可以创建主体。在模型树选中"拉伸 2"特征，在弹出的快捷菜单中单击"编辑定义"按钮 ，系统弹出如图 3-189 所示的"拉伸"操控板，展开"主体选项"选项卡，选中"创建新主体"选项，将当前特征"拆分"成一个独立的主体，按照此操作将"拉伸 3"特征也"拆分"成独立主体，此时模型中有三个独立主体，结果如图 3-190 所示。

图 3-189 在"拉伸"操控板创建新主体

图 3-190 独立主体

步骤9 新建主体。在"模型"功能面板的"主体"区域选择 新建主体 命令，系统弹出如图 3-191 所示的"主体"对话框，采用默认主体名称，单击"确定"按钮，系统在模型树中创建一个独立的"主体 4"，如图 3-192 所示。

步骤10 创建主体。新建主体后，系统默认在该主体中创建特征，参照步骤 5 操作及参数创建如图 3-193 所示的主体 4，此时模型中有五个独立主体。

步骤11 隐藏主体。在 Creo 中创建的独立主体都可以单独被隐藏（这在 Creo7.0 之前的各版本中无法实现），在模型树的"主体"区域选中"主体 1"对象，在弹出的快捷菜单中单击"隐藏"按钮 ，系统将隐藏主体 1，结果如图 3-194 所示。

图 3-191 "主体"对话框

图 3-192 创建主体 4

图 3-193 定义主体 4

步骤 12 设置默认主体并添加如图 3-195 所示的特征。设置默认主体后可在默认主体中添加特征结构,在模型树的"主体"区域单击"主体 2"对象,在弹出的快捷菜单中单击"设置为默认主体"按钮 ⭐,系统将"主体 2"设置为默认主体,如图 3-196 所示。选择"拉伸"命令,选择主体 2 右侧端面为草图平面创建如图 3-197 所示的拉伸草图,创建如图 3-198 所示的拉伸切除(切除深度为 60)。

图 3-194 隐藏主体

图 3-195 添加特征

图 3-196 设置默认主体

图 3-197 创建拉伸草图

图 3-198 创建拉伸切除

步骤 13 创建布尔合并。通过布尔合并将若干独立主体合并成一个整体。在"模型"功能面板的"主体"区域选择 布尔运算 命令,系统弹出如图 3-199 所示的"布尔运算"操控板,在"操作"区域单击"合并"按钮 ,首先选择"主体 2"为"要修改的主体"对象,然后按住 Ctrl 键选择"主体 3"和"主体 4"为"修改主体"对象,系统将后者合并到前者,如图 3-200 所示,此时布尔合并结果如图 3-201 所示。

步骤 14 创建布尔切除。通过布尔切除从一个主体中切除另外一个主体。在"模型"功能面板的"主体"区域选择 布尔运算 命令,系统弹出"布尔运算"操控板,在"操作"

图 3-199　定义布尔合并　　　　　　　　　　　　　　图 3-200　合并结果

区域单击"切除"按钮，首先选择"主体 1"为"要修改的主体"对象，然后选择"主体 2"为"修改主体"对象，如图 3-202 所示，系统将从前者中减去后者，如图 3-180 所示，此时布尔切除结果如图 3-203 所示。

图 3-201　布尔合并结果　　　　　　　　　　　　图 3-202　定义布尔切除

步骤 15　创建布尔相交。通过布尔相交创建若干主体对象的交集。撤销步骤 14 操作，在"模型"功能面板的"主体"区域选择 **布尔运算** 命令，系统弹出"布尔运算"操控板，在"操作"区域单击"相交"按钮，首先选择"主体 1"为"要修改的主体"对象，然后选择"主体 2"为"修改主体"对象，如图 3-204 所示，系统创建两者交集，结果如图 3-181 所示。

图 3-203　布尔切除结果　　　　　　　　　　　　图 3-204　布尔相交

说明：本例模型中如果直接选择最初的四个主体创建布尔相交，此时将直接得到如图 3-182 所示的相交结果。

3.2 特征基本操作

零件设计的关键是三维特征的设计，在实际特征设计中，需要掌握各种特征基本操作，包括特征的编辑、特征设计顺序的处理以及特征失败的处理等，同时这也是零件设计中必须掌握的"基本功"，下面具体介绍特征基本操作。

3.2.1 特征编辑操作

在 Creo 中产品的各种结构都是由一个个特征构成的，所以对产品的修改与改进也就是对产品中的特征进行修改与改进。在 Creo 模型树中可以很方便地对特征进行各种编辑与修改，下面具体介绍常用的特征编辑操作。

（1）编辑特征尺寸

在零件设计中会使用大量的特征尺寸参数，可以通过修改这些尺寸参数达到修改零件结构的目的。如图 3-205 所示的阀体模型，需要修改模型中的特征参数，得到如图 3-206 所示的模型，下面以此为例介绍编辑特征尺寸的操作。

步骤 1 打开练习文件\ch03 part\3.2\01\edit_dim。

步骤 2 修改"旋转"特征尺寸。

a. 显示特征尺寸。在模型树中选中"旋转 1"特征，在系统弹出的快捷菜单中单击 ![按钮图标] 按钮，此时在模型中显示特征尺寸，如图 3-207 所示。

图 3-205 阀体模型 1

图 3-206 修改特性参数

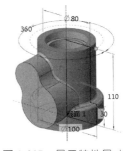

图 3-207 显示特性尺寸 1

b. 修改特征尺寸。在模型上双击特征尺寸可以编辑特征尺寸，双击模型中的高度尺寸 110，将其修改为 150，结果如图 3-208 所示。

步骤 3 修改"拉伸 1"特征尺寸。也就是修改"8 字形"凸台尺寸，参照步骤 2 操作，显示"拉伸 1"特征尺寸，如图 3-209 所示，修改"8 字形"凸台上部圆弧高度尺寸（由 78 改为 110），修改中间圆弧半径尺寸（由 20 改为 50），结果如图 3-210 所示。

图 3-208 修改特征尺寸结果

图 3-209 显示特性尺寸 2

图 3-210 修改特性尺寸

（2）编辑特征属性

特征属性主要是指在创建特征时需要定义的各项属性，不同的特征具有不同的特征属性，以"拉伸特征"为例，拉伸特征主要包括拉伸深度控制选项、拉伸深度值等特征属性。

如图 3-211 所示的塑料盖模型，需要对模型进行修改，得到如图 3-212 所示的模型结果，下面以此为例介绍编辑特征属性的操作。

图 3-211　塑料盖模型

图 3-212　编辑特征结果

步骤 1　打开练习文件 ch03 part\3.2\01\edit_feature。

步骤 2　编辑"拉伸 2"属性。在模型树中选中"拉伸 2"特征，在弹出的快捷菜单中

图 3-213　修改拉伸属性

单击 按钮，系统弹出"拉伸"操控板，本例主要修改拉伸深度参数，在 下拉列表中选择 选项，修改拉伸深度值为 15，如图 3-213 所示。

步骤 3　完成编辑操作。单击"拉伸"操控板中的"确定"按钮 。

（3）编辑特征草图

Creo 中的一些特征是基于二维草图创建的，像这样的特征可以通过修改其二维草图的方法对特征结构进行修改。如图 3-214 所示的阀体模型，需要修改模型中的"8 字形"凸台截面，修改结果如图 3-215 所示，下面具体介绍。

图 3-214　阀体模型 2

图 3-215　修改结果

步骤 1　打开练习文件 ch03 part\3.2\01\edit_section。

步骤 2　修改截面草图。在模型树中展开"拉伸 1"特征，选择"拉伸 1"下面的"截面 1"对象，在弹出的快捷菜单中单击 按钮，如图 3-216 所示，系统显示"拉伸 1"截面草图，如图 3-217 所示，修改截面草图如图 3-218 所示。

> **说明：** 编辑特征草图的另外一种方法是选中"拉伸 1"特征，在弹出的快捷菜单中单击 按钮，系统弹出"拉伸"操控板，在操控板中展开"放置"选项卡，在该选项卡中单击"编辑"按钮，系统显示拉伸 1 截面草图。

图 3-216 选择命令

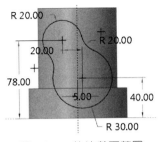

图 3-217 拉伸截面草图

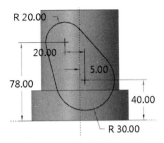

图 3-218 修改截面草图

步骤 3 完成编辑操作。单击"草绘"操控板中的"确定"按钮 ✔。

（4）删除特征

删除特征就是将设计过程中不需要的特征或错误的特征删除，下面以图 3-219 所示的模型为例介绍删除特征操作。

步骤 1 打开练习文件 ch03 part\3.2\01\delete_feature。

步骤 2 删除"拉伸 2"特征。在模型树中选中"拉伸 2"右键，在弹出的快捷菜单中选择"删除"命令，系统弹出如图 3-220 所示的"删除"对话框，单击"确定"按钮，完成特征删除，结果如图 3-221 所示。

图 3-219 零件模型

图 3-220 "删除"对话框 1

图 3-221 删除结果 1

步骤 3 删除"拉伸 3"特征。在模型树中选中"拉伸 3"右键，在弹出的快捷菜单中选择"删除"命令，系统弹出如图 3-222 所示的"删除"对话框，提示用户此步骤删除的特征将影响到其他特征。在"处理方法"区域选中"全部删除"选项，单击"确定"按钮，系统将选中特征及受影响的特征一起删除，最终删除结果如图 3-223 所示。

> **说明 1：** 因为模型中的沉头孔是在"拉伸 3"特征的斜面上创建的，两者之间存在父子关系，所以在删除"拉伸 3"特征的同时，特征上的沉头孔也会被删除。
>
> **说明 2：** 在"删除"对话框的"处理方法"区域选中"全部暂时保留"选项，系统将暂时保留与删除特征关联的对象，如图 3-224 所示。

图 3-222 "删除"对话框 2

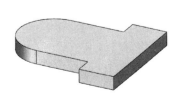

图 3-223 删除结果 2

图 3-224 暂时保留对象

读者在删除特征时一定要谨慎，如果删除特征后文件被保存了，那么删除的特征是不能被恢复的，也就是说特征删除是不可逆的。

（5）特征隐藏与显示

在零件设计中经常需要创建各种辅助特征，如基准特征、草图特征、曲线特征、曲面特征等，这些特征在零件设计完成后都需要隐藏起来，从而使模型更加整洁。下面以图 3-225 所示的模型为例介绍特征隐藏与显示操作。

步骤 1 打开练习文件 ch03 part\3.2\01\hide_display。

步骤 2 隐藏特征。在模型树中选中"螺旋扫描 1"特征，在弹出的快捷菜单中单击 按钮，系统将选中特征隐藏，隐藏结果如图 3-226 所示。

步骤 3 显示隐藏特征。如果要显示被隐藏的特征，在模型树中选中隐藏特征，在弹出的快捷菜单中单击 按钮，系统将隐藏特征重新显示。

步骤 4 仅显示特征。在模型树中选中"螺旋扫描 1"特征，在弹出的快捷菜单中单击 按钮，系统仅显示同一类型的选中特征，如图 3-227 所示。

图 3-225 实例模型　　　　图 3-226 隐藏特征　　　　图 3-227 仅显示特征

步骤 5 隐藏选定特征。在模型树中选中"螺旋扫描 1"特征，在弹出的快捷菜单中单击 按钮，系统仅隐藏同一类型的选中特征，如图 3-226 所示。

步骤 6 隐藏拉伸曲面。在模型树中选中"拉伸 1"特征，在弹出的快捷菜单中单击 按钮，系统将选中特征隐藏，隐藏结果如图 3-228 所示。

步骤 7 隐藏实体特征。在模型树中展开"主体（1）"节点，选中"主体 1"，在弹出的快捷菜单中单击 按钮，如图 3-229 所示，隐藏实体结果如图 3-230 所示。

图 3-228 隐藏拉伸曲面　　　　图 3-229 隐藏主体实体　　　　图 3-230 隐藏实体结果

使用以上方法隐藏特征只是暂时的，下次打开文件后被隐藏的特征仍然是显示状态，如果需要将特征永久隐藏起来，需要使用"层"工具进行隐藏。

在浏览器区域中单击如图 3-231 所示的"层树"按钮 ，系统弹出如图 3-232 所示的层界面，其中包括系统自带的各种层，不同的层管理模型中不同类型的特征。因为以上已经隐藏了特征，选中"隐藏项"右键，在系统弹出的快捷菜单中选择"保存状况"命令，将隐藏项目的状态保存下来。

图 3-231 选择命令

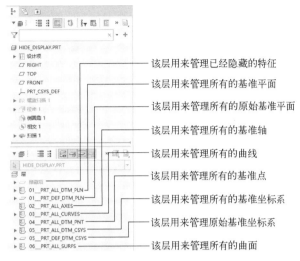

该层用来管理已经隐藏的特征
该层用来管理所有的基准平面
该层用来管理所有的原始基准平面
该层用来管理所有的基准轴
该层用来管理所有的曲线
该层用来管理所有的基准点
该层用来管理所有的基准坐标系
该层用来管理原始基准坐标系
该层用来管理所有的曲面

图 3-232 Creo 层界面

> 💡 **说明：** 在层界面中也可以快速设置某一类型特征的隐藏与显示，比如要隐藏模型中的所有曲面特征，在层界面中选中"06_PRT_ALL_SURFS"特征，点击右键，在弹出的快捷菜单中选择"隐藏"命令，系统将所有的曲面特征隐藏。

完成特征隐藏后，在层界面单击 🗋 ▾ 按钮，在弹出的菜单中选择"层树"命令，系统再次返回至模型树界面。

（6）隐含特征

隐含特征就是将特征隐藏使其不包含在模型中，对特征进行隐含后，特征在模型中不可见，但是隐含的特征对象仍然存在于模型内存中，可以随时恢复，这也是隐含特征与隐藏特征之间的本质区别。下面以如图 3-233 所示的模型为例介绍隐含特征操作。

步骤 1 打开练习文件 ch03 part\3.2\01\restrain。

步骤 2 隐含"拉伸 2"特征。在模型树中选中"拉伸 2"特征，在弹出的快捷菜单中单击 🔲 按钮，系统弹出如图 3-234 所示的"隐含"对话框，单击"确定"按钮，结果如图 3-235 所示，此时被隐含特征仍然显示在模型树中，如图 3-236 所示。

图 3-233 隐含特征

图 3-234 "隐含"对话框 1

图 3-235 隐含结果 1

步骤 3 恢复隐含特征。在模型树中选中被隐含的"拉伸 2"特征，在弹出的快捷菜单中单击 🔲 按钮，系统将隐含特征重新显示。

步骤 4 隐含"拉伸 3"特征。在模型树中选中"拉伸 3"特征，在弹出的快捷菜单中单击 🔲 按钮，系统弹出如图 3-237 所示的"隐含"对话框，单击"确定"按钮，系统将选中特征及其相关联的子特征一起隐含，隐含结果如图 3-238 所示。隐含的所有子特征可以单独恢复，例如只恢复"拉伸 3"特征，结果如图 3-239 所示。

图 3-236　隐含特征显示

图 3-237　"隐含"对话框 2

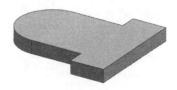

图 3-238　隐含结果 2

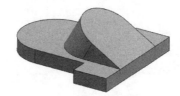

图 3-239　恢复"拉伸 3"特征

说明：隐含特征不同于删除特征，隐含特征不管是隐含前还是隐含后都会显示在模型树中，可随时恢复，在多种方案并行设计中应用非常广泛。

3.2.2　特征的父子关系

特征父子关系就是指特征与特征之间的上下级别的关系，如果特征 B 在创建过程中，借用了特征 A 中的某些参考关系（如点、边或面等），没有特征 A 提供的参考关系，就不可能创建出特征 B，那么就说明特征 A 是特征 B 的父项，特征 B 是特征 A 的子项，特征 A 与特征 B 之间就存在父子关系。特征父子关系示意图如图 3-240 所示。

图 3-240　特征父子关系示意图

图 3-241　固定座零件模型

（1）特征父子关系查看与分析

如图 3-241 所示的固定座零件模型，其模型树如图 3-242 所示，在模型树中选择"拉伸 2"右键，在弹出的快捷菜单中选择"信息"→"参考查看器"命令，系统弹出如图 3-243 所示的"参考查看器"对话框，在该对话框中显示"拉伸 2"特征的"父项"与"子项"，其中"父项"包括基准面和"拉伸 1"，"子项"只有"拉伸 3"。

（2）分析特征父子关系

特征父子关系的关键是要理解特征父子关系的原因，也就是要理解特征之间为什么存在父子关系。下面具体分析如图 3-241 所示固定座零件模型中"拉伸 2"特征的特征父子关系，

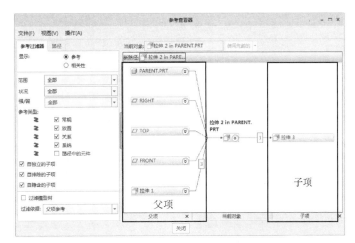

图 3-242 模型树   图 3-243 "参考查看器"对话框

理解父子关系之间的内在联系。

在创建"拉伸 2"过程中，选择的草图平面是 FRONT 基准平面，所以 FRONT 基准平面是"拉伸 2"的"父项"；另外，在"拉伸 2"截面草图中标注尺寸时与 RIGHT 基准平面和 TOP 基准平面产生了参考关系，如图 3-244 所示，所以 RIGHT 基准平面和 TOP 基准平面也是"拉伸 2"的"父项"；最后，在定义"拉伸 2"拉伸属性时与"拉伸 1"产生了参考关系，如图 3-245 所示，所以"拉伸 1"也是"拉伸 2"的"父项"。

在创建完"拉伸 2"之后又创建了"拉伸 3"，"拉伸 3"是在"拉伸 2"的基础上做了切除，如图 3-246 所示。"拉伸 3"的拉伸截面草图如图 3-247 所示，在绘制这个草图时与"拉伸 2"产生了参考关系，所以，"拉伸 2"是"拉伸 3"的"父项"，"拉伸 3"是"拉伸 2"的"子项"。

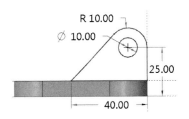
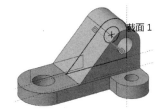

图 3-244 "拉伸 2"截面草图   图 3-245 定义"拉伸 2"属性   图 3-246 创建"拉伸 3"

特征父子关系并不是绝对的，可以人为根据需要解除特征间的父子关系，解除父子关系的原理就是解除特征间的参考关系。本例中如果想解除"拉伸 2"与 FRONT 基准平面之间的关系，可以在绘制"拉伸 2"截面草图时不选择 FRONT 基准平面为草图平面，可以选择"拉伸 1"的侧面为草图平面，这样"拉伸 2"与 FRONT 基准平面之间就没有参考关系，也就解除了父子关系，如图 3-248 所示。

（3）理解特征父子关系的意义

理解特征父子关系具有很重要的实际意义，特别是在处理特征再生失败和调整零件结构设计顺序时非常有帮助，下面具体介绍理解特征父子关系的实际意义。

首先，理解特征父子关系对于处理特征生成失败是非常有帮助的。特征生成失败的主要原因就是在编辑与修改特征时，对后面特征的参考造成了影响，导致后面的特征无法找到参照所以出现再生失败的问题（本部分内容将在本章后面小节中详细介绍）。

其次，理解特征父子关系对于调整零件设计顺序是有帮助的。有时在完成零件设计后，如果设计顺序不太合理，可以根据需要调整特征设计顺序，使设计顺序更合理、更规范。在

图 3-247　"拉伸 3"的拉伸截面草图　　　　图 3-248　查看"拉伸 2"父子关系

调整特征设计顺序时，一定要注意特征间的父子关系，如果两个特征之间存在父子关系，那么"子特征"是无法调整到"父特征"之前的，"父特征"也不能调整到"子特征"之后，所以要特别注意这一点。那么如果非要调整它们间的顺序该怎么办呢？可以先分析它们之间的父子关系，然后解除这些父子关系就可以调整顺序了（本部分内容将在本章 3.2.3 节中详细介绍）。

3.2.3　特征重新排序及插入操作

　　零件设计中一定要注意零件的设计顺序，零件设计顺序体现出设计人员的设计思路及设计过程。对于一些复杂的零件设计，在设计之前只能规划出零件设计的大体设计思路，很多的细节结构需要逐步地去完成，这样难免会造成零件设计顺序不合理，需要在零件结构设计完成后对零件设计顺序进行调整甚至对零件中的一些结构进行改进等。完成这些操作需要对零件中的特征进行重新排序或插入操作。

　　（1）特征重新排序

　　特征的重新排序就是重新排列特征的设计顺序。如图 3-249 所示的壳体模型，从零件模型中发现零件中存在多处不合理结构，如图 3-250 所示。壳体模型在拐角位置不是均厚的，这会严重影响结构的强度，需要对这种设计进行改进。

　　壳体模型的模型树如图 3-251 所示，从模型树中可以看出造成这种不合理结构的主要原因是模型设计顺序不合理。模型树中显示首先创建的是抽壳，然后创建两个倒圆角。我们知道，在零件设计中，抽壳和倒圆角同时存在的场合一定要先创建倒圆角，后创建抽壳，只有这样才能得到均匀壁厚的壳体。

图 3-249　壳体模型

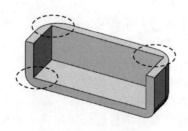

图 3-250　不合理结构

图 3-251　模型树

为了解决这个问题，最简单的方法就是调整模型设计顺序，在模型树中使用鼠标将"壳1"特征拖拽到"倒圆角2"后面即可，如图 3-252 所示，此时壳体模型变成均匀壁厚的壳体模型，如图 3-253 和图 3-254 所示。

图 3-252 调整模型顺序

图 3-253 改进后的模型

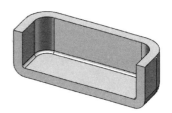

图 3-254 合理的壳体结构

在重新排序过程中一定要注意特征之间的父子关系，其中"父特征"不能重新排序到"子特征"后面，除非解除特征之间的父子关系。

（2）特征插入操作

插入操作就是在创建的特征之间插入一个特征，这也是从零件设计合理化、规范化方面来考虑的。在设计零件过程中，如果需要在某个特征前面进行改进设计，这时就可以直接使用插入操作，退回到某一个特征前面创建特征。

下面继续以图 3-249 所示的壳体模型为例，具体介绍特征插入操作过程。现在需要对壳体模型进行改进，得到如图 3-255 所示的壳体模型，因为这是一个壳体模型，所以改进的关键是对抽壳、倒圆角之前的基础特征进行改进。

步骤 1 在"拉伸 1"后插入特征。在模型树中选中底部的绿色横线将其拖动到"拉伸1"特征下面，如图 3-256 所示，表示设计顺序"退回"到"拉伸 1"特征的后面，此时模型中只显示"拉伸 1"特征，如图 3-257 所示，该特征就是本例的基础特征。

图 3-255 改进壳体模型

图 3-256 插入特征

图 3-257 基础模型

步骤 2 创建如图 3-258 所示的切除结构。选择"拉伸"命令，选择 FRONT 基准平面为草图平面创建如图 3-259 所示的截面草图进行拉伸切除。

步骤 3 在第一个倒圆角后面插入特征。完成拉伸切除后需要创建倒圆角，其中有些倒圆角已经做好了，直接调整插入特征位置将其显示即可。在模型树中选中底部的绿色横线将其拖动到"倒圆角 1"特征下面，表示设计顺序"退回"到第一个倒圆角特征的后面，此时模型树如图 3-260 所示，模型中显示出第一个倒圆角特征，如图 3-261 所示。

步骤 4 创建边倒圆。选择"圆角"命令创建如图 3-262 所示圆角，半径为 10。

步骤 5 完成插入特征操作。在模型树中选中底部的绿色横线将其拖动到"壳 1"特征下面，此时模型树如图 3-263 所示，模型显示完整特征结构。

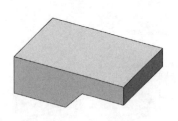

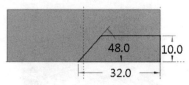

图 3-258　创建切除结构　　　　图 3-259　拉伸切除截面草图　　　　图 3-260　插入特征

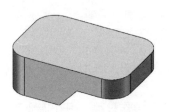

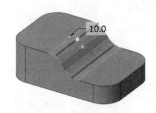

图 3-261　显示边倒圆　　　　图 3-262　创建边倒圆　　　　图 3-263　最终模型树

由此可见，在零件设计中，特别是零件改进设计中灵活使用插入操作能够大大提高零件设计效率与改进效率，所以插入操作是零件设计必须掌握的一种特征操作。

另外，插入操作还有一个非常重要的作用，就是便于后期审查。首先在模型树中拖动绿色横线到第一个特征后面，然后逐步拖动绿色横线，这样可以一步一步查看模型的创建过程，无论是从工作还是学习上来讲，都非常有帮助，特别是对软件初学者，可以使用这种方法学习别人的设计思路与设计方法。

3.2.4　特征再生失败及解决方法

在实际零件结构设计过程中，我们经常会因为各种原因对零件结构进行修改，在 Creo 中对特征进行修改后，系统会对整个零件结构进行再生，得到修改后的零件结构。如果对特征进行修改后无法得到正确的零件结构，这种情况就叫作特征再生失败。下面以图 3-264 所示的连杆模型为例介绍特征再生失败及其处理。

现在需要对如图 3-264 所示连杆模型中的 U 形凸台结构进行修改，得到如图 3-265 所示的改进结果。在模型树中选中"拉伸 3"特征编辑草图，如图 3-266 所示。

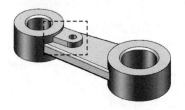

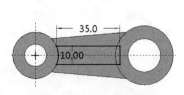

图 3-264　连杆模型　　　　图 3-265　连杆改进　　　　图 3-266　修改截面草图

完成以上草图编辑后，在模型树中显示失败的特征，分别是基准轴"A_5"和"孔1"，如图 3-267 所示。特征再生失败后，在底部信息区显示一个错误通知，如图 3-268 所示，单击"打开通知中心"，系统弹出如图 3-269 所示的"通知中心"对话框，在该对话框中查看失败特征，此处显示的是直接关联失败的特征。

图 3-267　特征再生失败　　　　　　　　　　图 3-268　特征再生失败通知

出现特征再生失败后，如果确定失败特征是不需要的，可以在模型树中直接删除失败特征以解决再生失败的问题。在模型树中选中失败特征"A_5"基准轴右键，在弹出的快捷菜单中选择"删除"命令，系统弹出如图 3-270 所示的"删除"对话框，单击"确定"按钮，结果如图 3-271 所示。

图 3-269　查看失败特征　　　　　　　　　　图 3-270　"删除"对话框

如果确定失败特征是必需的，需要分析失败原因，然后针对失败原因对特征进行编辑或重建以解决再生失败的问题。下面首先分析失败原因，然后重建模型。

因为在改进之前，模型中的孔与 U 形凸台的圆弧面是同轴的，但是改进后就没有 U 形凸台了，所以导致基准轴"A_5"没有同轴参考，而"孔1"又是根据基准轴"A_5"定位的，所以"孔1"也出现再生失败，这就是特征再生失败的真正原因。

对于本例的改进，基准轴"A_5"是多余的，需要删除，但是"孔1"是必需的，需要重建。在模型树中选中失败特征"A_5"基准轴右键，在弹出的快捷菜单中选择"删除"命令，系统弹出"删除"对话框，在对话框中单击"编辑细节"按钮，系统弹出如图 3-272 所示的"子项处理"对话框，在"孔1"后面的"状况"列表中选择"暂时保留"选项，表示保留"孔1"，此时模型树如图 3-273 所示。

接下来需要对"孔1"特征进行重建，在模型树中选中"孔1"特征，在弹出的快捷菜单中单击 🖉 按钮，系统弹出"孔"操控板，展开"放置"选项卡，在选项卡的"放置"区域移除"A_5"参考，如图 3-274 所示。

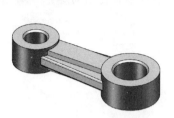

图 3-271　删除失败特征结果　　　图 3-272　"子项处理"对话框　　　图 3-273　子项处理结果模型树

图 3-274　移除失败参考

　　在"放置"选项卡的"类型"下拉列表中选择"线性"选项，表示对孔进行线性定位，如图 3-275 所示。分别拖动孔定位点到 FRONT 基准面及 RIGHT 基准面，定位距离分别为 0 和 20，如图 3-276 所示。单击"孔"操控板中的"确定"按钮 ，完成孔特征重建，最终模型树如图 3-277 所示。至此，特征再生失败被成功解决！

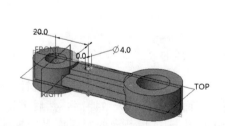

图 3-275　重新定义参考　　　　　图 3-276　重新定位结果　　　　　图 3-277　最终模型树结果

　　说明：特征再生失败的主要原因一般都是修改导致参照丢失，所以在修改特征时，一定要多加考虑特征之间的参照，也就是特征之间的父子关系。

3.3　零件模板定制

　　在 Creo 中新建零件文件时，首先必须选择合适的零件模板（如 mmns_part_solid_abs），可见零件模板对于新建文件来讲是非常重要的。下面具体介绍零件模板的定制，然后将定制模板设置到软件模板库中，方便以后随时调用。

（1）零件模板要求

零件模板包括零件设计中的各种零件属性，如单位属性、材料属性、零件常用参数以及质量属性等。零件模板实际上是一个包含以上各种零件属性的零件模型，特别是零件的明细参数，跟后期工程图的零件明细表（如图 3-278 所示）有直接的关系，所以零件模板需要根据零件明细表要求进行定制。

6	006	螺母	2	Q235	0.005	外购件
5	005	螺栓	2	Q235	0.034	外购件
4	004	上盖	1	HT200	0.693	
3	003	楔块	2	45	0.070	
2	002	轴瓦	2	45	0.554	
1	001	底座	1	HT200	2.325	
序号	代号	名称	数量	材料	质量	备注

图 3-278　零件明细表

说明：本章只介绍零件模板的定制，关于零件明细表的问题将在本书第 6 章工程图章节中详细介绍。

零件设计中常用的零件明细参数主要包括：

Drawing_number—图号（代号），用来设置零件图号，一般是企业里对产品中零件的编号，方便对产品中各零件的区分与管理。

Part_name—零件名称，用来设置零件真实名称，如底座、轴瓦、上盖等。

Part_material—零件材料，用来设置零件真实材料，如 HT200、45、Q235 等。

Part_mass—零件质量，用来设置零件的质量参数，一般根据设置的计算关系自动计算质量，质量单位根据设置的零件单位系统而定。

Designer—设计者，用来设置零件设计者姓名。

Drafter—绘图，用来设置零件制图者姓名。

Auditer—审核，用来设置零件制图审核者姓名。

Company—设计单位，用来设置产品设计单位名称。

Part_type—零件类型，用来设置零件类型，如外购件、标准件等。

下面以代号、零件名称、零件材料、零件质量、设计单位为例介绍零件模板定制。

（2）新建模板文件

在快速访问工具条中单击"新建"按钮，新建一个名为 part_template 的零件文件，选择 mmns_part_solid_abs 为零件模板。

（3）定义零件模板明细参数

步骤 1　定义零件代号"Drawing_number"。在"工具"选项卡的"模型意图"区域单击"参数"按钮，系统弹出"参数"对话框，单击对话框中的按钮，然后在"名称"单元格中输入参数名称"Drawing_number"，在"类型"单元格中选择参数类型为"字符串"，完成零件代号的定义，结果如图 3-279 所示。

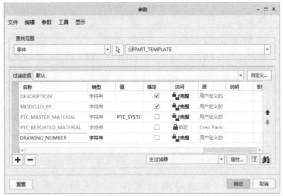

图 3-279　定义零件代号"Drawing_number"

步骤 2 定义其余明细参数。参照上一步操作，定义模板中的其余明细参数（包括零件名称、零件材料、零件质量、设计单位），注意参数类型，结果如图 3-280 所示。

说明： 假设现在要设计一个零件名称为"轴承支架"的零件模型，在调用该模板后，应将参数"PART_NAME"赋值为"轴承支架"，其操作方法是在"参数"对话框中单击参数"PART_NAME"后的"值"列表，输入参数值"轴承支架"回车即可，其他参数定义亦是如此，此处不再赘述。

图 3-280　定义其余明细参数

（4）定义零件默认密度

为了以后使用该模板能够自动计算零件模型质量，需要定义零件默认密度。

步骤 1 选择命令。在"文件"菜单中选择"准备"→"模型属性"命令，系统弹出如图 3-281 所示的"模型属性"对话框。

图 3-281　"模型属性"对话框

步骤 2 定义默认密度值。在"模型属性"对话框中单击"质量属性"区域的"更改"按钮，系统弹出如图 3-282 所示的"质量属性"对话框，在对话框中单击"材料定义"按钮，系统弹出如图 3-283 所示的"材料定义"对话框，在"密度"文本框中输入默认密度值"7.8e-6"（此处密度值可以任意输入），单击"确定"按钮。

（5）关联零件质量参数

为了以后使用该模板能够自动计算零件模型质量，并将零件质量赋给 Part_mass 参数，需要关联零件质量参数。

步骤 1 添加程序语句。在"工具"选项卡的"模型意图"区域展开 模型意图▼ 菜单，选择 程序 命令，系统弹出如图 3-284 所示的菜单管理器，在该菜单管理器中选择"编辑设计"命令，系统弹出"记事本"窗口，在程序中的语句"MASSPROP"和"END MASSPROP"

图 3-282 "质量属性"对话框

图 3-283 "材料定义"对话框

间加入"part solid_part",如图 3-285 所示。保存修改后的程序并退出记事本和菜单管理器,系统弹出如图 3-286 所示的"确认"对话框,单击"是"按钮,再选择菜单管理器中的"完成/返回"命令,完成程序语句编辑。

图 3-284 菜单管理器

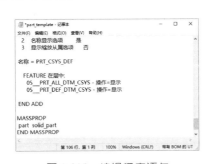

图 3-285 编辑程序语句

图 3-286 "确认"对话框

> **说明:** 此处输入的程序语句"part solid_part"中的"part"表示模板的类型为零件模板,在"part"与"solid_part"之间有空格。

步骤 2 计算质量。在"分析"选项卡的"模型报告"区域单击"质量属性"按钮 质量属性 ▼,系统弹出"质量属性"对话框,在对话框中单击"预览"按钮,系统根据设置的密度计算质量属性,如图 3-287 所示,单击"确定"按钮,关闭对话框。

步骤 3 创建关系。在"工具"选项卡的"模型意图"区域单击"关系"按钮 d= 关系,系统弹出"关系"对话框,输入关系式 part_mass = mp_mass(" "),如图 3-288 所示,单击"确定"按钮。如果以后调用该模板,在"文件"菜单中选择"准备"→"ModelCHECK重新生成"命令,系统将自动计算的质量值赋给 Part_mass 参数。

(6)保存零件模板文件

选择保存命令,将创建好的零件模板保存在 D:\Program Files\PTC\Creo 9.0.2.0\Common Files\templates 目录中,方便以后快速调用该模板。

图 3-287 计算质量属性

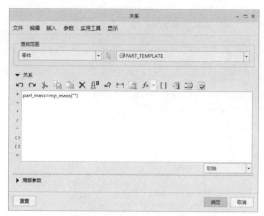

图 3-288 "关系"对话框

💡 **说明**：保存完零件模板后，一定要重新启动 Creo 软件，使保存生效。

（7）调用零件模板

在快速访问工具条中单击"新建"按钮 ，新建一个零件文件，在"新文件选项"对话框中选择之前保存的零件模板"part_template"，如图 3-289 所示。

任意创建一个模型，在"文件"菜单中选择"准备"→"ModelCHECK 重新生成"命令，系统自动计算出模型的质量，并将计算结果赋给 Part_mass 参数，如图 3-290 所示，其他参数根据实际情况直接输入到"参数"对话框中即可，此处不再赘述。

图 3-289 选择零件模板

图 3-290 自动计算质量

3.4 零件设计分析

在零件设计之前，需要首先根据零件结构特点，分析零件设计思路，这也是整个零件设计过程中最重要的一个环节，直接关系到整个零件的设计。接下来具体介绍零件设计思路及设计过程的分析。

3.4.1 零件设计思路

在实际零件设计中，关键要知道如何去分析零件设计思路，有了设计思路我们就知道怎么把零件设计出来，下面具体介绍如何逐步分析零件设计思路。

（1）分析零件类型

零件设计之前，首先要分析零件结构类型，是属于一般实体零件，还是曲面零件或者钣金零件。不同结构类型的零件，其设计思路与设计方法都不一样，而且在软件中还涉及不同工具的操作，如图 3-291 所示，所以分析零件结构类型非常重要。

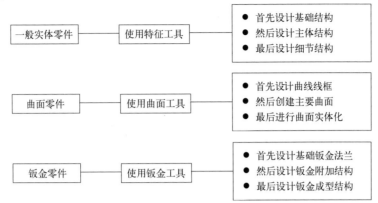

图 3-291 零件结构类型分析示意图

（2）划分零件结构

在零件设计中一定要正确划分零件结构，搞清楚零件整体的结构特点及组成关系，这对零件的分析及设计非常重要。要搞清楚零件结构的划分，首先必须理解零件设计中两个非常重要的概念：结构和特征。

首先是结构的理解。结构是零件中相对比较独立，比较集中的那一部分几何对象的集合，结构最大的特点就是能够从零件中单独分离出来形成独立的几何体，不管是简单的零件还是复杂的零件都是由若干零件结构直接组成的。

其次是特征的理解。特征是零件中最小，最基本的几何单元，任何一个零件都是由若干个特征组成的，如拉伸特征、孔特征、圆角特征、倒角特征、拔模特征等。在软件中，所有的特征都对应一个具体的创建工具，如拉伸特征由拉伸工具来创建，旋转特征由旋转工具来创建，孔特征由孔工具来创建，等等。每个特征创建完成后都会逐一显示在模型树中，模型中的特征与模型树中的特征是一一对应的。

（3）零件设计中结构与特征的关系

零件设计中结构与特征的关系如图 3-292 所示。在零件设计之前，一定要根据零件结构特点合理划分零件结构，然后按照划分的零件结构，逐个结构进行设计，所有结构设计完成后，零件设计也就完成了，也就是说，零件设计的过程就是零件中各个结构的设计过程，零件中各个结构的设计过程也就是结构中所包含特征的设计过程。

如图 3-293 所示的箱体零件，箱体零件可以划分为箱体底座、箱体主体以及箱体附属凸台等结构，其中箱体底座结构如图 3-294 所示。箱体底座主要包括底板拉伸特征、底座倒圆角特征以及底座孔特征等，要创建箱体零件，首先要创建箱体底座结构，要创建箱体底座结构就需要将其中包含的所有特征按照一定的顺序创建出来。

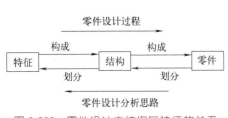

图 3-292 零件设计中结构与特征的关系

图 3-293 箱体零件

图 3-294 箱体底座结构

3.4.2 零件设计顺序

正确划分零件结构后，接下来关键是要解决零件设计顺序的问题，就是要确定首先做什么，然后做什么，最后做什么的问题。一般是先设计基础结构，然后再按照一定的顺序或逻辑设计其他主要结构，下面具体介绍。

（1）首先设计基础结构

零件中最能反映整体结构尺寸的结构或是能够作为其他结构设计基准的结构就叫作零件基础结构，先设计这样的结构，不仅能够优先保证零件中的整体结构尺寸，同时，这些基础结构还是设计其他结构的基准。

例如箱体类零件，一般都有底座结构，底座结构是整个箱体零件很多竖直方向尺寸参数的基准（如图 3-295 所示），所以底座结构需要首先设计，其他结构都是在底座结构上添加得到的，所以说这里的底座结构不仅是整个零件的基础结构，也是整个零件尺寸标注的基准，在零件设计中一定要首先设计。

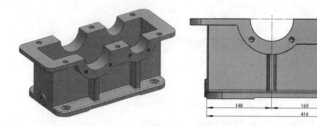

图 3-295　零件基础结构作为零件其他结构设计基准

（2）然后设计其余结构

零件其余结构的设计就是在基础结构的基础上，按照一定的空间逻辑顺序或主次关系进行具体设计，在具体设计过程中还要充分注意一些典型结构设计的先后顺序，如倒圆角先后顺序、拔模、抽壳与倒圆角先后顺序，等等。

3.5　零件设计要求与规范

零件设计绝对不是一个个几何特征简单叠加的过程，需要设计者综合考虑多方面的因素，以下总结了在零件设计过程中一定要考虑的几个方面的问题，只有这样才能够设计出符合产品设计要求的零件，才是真正的零件设计，才不会影响后期的设计工作！

3.5.1 零件设计要求与规范概述

（1）首先分析零件在软件环境中的位置定位及设计基准

零件设计之前首先分析零件工程图要求（有工程图的直接看工程图，没有工程图的，也要考虑出工程图的要求），主要看零件主视图、俯视图或左视图定向方位，将这些重要视图方位与软件环境中提供的坐标系对应，以确定零件在软件环境中的位置定位。在 Creo 中，零件主视图对应 FRONT 基准面，俯视图对应 TOP 基准面，左视图对应 RIGHT 基准面（注意是反面），然后根据这些定向方位确定零件设计基准。

另外，在零件设计中确定正确的位置定位及设计基准，首先是方便以后出工程图，其次是方便以后在渲染中添加渲染场景及渲染光源。

（2）分析零件结构布局

分析零件结构布局主要就是考虑零件对称性问题，如果是对称结构零件，就要按照对称方法去设计，可以先设计一半结构，然后使用镜像等工具完成另外一半的设计，从而减少工作量，提高工作效率。要特别说明的是，即使不是对称结构的零件（或者不是完全对称的零件），并且在零件设计基准不确定的情况下也要尽量按照对称方法去设计，因为这样会给后面的设计或操作带来一些方便。

比如轴类零件的设计，在设计基准不明确或没有特殊说明的情况下，就应该按照对称方法进行设计，这样在旋转轴类零件时能够保证零件始终绕着图形区中心旋转，不至于旋转出图形区界面，影响后面的设计操作。

（3）注意零件设计的逻辑性与紧凑性

零件的每一步设计过程都会体现在软件模型树中，所以模型树能够准确反映零件设计思路及设计过程，同时还要使模型树尽量简洁、紧凑。

零件设计要有一定的逻辑性，先设计什么后设计什么都应该有一定的原因及具体考虑。如果零件结构比较复杂，需要使用很多特征进行设计，这个时候就更要注意设计的逻辑性，千万不要东一榔头西一棒子，一会儿设计这个结构中的某个特征，一会儿又去设计另外某个结构中的某个特征，再一会儿又去设计之前某个结构中的某个特征，这样给人的感觉就是逻辑思路很混乱，也极不规范，这也是很多设计人员的一种设计陋习！这样既不方便后期的检查与修改，也不便于设计人员之间的技术交流，所以我们在设计这些结构时，一定要完成一部分结构设计后再去进行其他结构的设计。

零件设计要简洁、紧凑，尽量简化模型树结构，尽量用一个特征去完成更多结构的设计，将更多的设计参数体现到一个特征中，这样会使后期的修改变得简单，就不需要在多个特征中完成参数的修改！例如，零件设计中如果要对多处进行倒圆角，一定要使用尽量少的倒圆角次数完成多处倒圆角设计，这样能够有效简化倒圆角设计，提高倒圆角设计效率，同时也便于以后对倒圆角进行修改。

（4）注意零件中典型结构设计先后顺序

零件设计中经常会涉及各种典型结构设计顺序的问题，如倒圆角设计顺序，还有就是倒圆角、抽壳与拔模设计顺序。

在倒圆角设计中，特别是需要对多处进行倒圆角设计时，就一定要注意倒圆角设计顺序。在零件设计中，总有一些边链能够通过倒圆角实现相切连续，这些位置的倒圆角就要优先设计，待这些边链相切连续后，再去对这些相切边链进行倒圆角，这样既方便进行倒圆角，又能够得到结构美观的倒圆角结构，同时还能够尽量减少倒圆角次数。

如果在零件设计中，同时需要倒圆角、抽壳与拔模，那么正确的设计顺序应该是先进行拔模，然后进行倒圆角，最后进行抽壳，这样能够得到均匀壁厚的壳体结构，这也是壳体结构设计的基本思路。

（5）零件设计要考虑零件将来的修改及系列化设计

零件设计之前一定要搞清楚的一个基本问题就是不管什么时候进行的零件设计，都不可能是最终版本（结果），只是零件设计过程中的一个初级品或中间产物。初步零件设计完成后，还会经过一系列的检验及校核，经过多次修改与优化设计才能最终确定下来，所以在设计零件时，一定要便于以后随时进行各种情况的修改。这就需要我们在零件设计过程中时刻考虑以后修改的问题，对于现在设计的结构要多问问自己这个结构将来会如何修改，如何设计才能快速实现这种修改，也就是在设计任何结构时都要尽量想远一点，尽量考虑全面一点，只有做到这一点，才能方便对零件进行各种修改。

另外，对于一些标准件或常用件的设计，往往涉及很多不同规格与型号，在设计过程中更要注意修改的问题，而且是系列化的修改，有的涉及尺寸的修改，有的涉及结构的修改，如果不考虑修改的问题，将来很难从一个型号衍生出其他的型号，也就无法进行系列化设计。

（6）零件设计中所有重要设计参数要直接体现

零件设计中包括各种重要设计参数，这些重要设计参数一定要直接体现在设计中，切记不要间接体现，所谓间接体现就是通过参数之间的数学计算得到设计参数。设计参数直接体现方便以后修改与更新，设计参数间接体现会使修改与更新变得更加烦琐。

零件设计中重要设计参数直接体现包括两种方法：要么将重要的设计参数直接体现在特征草图中，将来可以直接在草图环境中进行修改；要么将重要的设计参数直接体现在特征操控板或对话框中，将来可以直接在特征操控板或对话框中进行修改。

零件设计中直接体现设计参数的同时还要便于以后修改，具体操作就是尽量在一个草图中集中标注尺寸，以后修改时就不用在多个草图中切换修改尺寸。尽量将后期修改频率大的重要尺寸参数体现在特征操控板中，甚至直接体现在模型的模型树中，以后就不用再进入到草图文件中进行修改了。

（7）简化草图原则以便提高设计效率

零件设计中一定要注意提高设计效率，高效设计一直是我们产品设计中不断追求的目标。零件设计只是一个最基础的设计环节，零件设计完成后，还有很多后期环节要做，比如说，有了零件，我们可以做产品装配，可以出工程图，可以做产品的渲染，还可以做模具设计、数控加工与编程，等等。环节越多，我们越希望提高效率。其实，每一环节都有一些提高效率的方法，但是各个环节的基础都是零件设计，所以一旦我们提高了零件设计的效率，就会避免很多重复操作，从而提高产品设计效率。

我们知道，零件设计中绝大部分时间都是在进行草图绘制，要想提高零件设计效率，就必须提高草图绘制效率，所以最高效的设计就是不用绘制任何草图完成零件结构设计。当然，这只是一种绝对理想的状态，因为很多三维特征都是基于二维草图设计的。在这种情况下，要提高草图绘制效率，我们可以将复杂草图进行简化，或将复杂草图分解成若干简单草图，还可以使用三维命令代替草图的绘制（如使用三维倒圆角工具或倒斜角工具代替草图中倒圆角及倒斜角的绘制），另外还可以使用曲面设计工具代替草图绘制。

（8）零件设计中任何草图必须完全约束

零件设计中涉及的任何草图都必须完全约束！零件设计中如果包含不完全约束的草图，会影响零件设计后期的修改与更新，给零件设计带来一些不确定因素。另外也是设计人员设计能力、设计经验不足或设计不够严谨的体现。

（9）一定不要引入任何垃圾尺寸

零件设计中的任何尺寸参数都必须是有用的（有用的尺寸参数可以理解为在工程图中需要标注出来的尺寸参数），这些尺寸参数主要是用来确定零件结构尺寸及位置的，必须直接体现在零件设计中。除了这些有用的尺寸参数，其他的任何尺寸参数都是垃圾尺寸（垃圾尺寸可以理解为在工程图中不需要标注出来的尺寸），在零件设计中一定要拒绝任何垃圾尺寸。如果出现了垃圾尺寸，一定要想办法消除这些垃圾尺寸，保证设计中的尺寸参数不多不少刚好能够把零件结构确定下来。

零件设计不允许存在任何垃圾尺寸主要有两个方面的原因：首先，它会影响零件结构后期的修改与再生，导致再生失败；其次，它会影响后期工作，零件设计完成后，需要出零件工程图，有的三维软件能够在工程图中自动生成尺寸标注，如果模型中带有垃圾尺寸，在自动生成尺寸标注时，系统同样会把垃圾尺寸也生成出来，由于这些垃圾尺寸不是我们需要的，所以需要花费一定的时间去删除，影响工作效率！

（10）零件设计要考虑零件将来的装配

零件设计是产品设计的基础，零件设计完成后都会进行装配，最后得到设计需要的装配产品，所以在零件设计中自然要考虑以后装配的问题，这一点也就是我们说的面向装配的零件设计。具体来讲，零件设计一是要便于将来的装配，二是要考虑装配安装的问题。有些零件结构将来在装配时需要安装其他的零件，在设计结构时要预留装配空间，保证其他零件能够正常安装。比如在一个面上需要设计一个孔结构，在选择打孔面时一定不要选择安装接触面打孔，否则以后修改孔类型时会得到错误的孔结构。

（11）注意零件设计中各种标准及规范化要求

零件设计中一些典型结构，如各种标准件的设计、键槽与花键的设计、注塑件及铸造件的设计，都要考虑相应的标准与规范。

在标准件的设计中，所有的尺寸必须符合标准件尺寸规范，不能随意设计，最好进行系列化设计，便于以后随时调用不同规格的标准件。

键槽及花键也要按照标准化的尺寸进行设计，否则在以后的装配中找不到合适的键及花键进行配合，影响整个产品设计。

在注塑件及铸造件的设计中，一定要在合适的位置设计相应的拔模结构，方便这些零件在制造过程中从模具中取出，拔模角度也要按照相应的标准进行考虑与设计。

（12）零件设计中注意协同设计规范要求

现在产品设计工作中，绝大多数的设计都需要很多人员的参与，如果每个人都只按照自己的习惯与规范进行设计而不考虑整个团队的设计，那么这种设计效率是很低的。要想提高整个团队的设计效率，就需要注意协同设计，对于设计中的一些方法与要求进行统一，大家都这么做，那么就很容易看懂彼此的设计，也不会产生很大的分歧，这便是协同设计，这样有助于整个团队效率的提升。

3.5.2 零件设计要求与规范实例

如图3-296所示的基座零件工程图，现在要根据该工程图尺寸及结构要求，完成基座零件设计，得到如图3-297所示的基座零件。下面具体介绍其设计过程，重点注意零件设计要求与规范，理解零件设计要求与规范的重要实际意义。

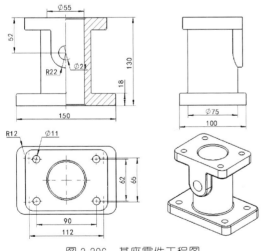

图3-296 基座零件工程图

图3-297 需要设计的基座零件

（1）分析零件设计思路及设计顺序

首先分析零件整体结构特点，该基座零件属于一般类型零件，给人的初步感觉是由几大结构"拼凑"起来的。具体来看主要由底板结构、中间圆柱结构、顶板结构及U形凸台结构四大结构组成，要完成零件的设计，也就是要完成这些组成结构的设计。

搞清楚零件结构组成后，接下来要分析这些组成结构的设计顺序，也就是零件设计过程。从图 3-296 所示的基座零件工程图看，基座零件设计基准为底板结构的底面，一般情况下，零件基准属于哪部分结构，就应该先设计哪部分结构，所以底板结构应该首先设计；U 形凸台结构既与中间圆柱结构相连接，又与顶板结构相连接，所以应该在中间圆柱结构及顶板结构设计完成后设计；中间圆柱结构与顶板结构之间没有明显的设计先后顺序，先设计哪个后设计哪个都可以，但是按照一般的零件设计逻辑顺序，要么是自上而下或自下而上，要么是从左到右或从右到左，前面已经确定了底板结构首先设计，所以应该按照自下而上的顺序设计圆柱结构及顶板结构。

综上所述，大致零件设计顺序是首先设计底板结构，然后设计圆柱结构，再设计顶板结构，最后设计 U 形凸台结构。

（2）在 Creo 中进行零件设计

完成零件设计思路及设计顺序分析后，接下来在软件中介绍具体设计过程。

① 底板结构设计。底板结构如图 3-298 所示，非常简单，可以使用多种方法进行设计，而最"方便"，最"高效"的方法就是在 TOP 基准面上绘制如图 3-299 所示的底板草图进行拉伸（如图 3-300 所示），如此便可一次性得到底板结构。

图 3-298　底板结构

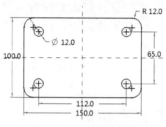

图 3-299　底板草图

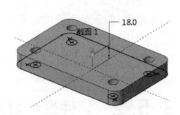

图 3-300　底板拉伸

这种设计方法看似方便高效，但是存在很多设计上的问题，主要存在以下几点：

首先，这种设计方法绘制的草图太复杂，既包括倒圆角又包括圆孔，不符合零件设计中简化草图提高设计效率的原则。

其次，底板上的倒圆角结构是在底板草图中设计的，这样设计倒圆角不够直观，而且不便于以后修改倒圆角尺寸（需要进入草图修改）。

最后，底板上的孔也是在底板草图中设计的，这样只能设计简单光孔，如果将来想将这些简单光孔改为其他类型的孔（如沉头孔、螺纹孔等），无法直接进行修改。

综上所述，如果考虑零件设计要求及规范，应该按照如下方法进行底板设计。

步骤 1　设计如图 3-301 所示的底板拉伸结构。根据简化草图的原则，在 XY 基准平面上绘制如图 3-302 所示的拉伸截面草图，然后对其进行如图 3-303 所示的拉伸（注意拉伸方向向上），得到基座底板拉伸结构。

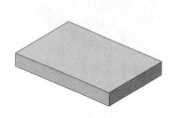

图 3-301　设计底板拉伸结构

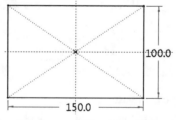

图 3-302　绘制拉伸截面草图

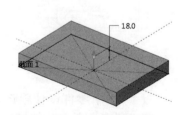

图 3-303　创建底板拉伸

步骤 2　设计如图 3-304 所示的底板圆角。考虑到简化草图的原则，应该使用倒圆角命令设计底板圆角（圆角半径为 22）。直接选择如图 3-305 所示的底板拉伸结构的四个角倒圆角，能够直观预览倒圆角效果，便于把控倒圆角设计。另外，如果需要修改倒圆角，可直接在模型树中双击倒圆角特征进行编辑，提高了倒圆角修改效率。如果在草图中设计倒圆角，还需要进入草图环境进行修改，修改效率较低。

💡 **说明：** 底板结构设计中一定要先设计四角圆角结构，再设计四角的底板孔结构，因为像这种底板孔设计，将来很有可能需要将底板孔修改到与四角圆角同轴的位置，如果先设计底板孔再设计底板倒圆角便无法快速实现这种修改。

步骤 3 设计如图 3-306 所示的底板孔。对于孔的设计，首先要正确选择打孔面，打孔面的选择需要从多方面进行考虑。对于该基座零件，可以从装配方面进行考虑，比如底板孔上将来可能安装螺栓，如果要安装螺栓，最有可能的一种情况就是从上向下进行装配，如图 3-307 所示，所以此处孔的设计应该按照从上到下的方向进行设计，据此，应该选择如图 3-308 所示的底板上表面作为打孔面设计底板孔。

💡 **说明：** 正确选择打孔面对于孔的设计是非常重要的，直接关系到将来孔的修改。对于简单光孔的设计，选择上表面或下表面是一样的，但是如果需要将简单光孔修改为沉头孔或埋头孔类型，就要合理选择，如果打孔面选择错误，那将无法快速修改孔结构。

图 3-304 设计底板圆角

图 3-305 预览倒圆角

图 3-306 设计底板孔

步骤 4 底板孔的定位设计。确定打孔面后，接下来要考虑孔的定位设计。基座零件底板孔的设计，首先要保证孔的对称性要求；其次是孔在两个方向的中心距属于重要的设计参数（基座零件工程图中也标注出来了），一定要直接体现在设计中；最后还要考虑孔位置螺栓的装配。从便于螺栓装配的角度来讲，这些孔必须用阵列的方法进行设计，因为用阵列方法设计孔，将来在装配螺栓时，只需要装配一个螺栓，其他螺栓可参照孔阵列信息进行快速装配，以提高螺栓装配效率，如图 3-309 所示。

图 3-307 分析打孔面

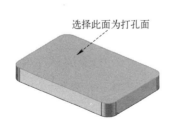

图 3-308 选择打孔面

图 3-309 孔的快速装配

步骤 5 绘制底板孔定位草图。选择打孔面（底板结构的上表面）为草绘平面，绘制如图 3-310 所示的底板孔定位草图，实际上就是四个草图点，用来确定孔的设计位置。注意在草图中保证草图点的对称关系，同时一定要标注两个方向上草图点的距离尺寸（实际上就是两个方向上底板孔的中心距）。

步骤 6 设计如图 3-311 所示的第一个底板孔。选择"孔"命令，然后选择上一步绘制的孔定位草图中的任一顶点作为孔定位参考。

说明：先在打孔面上绘制孔定位草图，再根据定位草图设计孔结构，主要有三个方面的考虑：一是有效保证孔的设计符合设计要求（孔对称性要求及中心距直接体现在设计中）；二是孔定位草图直接体现在模型树中（如图 3-312 所示），方便随时对孔进行直接修改；三是根据定位草图中的草图点可以直接对孔进行阵列设计。

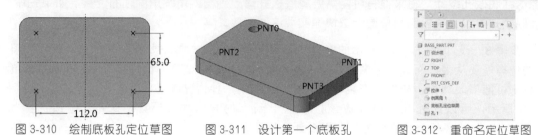

图 3-310　绘制底板孔定位草图　　　　图 3-311　设计第一个底板孔　　　　图 3-312　重命名定位草图

　　步骤 7　设计如图 3-313 所示的底板孔阵列。使用点阵列对以上创建的孔按照孔定位草图中的顶点位置进行阵列，完成孔的阵列设计。

　　说明 1：使用"孔"工具设计孔便于修改孔参数，本例设计的底板孔是简单孔，如果需要将简单孔修改为如图 3-314 所示的沉头孔，只需要在"孔"操控板中修改孔参数即可，如图 3-315 所示，如果使用拉伸或其他方法设计孔结构将很难快速修改孔类型。

图 3-313　设计底板孔阵列　　　　　　　　　　图 3-314　修改底板孔类型

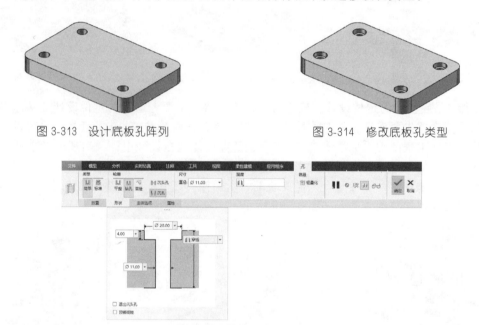

图 3-315　修改孔参数

　　说明 2：使用这种方法设计的孔，如果要修改孔的位置，直接修改孔定位草图即可。假设现在需要使底板孔与底板倒圆角同轴，可以在孔定位草图中添加草图点与底板倒圆角圆心的重合约束，如图 3-316 所示。一旦在孔定位草图中添加这些重合约束，系统会提示约束冲突，如图 3-316 所示。因为在添加重合约束之前已经标注了草图点的尺寸，且定位草图点的这两个尺寸不能删除，因为这是底板孔设计中非常重要的设计参数，一定要直接体现在设计中。在这种情况下，可以将这些尺寸转换成参考尺寸，如图 3-317 所示，这样既保证了草图点与倒圆角圆心的重合关系，又直接体现了底板孔中心距这些重要的设计参数。

② 中间圆柱结构设计。接下来设计如图 3-318 所示的圆柱结构。在设计圆柱结构时，一定要着重考虑基座零件总体高度这个重要设计参数（基座工程图中已经标注了）。为了直接体现这个重要设计参数，应该选择底板底面（或 TOP 基准平面）作为草绘平面，绘制如图 3-319 所示的圆柱拉伸草图，调整拉伸方向向上，拉伸深度为 130，如图 3-320 所示。

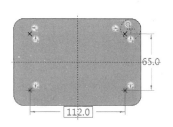

图 3-316 添加重合约束

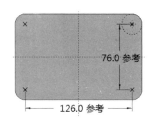

图 3-317 添加参考尺寸

图 3-318 设计圆柱结构

💡 **说明**：按照这种方法设计的圆柱结构，圆柱高度即为整个基座零件的总高度，将来要调整基座零件高度，只需要修改圆柱拉伸高度即可。

对于基座圆柱结构的设计，为了在设计中直接体现基座高度这个重要设计参数，除了以上介绍的设计方法以外，还有一种更有效的设计方法：首先根据基座高度要求从基座设计基准（TOP 基准平面）向上偏移 130 得到基座高度基准面，如图 3-321 所示；为了便于理解基准面的作用，在模型树中对创建的基准面进行重命名，如图 3-322 所示；最后在底板与基座高度基准面之间创建如图 3-323 所示的圆柱拉伸。

图 3-319 绘制圆柱拉伸草图

图 3-320 创建圆柱拉伸

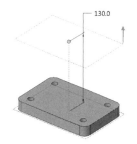

图 3-321 创建基座高度基准面

💡 **说明**：采用这种设计方法，将基座高度这个重要设计参数直接体现在模型树中的基座高度基准面上，这样有助于理解基座高度设计，也便于随时高效修改基座高度。前一种将基座高度参数"隐藏"在圆柱拉伸中，如果要修改基座高度还要进入圆柱拉伸草图中进行修改的设计方案，不便于理解，而且修改效率比较低。

③ 顶板结构设计。

步骤 1 设计如图 3-324 所示的顶板拉伸。上一步已经完成了圆柱结构的设计，而且在圆柱结构设计中已经直接体现出了基座零件的高度，为了不破坏基座零件高度参数，在设计顶板拉伸时应该选择如图 3-325 所示的圆柱顶面为草绘平面，绘制如图 3-326 所示的顶板拉伸草图，调整拉伸方向向下，拉伸深度为 18，如图 3-327 所示。

步骤 2 设计如图 3-328 所示的顶板圆角。顶板圆角的设计与底板圆角一样，直接选择顶板拉伸四个角设计圆角，圆角半径为 12。

图 3-322　重命名基准面

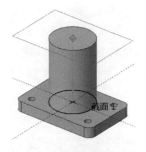

图 3-323　创建圆柱拉伸

图 3-324　设计顶板拉伸

图 3-325　选择顶面草绘平面

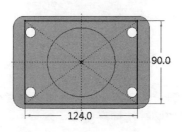

图 3-326　绘制顶板拉伸草图

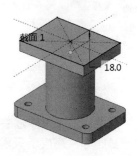

图 3-327　创建顶板拉伸

步骤 3　设计如图 3-329 所示的顶板孔。顶板孔的设计方法与底板孔是一样的，首先根据如图 3-330 所示顶板孔上螺栓装配方向确定打孔面，也就是如图 3-331 所示的顶板结构下表面，然后在打孔面上绘制如图 3-332 所示的顶板孔定位草图，最后根据定位草图设计顶板孔并阵列得到最终顶板孔结构。

图 3-328　设计顶板圆角

图 3-329　设计顶板孔

图 3-330　确定打孔面

④ 中间腔体结构设计。接下来设计如图 3-333 所示的中间腔体结构。在设计这个腔体结构之前，首先来认识一下这种结构。这种结构不能简单地看成是光孔结构，应该将其看成腔体结构，而且是属于回转腔体结构。这种回转腔体结构主要出现在阀体零件、箱体零件设

图 3-331　选择打孔面

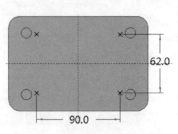

图 3-332　绘制顶板孔定位草图

图 3-333　设计中间腔体

计中。要设计这种回转腔体结构，一般使用旋转切除命令，然后选择 FRONT 基准面绘制如图 3-334 所示的回转截面草图进行旋转切除，得到需要的中间腔体结构。

此处之所以要使用旋转切除命令设计这种回转腔体，是因为此方法便于以后修改回转腔体内部结构。本例设计的回转腔体是最简单的回转腔体（如图 3-335 所示）。回转腔体经常出现的修改就是在回转腔体两端壁面或中间壁面上设计一些如图 3-336 所示的沟槽结构，如果使用前面介绍的孔工具或拉伸工具设计这种回转腔体结构，那将无法快速实现这种修改，但是使用旋转命令进行设计，将来只需要修改回转截面草图（如图 3-337 所示）即可实现修改回转腔体内部结构的目的。

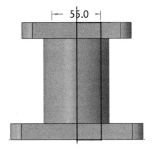
图 3-334　绘制回转截面草图

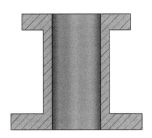
图 3-335　腔体内部结构

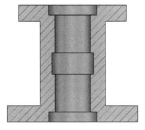
图 3-336　修改腔体结构

⑤ U 形凸台结构设计。

步骤 1　设计如图 3-338 所示的 U 形凸台主体结构。选择拉伸命令，然后选择如图 3-339 所示的平面为草绘平面，绘制如图 3-340 所示的 U 形凸台拉伸草图，调整拉伸方向使其指向中间圆柱结构，拉伸方式为直到下一个面，得到 U 形凸台主体结构。

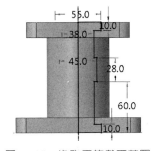
图 3-337　修改回转截面草图

图 3-338　设计 U 形凸台主体结构

图 3-339　选择草绘平面

步骤 2　设计如图 3-341 所示的 U 形凸台孔结构。因为此处的 U 形凸台孔与 U 形凸台的圆弧面是同轴的关系，为了保证这种同轴关系，需要首先创建基准轴，然后选择 U 形凸台平面与基准轴创建孔，孔直径为 21，定义孔深度方式为直到下一个面。

⑥ 修饰结构设计。修饰结构一般安排在零件设计的最后进行，因为只有将零件主体结构都完成后才能知道哪些地方要进行倒圆角，这样可以对零件中所有倒圆角进行统一规划，集中设计，最重要的是提高了设计效率和修改效率。本例需要设计的修饰结构主要包括倒圆角（铸造圆角）和倒斜角，其中倒圆角结构比较多，具体设计时一定要注意正确的设计顺序，否则会影响设计效率及结构的美观性。

步骤 1　设计如图 3-342 所示的倒圆角结构。圆角结构设计主要包括两种，一种是结构倒圆角，另一种是修饰倒圆角。

所谓结构倒圆角，就是指圆角结构可以作为其他结构设计的参考。这种倒圆角一定要连同具体结构一块设计，比如前面介绍的底板与顶板四角的倒圆角就属于结构倒圆角，这些倒圆角有可能作为底板与顶板四角孔的定位参考，所以这些倒圆角应该连同底板结构与顶板结构一块设计。

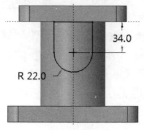

图 3-340　绘制 U 形凸台拉伸草图　　图 3-341　设计 U 形凸台孔结构　　图 3-342　设计倒圆角结构

修饰倒圆角就是零件结构中各种连接位置的倒圆角或零件中的铸造圆角等，这些圆角的特点就是比较多，而且圆角半径也差不多。这种倒圆角应该在零件设计的最后进行，因为只有完成绝大部分结构设计后，才能对这些修饰倒圆角进行统一规划，以便提高倒圆角设计效率并得到符合要求的圆角结构。比如基座零件中除了底板与顶板四角倒圆角以外的倒圆角全部属于修饰倒圆角。

步骤 2　圆角结构的设计一定要注意先后顺序，正确规划圆角先后顺序，一方面能够提高圆角设计效率，另一方面还能够得到符合设计要求的圆角结构。基座零件设计中涉及多处圆角设计，正确的设计顺序是首先创建如图 3-343 所示的圆角，圆角半径为 2，然后创建如图 3-344 所示的圆角，圆角半径为 2，结果如图 3-345 所示。

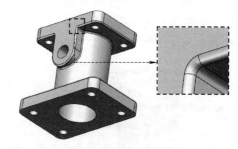

图 3-343　创建圆角 1　　　　　图 3-344　创建圆角 2　　　　　图 3-345　倒圆角结果

💡 **说明：**此处先创建如图 3-343 所示的圆角后，使基座零件上半部分需要倒圆角的边线相切连续，如图 3-346 所示。一旦这些边线相切连续，再倒圆角时，只需要选择这些相切边线中任一段边线，系统就会自动选择整条相切边线倒圆角，从而提高了圆角设计中边线的选择效率，也就提高了圆角设计效率。

步骤 3　设计如图 3-347 所示的倒角结构。零件中的倒角结构主要是方便实际产品的装配，所以一般都会在涉及与其他零件装配的位置设计合适的倒角结构。选择如图 3-348 所示的边线创建倒角，倒角尺寸为 2。

图 3-346　倒圆角后边线相切连续　　图 3-347　设计倒角结构　　图 3-348　选择倒角边线

3.6 零件设计方法

对于一般类型的零件设计，常用零件设计方法主要有分割法、简化法、总分法、切除法、分段法和混合法等六种。在这几种设计方法中，分割法应用最为广泛，而且经常作为其他几种方法的基础。在具体设计中，要根据零件具体结构特点，选择合适的方法进行设计，或者使用多种方法进行交互设计。下面结合一些具体的零件设计案例详细介绍这几种零件设计方法。

> **说明：** 本节介绍的所有零件设计方法主要针对一般类型零件设计，对于钣金零件的设计、曲面零件的设计在一定的情况下也是可以使用的。

3.6.1 分割法零件设计

首先分析零件结构特点，如果零件结构层次比较明显，好像是若干部分"拼凑"起来的，或者零件中存在相对比较独立、比较集中的结构，像这种零件的设计就可以使用分割法进行。

分割法就是首先分析零件中相对比较独立、比较集中的零件结构，然后将这些结构进行分割拆解，最后按照一定的顺序及位置要求将这些分割拆解的结构像搭积木一样逐一叠加设计，最终完成整个零件的设计。

这种设计方法的关键有两点：首先是分析零件中相对比较独立、比较集中的零件结构并将其进行分割拆解；其次就是叠加。其实叠加就像玩搭积木游戏一样，我们将一块一块的积木按照我们的构思堆叠起来就形成一个积木造型，同样的，借助于搭积木的原理，将零件中分割拆解的结构按照一定的顺序逐一叠加起来就可以得到我们需要的零件结构。分割法零件设计示意图如图 3-349 所示。

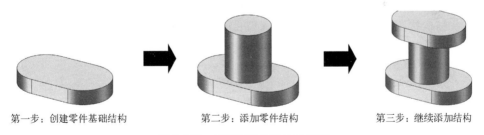

第一步：创建零件基础结构　　　　第二步：添加零件结构　　　　第三步：继续添加结构

图 3-349　分割法零件设计示意图

如图 3-350 所示的零件模型，其零件结构层次分明，可以分割拆解为若干独立的零件结构，具有这些特点的零件就特别适合用分割法进行设计。如 3.5 节介绍的基座零件，其中的

(a)　　　　　　　　　　(b)　　　　　　　　　　(c)

图 3-350　分割法零件设计应用举例

几大结构（底板结构、中间圆柱结构、顶板结构及 U 形凸台结构）层次就比较清晰，所以基座零件就是使用这种分割法进行设计的。

为了让读者更好理解分割法的设计思路与设计过程，下面来看一个具体案例。如图 3-350 (c) 所示，零件结构层次比较清晰，主要由一些比较独立的结构构成，应该使用分割法进行设计，下面具体介绍其设计思路与设计过程。

首先分析阀体零件结构，主要可以分割为主体结构、左侧支撑结构（包括 U 形凸台、支架和加强筋）、右侧圆柱凸台三大结构，如图 3-351 所示。

然后分析阀体零件设计顺序，根据阀体零件结构特点及工程图尺寸标注，阀体零件底面为设计基准，而底面属于主体结构，所以应该首先设计主体结构，然后按照从左到右的顺序设计支撑结构（包括 U 形凸台、支架和加强筋），最后再设计右侧圆柱凸台及修饰结构，下面具体介绍其设计过程。

 说明： 阀体零件结构分析及设计过程详细讲解请看随书视频。

图 3-351　阀体零件结构分析

3.6.2　简化法零件设计

首先分析零件结构特点，如果零件表面存在很多的细节结构，如拔模结构、倒圆角结构、抽壳结构等，可以使用简化法进行设计。

简化法就是先将零件中的各种细节结构进行简化，得到简化后的基础结构，然后再将简化掉的细节结构按照一定的设计顺序添加到简化的基础结构上，最终完成整个设计零件，简化法设计示意图如图 3-352 所示。

第一步：分析零件中的细节　　　第二步：创建简化后的基础结构　　　第三步：添加各种细节结构

图 3-352　简化法设计示意图

简化法设计的关键是首先要找到零件中的各种细节特征，零件中常见的细节特征包括圆角、倒角、孔、拔模、抽壳、加强筋等，在零件中一旦发现有这些细节特征，首先想到的就是要进行简化。

简化之后便可以得到零件的基础结构，这个基础结构一般都比较简单，可以很快设计出来，也为后续的设计打下基础。

最后按照一定的设计顺序将前面简化掉的各种细节特征添加到基础结构上便可以得到最终要设计的零件。在添加这些细节特征时一定要按照正确、合理的顺序进行，特别要注意添加倒圆角的先后顺序及拔模、抽壳的先后顺序。

简化法经常用于设计一些盖类零件、盒体类零件或与之类似的零件。如图 3-353 所示的零件模型，零件结构中包含大量的细节特征（如圆角、孔、拔模、抽壳等），像这些类型的零件就可以使用简化法进行设计。

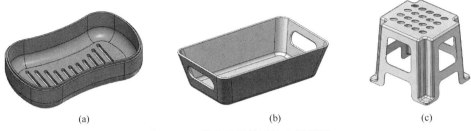

(a)   (b)   (c)

图 3-353 简化法零件设计应用举例

为了让读者更好理解简化法的设计思路与设计过程，下面看一个具体案例。如图 3-353（c）所示的塑料凳零件，零件中包含大量细节结构，如倒圆角、拔模、抽壳等，像这种产品应该使用简化法设计，下面具体介绍其设计思路与设计过程。

根据塑料凳结构特点，首先简化零件中的各种细节结构，创建如图 3-354 所示的塑料凳基础结构，然后添加如图 3-355 所示的主要的细节结构，最后创建其余细节结构得到最终的塑料凳产品，如图 3-353（c）所示。

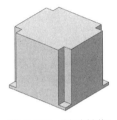   

图 3-354 基础结构   图 3-355 添加主要细节结构

 说明：塑料凳零件结构分析及设计过程详细讲解请看随书视频。

3.6.3 总分法零件设计

首先分析零件结构特点，如果零件中存在各种结构相互交叉、相互干涉的情况，无法将零件简单地分割成若干结构，像这种零件的设计可以使用总分法进行。

总分法就是将零件分为大体结构和具体结构，其中大体结构是整个零件的大体外形，可以理解为"总"结构，具体结构就是零件中比较具体的细节，可以理解为"分"结构。在具体设计时，先设计总体结构，然后再设计具体结构，最终完成整个零件的设计，总分法设计示意图如图 3-356 所示。

总分法经常用于设计一些箱体类零件、泵体类零件、阀体类零件或与之类似的零件。如

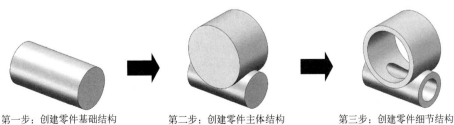

第一步：创建零件基础结构   第二步：创建零件主体结构   第三步：创建零件细节结构

图 3-356 总分法设计示意图

图 3-357 所示的零件模型，零件结构中包含各种相互交叉、干涉的结构，像这些类型的零件就可以使用总分法进行设计。

(a)

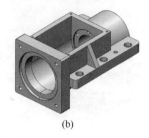
(b)

(c)

图 3-357 总分法零件设计应用举例

为了让读者更好理解总分法的设计思路与设计过程，下面来看一个具体案例。如图 3-357（c）所示的三通管零件，零件中主要包括竖直管道与水平管道两大结构，且两大结构相互交叉、相互干涉，所以该零件可以使用总分法设计。

根据三通管零件结构特点，首先创建如图 3-358 所示的总体结构，然后创建如图 3-359 所示的相交结构，最后创建如图 3-360 所示的细节结构。

 说明： 三通零件结构分析及设计过程详细讲解请看随书视频。

图 3-358 创建总体结构　　图 3-359 创建相交结构　　图 3-360 添加各种细节结构

3.6.4 切除法零件设计

实际零件的加工制造就是使用各种机械加工方法对零件坯料进行各种"切除（加工）"最终得到需要的零件结构，如图 3-361 所示。我们可以运用这种方法来设计零件结构。具体思路是先设计零件结构的"坯料"，然后使用各种方法对"坯料"进行各种切除，最终得到需要的零件结构。

(a) 车削加工圆柱面　　　　(b) 钻削加工孔　　　　(c) 铣削加工平面　　　　(d) 镗削加工孔

图 3-361 各种机械加工方法

切除法零件设计从设计思路上来讲主要包括两大步骤，首先是根据零件结构特点创建零件原始"坯料"，然后对零件"坯料"进行各种切除或者打孔，得到零件最终结构，如图 3-362 所示。

如图 3-363 所示的零件模型，零件结构中有大量"切割"痕迹，特别适合用切除法进行零件设计。

为了让读者更好理解切除法的设计思路与设计过程，下面来看一个具体案例。如图 3-363

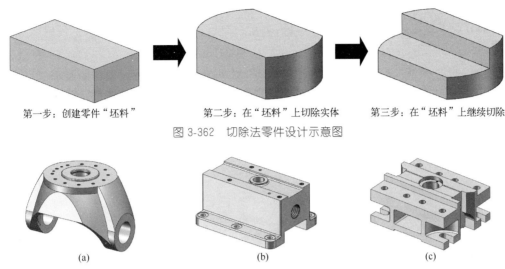

第一步：创建零件"坯料"   第二步：在"坯料"上切除实体   第三步：在"坯料"上继续切除

图 3-362 切除法零件设计示意图

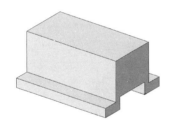      

(a)   (b)   (c)

图 3-363 切除法零件设计举例

（b）所示的夹具体零件，下面首先分析其结构特点及设计思路，然后具体介绍其设计过程（注意切除法在该零件设计中的应用）。

根据零件整体结构特点，零件整体比较方正，然后在零件表面上有各种腔体及孔结构，应该使用切除法进行设计。首先创建如图 3-364 所示的基础结构作为毛坯，然后创建如图 3-365 所示的各种切除结构，最后创建如图 3-366 所示的各种细节结构。

图 3-364 创建基础结构（毛坯）   图 3-365 创建切除结构   图 3-366 创建细节结构

 说明：夹具体零件结构分析及设计过程详细讲解请看随书视频。

3.6.5 分段法零件设计

首先分析零件结构特点，如果零件结构是一个"不可分割的整体"，不好进行直接设计，像这种情况就需要对整体结构进行分段设计。

分段法就是将零件中的一些整体结构分割成若干个部分，然后一部分一部分地设计，最终将设计好的各部分拼接起来得到完整零件结构的一种方法。类似于船舶结构设计，直接设计和制造非常难以实现，所以在实际中，是将整体的船舶结构分割成若干段进行设计和制造，如图 3-367 所示。船舶设计这个例子虽然说的是一个复杂的产品，但对于零件设计这种方法依然适用。分段法经常用来设计不易直接设计的整体结构。

图 3-367 船体的分割与拼接设计和制造

分段法零件设计的关键是先分析出零件中的一些整体结构，然后根据整体结构的特点进行正确的分段并逐段进行设计，各段设计完成后再拼接得到完整的零件结构，分段法设计示意图如图 3-368 所示。

> **说明：** 此处介绍的分段法零件设计与前面介绍的分割法零件设计很容易混淆，其实这两种方法有着本质的区别。分割法是对整个零件中相对独立、相对集中的结构（还能继续分割为更小的特征结构）进行拆解，而分段法是对零件中完整的零件结构（不能再继续分割为更小的特征结构）进行分段。

第一步：分析整体结构　　　　　　第二步：对整体结构分段　　　　　　第三步：拼接分段结构

图 3-368　分段法设计示意图

如图 3-369 所示的零件模型，这些零件其实都是一个整体，无法分割成其他的零件结构。从整体结构特点分析，这些零件都可以使用扫描方法进行设计，但是仔细观察发现这些零件的扫描轨迹都是空间的，无法直接创建得到。再从局部细节分析，发现其局部结构有的是规则的几何形状，有的是在一个小的平面上，所以像这些结构都可以使用分段方法进行设计。

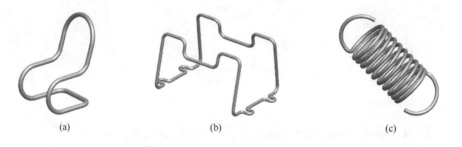

(a)　　　　　　　　　　　　(b)　　　　　　　　　　　　(c)

图 3-369　分段法零件设计举例

为了让读者更好理解分段法的设计思路与设计过程，下面来看一个具体案例。如图 3-369（a）所示的座椅支架零件模型，整体是一个扫描结构且不在一个平面上，但局部是在一个平面上。基于此特点，应该使用分段法进行设计，可以分成如图 3-370～图 3-372所示的各段进行设计。

图 3-370　底部分段

图 3-371　侧面分段

图 3-372　顶部分段

3.6.6　混合法零件设计

　　实际设计中，以上介绍的这五种设计方法往往并不是单独使用的，在很多零件的设计中一般都是多种设计方法并行，多种设计方法并行的设计方法就是混合设计法。

　　混合法设计的关键是首先分析零件结构特点，找出其中适合不同设计方法的关键结构，然后综合考虑具体的设计方法及设计过程。

　　如图 3-373 所示的零件模型，从整体结构上分析，根据相对独立、集中特点可以分割为不同的若干结构；从局部结构分析，均包括空间的扫描结构，就这些空间扫描结构来讲，需要使用分段方法进行设计，所以这些案例都可以使用混合法进行设计。

　　为了让读者更好理解混合法的设计思路与设计过程，下面来看一个具体案例。如图 3-374 所示的弯管

图 3-373　混合法零件设计应用举例

结构零件。首先分析零件结构，从零件整体结构来看，该弯管接头零件属于典型的分割零件类型，可以将其分割成如图 3-375 所示的三大零件结构——中间的弯管结构以及两端的圆形法兰结构，其中设计的关键是如图 3-376 所示的中间弯管结构。

　　中间正交弯管结构在整个零件中已经是一个独立的整体结构，不能再进行分割，同时该结构还属于典型的空间三维结构，不能采用常规的方法一次性得到，在这种情况下，就应该使用分段法对其进行分段处理。

图 3-374　弯管结构零件　　　　　图 3-375　分割零件结构　　　　　图 3-376　中间弯管结构

　　根据中间弯管结构特点，可以将其进行如图 3-377 所示的分段处理，然后使用扫描方法进行设计。考虑到设计的方便，在创建扫描轨迹时进行分段设计，如图 3-378 所示，然后使用两段扫描轨迹进行扫描得到中间弯管。

　　说明：弯管接头零件结构分析及设计过程详细讲解请看随书视频。

图 3-377　中间弯管结构分段　　　　　　　　　图 3-378　扫描轨迹分段

3.7　根据图纸进行零件设计

实际工作中，很多时候还需要根据图纸进行零件设计，这也是零件设计中比较简单的设计情形，因为我们不用考虑很多具体的设计问题，直接根据图纸要求设计即可。

3.7.1　根据图纸进行零件设计概述

根据图纸进行零件设计的关键就是看懂设计图纸，一般情况下，一张标准合理规范的设计图纸重点要提供两大设计信息：一是零件中的尺寸标注信息；二是零件设计思路与设计顺序信息。对于前者很容易理解，图纸上标注的尺寸是多少，我们就根据这些尺寸进行设计就可以了，但是对于后者可能就不太好理解了，为什么图纸还会提供设计思路与设计顺序信息呢？图纸中的各种尺寸往往是根据零件设计思路进行标注的，所以只要看懂了图纸，看明白了这种设计思路与设计顺序信息，那么自然而然就知道这个零件是如何设计出来的。很多人在根据图纸进行零件设计时都感到无从下手，其主要原因还是没有看懂设计图纸的这些信息。

当然，如果图纸并不是一张标准合理规范的图纸，其中的尺寸都是随心所欲标注的，丝毫不考虑设计思路与设计顺序问题，这也会给零件设计带来很大影响。所以根据图纸进行零件设计，也能从一个侧面检验图纸是不是一张标准合理规范的设计图纸。

所以反过来讲，在完成零件设计之后如果要出零件工程图，那么工程图中也应该体现零件设计思路与设计顺序信息，这也是一张标准合理规范的工程图所必须具有的设计信息，否则就说明设计的图纸存在很大问题。

实际上，很多人在对零件工程图进行尺寸标注时总感觉无从下手，根本搞不清楚应该在什么位置标注哪些尺寸，更不知道为什么要这样标注。其实关于工程图中如何标注尺寸，在机械制图中已经有了明确的规定，在实际设计中，如果工程图能够体现具体的设计思路与设计顺序信息，那么我们设计的工程图将更加完美，更加标准与规范，也能够更好地反映设计人员的设计能力！

3.7.2　根据图纸进行零件设计实例

如图 3-379 所示的夹具支座零件工程图，这是同一个零件的两份工程图，根据这两份工程图中的设计信息均可以完成夹具支座的设计，但是在这两份工程图中一些细节结构的尺寸标注不一样，在具体设计时一定要根据这些尺寸标注反映的设计信息进行准确设计。下面具体介绍根据图纸进行夹具支座零件设计的分析思路及设计过程。

（1）分析图纸信息及设计思路

根据图纸进行零件设计，首先要根据图纸分析零件类型及主要结构特点。从提供的夹具支座零件工程图来看，该零件结构如图 3-380 所示。

> 💡 **注意**：根据图纸进行零件设计之前，我们只有图纸资料，并没有实实在在的零件模型，这个零件模型是要我们根据零件图纸信息进行设计的。图 3-380 所示的零件结构在设计之前只存在于我们大脑中，这是在看懂图纸之后在我们大脑中形成的零件结构。根据这个零件结构可以判断夹具支座零件属于一般类型的零件，与前面小节介绍的基座零件属于同一类型的零件，都可以使用分割的方法进行分析与设计。

根据夹具支座零件结构特点，可以将该零件分割成两大结构，也就是如图 3-381 所示的夹具支座底板结构及如图 3-382 所示的夹具支座主体结构。然后根据工程图中底板高度尺寸

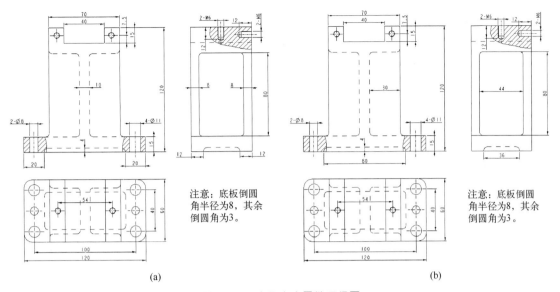

图 3-379 夹具支座零件工程图

注意：底板倒圆角半径为8，其余倒圆角为3。

注意：底板倒圆角半径为8，其余倒圆角为3。

(a)

(b)

15，还有夹具支座零件总高度尺寸 120 这两个尺寸确定夹具支座零件底板底面为整个零件设计基准面。而底板底面属于底板结构，根据设计基准优先设计的原则，正确的设计思路应该是先设计夹具支座底板结构，再设计夹具支座主体结构，下面具体介绍设计过程。

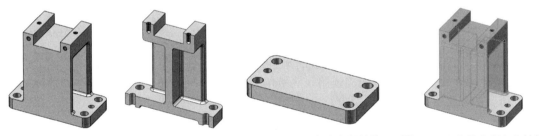

图 3-380 夹具支座零件结构　图 3-381 夹具支座底板结构 1　图 3-382 夹具支座主体结构

（2）夹具支座底板结构设计

夹具支座底板结构如图 3-383 所示，在具体设计时需要看懂图纸中关于底板结构的尺寸标注。如图 3-384 所示，图中矩形框中的尺寸都是与底板结构有关的尺寸［以图 3-379（a）所示夹具支座工程图为例］，一定要直接体现在设计中。需要特别注意的是，在底板的底面

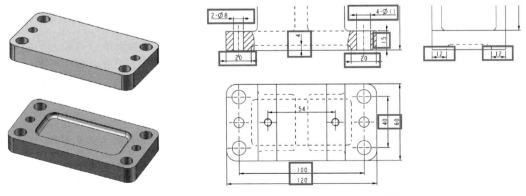

图 3-383 夹具支座底板结构 2　　　　图 3-384 底板结构设计尺寸

上开有矩形凹槽，图 3-379 提供的两种工程图对该矩形凹槽的标注不一样，具体设计需要根据尺寸标注体现的设计思路进行。

图 3-384 中各尺寸含义说明如下：

主视图中"2-φ8"表示底板上两个销孔的直径；

主视图中"4-φ11"表示底板上四个安装孔的直径；

主视图中两个"20"尺寸表示底板底面矩形凹槽两端与底板左右两侧面距离；

主视图中尺寸"4"表示底板底面矩形凹槽深度；

主视图中尺寸"15"表示底板厚度；

左视图中两个"12"尺寸表示底板底面矩形凹槽另外两端与底板前后两侧面距离；

俯视图中尺寸"120"和尺寸"60"分别表示底板的长度和宽度；

俯视图中尺寸"100"和尺寸"40"分别表示底板安装孔长度和宽度方向中心距。

步骤 1 创建如图 3-385 所示底板拉伸。创建底板拉伸需要从工程图中读取底板长度尺寸 120、宽度尺寸 60 和高度尺寸 15。选择"拉伸"命令，选择 TOP 基准平面为草绘平面，绘制如图 3-386 所示的拉伸截面草图（草图中尺寸 120 为底板长度、尺寸 60 为底板宽度），然后创建如图 3-387 所示底板拉伸，拉伸深度为 15。

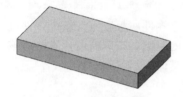 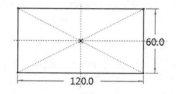 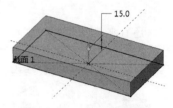

图 3-385 底板拉伸　　图 3-386 绘制底板拉伸截面草图　　图 3-387 创建底板拉伸

步骤 2 创建如图 3-388 所示的底板倒圆角。创建底板倒圆角需要从工程图中读取底板倒圆角半径尺寸，工程图中有明确说明，底板倒圆角半径为 8。选择倒圆角命令，选择如图 3-389 所示的四角边线为倒圆角对象，设置倒圆角半径为 8。

步骤 3 创建如图 3-390 所示的底板安装孔。创建底板安装孔需要从工程图中读取底板安装孔长度和宽度方向中心距 100 和 40，还需要读取底板安装孔直径 11。

 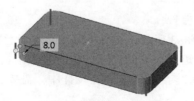 

图 3-388 底板倒圆角　　图 3-389 选择倒圆角边线　　图 3-390 底板安装孔

a. 首先创建如图 3-391 所示底板安装孔定位草图。选择底板顶面为草绘平面，绘制如图 3-392 所示的草图（草图中尺寸 100 为底板孔长度方向中心距，尺寸 40 为底板孔宽度方向中心距）。

b. 接下来选择以上创建的任一草图顶点创建一个安装孔，孔直径为 11，深度方式为贯通体，然后将创建的孔按照草图顶点进行常规阵列得到底板安装孔。

步骤 4 创建如图 3-393 所示的底板销孔。底板销孔位置比较特殊，正好处在底板安装孔宽度方向的中间位置，然后从工程图中读取销孔直径为 8。

a. 选择"孔"命令，在如图 3-394 所示的位置（两安装孔中间位置）创建孔，孔直径为 8，深度方式为贯通体。

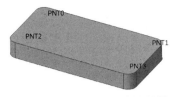

图 3-391　底板安装孔定位草图

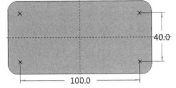

图 3-392　绘制底板安装孔定位草图

图 3-393　底板销孔

b. 使用镜像特征命令将孔沿着 RIGHT 基准平面进行镜像得到另外一侧的销孔。

步骤 5　创建如图 3-395 所示的底板底面矩形凹槽结构。创建底板底面矩形凹槽需要从工程图中读取底板底面凹槽相关尺寸，包括前后方向的距离尺寸 12 和左右方向的距离尺寸 20，以及矩形凹槽四角圆角尺寸 8 和矩形凹槽底面圆角尺寸 3。

a. 创建如图 3-396 所示的矩形凹槽拉伸切除。选择底板底面为草图平面，绘制如图 3-397 所示的矩形凹槽拉伸草图（草图中的尺寸要根据工程图中给出的矩形凹槽相关尺寸进行标注，其中尺寸 12 表示矩形凹槽与底板前后方向的距离尺寸，尺寸 20 表示矩形凹槽与底板左右方向的距离尺寸），然后创建拉伸切除，拉伸切除深度为 4。

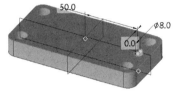

图 3-394　定义销孔位置

图 3-395　底板底面矩形凹槽

图 3-396　矩形凹槽拉伸切除

b. 创建如图 3-398 所示的矩形凹槽四角圆角，圆角半径为 3（工程图中有说明）。

c. 创建如图 3-399 所示的矩形凹槽底面圆角，圆角半径为 3（工程图中有说明）。

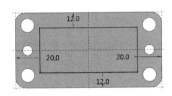

图 3-397　矩形凹槽拉伸草图

图 3-398　矩形凹槽四角圆角

图 3-399　矩形凹槽底面圆角

步骤 5 中介绍的底板底面矩形凹槽是按照如图 3-379（a）所示的夹具支座零件工程图进行设计的。如果按照如图 3-379（b）所示的夹具支座零件工程图进行设计，关键要读取如图 3-400 所示的矩形凹槽设计尺寸，此时设计方法也应做相应的调整：选择"拉伸"命令，选择 FRONT 基准平面为草图平面，绘制如图 3-401 所示的矩形凹槽拉伸草图，创建如图 3-402 所示的矩形凹槽拉伸切除。

（3）设计夹具支座主体结构

夹具支座主体结构如图 3-403 所示，在具体设计时需要看懂图纸中关于主体结构的尺寸标注。如图 3-404 所示，图中矩形框中的尺寸都是与主体结构有关的尺寸［以图 3-379（a）所示夹具支座工程图为例］，一定要直接体现在设计中。需要特别注意的是主体中间的肋板结构设计，图 3-379 提供的两种工程图中的标注方式是不一样的，需要根据尺寸标注体现的设计思路进行具体设计。

图 3-404 中各尺寸含义说明如下：

主视图中尺寸"70"表示主体左右方向宽度；

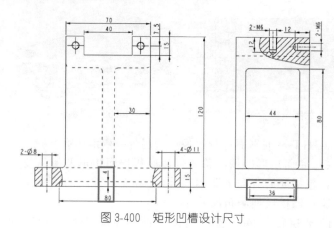

图 3-400 矩形凹槽设计尺寸

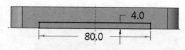

图 3-401 绘制矩形凹槽拉伸草图

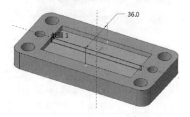

图 3-402 创建矩形凹槽拉伸切除

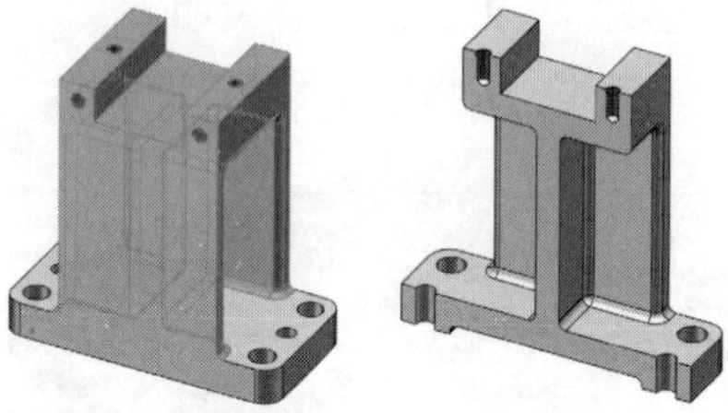

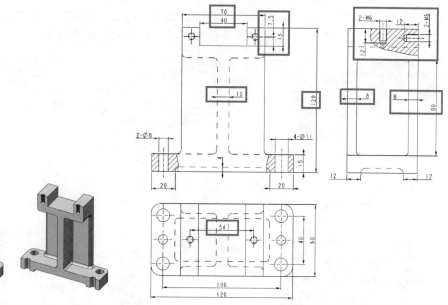

图 3-403 夹具支座主体结构

图 3-404 支座主体设计尺寸

主视图中尺寸"40"表示主体顶部凹槽宽度；

主视图中尺寸"15"表示主体顶部凹槽深度；

主视图中尺寸"7.5"为主体正面螺纹孔与顶部凹槽底面定位尺寸；

主视图中尺寸"10"表示主体中间肋板厚度；

主视图中尺寸"120"为夹具支座零件总高度尺寸；

左视图中两个"2-M6"尺寸为夹具支座主体顶部及正面螺纹孔规格尺寸；

左视图中两个"12"尺寸为夹具支座主体顶部及正面螺纹孔深度尺寸；

左视图中两个"8"尺寸表示主体两侧肋板厚度；

左视图中尺寸"80"为夹具支座零件总高度尺寸；

俯视图中尺寸"54"表示主体顶部螺纹孔左右方向中心距。

步骤 1 设计如图 3-405 所示的夹具支座主体基础结构。设计夹具支座主体基础结构需要从工程图中读取夹具支座主体总高度尺寸 120 及主体宽度尺寸 70，另外，还要注意支座主体前后宽度与支座底板前后宽度一致。选择拉伸命令，选择 FRONT 基准平面为草图平面，绘制如图 3-406 所示的主体拉伸草图（草图中的尺寸要根据工程图中给出的主体相关尺寸进行标注，其中尺寸70表示主体左右宽度尺寸，草图顶部与前面创建的支座主体高度基准面平齐），然后创建如图3-407所示的支座主体拉伸。

图3-405 夹具支座主体基础结构

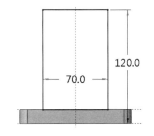

图3-406 绘制主体拉伸草图

图3-407 创建支座主体拉伸

步骤2 设计如图3-408所示的中间肋板结构。肋板结构的设计需要从工程图中读取与肋板有关的尺寸，中间肋板厚度为10，两侧肋板厚度为8，肋板高度为80，除此之外还需要设计相关倒圆角结构。

a. 创建主体中间肋板控制草图。选择"草绘"命令，选择FRONT基准平面为草图平面，绘制如图3-409所示的主体中间肋板控制草图（草图中的尺寸要根据工程图中给出的中间肋板宽度尺寸进行标注，其中尺寸10为中间肋板宽度尺寸，为了使草图全约束，约束草图顶部与前面创建的支座主体高度基准面平齐）。

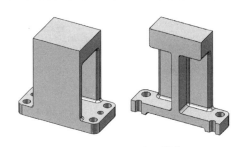

图3-408 中间肋板结构

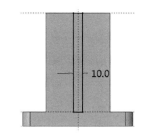

图3-409 中间肋板控制草图

b. 创建如图3-410所示的肋板凹槽。选择"拉伸"命令，选择如图3-411所示的模型表面为草图平面，绘制如图3-412所示的拉伸草图（草图中的尺寸要根据工程图中给出的两侧肋板厚度及高度尺寸进行标注，其中尺寸8为两侧肋板厚度尺寸，尺寸80为肋板高度尺寸），创建如图3-413所示的拉伸切除（注意控制拉伸切除深度与前面创建的肋板控制草图的边界平齐）。

图3-410 肋板凹槽

图3-411 选择草图平面

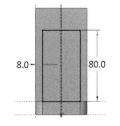

图3-412 肋板凹槽拉伸草图

c. 创建肋板凹槽镜像。将肋板凹槽沿着RIGHT基准面镜像得到另一侧凹槽。

d. 创建如图3-414所示的肋板凹槽四角圆角，圆角半径为3（工程图中有说明）。

e. 创建如图3-415所示的肋板凹槽根部圆角，圆角半径为3（工程图中有说明）。

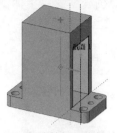
图 3-413 创建肋板凹槽拉伸切除

图 3-414 肋板凹槽四角圆角

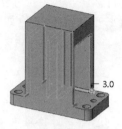
图 3-415 肋板凹槽根部圆角

步骤 2 中介绍的肋板凹槽是按照如图 3-379（a）所示的夹具支座零件工程图进行设计的。如果按照如图 3-379（b）所示的夹具支座零件工程图进行设计，关键要读取如图 3-416 所示的肋板凹槽设计尺寸，此时设计方法也应做相应的调整：选择"拉伸"命令，选择如图 3-411 所示的模型表面为草图平面，绘制如图 3-417 所示的肋板凹槽拉伸草图，创建如图 3-418 所示的肋板凹槽拉伸切除即可。

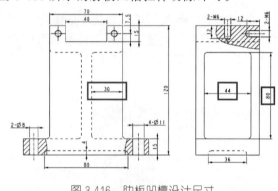
图 3-416 肋板凹槽设计尺寸

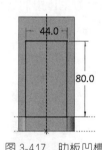
图 3-417 肋板凹槽
拉伸草图

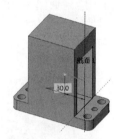
图 3-418 肋板凹槽
拉伸切除

步骤 3 创建如图 3-419 所示的顶部凹槽。选择"拉伸"命令，选择 FRONT 基准平面为草图平面，绘制如图 3-420 所示的顶部凹槽拉伸草图（草图中的尺寸要根据工程图中给出的两顶部凹槽尺寸进行标注，其中尺寸 40 为凹槽宽度尺寸，尺寸 15 为凹槽高度尺寸），创建如图 3-421 所示顶部凹槽拉伸切除（两侧完全切除）。

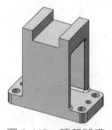
图 3-419 顶部凹槽

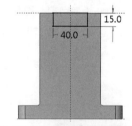
图 3-420 绘制顶部凹槽拉伸草图

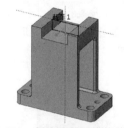
图 3-421 创建顶部凹槽拉伸切除

步骤 4 设计如图 3-422 所示的主体正面及顶面螺纹孔。主体正面螺纹孔的设计需要从工程图中读取与正面螺纹孔相关的尺寸，两孔间距为 54，与顶部凹槽底面的距离为 7.5，螺纹孔规格为 M6，深度为 12，而且两孔关于 RIGHT 基准面对称；主体顶部螺纹孔的设计需要从工程图中读取与顶部螺纹孔相关的尺寸，两孔间距为 54，螺纹孔规格为 M6，深度为 12，而且两孔关于 RIGHT 基准面对称。

a. 创建主体正面螺纹孔。选择"孔"命令，创建如图 3-423 所示的正面孔定位草图，类型为螺纹孔，规格为 M6，深度为 12，然后将孔沿着 RIGHT 基准面镜像。

b. 创建主体顶面螺纹孔。选择"孔"命令，创建如图 3-424 所示的顶面孔定位草图，类型为螺纹孔，规格为 M6，深度为 12，然后将孔沿着 RIGHT 基准面镜像。

图 3-422 主体正面及顶面螺纹孔

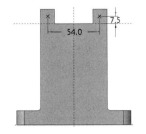
图 3-423 正面孔定位草图

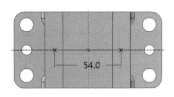
图 3-424 顶面孔定位草图

综上所述，根据图纸进行零件设计的关键是首先看懂图纸设计信息，具体设计思路及设计过程一定要符合图纸设计信息，如果图纸信息发生变化，设计思路及设计过程也应该做相应的调整。

3.8 典型零件设计

机械零件设计中主要包括四种类型的典型零件，分别是轴套类零件、盘盖类零件、叉架类零件及箱体类零件。因为这四种类型零件结构比较典型，所以其设计方法及考虑相对来讲也是比较固定的，我们只要掌握这些典型零件设计方法，就能够很好地完成这些零件设计。本章主要介绍这四种典型零件设计方法与技巧。

3.8.1 轴套零件设计

轴类零件一般是起支承（如齿轮、带轮）和传递动力的作用；轴套类零件一般装在轴上或机体腔体孔中，起支承、导向、轴向定位或者保护传动零件等作用。

轴套零件多数是由共轴的多段圆柱体、圆锥体构成，一般其轴向尺寸大于径向尺寸，根据设计和加工工艺要求，在各段上常有倒角、键槽、销孔、螺纹等结构，轴段与轴段之间常有轴肩、退刀槽、砂轮越程槽等结构。轴类零件的毛坯多是棒料或锻件，加工方法以车削、磨削为主；轴套类零件的毛坯多是管筒件或铸造件，加工方法以车削、磨削、镗削为主。如图 3-425 所示的是常见轴套零件应用举例。

图 3-425 轴套零件应用举例

（1）轴套零件结构特点分析

欲设计轴套零件，首先要分析轴套零件结构特点，轴套零件不同于前面章节介绍的任何一种一般类型的零件，所以不能使用一般零件设计方法进行设计。轴套零件属于机械设计中的一种典型零件，一般可以划分为四大结构：

① 轴套主体结构。轴套主体结构就是轴套零件的基础结构，就是将轴套上所有细节去掉之后的结构，轴套零件上的其余结构都是在这个主体结构基础上设计的。

② 轴套沟槽结构。轴套沟槽结构包括各种回转沟槽、退刀槽等。

③ 轴套附属结构。轴套附属结构包括各种键槽、花键、切口、内外螺纹等。

④ 轴套修饰结构。轴套修饰结构就是为了方便轴套零件与其他零件安装配合而设计的倒角结构及圆角结构，一般需要在安装配合的轴段连接位置设计。

（2）轴套零件设计思路

根据轴套零件结构特点，轴套零件一般都是回转类零件，在设计中首先使用旋转命令设计轴套零件的主体结构及沟槽结构，然后再设计轴套零件上的其他附属结构及修饰结构。在Creo 中进行轴套零件设计的一般思路如下：

① 使用旋转命令设计轴套零件的主体结构。

② 使用旋转切除命令设计轴套零件上的沟槽结构。

③ 使用合适工具设计轴套上其他附属结构。

④ 使用倒斜角或倒圆角命令设计轴套零件上的修饰结构。

（3）轴套零件设计要求及规范

轴套零件设计不仅要注意轴套零件结构要求，更要注意轴套零件内在要求及规范。下面主要介绍一下轴套零件设计过程中一定要注意的内在设计要求及规范。

① 主体结构设计要求及规范。轴套零件一般都是回转零件，在设计中首先使用旋转凸台基体命令设计轴套零件的主体结构，在绘制轴套零件主体结构旋转截面时要特别注意以下几点：

首先，在没有特殊说明的情况下，一般是在主视图（Creo 软件中的前视基准面）上绘制旋转截面，方便以后出工程图。因为在机械制图中轴套零件主视图是非常重要的视图，反映轴套零件主体结构。

其次，在机械制图中，轴套零件的主视图一般都是沿轴线水平放置的（特殊情况例外），所以在草绘环境中绘制的轴套截面也应该按照水平方向绘制，如果竖直绘制或者采用其他方位绘制不符合机械制图关于轴套零件工程图的标准规范。

然后，对于轴套零件设计基准的确定，如果没有比较明确的设计基准或特殊说明，都是取轴套零件总长的中点作为其设计基准。

最后，绘制轴套零件主体结构旋转截面时，轴套零件各段轴径一定要直接标注直径，不能标注轴的半径，否则不符合轴套零件工程图尺寸标注要求及规范。

另外，轴套零件主体结构中各段的长度要根据具体要求进行计算，切记不要随便设计，特别是涉及与其他轴套上附属零件安装时，一定要保证符合安装尺寸要求，如轴零件上安装轴承的轴段，轴段长度一般要小于或等于安装轴承的宽度。

② 沟槽结构设计要求及规范。轴套零件上往往有各种沟槽结构，如回转沟槽、退刀槽等，沟槽主要作用如下：

首先，方便加工过程中加工刀具从轴上退出，确保已加工结构的安全。比如在已加工好的轴段上还需要加工螺纹结构，就需要在加工螺纹结构之前，先在轴段上加工退刀槽，再去加工螺纹，此时加工螺纹的刀具就能够方便地从退刀槽位置退出，同时确保其他已加工结构的安全。

其次，沟槽结构方便轴套零件与其他轴套上零件（如齿轮、带轮、轴承等）之间的安装配合，保证安装精度要求，所以凡是涉及要与轴套上零件安装配合的轴段，都要设计相应的沟槽结构。

在实际轴套零件设计中，沟槽结构很容易与轴套主体结构混淆，所以很多人会错误地将轴套上的沟槽结构与轴套主体结构一块设计，这样能够一次性完成轴套主体与沟槽的设计，看似很简便高效，但是存在很多实际问题，所以在实际设计时一定要注意以下三个方面的问题：

首先，将轴套主体结构与沟槽一块进行设计会使回转截面草图更加复杂，这不符合零件设计中简化草图的设计原则。

其次，从轴套设计与工艺来讲，轴套主体结构与沟槽结构属于不同结构工艺，在加工过程中使用不同的车刀，对其进行分开设计，符合对轴套加工工艺的理解。

最后，这些沟槽结构属于轴套上比较细微的特征，在结构分析中应该进行简化，如果将沟槽与轴套主体结构一起设计会影响轴套零件简化与结构分析。

基于以上这些主要原因，在轴套零件设计中应该将轴套上沟槽结构与轴套主体结构分步设计，一般是先设计轴套主体结构，再设计轴套上的沟槽结构。

③ 附属结构设计要求及规范。轴套零件上附属结构经常包括键槽、花键、螺纹以及各种孔结构，一定要注意这些附属结构标准化设计要求及规范。

下面以键槽设计为例，因为键槽位置将来要安装键零件，而所有的键都属于标准件，其具体尺寸都已经标准化了，一定要根据标准选用，如果不按标准设计键槽，将来在安装键零件时找不到合适键零件，影响整个产品设计。

另外，在绘制键槽截面时（以长圆形键槽为例），需要绘制一个长圆形截面，在进行标注时，一定要标注长圆形的宽度值，标注长圆形圆弧半径是不规范的，因为此处的长圆形宽度就是键槽的宽度，最后是键槽的定位尺寸，这个要取决于整个轴套零件的尺寸基准，一般要从尺寸基准处开始标注。

④ 修饰结构设计要求及规范。修饰结构主要包括倒角与圆角，轴套零件上的一些轴段需要安装各种轴上附属结构，如轴承、轴套等，为了方便以后在轴套上安装这些附属结构，需要在配合的轴段位置设计合适的倒角与圆角，方便安装导向，实现精确安装。

这些修饰结构的设计与前面介绍的沟槽结构设计类似，不要与轴套主体一起设计，避免影响轴套零件简化与结构分析。

（4）轴套零件设计实例

为了让读者更深入理解轴套零件设计思路及设计过程，下面以图 3-426 所示的轴零件设计图纸为例介绍轴零件的设计。根据该设计图纸，完成轴零件的结构设计，在设计中注意轴零件设计思路及典型结构的设计。

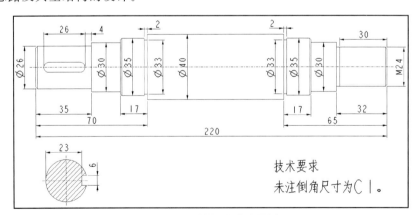

图 3-426　轴零件设计图纸

根据轴结构特点及前面介绍的轴设计思路，要完成该轴的设计，需要首先设计轴主体结构［轴主体就是轴的基础结构，一般就是将轴上沟槽、附属结构及倒角全部简化后的光轴结构，需要按照轴图纸信息标注各段轴长度及直径尺寸，然后设计轴上沟槽结构（一共两处沟槽，沟槽宽度为 2，沟槽直径为 33）］，接着设计轴上附属结构（包括左端的键槽和右端的螺纹，左端键槽尺寸为 26×6，定位尺寸为 4；右端螺纹规格为 M24×30），最后设计轴上倒角结构（所有倒角尺寸为 C1），具体过程请看随书视频讲解。

3.8.2　盘盖零件设计

盘盖零件为基本形状为扁平的盘状结构，其主要结构为多个回转体，直径方向尺寸一般大于轴向尺寸，为了与其他结构连接，结构中一般包括一些凸台结构及圆周分布的孔结构。盘盖零件的毛坯一般为铸件、锻件，然后经过车削加工、磨削加工形成最终的形状，图 3-427 所示的是常见盘盖零件应用举例。

图 3-427　盘盖零件应用举例

（1）盘盖零件结构特点分析

欲设计盘盖零件，首先要分析盘盖零件结构特点，盘盖零件不同于前面章节介绍的任何一种一般类型的零件，所以不能使用一般零件设计方法进行设计。盘盖零件属于机械设计中的一种典型零件，一般可以划分为三大结构：

① 盘盖主体结构。盘盖主体结构就是盘盖零件的基础结构，就是将盘盖上所有细节去掉之后的结构，盘盖零件上的其余结构都是在这个主体结构基础上设计的。

② 盘盖附属结构。盘盖零件附属结构主要包括各种凸台、切口、孔等结构。

③ 盘盖修饰结构。盘盖零件修饰结构就是为了方便盘盖零件与其他零件安装配合而设计的倒角结构及圆角结构。

（2）盘盖零件设计思路

根据盘盖零件结构特点，盘盖零件一般都是回转类零件，在设计中首先使用旋转凸台命令设计盘盖零件的主体结构，然后再设计盘盖零件上的其他附属结构及修饰结构，在 Creo 中进行盘盖零件设计的一般思路如下：

① 使用旋转凸台命令设计盘盖零件的主体结构。

② 使用合适工具设计盘盖上的附属结构。

③ 使用倒圆角或倒斜角命令设计盘盖零件上的圆角及倒角结构。

（3）盘盖零件设计要求及规范

盘盖零件设计不仅要注意盘盖零件结构要求，更要注意盘盖零件设计要求及规范，下面主要介绍盘盖零件设计过程中一定要注意的设计要求及规范。

① 主体结构设计要求及规范。盘盖零件主体多为回转结构，在绘制盘盖零件主体旋转截面时要特别注意，虽然在机械制图中对于盘盖类零件的主视图没有严格的要求，但是确定主视图放置一定要从多个方面（如一般的工作方位、放置与安装方位、图纸幅面等）综合考虑，一般都是沿轴线水平放置。所以在草绘环境中绘制盘盖主体旋转截面时，如果没有特殊的考虑，也应该按照水平方向绘制（跟轴套零件设计类似）。

另外，对于结构复杂的而且带中间腔体的盘盖零件，在设计盘盖主体结构时，一般将盘盖中间腔体与盘盖主体分开设计，主要考虑就是简化草图原则，提高设计效率。

② 附属结构设计要求及规范。盘盖零件中比较常见的一种附属结构就是圆周孔结构，一般圆周孔包括均匀分布圆周孔和非均匀分布圆周孔两种类型。为了高效进行圆周孔设计，需要特别注意这两种圆周孔设计要求及规范。

a. 非均匀分布圆周孔设计。首先选择合适的打孔平面绘制圆周孔定位草图点，然后选择任一定位草图点创建第一个圆周孔，最后使用草图驱动阵列方式将第一个圆周孔按照定位草图点进行阵列，类似于前面章节介绍的基座零件中底板孔的设计。

b. 均匀分布圆周孔设计。这种均匀分布圆周孔在 Creo 中直接使用圆周阵列即可，但是要注意阵列参数的正确设置，方便后期修改。

对于盘盖零件中其他的附属结构，按照一般结构设计要求及规范进行设计即可。

（4）盘盖零件设计实例

为了让读者更深入理解盘盖零件设计思路及设计过程，下面根据提供的盘盖零件工程图介绍盘盖零件的设计。如图 3-428 所示的是法兰盘零件的设计图纸，需要根据该设计图纸，完成法兰盘零件的结构设计，在设计中注意盘盖零件设计思路、设计方法。

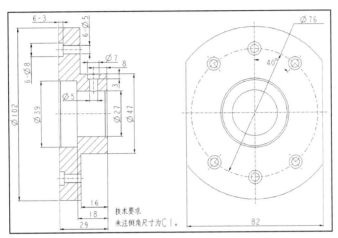

图 3-428　法兰盘零件设计图纸

根据盘盖零件结构特点及前面介绍的盘盖零件设计思路，要完成该法兰盘的设计，需要首先设计法兰盘主体结构（法兰盘主体就是法兰盘的基础结构，将法兰盘上两侧切除结构、圆周孔及倒角结构全部去掉后的简化结构），然后设计法兰盘上附属结构［包括法兰盘两侧切除结构（两侧切除宽度为 82）及圆周孔结构（一共 6 个沉头孔）］，最后设计法兰盘上倒角结构（所有倒角尺寸为 C1），具体设计过程请参看随书视频讲解。

3.8.3　叉架零件设计

叉架零件主要起连接与支撑固定作用，如发动机连杆就是连接发动机活塞与曲轴的典型叉架零件，各种管线支架、轴承及轴支架都是起支撑固定作用的叉架零件。叉架零件的使用强度及刚度要求比较高，所以其结构中经常包括各种肋板、梁等结构，肋板、梁的截面形状有工字形、T 形、矩形、椭圆形等，其毛坯多为铸件、锻件，要经过多种机械加工工序制成。图 3-429 所示的是常见叉架零件应用举例。

图 3-429　叉架零件应用举例

（1）叉架零件结构特点分析

欲设计叉架零件，首先要分析叉架零件结构特点，叉架零件形状结构变化灵活，没有比较固定的结构特点，绝大部分叉架零件类似于前面章节介绍的一般类型零件（特别是分割类零件），但是不能单纯按照一般类型零件设计方法进行设计。为了规范高效进行叉架零件设计，一般按照叉架零件功能进行结构划分，包括以下主要结构：

① 定位结构。叉架零件中经常会包含各种定位结构，这些定位结构就是为了从不同角度方位对结构进行固定，这些定位结构也是叉架零件设计的基础与关键。

② 连接结构。连接结构的作用就是将各种定位结构连接起来形成一个整体零件。

③ 附属结构。附属结构的作用就是增强叉架零件结构强度并完善叉架零件功能，需要特别注意的是，附属结构对于叉架零件来讲不是必需的，根据具体需要确定其设计。

④ 修饰结构。修饰结构主要指叉架零件上的各种倒角及圆角结构。

（2）叉架零件设计思路

因为叉架零件形状结构变化灵活，没有比较固定的结构特点，所以在具体设计中对于设计工具的选择是非常灵活的。在 Creo 中进行叉架零件设计的一般思路如下：

① 首先使用合适的工具设计叉架零件定位结构。

② 然后使用合适工具设计叉架连接结构。

③ 根据需要使用合适工具设计叉架附属结构。

④ 最后使用倒圆角或倒斜角命令设计叉架零件上的圆角及倒角结构。

（3）叉架零件设计要求及规范

叉架零件设计不仅要注意叉架零件结构要求，更要注意叉架零件内在要求及规范。下面主要介绍一下叉架零件设计过程中一定要注意的内在设计要求及规范。

① 定位结构设计要求及规范。设计叉架类零件首先要考虑的问题就是其设计方位（定位）的问题，因为支撑类型的零件在工作中主要起连接及支撑作用，其工作位置一般由与其相连接的零件确定，一般没有比较固定的位置。在设计中采用其实际的工作位置来放置即可。

叉架类零件设计中的结构位置关系非常重要，为了保证这些重要的位置定位关系，保证将来在装配中能够符合装配的位置要求，要灵活使用各种基准特征辅助完成设计。

② 附属结构设计要求及规范。叉架类零件中典型结构主要包括加强筋结构的设计，在 Creo 中提供了两种加强筋设计工具，一种是轮廓筋，另外一种是网格筋，需要根据具体结构特点，确定使用哪种加强筋来进行设计，有时还会使用扫描等特殊方式进行加强筋结构的设计。

（4）叉架零件设计实例

为了让读者更深入理解叉架零件设计思路及设计过程，下面根据提供的叉架零件工程图介绍叉架零件的设计。如图 3-430 所示的连接臂零件设计图纸，根据该设计图纸设计连接臂零件。设计前仔细分析具体的设计思路，在设计中注意充分考虑零件的放置及定位，还有结构与结构之间的位置定位关系，另外还要注意结构中加强筋的设计。

根据叉架零件结构特点及前面介绍的叉架零件设计思路，要完成该连接臂的设计，需要首先设计连接臂右侧的定位结构，这是整个零件设计的基础，也是关键，这个定位结构主要由两个不同方向的圆柱筒体交叉连接构成；完成该定位结构设计后再设计连接臂中的连接结构，也就是零件中左侧的弯臂结构，这种弯臂结构是 S 形弯臂，可以使用拉伸凸台和拉伸切除方法来设计；最后是连接臂中的加强筋辅助结构及修饰结构的设计，具体设计过程请参看随书视频讲解。

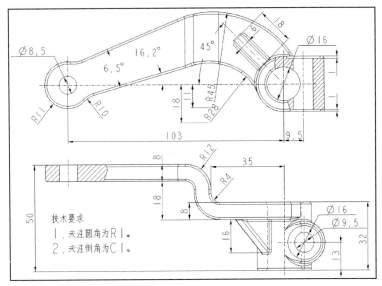

图 3-430 连接臂零件设计图纸

3.8.4 箱体类零件设计

箱体零件一般起支承、容纳、定位和密封等作用。一般箱体类零件的内外结构形状比较复杂，其上常有空腔、轴孔、内支承壁、肋板、凸台、大小各异的孔等结构，如图 3-431 所示。箱体零件毛坯多为铸件，须经各种机械加工。

箱体零件是典型零件中结构最复杂的一种，要考虑的具体问题比较多，包括设计顺序问题、典型细节设计方法与技巧，还要特别注意设计效率问题，等等。

图 3-431 箱体零件设计举例

（1）箱体类零件设计思路

对于箱体类零件的设计，要注意以下几点：一是箱体零件的尺寸基准，一般都是以箱体底座结构上的底面作为尺寸基准，所以一般的箱体零件设计首先是创建箱体底座，然后是创建箱体其他结构；二是箱体的壁厚一般都是均匀的，一般使用薄壁拉伸方法来创建，保证壁厚均匀性；三是要充分考虑箱体上轴承、轴的承载凸台结构的设计，以增加其强度。箱体类零件设计中比较关键的尺寸一般是凸台面相对于箱体外表面以及箱体内表面的尺寸。对于箱体中的其他结构，按照正常的建模要求来创建就可以了。

在 Creo 中进行箱体类零件设计的主要顺序如下所示：

① 使用拉伸凸台工具、倒圆角工具及孔工具设计箱体底板结构。

② 使用基准特征确定箱体重要设计基准及设计尺寸。

③ 使用加厚拉伸或抽壳方式设计箱体主体结构。

④ 使用拉伸工具及圆周孔设计箱体中的各种加厚凸台结构。

⑤ 使用倒圆角或倒斜角命令设计箱体类零件上的圆角及倒角结构。

（2）箱体类零件设计关键点

箱体零件设计关键是各种结构形位尺寸的设计，主要包括以下两点：

① 箱体高度尺寸的设计。合理选择箱体高度设计基准，一般选择箱体底座底面为整个箱体设计基准，然后以该设计基准设计箱体高度即可直接得到箱体高度尺寸。

② 箱体表面凸台尺寸设计。一般会设计一个控制草图来控制箱体中凸台主要设计尺寸，同时方便尺寸的修改，另外，也可以先创建好控制尺寸的设计基准，然后根据这些设计基准来设计相应的结构。

（3）箱体类零件典型结构设计

箱体类零件主要包括以下典型结构的设计，在具体设计过程中一定要注意相关的设计规范，才能正确设计箱体类零件。

① 箱体零件的放置定位一般很好确定，箱体底板结构放置在水平面上，也就是上视基准平面，然后依次在箱体底板上叠加设计箱体其余结构。

② 箱体底座的设计一般要考虑箱体安装平稳性问题，所以箱体底座底面一般都不设计成大平整面，一般要设计成沟槽结构，按照"小面接触代替大面接触"的原则进行设计，特别是体型尺寸比较大的箱体更应该采用这种思路进行设计。

③ 箱体均厚这一特点主要有两种设计方法：一种是用薄壁拉伸的方式进行设计；另外一种就是用抽壳方式进行设计。前者适用于绝大部分箱体的设计，后者主要用于整体式箱体结构的设计，有时还要考虑使用多体方式进行创建。

④ 对于箱体主体的设计还要注意箱体"底部"和"顶部"的设计，箱体"底部"一般比其他位置要厚，保证箱体底部的强度，箱体"顶部"一般要考虑与箱盖的安装配合问题，需要设计相应的安装孔及定位销孔。

（4）箱体零件设计实例

为了让读者更深入理解箱体零件设计思路及设计过程，下面根据提供的齿轮箱零件工程图介绍箱体零件的设计。如图 3-432 所示的齿轮箱零件设计图纸，根据该设计图纸设计齿轮箱零件，设计前仔细分析具体的设计思路，在设计中注意充分考虑零件的放置及定位，特别

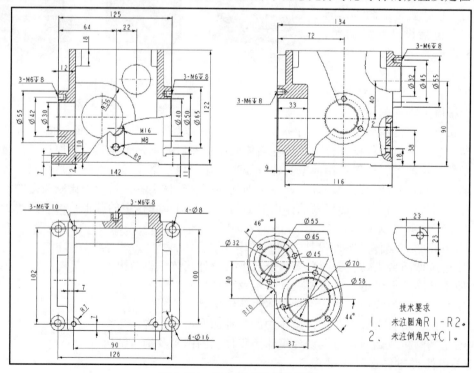

图 3-432　齿轮箱零件设计图纸

是箱体主体及箱体周边各种凸台结构的设计。

根据齿轮箱零件结构特点及前面介绍的箱体零件设计思路，要完成该齿轮箱的设计，需要首先设计箱体底板结构，然后在箱体底板基础上创建箱体主体结构，注意箱体底部与顶部的设计；然后设计箱体四周的各种凸台结构，虽然凸台结构比较多，但是大概的形状都差不多，关键要注意各凸台的准确位置，可以先创建必需的关键基准面以确定凸台准确位置；最后设计各种修饰结构，包括倒圆角及倒斜角，具体设计过程请参看随书视频讲解。

3.9 参数化零件设计

零件设计中需要定义大量的尺寸参数，如图 3-433 所示，但是一般零件设计中的参数都是彼此独立的，并不存在参数关联，如果需要对零件进行修改，则其中的每个参数都要单独进行修改，修改效率低而且容易出错。

实际上零件设计中的很多参数是存在一定关联的，特别是一些特殊的零件设计，如齿轮零件设计、管道零件设计等等。如图 3-434 所示的齿轮设计中的参数，其中齿顶圆、分度圆及齿根圆直径都是根据提供的齿轮模数、齿数及压力角等参数计算出来的，像这种零件的设计就必须要考虑这些参数之间的关联，就需要用到参数化设计方法。本节主要介绍参数化设计操作及设计案例，帮助读者全面理解并掌握参数化零件设计。

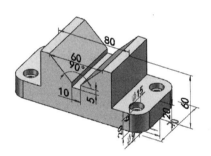

图 3-433　零件设计中的尺寸参数

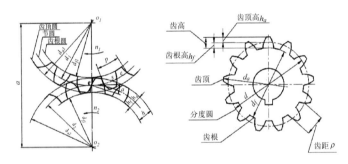

图 3-434　齿轮设计中的参数

3.9.1 参数化零件设计基本操作

下面以如图 3-435 所示的法兰圈零件设计为例，介绍参数化零件设计基本操作及设计过程。参数化零件设计的关键是首先要分析零件设计中的重要参数并找出这些参数之间的关系。法兰圈零件模型参数及参数关系如图 3-436 所示，下面具体介绍设计过程。

图 3-435　法兰圈零件模型

参数名称	参数代号	参数关系
内径	DA	80
外径	DB	150
厚度	H	15
圆周孔分布圆直径	DC	（DA+DB）/2
孔直径	DH	12
孔个数	N	6
倒角尺寸	CH	H/10

图 3-436　法兰圈零件模型参数

图 3-437　定义参数

步骤 1　新建零件文件。在快速访问工具条中单击"新建"按钮□，新建一个名为 flange 的零件文件，选择 mmns_part_solid_abs 为零件模板。

步骤 2　定义零件参数。在"工具"选项卡的"模型意图"区域单击"参数"按钮[]参数，系统弹出"参数"对话框，单击➕按钮添加参数，按照如图 3-436 所示的法兰圈参数表定义零件参数。在"名称"列中输入参数名称，在"类型"列中定义参数类型，在"值"列中输入参数值，在"说明"列中输入各参数说明，结果如图 3-437 所示。

💡 **说明**：定义参数时，不用定义那些使用关系计算的参数，比如本例参数表中的"圆周孔分布圆直径（DC）"参数及"倒角尺寸（CH）"参数不用在"参数"对话框中定义，这些参数将通过参数关系自动计算。

步骤 3　创建如图 3-438 所示的拉伸特征并关联关系。

a. 创建拉伸特征。选择"拉伸"命令，选择 TOP 基准平面为草图平面绘制如图 3-439 所示的拉伸截面草图创建拉伸特征，拉伸高度为 15。

b. 关联参数。创建拉伸特征后需要将拉伸特征中的参数与前面定义的相关参数进行关联，在"工具"选项卡的"模型意图"区域单击"关系"按钮 d=关系，系统弹出"关系"对话框，单击拉伸特征，此时在模型上显示如图 3-440 所示的特征参数代号，单击"d1"参数，输入"=DA"，表示将"DA"参数值赋给"d1"参数，用相同方法关联"d2"及"d0"参数，结果如图 3-441 所示，单击"确定"按钮，完成参数关联。

💡 **说明**：完成参数关联后，在模型上仍然显示特征参数符号，在"前导工具条"中单击"重画"按钮▨，隐藏特征参数符号。

图 3-438　创建拉伸特征

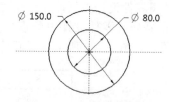

图 3-439　拉伸截面草图

图 3-440　显示特征参数代号 1

步骤 4　创建如图 3-442 所示的孔特征并关联参数。

a. 创建孔特征。选择"孔"命令，选择拉伸特征上表面为打孔平面，放置类型为直径，按住 Ctrl 键选择中心轴线及 RIGHT 基准面为放置参考，具体放置参数如图 3-443 所示（在"放置"选项卡的"偏移参考"区域设置的直径值实际上就是圆周孔分布圆直径），此时孔特征预览如图 3-443 所示。

b. 关联参数。在"工具"选项卡的"模型意图"区域单击"关系"按钮 d=关系，系统

图 3-441　关联拉伸参数

图 3-442　创建孔特征

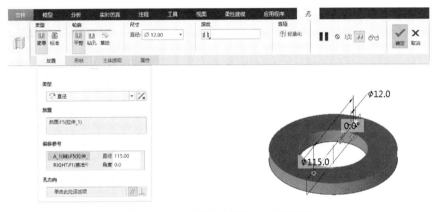

图 3-443　定义孔参数及孔特征预览

弹出"关系"对话框，单击孔特征，此时在模型上显示如图 3-444 所示的特征参数代号，分别单击"d1"参数及"d4"参数进行参数关联，结果如图 3-445 所示。

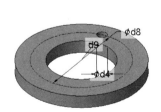

图 3-444　显示特征参数代号 2

图 3-445　关联孔参数

步骤 5　创建如图 3-446 所示的孔阵列并关联参数。

a. 创建孔阵列。首先选择"孔"特征，然后选择"阵列"命令对孔进行阵列，阵列方式为"轴"阵列，阵列个数为 6。

b. 关联参数。在"工具"选项卡的"模型意图"区域单击"关系"按钮 d= 关系，系统弹出"关系"对话框，单击阵列特征，此时在模型上显示如图 3-447 所示的特征参数代号，单击"p19"参数进行参数关联，结果如图 3-448 所示。

图 3-446　创建孔阵列

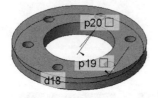

图 3-447　显示特征参数代号 3

图 3-448　关联阵列参数

步骤 6　创建如图 3-449 所示的倒角特征并关联参数。

a. 创建倒角特征。选择法兰圈上部外圆边线为倒角对象，倒角尺寸为 1.5。

b. 关联参数。在"工具"选项卡的"模型意图"区域单击"关系"按钮 d= 关系 ，系统弹出"关系"对话框，单击倒角特征，此时在模型上显示如图 3-450 所示的特征参数代号，单击"d15"参数进行参数关联，结果如图 3-451 所示。

图 3-449　创建倒角特征

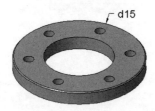

图 3-450　显示倒角特征参数代号

图 3-451　关联倒角特征参数

步骤 7　验证参数化设计。完成参数化设计后，如果要修改零件参数，可以直接在"参数"对话框中修改，本例修改 DA、DB、DH 和 N 四个参数，如图 3-452 所示。完成参数修改后单击快速访问工具条中的"重新生成"按钮 ，结果如图 3-453 所示。

使用参数化方法进行零件设计能够大大提高零件模型修改效率。一般情况下，零件模型设计完成后，如果要对零件模型进行修改，需要首先在模型树中找到修改对象，如果零件模型很复杂，包含的特征对象比较多，那么这种修改效率是非常低下的，使用参数化方法只需要在"参数"对话框中对模型参数进行修改即可。

在参数化零件设计时，本例采用的方法是一边创建模型一边关联参数，另外一种方法是一次性把模型做好，然后一次性关联参数，对于初学者建议使用第一种方法，这样更有利于理解关联参数与模型之间的关系。

图 3-452 修改参数

图 3-453 修改结果

3.9.2 系列化零件设计

对于成系列的零件，如标准件、管道零件等，为了提高设计效率及使用效率，需要使用系列化设计方法进行设计，在 Creo 中使用"族表"命令进行系列化零件设计。

图 3-454 是螺母座尺寸示意图，图 3-455 是螺母座系列参数，下面以螺母座系列零件设计为例，详细介绍在 Creo 中进行系列化零件设计一般过程。

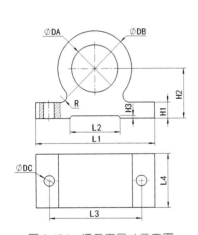

图 3-454 螺母座尺寸示意图

参数名称	LMZ-1	LMZ-2	LMZ-3
L1	90	110	150
L2	38	45	60
L3	70	85	120
L4	40	45	55
DA	35	40	50
DB	56	65	80
DC	8	10	12
H1	12	15	20
H2	37	42	50
H3	2	3	4
R	5	7	9

图 3-455 螺母座系列参数

步骤 1 打开练习文件 ch03 part\3.9\lmz_design。

步骤 2 修改尺寸名称。为了便于族表编辑及管理，需要首先修改尺寸名称，在模型树或模型上选择特征对象，在弹出的快捷菜单中单击 按钮显示特征参数，如图 3-456 所示。选中尺寸 90，系统弹出"尺寸"选项卡，在 文本框中输入尺寸名称"L1"，如图 3-457 所示，相同方法，对照螺母座系列参数表中的参数名称修改其余参数名称。

步骤 3 创建系列零件族表。

a. 选择命令。在"工具"选项卡的"模型意图"区域单击"族表"按钮 ，系统弹出如图 3-458 所示的"族表"对话框，在该对话框中定义族表。

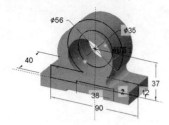

图 3-456 显示尺寸参数

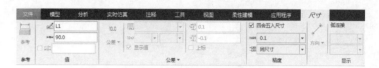

图 3-457 修改参数名称

图 3-458 "族表"对话框

b. 插入行。在对话框中单击 按钮，系统插入数据行，如图 3-459 所示。

图 3-459 插入数据行

c. 插入列。在对话框中单击 按钮，系统弹出如图 3-460 所示的"族项"对话框，选择包含尺寸参数的特征对象（拉伸 1、倒圆角 1、孔定位草图及孔 1），系统在特征对象上显示尺寸参数，如图 3-461 所示，选择所有的尺寸参数，单击"确定"按钮，系统将选中的特征尺寸添加到族表中，如图 3-462 所示。

图 3-460 选择尺寸参数

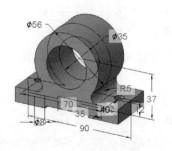

图 3-461 显示尺寸参数

图 3-462　添加尺寸参数到族表

d. 编辑族表。在对话框中单击两次 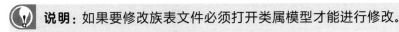 按钮插入两个实例行，按照螺母座系列参数表编辑族表，结果如图 3-463 所示，单击"确定"按钮，完成族表操作。

说明：族表中的第一行为源文件不能修改，其余的每一行都表示族表中的一个实例，相当于系列零件中的一个规格。

图 3-463　编辑族表

步骤 4　保存族表文件。完成族表操作后保存文件，系统将源文件及所有的族表文件统一保存到工作目录中，如图 3-464 所示。

步骤 5　打开族表文件。保存族表文件后，以后打开族表文件时，系统弹出如图 3-465 所示的"选择实例"对话框，对话框中的"类属模型"就是源文件，其余的分别是族表中的实例文件，选择任一文件单击"打开"按钮即可打开相应文件。

说明：如果要修改族表文件必须打开类属模型才能进行修改。

图 3-464　保存族表文件

图 3-465　"选择实例"对话框

3.10　零件设计后处理

零件设计完成后考虑到后续工作的方便，一般需要对模型做必要的后处理操作。零件设计常用后处理操作主要包括模型测量与分析、设置模型材质、设置模型定向视图、设置模型文件属性等等。下面具体介绍这些零件后处理操作。

3.10.1 模型测量与分析

零件设计后首先需要通过测量与分析测算零件尺寸及质量属性是否符合设计要求，如果不符合设计要求需要对零件进行改进，保证零件设计正确性。下面以如图 3-466 所示的夹具上盖零件模型为例，介绍模型测量与分析基本操作。

步骤 1 打开练习文件 ch03 part\3.10\top_cover。

步骤 2 选择命令。在"分析"选项卡中单击"测量"按钮 ，系统弹出如图 3-467 所示的"测量：汇总"工具条，使用该工具条可以对模型中的各种对象进行测量。

步骤 3 测量面对象。选择如图 3-468 所示的模型表面，系统测量面对象的面积、周长及外部周长（面对象的外边界长度）等数据。单击数据框中的 将数据框最小化，如图 3-469 所示，单击 按钮重新显示数据框。

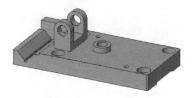
图 3-466 夹具上盖

图 3-467 "测量汇总"工具条

图 3-468 测量面对象

步骤 4 测量面之间距离。按住 Ctrl 键选择如图 3-470 所示的模型面，系统测量两个面之间的距离、角度、面积及周长数据。单击面上的 按钮显示选中面的面积及周长数据，如图 3-471 所示。

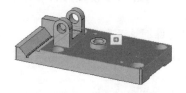
图 3-469 最小化数据框

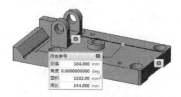
图 3-470 测量面距离

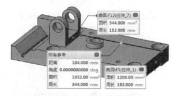
图 3-471 展开数据框

步骤 5 测量曲线长度。选择如图 3-472 所示的直线，系统测量该直线的长度。

步骤 6 测量圆心距。按住 Ctrl 键选择如图 3-473 所示的两个圆弧边，系统测量两圆弧圆心距离、角度及曲线长度。

步骤 7 测量角度。按住 Ctrl 键选择如图 3-474 所示的 V 形槽斜面，系统测量两斜面之间的夹角、距离、面积及周长等数据。

图 3-472 测量直线

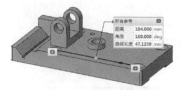
图 3-473 测量圆心距

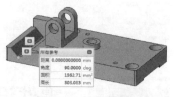
图 3-474 测量角度

步骤 8 测量圆柱面。选择如图 3-475 所示的圆柱面对象，系统测量圆柱面的面积、周长及直径等数据。

步骤 9　测量体对象。在"测量：汇总"工具条中单击"体积"按钮，系统自动选择整个模型对象测量零件模型的体积数据，如图 3-476 所示。

完成测量后，在"测量：汇总"工具条中单击 ✎ 按钮清除所有测量数据，单击 ▐◤▾ 按钮，系统弹出如图 3-477 所示的界面，单击"确定"按钮，将测量数据保存到模型树。

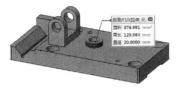

图 3-475　测量圆柱面

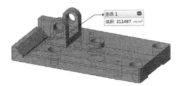

图 3-476　测量体积

图 3-477　保存测量结果

3.10.2　模型材料及质量属性

完成零件设计后考虑到后期质量自动计算、工程图明细表质量计算及有限元结构分析，需要根据实际情况设置模型材料并计算质量属性。下面以如图 3-478 所示的法兰盘模型为例介绍设置模型材料并计算质量属性的操作过程。

步骤 1　打开文件。打开练习文件 ch03 part\3.10\flange。

步骤 2　选择命令。在"文件"菜单中选择"准备"→"模型属性"命令，系统弹出如图 3-479 所示的"模型属性"对话框。

图 3-478　法兰盘零件

图 3-479　"模型属性"对话框

步骤 3　指定材料。在"模型属性"对话框的"材料"区域单击"更改"字符，系统弹出如图 3-480 所示的"材料"对话框，该对话框中显示的是 Creo 自带的材料库。展开 Legacy-Materials 材料文件夹，在该材料文件夹中选择 steel 材料右键，在弹出的快捷菜单中选择"添加到模型"按钮，系统将 steel 材料应用到模型中，如图 3-481 所示。

图 3-480　"材料"对话框

说明： "材料"对话框中显示的是 Creo 自带的材料库，包括 Fluid-Materials（常用流体材料）、Legacy-Materials（Creo 旧版本使用的材料）及 Standard-Materials_Granta-Design（系统提供的标准材料库，也是 Creo 提供的最新材料库）三种类型。

步骤 4 查看材料。添加材料后，在模型树中增加"材料"节点，在"材料"节点下面显示的即是添加的材料，如图 3-482 所示。

图 3-481 选择材料

图 3-482 查看材料

步骤 5 计算质量属性。在"分析"选项卡的"模型报告"区域单击"质量属性"按钮，系统弹出"质量属性"对话框，在"坐标系"区域选中"使用默认设置"选项（或在模型树中选择默认坐标系 PRT_CSYS_DEF），单击"预览"按钮，系统根据添加的材料自动计算质量属性，如图 3-483 所示。

设置模型材料属性时如果系统自带的材料不够用，用户可自定义材料。在"材料"对话框单击"创建新的实体材料"按钮，系统弹出如图 3-484 所示的"材料定义"对话框，在该对话框中设置新材料属性，包括材料名称、材料密度等属性，最后单击"保存至库"按钮，将新建的材料保存到指定位置，如图 3-485 所示。

图 3-483 "质量属性"对话框

图 3-484 新建材料

将新建的材料保存到指定位置后，下次应用材料时，用户可从"材料"对话框中选择保存的新材料并将其应用到模型中，如图 3-486 所示。

图 3-485 保存材料

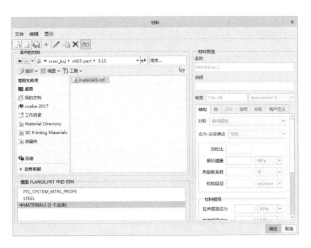

图 3-486 应用新材料

3.10.3 模型定向视图

零件设计完成后，为了方便随时从各个角度查看模型，也为了方便交流，需要创建模型定向视图，另外，创建模型定向视图还便于以后创建工程图视图及产品渲染。下面以如图3-487 所示的齿轮箱体模型为例介绍模型定向视图操作。

步骤 1 打开文件。打开练习文件 ch03 part\3.10\gear_box。

步骤 2 创建 V1 定向视图。将模型调整到如图 3-487 所示的视图方位，在"前导视图"工具条中单击"视图管理器"按钮，系统弹出"视图管理器"对话框，在对话框中单击"定向"选项卡，单击"新建"按钮，设置视图名称为 V1，如图 3-488 所示，系统将当前视图方位保存为 V1 定向视图。

步骤 3 创建 V2 定向视图。将模型调整到如图 3-489 所示的视图方位，输入视图名称"V2"，将当前模型视图方位以 V2 名称保存下来。

步骤 4 创建 V3 定向视图。将模型调整到如图 3-490 所示的视图方位，输入视图名称"V3"，将当前模型视图方位以 V3 名称保存下来。

步骤 5 创建 V4 定向视图。将模型调整到如图 3-491 所示的视图方位，输入视图名称"V4"，将当前模型视图方位以 V4 名称保存下来。

图 3-487 齿轮箱体

图 3-488 "视图管理器"对话框

图 3-489 调整 V2 视图方位

步骤 6 创建 V5 定向视图。将模型调整到如图 3-492 所示的视图方位，输入视图名称

"V5"，将当前模型视图方位以 V5 名称保存下来。

步骤 7　查看定向视图。完成所有定向视图创建如图 3-493 所示，如果需要查看这些视图，在"前导视图"工具条中单击"已保存方向"按钮 ，在展开列表中可以看到保存的定向视图，如图 3-494 所示，单击视图名称可以查看保存的定向视图。

图 3-490　调整 V3 视图方位

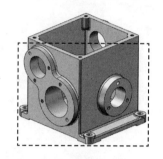

图 3-491　调整 V4 视图方位

图 3-492　调整 V5 视图方位

图 3-493　创建的定向视图

图 3-494　切换定向视图

3.11　零件设计案例

前面小节系统介绍了零件设计方法及设计要求与规范，为了加深读者对零件设计的理解并更好地应用于实践，下面通过两个具体案例详细介绍零件设计。

3.11.1　泵体零件设计

根据如图 3-495 所示的泵体零件设计图纸要求，在 Creo 中进行泵体零件结构设计，重点要注意设计要求及规范的实际考虑。

由于书籍写作篇幅限制，本书不详细写作设计过程，读者可自行参看随书视频讲解，视频中有详尽的泵体零件设计讲解。

3.11.2　安全盖零件设计

根据如图 3-496 所示的安全盖零件设计图纸要求，在 Creo 中进行安全盖零件结构设计，重点要注意设计要求及规范的实际考虑。

由于书籍写作篇幅限制，本书不再详细写作设计过程，读者可自行参看随书视频讲解，视频中有详尽的安全盖零件设计讲解。

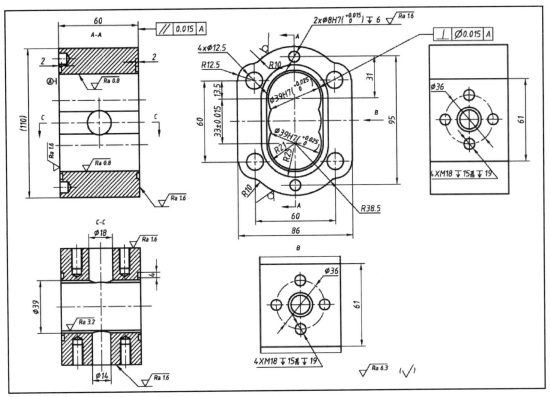

图 3-495 泵体零件图纸

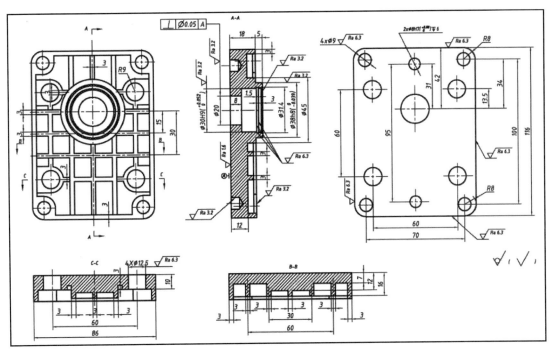

图 3-496 安全盖零件图纸

第4章

柔性建模

 .... 微信扫码，立即获取 ....
全书配套视频与资源

柔性建模是一种非参数化的建模方式，用户可以非常自由地修改选定的几何对象而不必在意先前存在的关系，柔性建模可以作为参数化建模的一个非常有用的辅助工具，它为用户提供了更高的设计灵活性和编辑效率。

4.1 柔性建模基础

学习和使用柔性建模之前需要首先认识柔性建模作用，熟悉柔性建模工具，下面首先介绍柔性建模作用，然后介绍柔性建模工具，让读者对柔性建模有一个初步的认识。

4.1.1 柔性建模作用

柔性建模主要作用是对无参数模型进行直接修改。如图4-1所示的参数模型，其模型树如图4-2所示，从模型树中可以看到具体的特征，这种情况下可以直接对特征参数进行修改以达到修改零件模型的目的，如图4-3所示。

图 4-1 参数模型

图 4-2 参数模型树

图 4-3 可以直接修改参数

如图4-4所示的无参数模型，其模型树如图4-5所示，模型树中只包括一个无参数的几何体，这种情况下无法对模型进行参数化修改，需要使用同步建模工具对模型中的几何对象进行修改以达到修改零件模型的目的，如图4-6所示。

图 4-4 无参数模型

图 4-5 无参数模型树

图 4-6 使用柔性建模修改

实际产品设计中柔性建模主要包括以下几个方面的应用。

（1）产品修复与改进

实际产品设计中经常需要对模型进行修复与改进，特别是对无参数模型进行操作，如产品设计中对不合理结构的修复与改进，模具设计中对模具工件进行修件，数控加工中对加工工件进行修件，使用柔性建模方法能够极大提高模型修复与改进效率。

（2）在有限元分析中简化模型

在实际有限元分析中经常需要对分析模型进行必要的理想化处理，比如对模型中的各种细节结构进行简化处理等等，使用柔性建模方法能够极大提高模型简化效率，最终提高有限元分析效率。

4.1.2 柔性建模工具

学习和使用柔性建模需要首先认识柔性建模工具，在"零件"环境的"柔性建模"功能面板中提供了柔性建模工具，此处打开 ch04 synchronous\4.1\cover 文件进入 Creo 零件设计环境，然后单击"柔性建模"功能面板，如图 4-7 所示。

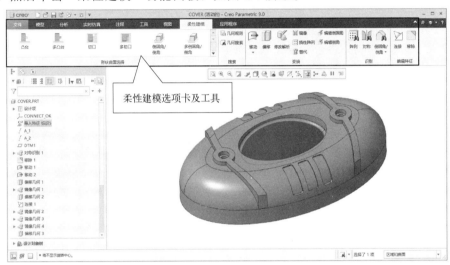

图 4-7 Creo 柔性建模工具

4.2 形状曲面选择

在进行柔性建模前需要首先选择操作对象，使用"形状曲面选择"工具准确高效地选择操作对象。下面具体介绍凸台类曲面、切口类曲面及圆角类曲面的选择操作。

4.2.1 选择凸台类曲面

凸台类曲面的选择方式有两种：一种是使用"凸台"命令选择形成凸台的曲面；另一种是使用"多凸台"命令选择形成凸台以及与其相交的附属曲面。下面以如图 4-8 所示的模型为例介绍选择凸台类曲面的操作方法。

步骤1 打开练习文件 ch04 synchronous\4.2\pad_select。

步骤2 选择凸台曲面。选择如图 4-9 所示的模型表面，在"柔性建模"功能面板的"形状曲面选择"区域单击"凸台"按钮 ，系统选中与选择面形成凸台的曲面，选择结果如图 4-10 所示。

> **说明：**在模型上选择曲面后，系统弹出如图 4-11 所示的快捷菜单，使用快捷菜单中的命令可以对选择面进行柔性建模操作，包括此处的选择凸台曲面。

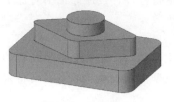

图 4-8　凸台模型

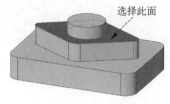

图 4-9　选择曲面 1

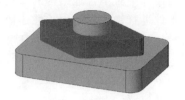

图 4-10　选择凸台曲面

步骤 3　选择多凸台曲面。重新选择如图 4-9 所示的模型表面，在"柔性建模"功能面板的"形状曲面选择"区域单击"多凸台"按钮，系统选中与选择面形成凸台且相交的凸台曲面，选择结果如图 4-12 所示。

> **说明：**使用"多凸台"命令选择凸台曲面时，系统将自动选择比选定曲面小的凸台曲面而不会选择比该面大的凸台曲面。对于本例使用的凸台模型，如果选择如图 4-13 所示的模型表面，系统将选择如图 4-14 所示的多凸台曲面；如果选择如图 4-15 所示的模型表面，系统将选择如图 4-16 所示的多凸台曲面。

图 4-11　快捷菜单

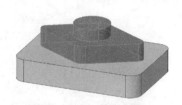

图 4-12　选择多凸台曲面 1

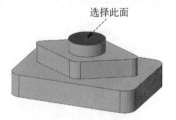

图 4-13　选择曲面 2

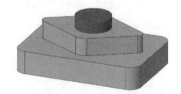

图 4-14　选择多凸台曲面 2

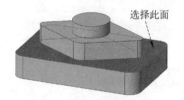

图 4-15　选择曲面 3

图 4-16　选择多凸台曲面 3

4.2.2　选择切口类曲面

切口类曲面选择有两种方式：一种是使用"切口"命令选择形成切口的曲面；另一种是使用"多切口"命令选择形成切口以及与其相交的附属曲面。下面以如图 4-17 所示的模型为例介绍选择切口类曲面的操作方法。

步骤 1　打开练习文件 ch04 synchronous\4.2\cut_select。

步骤 2　选择切口曲面。选择如图 4-18 所示的模型表面，在"柔性建模"功能面板的"形状曲面选择"区域单击"切口"按钮，系统选中与选择面形成切口的曲面，选择结果如图 4-19 所示。

步骤 3　选择多切口曲面。重新选择如图 4-18 所示的模型表面，在"柔性建模"功能面板的"形状曲面选择"区域单击"多切口"按钮，系统选中与选择面形成切口且相交的曲面，选择结果如图 4-20 所示。

图 4-17　凹槽模型

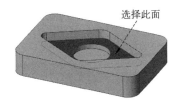

选择此面

图 4-18　选择曲面 4

> **说明：** 使用"切口"和"多切口"命令选择切口曲面与使用"凸台"及"多凸台"命令选择凸台曲面一样，系统会自动选择比选定曲面小的切口曲面而不会选择比该面大的切口曲面，读者可自行操作，此处不再赘述。

图 4-19　选择切口曲面

图 4-20　选择多切口曲面

4.2.3　选择圆角/倒角曲面

圆角/倒角曲面选择有两种方式：一种是使用"倒圆角/倒角"命令选择圆角或倒角曲面；另一种是使用"多倒圆角/倒角"命令选择圆角或倒角曲面以及与其相连接的圆角或倒角曲面。下面以如图 4-21 所示的模型为例介绍选择圆角/倒角曲面操作。

步骤 1　打开练习文件 ch04 synchronous\4.2\round_select。

步骤 2　选择圆角曲面。选择如图 4-22 所示的圆角曲面，在"柔性建模"功能面板的"形状曲面选择"区域单击"倒圆角/倒角"按钮 ，系统选择与该圆角曲面连续的圆角曲面，选择结果如图 4-23 所示。

选择此面

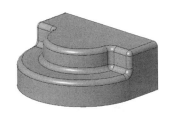

图 4-21　圆角模型

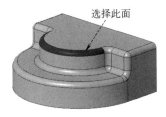

图 4-22　选择圆角曲面

图 4-23　选择圆角曲面结果

步骤 3　选择多圆角曲面。重新选择如图 4-22 所示的圆角曲面，在"柔性建模"功能面板的"形状曲面选择"区域单击"多倒圆角/倒角"按钮 ，系统选中与该圆角曲面连续且相交的圆角曲面，结果如图 4-24 所示。

> **说明：** 本例如果要选择所有的圆角曲面，需要在选择如图 4-24 所示圆角曲面后按住 Ctrl 键继续选择如图 4-25 所示的圆角曲面，然后单击"多倒圆角/倒角"按钮 ，此时系统将选择如图 4-26 所示的所有圆角曲面。

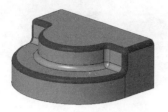

图 4-24　选择多圆角曲面

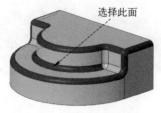

图 4-25　继续选择圆角曲面

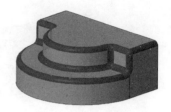

图 4-26　选择全部圆角曲面

4.2.4　几何规则选取

在选择曲面对象时，除了以上介绍的三种常用方法之外，还可以使用"几何规则"命令选择曲面对象。下面以如图 4-27 所示的支座模型为例介绍几何规则选取操作。

步骤 1　打开练习文件 ch04 synchronous\4.2\law_select。

步骤 2　选择操作面。选择如图 4-28 所示的模型表面为操作面。

步骤 3　选择命令。在"柔性建模"功能面板的"搜索"区域单击"几何规则"按钮 几何规则，系统弹出如图 4-29 所示的"几何规则"对话框。

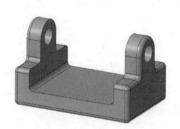

图 4-27　支座模型

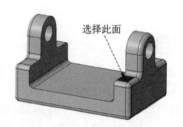

图 4-28　选择操作面

图 4-29　"几何规则"对话框（平面）

步骤 4　选择共面对象。在"几何规则"对话框中选中"共面"选项，单击"确定"按钮，系统选中与操作面共面的曲面对象，结果如图 4-30 所示。

步骤 5　选择平行面。在"几何规则"对话框中选中"平行"选项，单击"确定"按钮，系统选中与操作面平行的曲面对象，结果如图 4-31 所示。

图 4-30　选择共面对象

图 4-31　选择平行面

步骤 6　选择命令。选择如图 4-32 所示的圆弧曲面，在"柔性建模"功能面板的"搜索"区域单击"几何规则"按钮 几何规则，系统弹出如图 4-33 所示的"几何规则"对话框（注意选择圆弧曲面与选择平面的"几何规则"对话框不同）。

步骤 7　选择同轴面。在"几何规则"对话框中选中"同轴"选项，单击"确定"按钮，系统选中与操作面同轴的所有圆弧曲面，结果如图 4-34 所示。

步骤8 选择相等半径面。在"几何规则"对话框中选中"相等半径"选项，单击"确定"按钮，系统选中与操作面等半径的圆弧曲面对象，结果如图 4-35 所示。

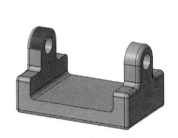

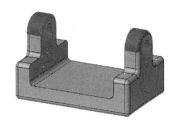

图 4-32 选择圆弧曲面　　　　图 4-33 "几何规则"对　　　　图 4-34 选择同轴面
　　　　　　　　　　　　　　话框（圆弧曲线）

步骤9 选择相同凸度面。在"几何规则"对话框中选中"相同凸度"选项，系统选中与操作面相同凸度的圆弧曲面对象，结果如图 4-36 所示。

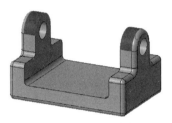
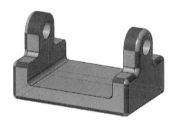

图 4-35 选择相等半径面　　　　　　　图 4-36 选择相同凸度面

4.3 柔性变换

柔性变换是柔性建模中最重要的工具，主要用于对选择的模型表面进行变换操作，包括移动、偏移、修改解析、镜像、替代、编辑倒圆角及编辑倒角等等。

4.3.1 移动

使用"移动"命令移动变换选定的曲面对象，包括使用 3D 拖动器移动、按尺寸移动及按约束移动三种方式，下面具体介绍这三种移动方法。

（1）使用 3D 拖动器移动

使用 3D 拖动器移动就是使用三重轴坐标系对选定对象进行移动。下面以如图 4-37 所示的模型为例介绍使用 3D 拖动器移动的操作方法，移动结果如图 4-38 所示。

步骤1 打开练习文件 ch04 synchronous\4.3\move01。

图 4-37 示例模型 1　　　　　　　图 4-38 变换结果 1

步骤 2　选择操作面。选择模型中的中间圆柱面为操作面。

步骤 3　选择命令。在"柔性建模"功能面板的"变换"区域选择 📁 菜单中的 📁 | 使用拖动器移动命令，系统弹出如图 4-39 所示的"移动"操控板。

图 4-39　"移动"操控板 1

步骤 4　移动面。在模型中拖动竖直坐标轴到如图 4-40 所示的位置，表示将选中曲面移动到当前位置，单击 ✔ 按钮，结果如图 4-38 所示。

💡 **说明**：默认情况下使用"移动"命令时将直接对选择的面进行移动，在"移动"操控板中单击 ⬚ 按钮，表示在移动面的同时保留原始面对象，结果如图 4-41 所示。

图 4-40　移动面

图 4-41　变换结果 2

（2）按尺寸移动

按尺寸移动就是在移动对象与固定对象之间创建测量尺寸，然后通过修改尺寸对模型进行改进。下面以如图 4-42 所示的模型为例介绍移动操作，结果如图 4-43 所示。

步骤 1　打开练习文件 ch04 synchronous\4.3\move02。

步骤 2　选择移动面。选择如图 4-44 所示的模型表面为移动面。

图 4-42　示例模型 2

图 4-43　变换结果 3

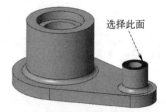

图 4-44　选择移动面 1

步骤 3　选择命令。在"柔性建模"功能面板的"变换"区域选择 📁 菜单中的 ↦ 按尺寸移动命令，系统弹出如图 4-45 所示的"移动"操控板。

步骤 4　定义移动参数。按住 Ctrl 键选择如图 4-46 所示的两个模型表面为尺寸参考，系统在两面之间建立线性尺寸，双击尺寸值修改尺寸为 50，单击 ✔ 按钮。

💡 **说明**：定义尺寸移动后，在"移动"操控板中展开"尺寸"选项卡，在该选项卡中显示选择的尺寸参考及尺寸值，如图 4-45 所示。

步骤 5　继续移动凸台。选择如图 4-47 所示的整个凸台面，选择 ↦ 按尺寸移动命令，按

图 4-45 "移动"操控板 2

住 Ctrl 键选择如图 4-48 所示的两个圆弧边线为尺寸参考，系统在两圆弧中心之间建立线性尺寸，双击尺寸值修改尺寸为 70，单击 ✔ 按钮，结果如图 4-43 所示。

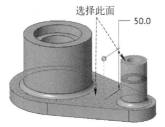

图 4-46 定义尺寸 1

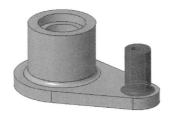

图 4-47 选择操作面

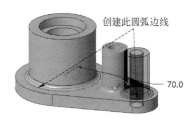

图 4-48 定义尺寸 2

（3）按约束移动

按约束移动就是在移动对象与固定对象之间定义一组装配约束来定义移动。下面以如图 4-49 所示的模型为例介绍按约束移动的操作方法，移动结果如图 4-50 所示。

步骤 1 打开练习文件 ch04 synchronous\4.3\move03。

步骤 2 选择移动面。选择如图 4-51 所示的模型表面为移动面。

图 4-49 示例模型 3

图 4-50 变换结果 4

图 4-51 选择移动面 2

步骤 3 选择命令。在"柔性建模"功能面板的"变换"区域选择 🗨 菜单中的 📇 使用约束移动 命令，系统弹出如图 4-52 所示的"移动"操控板。

💡 **说明**："移动"对话框的 ⚡自动 ▼ 下拉列表中包括多种约束类型（与装配约束一致），使用这些约束类型定义选中对象之间的约束关系。

图 4-52 "移动"操控板 3

步骤 4　定义移动参考。选择如图 4-53 所示的两个圆柱面为移动参考，系统按照两个圆柱面同轴关系移动选定面，结果如图 4-54 所示（两个圆柱面同轴）。

步骤 5　继续移动孔。选择移动之后的孔面，选择 使用约束移动 命令，选择如图 4-55 所示的两个圆柱面为移动参考，系统按照两个圆柱面同轴关系移动选定面，在"移动"操控板中单击 按钮，表示移动后保留原始面，结果如图 4-50 所示。

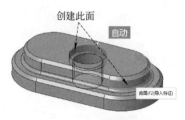
图 4-53　定义移动参考 1

图 4-54　移动结果

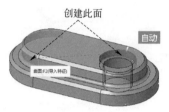
图 4-55　定义移动参考 2

4.3.2　偏移

使用偏移命令偏移选定的曲面对象，如图 4-56 所示的模型，需要对其进行改进得到如图 4-57 所示的模型，下面具体介绍。

步骤 1　打开练习文件 ch04 synchronous\4.3\offset。

步骤 2　选择偏移面。选择如图 4-58 所示的模型表面为偏移面。

图 4-56　示例模型 4

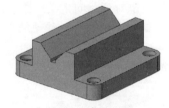
图 4-57　改进结果

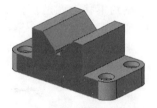
图 4-58　选择偏移面

步骤 3　选择命令。在"柔性建模"功能面板的"变换"区域单击"偏移"按钮 ，系统弹出如图 4-59 所示的"偏移几何"操控板。

步骤 4　定义偏移参数。在"偏移几何"操控板输入偏移距离值 100，此时在模型上出现偏移预览，如图 4-60 所示，单击 按钮，结果如图 4-61 所示。

图 4-59　"偏移几何"操控板

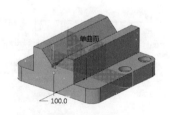
图 4-60　定义偏移参数

💡 说明：在"偏移几何"操控板的"连接"选项卡中取消选中"连接偏移几何"选项，如图 4-62 所示，系统将创建分离的偏移几何对象，结果如图 4-63 所示。

图 4-61　偏移结果 1　　　　　图 4-62　设置偏移属性　　　　　图 4-63　偏移结果 2

4.3.3　修改解析

使用修改解析命令修改圆柱、球面及圆环的半径或圆锥的角度。如图 4-64 所示的模型，需要修改模型中间圆柱的半径及右侧锥面的角度，结果如图 4-65 所示。

步骤 1　打开练习文件 ch04 synchronous\4.3\modify。

步骤 2　修改圆柱半径。在"柔性建模"功能面板的"变换"区域单击"修改解析"按钮 ，选择如图 4-66 所示的圆柱面为修改对象，系统弹出如图 4-67 所示的"修改解析曲面"操控板，在"半径"文本框中输入半径值 45，结果如图 4-68 所示。

图 4-64　示例模型 5　　　　　图 4-65　修改结果　　　　　图 4-66　选择修改对象

步骤 3　修改圆锥角度。在"柔性建模"功能面板的"变换"区域单击"修改解析"按钮 ，选择如图 4-69 所示的圆锥面为修改对象，在系统弹出的"修改解析曲面"操控板的"角度"文本框中输入角度值 20，如图 4-70 所示。

图 4-67　"修改解析曲面"操控板

图 4-68　修改圆柱半径结果　　　图 4-69　选择圆锥面　　　　图 4-70　修改圆锥角度

4.3.4　镜像

使用柔性镜像可以镜像选定的几何对象，并可以根据要求设置几何连接选项。下面以图

4-71 所示的例子介绍柔性镜像的操作方法，结果如图 4-72 所示。

步骤 1 打开练习文件 ch04 synchronous\4.3\mirror。

步骤 2 选择镜像面。使用"多切口"命令选择如图 4-73 所示的凹槽面为镜像面。

图 4-71 示例模型 6　　　　　图 4-72 镜像面　　　　　图 4-73 选择镜像面

步骤 3 镜像曲面。在"柔性建模"功能面板的"变换"区域单击"镜像"按钮 [[镜像，系统弹出如图 4-74 所示的"镜像几何"操控板，单击 DTM1 基准面为镜像面，如图 4-75 所示，单击 ✓ 按钮，完成镜像曲面操作。

图 4-74 "镜像几何"操控板　　　　　图 4-75 DTM1 基准面

4.3.5 替代

使用替代命令将选择的面用其他面替换。如图 4-76 所示的模型，使用模型中的曲面替换长方体的上表面将得到如图 4-77 所示的结果，下面具体介绍。

步骤 1 打开练习文件 ch04 synchronous\4.3\replace。

步骤 2 选择要替换的曲面。选择如图 4-78 所示的模型表面为要替换的曲面。

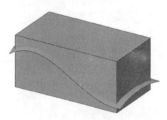

图 4-76 示例模型 7　　　　　图 4-77 替换面　　　　　图 4-78 选择要替换的曲面

步骤 3 定义替换面。在"柔性建模"功能面板的"变换"区域单击"替代"按钮 [替代，系统弹出如图 4-79 所示的"替代"操控板，选择模型中的曲面为替代曲面，结果如图 4-80 所示，单击 ✓ 按钮，完成替代曲面操作。

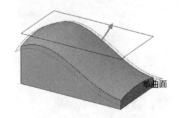

图 4-79 "替代"操控板　　　　　图 4-80 替代结果

4.3.6　编辑倒圆角

使用编辑倒圆角命令修改倒圆角半径或者移除倒圆角面。如图 4-81 所示的模型，模型中圆角半径为 3，需要修改圆角半径到 1.5，结果如图 4-82 所示。

步骤 1　打开练习文件 ch04 synchronous\4.3\round_edit。

步骤 2　选择圆角面。使用"多倒圆角/倒角"命令选择如图 4-83 所示的圆角面。

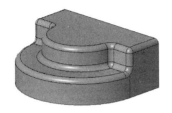
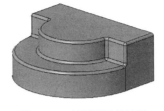
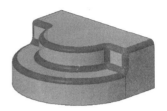

图 4-81　示例模型 8　　　　图 4-82　编辑倒圆角结果　　　　图 4-83　选择圆角面

步骤 3　修改圆角半径。在"柔性建模"功能面板的"变换"区域单击"编辑倒圆角"按钮 编辑倒圆角，系统弹出如图 4-84 所示的"编辑倒圆角"操控板，在操控板的"半径"文本框中输入圆角半径值 1.5，单击 ✓ 按钮，结果如图 4-85 所示。

图 4-84　"编辑倒圆角"操控板

> **说明**：还可以使用"编辑倒圆角"命令删除倒圆角，在"编辑倒圆角"操控板中单击 ✕ 移除倒圆角 按钮，直接删除选中倒圆角，结果如图 4-86 所示。

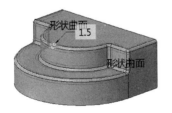
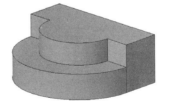

图 4-85　编辑圆角结果　　　　　　　　　图 4-86　移除倒圆角

4.3.7　编辑倒角

使用编辑倒角命令修改倒角尺寸或者移除倒角面。如图 4-87 所示的模型，现在需要修改模型中的两处倒角（直线倒角及圆柱倒角），结果如图 4-88 所示。

步骤 1　打开练习文件 ch04 synchronous\4.3\chamfer_edit。

步骤 2　编辑直线倒角。选择如图 4-89 所示的直线斜面为编辑对象，在"柔性建模"功能面板的"变换"区域单击"编辑倒角"按钮 编辑倒角，系统根据选择的斜面自动计算倒角参数并显示在操控板中，如图 4-90 所示，编辑倒角尺寸如图 4-91 所示。

步骤 3　编辑圆柱倒角。选择如图 4-92 所示的圆弧斜面为编辑对象，在"柔性建模"功能面板的"变换"区域单击"编辑倒角"按钮 编辑倒角 ，系统根据选择的斜面自动计算倒角参数并显示在操控板中，如图 4-93 所示，编辑倒角尺寸如图 4-94 所示。

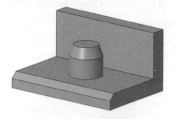

图 4-87　示例模型 9

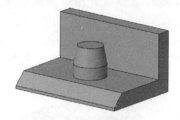

图 4-88　编辑倒角

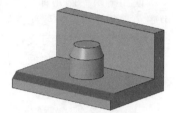

图 4-89　选择直线斜面

图 4-90　"编辑倒角"操控板（直线倒角）

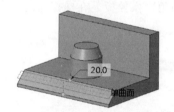

图 4-91　编辑倒角尺寸

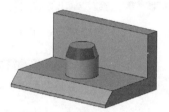

图 4-92　选择圆柱倒角面

图 4-93　"编辑倒角"操控板（圆柱倒角）

说明：还可以使用"编辑倒角"命令删除倒角，在"编辑倒角"操控板中单击 ✕ 移除倒角 按钮，直接删除选中倒角，结果如图 4-95 所示。

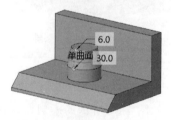

图 4-94　编辑圆柱倒角结果

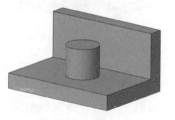

图 4-95　删除倒角

4.4　识别

　　使用"识别"命令识别模型中的阵列面或对称面，然后通过修改阵列参数或对称参数对模型进行修改，下面具体介绍"阵列识别"及"对称识别"操作。

4.4.1　阵列识别

使用阵列识别命令识别阵列中相似的对象，方便对其进行统一操作，下面以如图 4-96 所示的例子介绍阵列识别的操作方法，结果如图 4-97 所示。

步骤 1　打开练习文件 ch04 synchronous\4.4\pattern。

步骤 2　选择识别面。使用"切口"命令选择如图 4-98 所示的直槽口面为识别面。

图 4-96　盖子模型

图 4-97　编辑阵列

图 4-98　选择识别面

步骤 3　阵列识别。在"柔性建模"功能面板的"识别"区域单击"阵列"按钮，系统自动将模型中所有与选择的直槽口面一样的面识别为阵列特征并显示在"阵列识别"操控板中，如图 4-99 所示，此时模型中显示阵列预览，如图 4-100 所示。

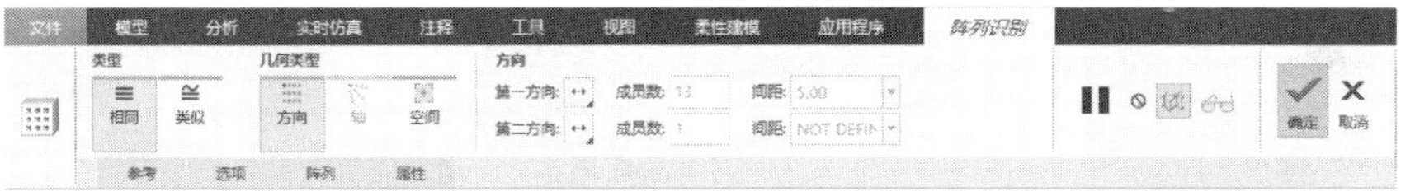

图 4-99　"阵列识别"操控板

步骤 4　编辑阵列。在"阵列识别"操控板中展开"选项"选项卡，在选项卡中选中"允许编辑"选项，此时可以在"阵列识别"操控板中编辑阵列参数（阵列个数为 5，间距为 15），如图 4-101 所示，单击 ✔ 按钮。

图 4-100　阵列预览

图 4-101　编辑阵列

4.4.2　对称识别

对称识别命令主要有以下两个方面的作用：

第一：选择彼此互为镜像的两个曲面，然后找出镜像平面；

第二：选择一个曲面和一个镜像平面，然后找出选定曲面的镜像对象。

下面以如图 4-102 所示的模型为例介绍对称识别操作。

步骤 1　打开练习文件 ch04 synchronous\4.4\symmetry。

步骤 2 选择命令。在"柔性建模"功能面板的"识别"区域单击"对称"按钮  ，系统弹出如图 4-103 所示的"对称识别"操控板。

图 4-102　示例模型 10　　　　　　　　图 4-103　"对称识别"操控板

步骤 3 定义对称识别。按住 Ctrl 键选择如图 4-104 所示的两个面，系统自动创建这两个面的对称基准面，如图 4-105 所示，单击 ✔ 按钮，完成对称识别。

💡 **说明：** 创建对称识别的另外一种方式是选择如图 4-106 所示的圆弧面与中间对称基准面（该基准面需要提前做好），系统自动识别与圆弧面对称的另外一侧曲面。

　　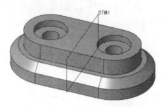　　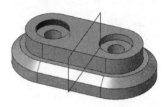

图 4-104　选择对称面　　　　图 4-105　对称识别结果　　　　图 4-106　定义对称识别

4.5　编辑特征

编辑特征包括"连接"和"移除"两个命令，主要用于对模型进行修剪、延伸或移除处理，下面具体介绍这些编辑特征工具。

4.5.1　连接

使用连接命令修剪或延伸开放面组，直到可以连接到实体几何或选定面组。下面以如图 4-107 所示的模型为例介绍连接的操作方法。

步骤 1 打开练习文件 ch04 synchronous\4.5\connect。

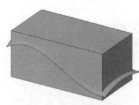

步骤 2 选择命令。在"柔性建模"功能面板的"编辑特征"区域单击"连接"按钮  ，系统弹出如图 4-108 所示的"连接"操控板。

步骤 3 定义连接。选择模型中的曲面为操作对象，在"连接"操控板的"方法"区域单击 按钮，系统使用曲面对实体进行切除，结果如图 4-109 所示。

图 4-107　示例模型 11

图 4-108　"连接"操控板　　　　　　　　图 4-109　切除结果

4.5.2　移除

使用移除命令，可以从实体或面组中移除选定的曲面对象。下面以如图 4-110 所示的模型为例介绍移除的操作方法。

步骤 1　打开练习文件 ch04 synchronous\4.5\remove。

步骤 2　选择命令。在"柔性建模"功能面板的"编辑特征"区域单击"移除"按钮 ，系统弹出如图 4-111 所示的"移除曲面"操控板。

步骤 3　选择移除面。在模型上选择如图 4-112 所示的两个圆弧面为移除对象，单击 按钮，系统将选择的两个圆弧曲面直接删除，结果如图 4-113 所示。

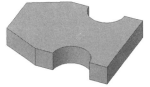

图 4-110　示例模型 12

图 4-111　"移除曲面"操控板

图 4-112　选择移除面

💡 **说明**：在"移除曲面"操控板中单击 保持打开状态 按钮，表示将选中曲面移除的同时将整个实体内部掏空形成表面曲面。本例如果选择如图 4-114 所示的模型表面进行移除，单击 保持打开状态 按钮后将得到如图 4-115 所示的移除结果。

图 4-113　移除结果 1

图 4-114　选择移除面

图 4-115　移除结果 2

4.6　柔性建模案例

前面小节系统介绍了柔性建模操作及知识内容，为了加深读者对柔性建模的理解并更好地应用于实践，下面通过两个具体案例详细介绍柔性建模。

4.6.1　电子元件简化

如图 4-116 所示的电子元件模型（stp 模型），在电气系统分析中需要对模型进行简化处理，通过模型简化得到如图 4-117 所示的简化结果，下面具体介绍简化过程。

电子元件简化说明：

① 设置工作目录：F:\creo_jxsj\ch04 synchronous\4.6\componnent。

② 具体设计过程：由于书籍写作篇幅限制，本书不再详细写作柔性建模过程，读者可自行参看随书视频讲解，视频中有详尽的电子元件柔性建模讲解。

图 4-116　电子元件

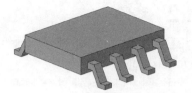

图 4-117　电子元件简化结果

4.6.2　固定座改进

　　如图 4-118 所示的固定座模型（stp 模型），现在需要对固定座模型进行改进，得到如图 4-119 所示的改进模型，下面具体介绍使用柔性建模对固定座进行改进的过程。

图 4-118　固定座

图 4-119　固定座改进

　　固定座柔性建模改进说明：

　　① 打开练习文件 ch04 synchronous\4.6\fix_base。

　　② 具体设计过程：由于书籍写作篇幅限制，本书不详细写作柔性建模过程，读者可自行参看随书视频讲解，视频中有详尽的固定座柔性建模讲解。

第5章

装配设计

微信扫码，立即获取
全书配套视频与资源

装配设计就是将做好的零件按照实际位置关系进行组装得到完整装配产品的过程，属于产品设计中非常重要的一个环节，同时，装配设计还是学习和使用其他高级功能的基础，如果没有装配设计将很难学习和掌握动画仿真、管道设计、电气设计等高级功能。Creo 提供了专门的装配设计模块，便于用户进行产品装配设计。

5.1　装配设计基础

学习和使用装配设计之前需要首先了解装配设计的作用，熟悉装配设计工具。下面首先介绍装配设计的作用，然后介绍装配设计工具，让读者对装配设计有一个初步的认识。

5.1.1　装配设计作用

装配设计在实际产品设计中是一个非常重要的环节，直接关系到整个产品功能的实现及产品最终价值的体现。在软件学习及使用过程中，装配设计更是一个承上启下的过程，通过装配设计，可以检验前面零件设计是否合理，更重要的是，装配设计是后期很多工作展开的基础，完成装配设计后，可以在此基础上进行动画仿真设计、整体结构分析、整体效果渲染。如果没有前面的装配，要完成后面的这些内容，要么很费劲，要么严重影响使用效率。总的来讲，装配设计作用主要体现在以下几个方面。

（1）装配设计在零件设计中的作用

一般的零件设计主要是在零件设计环境中进行，但是在实际设计中，还涉及很多特殊且结构复杂的零件，考虑到设计的方便与修改的方便，我们可以在装配设计环境中直接进行设计与修改，实际上这也是零件设计的一种特殊方法。

（2）装配设计在工程图设计中的作用

产品设计中经常需要出产品总装图纸，而且会在产品总装图中生成各零部件的材料明细表，并且在装配视图中标注零件序号，这就需要在出图之前，先做好产品的装配设计，然后将产品装配结果导入到工程图中出图，最终生成零部件材料明细表和零件序号，所以装配设计对产品总装图纸有直接影响！

（3）装配设计在自顶向下设计中的作用

在各种三维设计软件中都没有专门的自顶向下设计模块，要进行产品自顶向下设计，必须在装配设计环境中进行，从这一点来讲，装配设计对自顶向下设计的作用是不言而喻的。另外，自顶向下设计中框架搭建、骨架模型及控件等各种级别的建立都需要使用装配设计中的一些工具来完成，所以装配设计的掌握与运用直接关系到自顶向下设计的掌握与运用！

（4）装配设计在动画与运动仿真中的作用

在动画与运动仿真中，首先要设计动画仿真模型，这需要借助装配设计或自顶向下设计来完成，然后要根据动画仿真要求进行机构装配，也就是在产品装配连接位置添加合适的运动副关节，保证机构有合适的自由度，这也是动画仿真的必要条件，这项工作同样需要在装配设计环境中进行！

（5）装配设计在产品高级渲染中的作用

产品高级渲染中，经常需要对整个装配产品进行渲染，这个需要在装配环境中进行。另外，即使渲染对象不是装配产品，而是对单个零件的渲染，也需要在装配环境中进行渲染构图的设计，就是按照渲染视觉效果要求，将单个零件进行必要的摆放，也就是我们生活中说的摆拍或摆姿势。这样做的目的主要是增强渲染的层次感与真实感，所以装配构图直接影响着最终渲染视觉效果！

（6）装配设计在管道设计中的作用

在管道设计中，首先需要准备管道系统文件，管道系统文件的设计一般借助装配设计或自顶向下设计来完成，另外，管道设计中很多管道线路的设计与管路元件的添加原理都与装配设计原理类似，学习并掌握装配设计有助于我们对管道设计的理解与掌握！

（7）装配设计在电气设计中的作用

在电气设计中，首先需要准备电气系统文件，电气系统文件的设计一般借助装配设计或自顶向下设计来完成，另外，电气设计中很多电气线路的设计与电气元件的添加原理都与装配设计原理类似，学习并掌握装配设计有助于我们对电气设计的理解与掌握！

（8）装配设计在结构分析中的作用

结构分析除了对零件结构进行分析外，还经常需要对整个产品装配结构进行分析。如果是对装配结构进行分析，首先需要考虑装配简化的问题，就是将复杂的装配问题简化成简单的装配问题，这将有助于装配结构的分析，而这项工作主要是在装配设计中进行的！

综上所述，装配设计不仅涉及产品设计的各个环节，同时还关系到 Creo 软件的进一步学习与应用（基本上贯穿整个 Creo 软件的学习与使用），是一个非常重要的基础应用模块，一定要重视！否则一定会影响整个产品设计工作及对软件高级模块的学习与掌握！

5.1.2 装配设计环境

在"快速访问工具条"中单击"新建"按钮，系统弹出"新建"对话框，在"类型"区域选择"装配"选项，如图 5-1 所示，输入装配文件名称，单击"确定"按钮，系统弹出"新文件选项"对话框，选择装配模板（一般使用 mmns_asm_design_abs 装配模板），如图 5-2 所示，单击"确定"按钮，系统进入 Creo 装配设计环境。

图 5-1 新建装配文件

图 5-2 选择装配模板

此处打开 ch05 asm\5.1\universal_asm 文件直接进入 Creo 装配设计环境介绍装配设计用户界面。Creo 装配设计用户界面如图 5-3 所示，其中"模型"功能面板中提供了各种装配设计工具，装配模型树主要用于装配设计管理。

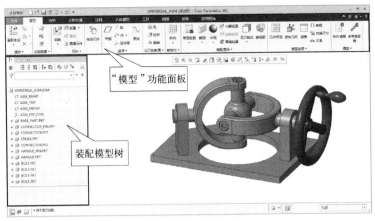

图 5-3　Creo 装配设计用户界面

（1）"模型"功能面板

装配设计环境的"模型"功能面板如图 5-4 所示，其提供了装配设计常用的命令工具，如"组装""创建""镜像元件""阵列"及"管理视图"等等。

图 5-4　"模型"功能面板

（2）装配模型树

装配模型树一方面体现产品装配结构，如图 5-5 所示，模型树中最上面一级文件为产品总装配文件，其下文件为装配中的零部件，总装配文件是由装配中的零部件装配而成的（本例中 universal_asm 是由 base_part 和 connector_pin 等多个零件装配而成的）；另一方面，装配模型树还体现产品装配顺序，装配产品按照从上到下的顺序依次装配（本例装配顺序是先装配 base_part 零件，然后再装配 connector_pin 零件及其余零件）。

在装配模型树中单击零件前面的 ▶ 展开零件特征，如图 5-6 所示，以便查看零件特征，同时还可以对零件特征进行编辑（具体操作将在本章 5.6 节介绍）。

图 5-5　装配模型树

图 5-6　查看零件特征

5.2 装配设计过程

为了让读者尽快熟悉 Creo 装配设计基本思路及过程，下面以如图 5-7 所示的装配模型为例详细介绍产品装配的一般过程，帮助读者理解 Creo 装配设计基本思路及过程，熟悉装配设计环境及常用装配工具。

装配设计之前首先要分析装配结构，理解装配组成关系，特别是装配中零件与零件之间的装配位置关系（这也是在 Creo 中进行装配设计的重要依据）。本例装配模型主要由如图 5-8 所示的底座（base_part）及轴（axle）两个零件装配而成，在装配中需要保证轴与底座孔的"同轴"关系，同时还需要保证轴端面与底座端面的"重合"关系，如图 5-9 所示。下面根据此处的装配分析在 Creo 中进行装配设计。

图 5-7 装配模型

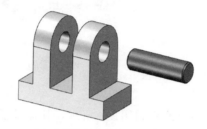

图 5-8 装配零件构成

此两面重合

图 5-9 分析装配关系

（1）新建装配文件

步骤 1 设置工作目录：F:\creo_jxsj\ch05 asm\5.2。

💡 **说明**：装配之前设置的工作目录一般是存放装配零部件的文件夹，设置工作目录后便于直接从工作目录位置打开零件进行装配。

步骤 2 新建装配文件。在"快速访问工具条"中单击"新建"按钮 🗋，系统弹出"新建"对话框，在"类型"区域选择"装配"类型，设置装配文件名称为 joint_asm，取消选中"使用默认模板"选项，单击"确定"按钮。

步骤 3 选择装配模板。新建装配文件后，系统弹出"新文件选项"对话框，选择 mmns_asm_design_abs 装配模板，单击"确定"按钮，系统进入装配设计环境。

步骤 4 保存装配文件。进入装配设计环境不用做任何操作，直接在"快速访问工具条"中单击"保存"按钮 💾，保存装配文件。

💡 **说明**：在新建装配文件后一般不要急着开始装配，首先要考虑装配文件管理问题，就是将装配好的文件保存在哪个位置。一般情况下需要将装配文件与各个零件保存在一起，便于以后管理与打开。新建装配文件后首先进行保存，方便在装配设计过程中直接从设置的工作目录中打开零件进行装配，完成最终装配设计后再次单击"保存"按钮系统自动将装配文件与零件保存在工作目录中，这是实际装配设计中非常重要的设计习惯，读者一定要注意理解！

（2）装配基础零件（底座零件 base_part）

新建装配文件完成后，首先要装配基础零件，所谓基础零件就是在整个装配设计中需要第一个装配的零件。本例需要首先装配底座（base_part）零件，该零件将作为整个装配产品的"装配基准"，决定着其他所有零件的位置。对于基础零件的装配，一般情况下需要将零件的原点与装配原点重合，然后固定在装配环境中，下面具体介绍。

　　在"模型"功能面板的"元件"区域单击"组装"按钮 ，系统弹出"打开"对话框，选择需要装配的零件（base_part），单击"打开"按钮，系统弹出如图 5-10 所示的"元件放置"操控板，在操控板的 [⚡自动▾] 下拉列表中选择"默认"选项，表示将零件的坐标系与装配坐标系重合并固定，单击 [✓] 按钮，完成底座零件装配。

图 5-10　"元件放置"操控板

　　（3）装配其余零件（轴零件 axle）

　　完成基础零件装配后，需要根据实际装配位置关系装配其余零件，本例需要装配轴（axle）零件，根据装配之前的分析，要想将轴零件装配到需要的位置，需要保证轴与底座孔之间的"同轴"关系及轴端面与底座端面的"重合"关系，下面具体介绍。

　　步骤 1　插入轴（axle）零件。在"模型"功能面板的"元件"区域单击"组装"按钮 ，选择轴（axle）零件，系统自动将轴零件放置到如图 5-11 所示的位置。

　　💡 **说明**：在装配设计中，从第二个零件的装配开始一般不能只按照基础零件装配方法将零件固定到坐标系原点，因为从第二个零件开始，需要根据实际装配位置关系进行装配，所以在插入零件后，需要通过添加装配约束将零件装配到需要的位置。

　　步骤 2　初步调整零件。选择零件后，为了方便后期添加装配约束，更是为了提高装配效率，需要将零件调整到适合装配的位置。使用模型中的"3D 拖动器"将零件调整到如图 5-12 所示的位置，为添加装配约束做准备。

图 5-11　插入轴零件

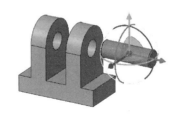

图 5-12　调整轴零件的位置

　　💡 **说明**：完成零件插入后建议读者不要急着添加装配约束，如果插入零件当前位置与需要装配的最终位置差距比较大，即使选择的约束对象和约束类型是正确的，也有可能得到错误的装配结果，所以需要先调整初始位置，这样能够提高装配效率。

　　步骤 3　添加装配约束。在 Creo 中进行装配设计是基于在零件之间添加合适的装配约束实现的，所谓装配约束就是指零件与零件之间的位置关系。根据装配之前的分析，本例需要添加一个"同轴"约束和一个"重合"约束，下面具体介绍。

　　a. 添加"同轴"约束。选择轴上圆柱面与底座孔圆柱面，表示约束两个圆柱面"同轴"装配，结果如图 5-13 所示。

　　b. 添加"重合"约束。选择轴上任意端面与底座上对应一侧的端面，表示约束两个端面"重合"装配，此时结果如图 5-14 所示（此时结果不对需要调整）。

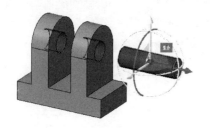 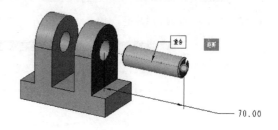

图 5-13　添加"同轴"约束　　　　　　　　　图 5-14　添加"重合"约束

　　c. 编辑"重合"约束。按照上一步操作实际上添加的是"距离"约束，需要编辑为"重合"约束，在 距离 下拉列表中选择"重合"选项，如图 5-15 所示，表示定义"重合"约束，结果如图 5-16 所示。

 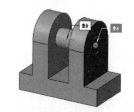

图 5-15　定义"重合"约束　　　　　　　　　图 5-16　"重合"约束结果

　　d. 保存装配文件。完成装配设计后，在"快速访问工具条"中单击"保存"按钮 💾 保存装配文件。因为装配之前已经设置过工作目录，所以此处单击"保存"按钮后，系统将装配文件自动保存在工作目录文件夹中，此时装配文件与零件文件是在同一个文件夹，方便后期管理。此后复制装配文件时一定要将装配文件连同零件一起复制，如果只复制装配文件，会因为其他文件丢失而打开失败。

5.3　装配约束类型

　　Creo 中常用的约束类型有默认约束、固定约束、重合约束、角度偏移、距离约束、平行约束、垂直约束、相切约束等几种。

5.3.1　默认约束

　　使用"默认"约束将零件中的坐标系与装配环境中的坐标系完全重合，这种约束一般用于装配产品中的第一个零件，但是有个前提，零件中的坐标系要符合整个装配产品设计基准的要求，否则不能直接使用默认约束。

　　如图 5-17 所示的轴承座装配产品，在装配过程中应该首先装配其中的底座零件（如图 5-18 所示），底座零件装配完成后，以此为基础再去装配其余零件。底座零件中的坐标系如图 5-19 所示，装配环境中的坐标系如图 5-20 所示，正好满足装配设计基准要求，像这种情况第一个零件的就可以直接使用默认约束进行装配。

图 5-17　轴承座

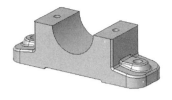

图 5-18　底座零件

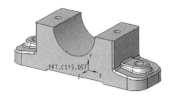

图 5-19　底座零件中的坐标系

步骤 1　设置工作目录并打开文件 ch05 asm\5.3\01\default_asm。

步骤 2　导入装配文件。在"模型"功能面板的"元件"区域单击"组装"按钮 ，打开 bearing_base 文件，此时底座零件相对于装配坐标系的位置关系如图 5-21 所示。

步骤 3　定义默认约束。在"元件放置"操控板的 自动 下拉列表中选择"默认"选项，底座零件中的坐标系与装配环境中的坐标系完全重合，如图 5-22 所示，此时"元件放置"操控板中的约束状况显示为"完全约束"，如图 5-23 所示。

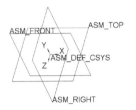

图 5-20　装配环境中的坐标系

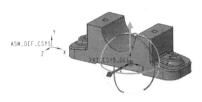

图 5-21　导入装配中的初始位置

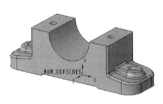

图 5-22　定义默认约束

说明： 装配设计中一般要使每个零件完全约束，就是使每个零件在装配中完全固定，否则会影响后期装配编辑及再生。

图 5-23　"元件放置"操控板

5.3.2　固定约束

使用"固定"约束将零件直接固定在当前位置，在具体使用时，可以先使用各种移动方法将零件调整到合适的位置然后再使用固定约束将零件固定下来。

下面继续以如图 5-17 所示的轴承座装配产品为例介绍。在完成底座零件装配后，接下来要装配轴瓦零件，下面具体介绍固定约束的操作过程。

步骤 1　设置工作目录并打开文件 ch05 asm\5.3\02\fix_asm。

步骤 2　导入装配文件。在"模型"功能面板的"元件"区域单击"组装"按钮 ，打开 bush 文件，此时轴瓦零件与底座零件的位置由系统随意决定。

步骤 3　定义固定约束。在"元件放置"操控板的 自动 下拉列表中选择"固定"选项，直接将轴瓦零件固定在当前位置，如图 5-24 所示。

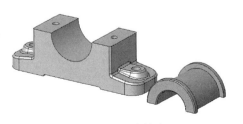

图 5-24　固定约束

5.3.3 重合约束

使用"重合"约束使两个对象重合对齐，重合主要包括一般重合与同轴约束两种类型，下面具体介绍这两种重合约束操作。

（1）一般重合

一般重合用来约束点、线、面重合对齐，如图 5-25 所示的导轨与滑块装配，现在已经完成了导轨的装配，需要在此基础上继续装配滑块，下面具体介绍。

步骤 1 打开练习文件 ch05 asm\5.3\03\03\coincide_01。

步骤 2 编辑定义 SLIDE 零件。在模型树中选择 SLIDE 零件，在快捷菜单中单击"编辑定义"按钮 ，系统弹出"元件放置"操控板，在该操控板中定义约束。

步骤 3 定义第一个重合约束。在"元件放置"操控板的 自动 下拉列表中选择"重合"选项，选择如图 5-26 所示的两个模型面为约束对象，结果如图 5-27 所示。

💡 **说明：** 此处在定义约束时还可以先选择约束对象，系统会根据当前零件之间的位置关系自动定义约束类型，然后在"元件放置"操控板中定义重合约束类型即可。

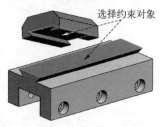

图 5-25　导轨与滑块装配　　　图 5-26　选择约束对象 1　　　图 5-27　重合约束结果 1

步骤 4 定义第二个重合约束。选择如图 5-28 所示的两个模型面为约束对象，在"元件放置"操控板的 角度偏移 下拉列表中选择"重合"选项，结果如图 5-29 所示。

💡 **说明：** 此处在定义约束时系统根据当前零件之间的位置关系自动定义角度偏移约束（角度约束），需要在"元件放置"操控板中将角度约束修改为重合约束。

步骤 5 定义第三个重合约束。选择如图 5-30 所示的两个模型面为约束对象，系统自动约束两个面重合，结果如图 5-25 所示。

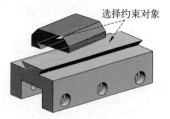
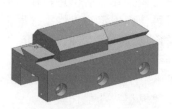
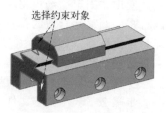

图 5-28　选择约束对象 2　　　图 5-29　重合约束结果 2　　　图 5-30　选择约束对象 3

💡 **说明：** 需要特别注意的是，在实际装配设计中为了提高装配效率，添加重合约束时不用特定在"元件放置"操控板中设置约束类型，用户只需要直接选择约束对象，系统会自动根据两个对象之间的位置关系设置约束类型，非常智能，如果系统自动设置的约束类型不对，再在"元件放置"操控板中进行调整即可。

（2）同轴约束

同轴约束用来约束圆柱面同轴，如图 5-31 所示的底座与销轴模型，需要约束销轴与底座孔同轴，下面具体介绍。

步骤 1　打开练习文件 ch05 asm\5.3\03\coincide_02。

步骤 2　编辑定义 PIN 零件。在模型树中选择 PIN 零件，在快捷菜单中单击"编辑定义"按钮 🖌，系统弹出"元件放置"操控板，在该操控板中定义约束。

步骤 3　定义同轴约束。选择如图 5-32 所示的两个圆柱面为约束对象，系统约束两个圆柱面同轴，结果如图 5-33 所示。

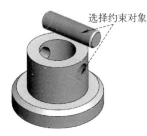

图 5-31　底座与销轴模型　　　　图 5-32　选择约束对象 4　　　　图 5-33　同轴约束结果 1

5.3.4　角度偏移

使用"角度偏移"约束两个面对象之间的角度，如图 5-34 所示的装配模型，现在已经完成了底板的装配，需要在此基础上继续装配平板零件，而且需要保证两个板内表面之间的夹角为 20°，下面以此为例介绍"角度偏移"操作。

（1）添加装配约束

步骤 1　打开练习文件 ch05 asm\5.3\04\angle。

步骤 2　导入 angle_board 文件。在"模型"功能面板的"元件"区域单击"组装"按钮 🗋，打开 angle_board 文件，系统将零件导入到装配环境。

步骤 3　定义同轴约束。选择如图 5-35 所示的两个圆柱面为约束对象，系统约束两个圆柱面同轴，结果如图 5-36 所示。

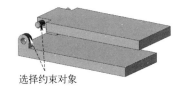

图 5-34　角度装配模型　　　　图 5-35　选择约束对象 5　　　　图 5-36　同轴约束结果 2

步骤 4　定义重合约束。选择如图 5-37 所示的两个平面为约束对象，系统约束两个平面重合，结果如图 5-38 所示。

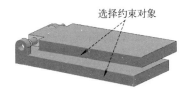

图 5-37　选择约束对象 6　　　　　　　图 5-38　重合约束结果 3

（2）添加角度偏移约束

完成以上同轴约束及重合约束定义后，此时"元件放置"操控板中的约束状况显示为"采用假设完全约束"，如图 5-39 所示，表示零件是通过假设条件才实现"完全约束"，也就是说装配体已经完全约束。

图 5-39　约束状态及允许假设

在此我们分析一下添加的约束，一个"同轴约束"使平板能够绕着底板轴"旋转"，一个"重合约束"使平板边缘与底板边缘对齐。实际上，依靠这两个约束是无法使平板与底板"完全约束"的，此时平板在旋转方向上依然没有完全约束。此时在"元件放置"操控板中显示约束状况为"采用假设完全约束"，是因为在"元件放置"操控板中的"放置"选项卡中默认选中了"允许假设"选项，如图 5-39 所示。此处的"允许假设"选项主要用于像这种同时使用"同轴约束"及"重合约束"的场合，系统约定，只需要这两种约束就认为是完全约束的，无须添加第三个约束。

如果确实需要添加第三个约束，就必须首先解除"允许假设"选项，在"元件放置"操控板的"放置"选项卡中取消选中"允许假设"选项，此时约束状态显示为"部分约束"，表示可以继续添加需要的装配约束。

在"元件放置"操控板的"放置"选项卡单击"新建约束"字符，在 ⚡自动 ▾ 下拉列表中选择"角度偏移"选项，选择底板上表面与平板下表面为约束对象，在操控板中设置角度值为 20，如图 5-40 所示，此时角度偏移结果如图 5-41 所示。

图 5-40　定义角度偏移

> 💡 **说明：** 在定义角度偏移时一定要注意约束方向，在"元件放置"操控板中单击"反向"按钮 ✗ 调整角度偏移方向，结果如图 5-42 所示。

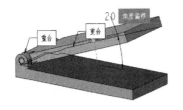

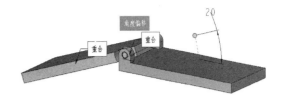

图 5-41 角度偏移结果　　　　　　　　图 5-42 反向角度偏移

5.3.5 距离约束

使用"距离"约束定义两个对象之间的距离，如图 5-43 所示的底座和平板模型，需要定义平板平面与底座平面之间的距离为 46，下面具体介绍。

步骤 1 打开练习文件 ch05 asm\5.3\05\distance。

步骤 2 编辑定义 BOARD 零件。在模型树中选择 BOARD 零件，在快捷菜单中单击"编辑定义"按钮🔧，系统弹出"元件放置"操控板。

步骤 3 定义距离约束。选择如图 5-44 所示的约束对象，此时系统自动约束两个面重合，在 重合 下拉列表中选择"距离"选项，定义距离值为 46，如图 5-45 所示。

选择约束对象

图 5-43 距离配合　　　　　　　　图 5-44 选择约束对象 7

图 5-45 定义距离约束

5.3.6 平行约束

使用"平行"约束使两个对象（可以是线或面）平行，如图 5-46 所示的底座与横梁装配，需要使横梁与底座平面平行，下面具体介绍。

步骤 1 打开练习文件 ch05 asm\5.3\06\parallel。

步骤 2 编辑定义 BEAM 零件。在模型树中选择 BEAM 零件，在快捷菜单中单击"编辑定义"按钮🔧，系统弹出"元件放置"操控板。

步骤 3 定义平行约束。选择如图 5-47 所示的约束对象，系统自动添加角度偏移，在 角度偏移 下拉列表中选择"平行"选项，单击 按钮调整方向，如图 5-48 所示。

图 5-46 底座与横梁装配

选择约束对象

图 5-47　选择约束对象 8

图 5-48　定义平行约束

5.3.7　垂直约束

使用"垂直"约束使两个对象（可以是线或面）垂直，如图 5-49 所示的底座与竖梁装配，需要使竖梁与底座平面垂直，下面具体介绍。

步骤 1　打开练习文件 ch05 asm\5.3\07\vertical。

步骤 2　编辑定义 BEAM 零件。在模型树中选择 BEAM 零件，在快捷菜单中单击"编辑定义"按钮 🖱️，系统弹出"元件放置"操控板。

步骤 3　定义垂直约束。选择如图 5-50 所示的约束对象，系统自动添加角度偏移，在 🔗 角度偏移 ▼ 下拉列表中选择"法向"选项，如图 5-51 所示。

图 5-49　底座与竖梁装配

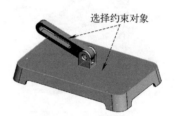

选择约束对象

图 5-50　选择约束对象 9

图 5-51　定义垂直约束

5.3.8　相切约束

使用"相切"约束来约束两个圆弧面或圆弧面与平面相切，如图 5-52 所示的 V 形块与圆柱装配，需要使圆柱与斜面相切，下面具体介绍。

步骤 1　打开练习文件 ch05 asm\5.3\08\tangent。

步骤 2　编辑定义 CYLINDER 零件。在模型树中选择 CYLINDER 零件，在快捷菜单中单击"编辑定义"按钮 🖱️，系统弹出"元件放置"操控板。

步骤 3　定义相切约束。选择如图 5-53 所示的约束对象，系统自动添加相切约束，结果如图 5-54 所示。参照该方法继续选择圆柱面与另外一侧斜面为约束对象，系统添加另外一侧的相切约束，最终结果如图 5-52 所示。

图 5-52 V 形块与圆柱装配

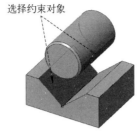

图 5-53 选择约束对象 10

图 5-54 相切约束结果

5.4 装配设计方法

实际上，装配设计从方法与思路上来讲主要包括两种：一种是顺序装配；另一种是模块装配。所谓顺序装配就是装配中的零件是依次进行装配的，如图 5-55 所示，顺序装配中各个零件之间有明确的时间先后顺序；模块装配就是先根据装配结构特点划分装配中的子模块（也叫子装配），在装配时先进行子模块装配（各个模块可以同时进行装配，提高了装配效率），最后进行总装配，如图 5-56 所示。

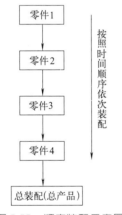

图 5-55 顺序装配示意图

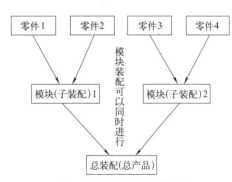

图 5-56 模块装配示意图

在具体装配设计之前，首先要分析整个装配产品结构特点，如果装配结构比较简单，而且在装配产品中没有相对独立、集中的装配子结构，像这种产品就应该使用顺序方法进行装配；如果装配产品中有相对独立、集中的装配子结构，就需要划分装配子模块（子装配），像这种产品就应该使用模块方法进行装配。下面通过两个具体实例介绍这两种装配设计方法。

5.4.1 顺序装配实例

如图 5-57 所示的轴承座装配，主要由底座、上盖、轴瓦、楔块及螺栓装配而成，如图 5-58 所示，装配结构简单，不存在相对比较独立、比较集中的装配子结构，像这种装配产品直接使用顺序装配方法依次装配即可。在装配过程中要灵活使用各种高效装配操作以提高装配设计效率，下面具体介绍其装配过程。

（1）新建装配文件

步骤 1 设置工作目录 F:\creo_jxsj\ch05 asm\5.4\01。

步骤 2 新建装配文件，文件名称为 bearing_asm。

（2）创建轴承座装配

步骤 1 装配底座零件。底座是整个轴承座装配的基础，需要先进行装配，导入底座零件（base_down），使用默认约束进行装配，如图 5-59 所示。

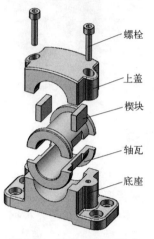
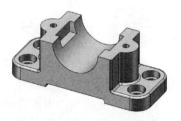

螺栓

上盖

楔块

轴瓦

底座

图 5-57 轴承座　　　　　图 5-58 轴承座结构组成　　　　　图 5-59 装配底座零件

步骤 2 装配下部轴瓦零件。导入轴瓦零件（bearing_bush），调整零件初始位置，然后使用同轴约束及面重合约束进行装配，如图 5-60 所示。

步骤 3 装配楔块零件。导入楔块零件（wedge_block），调整零件初始位置，然后使用重合约束进行装配，如图 5-61 所示。

步骤 4 装配上部轴瓦零件。导入轴瓦零件（bearing_bush），调整零件初始位置，然后使用同轴约束及重合约束进行装配，如图 5-62 所示。

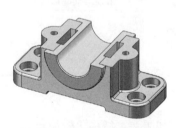

图 5-60 装配下部轴瓦零件　　　　图 5-61 装配楔块零件　　　　图 5-62 装配上部轴瓦零件

步骤 5 装配上盖零件。导入上盖零件（top_cover），调整零件初始位置，使用同轴约束及重合约束进行装配，结果如图 5-63 所示。

步骤 6 装配螺栓零件。导入螺栓零件（bolt），调整零件初始位置，使用同轴约束及重合约束进行装配，结果如图 5-64 所示。

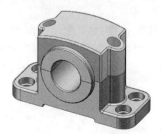
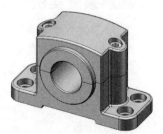

图 5-63 装配上盖　　　　　　　　　图 5-64 装配螺栓

5.4.2 模块装配实例

如图 5-65 所示的传动系统，主要由安装板、电机、电机带轮、设备、设备带轮、键及传动带装配而成，其中电机模块（电机子装配）在整个装配中属于相对比较独立、集中的装配子结构（图 5-66），包括电机、电机带轮及键，如图 5-67 所示。如图 5-68 所示的设备模块（设备子装配）同样属于比较独立、集中的装配子结构，包括设备、设备带轮及键，如图 5-69 所示。像这种装配产品就应该使用模块方法进行装配。

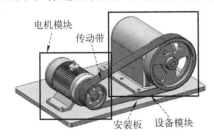

图 5-65 传动系统装配

图 5-66 电机子装配

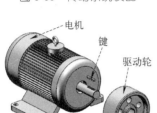

图 5-67 电机子装配组成

图 5-68 设备子装配

（1）创建电机模块子装配

步骤 1 设置工作目录 F:\creo_jxsj\ch05 asm\5.4\02。

步骤 2 新建装配文件，文件名称为 motor_asm。

步骤 3 装配电机零件。电机是整个电机子装配的基础，需要首先进行装配。导入电机零件（motor），使用默认约束进行装配，如图 5-70 所示。

步骤 4 装配电机键零件。导入电机键零件（motor_key），使用同轴约束及重合约束进行装配，如图 5-71 所示。

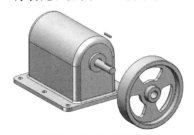

图 5-69 设备子装配组成

图 5-70 装配电机

图 5-71 装配电机键

步骤 5 装配电机带轮零件。导入电机带轮零件（motor_wheel），使用同轴约束及重合约束进行装配，结果如图 5-72 所示。

步骤 6 保存并关闭电机子装配。

（2）创建设备模块子装配

步骤 1 新建装配文件，文件名称为 equipment_asm。

步骤2 装配设备零件。设备是整个设备子装配的基础，需要首先进行装配，导入设备零件（equipment），使用默认约束进行装配，如图5-73所示。

步骤3 装配设备键零件。导入设备键零件（equipment_key），使用同轴约束及重合约束进行装配，如图5-74所示。

步骤4 装配设备带轮零件。导入设备带轮零件（equipment_wheel），使用同轴约束及重合约束进行装配，结果如图5-75所示。

图5-72 装配电机带轮

图5-73 装配设备

图5-74 装配设备键

步骤5 保存并关闭设备子装配。

（3）创建传动系统总装配

步骤1 新建装配文件，文件名称为drive_system。

步骤2 装配安装板零件。安装板是整个总装配的基础，需要首先进行装配，导入安装板零件（install_board），使用默认约束进行装配，如图5-76所示。

步骤3 装配电机子装配。导入电机子装配（motor_asm），使用同轴约束及重合约束进行装配，如图5-77所示。

图5-75 装配设备带轮

图5-76 装配安装板

图5-77 装配电机子装配

步骤4 装配设备子装配。导入设备子装配（equipment_asm），使用同轴约束及重合约束进行装配，结果如图5-78所示。

步骤5 装配传动带。导入传动带零件（belt），使用同轴约束及重合约束进行装配，结果如图5-79所示。

步骤6 保存并关闭传动系统总装配。

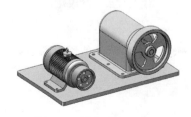

图5-78 装配设备子装配

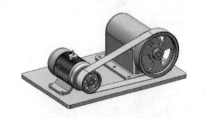

图5-79 装配传动带

5.5　高效装配操作

掌握装配设计基本思路与装配方法后，接下来要考虑的就是提高装配效率，因为在实际产品设计中，需要装配的零部件往往比较多，如果装配效率比较低会严重影响产品设计效率，下面主要介绍提高装配效率的一些操作。

5.5.1　装配调整

装配设计中，导入装配零部件后如果初始位置与最终装配的位置差异比较大，这种情况下即使选择的装配参考及类型是正确的，也有可能得到错误的装配结果，所以导入零部件后首先要调整零部件初始位置，为添加装配约束做准备，同时提高装配效率。

如图 5-80 所示的轴承座装配，现在已经完成了底座零件的装配，接下来要装配轴瓦零件到如图 5-81 所示的位置，下面具体介绍其装配调整过程。

步骤 1　打开练习文件 ch05 asm\5.5\01\adjust。

步骤 2　导入装配零件。在"模型"功能面板的"元件"区域单击"组装"按钮，系统弹出"打开"对话框，选择轴瓦零件导入到装配环境，导入轴瓦零件后零件初始位置如图 5-82 所示，此时零件位置与最终要装配的位置差距比较大，需要调整零件位置。

图 5-80　轴承座

图 5-81　底座与轴瓦装配

图 5-82　导入轴瓦零件

步骤 3　调整零部件。在 Creo 中调整零部件位置主要有以下两种方法：

方法一：使用 3D 拖动器调整零件位置。导入零件后，在零件原点位置显示 3D 拖动器，拖动直线箭头平移零部件，拖动圆弧旋转零部件，使用 3D 拖动器将轴瓦零件调整到如图 5-83 所示的位置（此时零件位置接近于最终装配位置）。

图 5-83　调整零件位置

> **说明**：在"元件放置"操控板中单击 ⊕ 按钮显示或隐藏 3D 拖动器。

方法二：使用快捷键调整零件。按住键盘上的 Ctrl＋Alt＋鼠标中键旋转模型。

5.5.2　阵列装配

阵列装配就是按照一定的规律将零部件进行复制装配，其具体操作类似于零件设计中的特征阵列。特征阵列的操作对象是零件特征，阵列装配的操作对象是装配产品中的零部件。下面主要介绍几种常用的阵列装配操作，其他的阵列方式读者可以参考第 3 章中有关特征阵列的讲解。

（1）线性阵列（方向阵列）

线性零部件阵列就是将零部件沿着线性方向按照一定方式进行复制装配。如图 5-84 所示的法兰圈与框架的装配。已经装配了框架与第一个法兰圈，如图 5-85 所示，现在要继续叠加装配 9 个法兰圈，下面介绍具体操作。

步骤 1 打开练习文件 ch05 asm\5.5\02\01\linear_asm。

步骤 2 选择阵列对象。在模型树中单击选择已经装配的第一个法兰圈为阵列对象。

步骤 3 选择阵列命令。在"模型"功能面板的"修饰符"区域单击 ▦ 按钮。

步骤 4 定义阵列参数。在阵列方式下拉列表中选择"方向"阵列类型，选择如图 5-86 所示的模型表面为阵列方向参考，表示沿着该表面法向（垂直方向）进行线性阵列。在如图 5-87 所示的"阵列"操控板中定义阵列个数为 10，阵列间距为 10（法兰圈零件的厚度为 10），单击"确定"按钮，完成方向阵列操作。

图 5-84　法兰圈装配

图 5-85　已经完成的装配 1

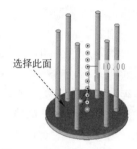
图 5-86　选择阵列方向参考

图 5-87　定义阵列参数

（2）圆形阵列（轴阵列）

圆形阵列就是将零部件沿着圆周方向按照一定方式进行快速复制。如图 5-88 所示的碟和杯子装配。已经装配了碟与第一个杯子，如图 5-89 所示，现在要继续在圆周方向上装配 5 个杯子，下面以此为例介绍圆形阵列操作。

步骤 1 打开练习文件 ch05 asm\5.5\02\02\circle_asm。

步骤 2 选择阵列对象。在模型树中单击选择已经装配的第一个杯子为阵列对象。

步骤 3 选择阵列命令。在"模型"功能面板的"修饰符"区域单击 ▦ 按钮。

步骤 4 定义阵列参数。在阵列方式下拉列表中选择"轴"阵列类型，选择如图 5-90 所示的轴 A_1 为阵列参考，表示绕着该轴进行圆形阵列，在如图 5-91 所示的"阵列"操控板中定义阵列个数为 6，单击 ⚠角度范围 按钮表示在圆周方向上均匀分布阵列，单击"确定"按钮，完成轴阵列操作。

图 5-88　碟和杯子装配

图 5-89　已经完成的装配 2

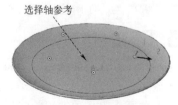
图 5-90　选择阵列参考

（3）参考阵列

参考阵列就是将零部件按照装配中已有零部件中的阵列信息进行参考装配，这是所有阵

图 5-91 定义阵列参数

列方式中最快捷的一种，在装配中灵活使用这种方式能极大提高装配效率。

如图 5-92 所示的泵体装配，现在已经完成了如图 5-93 所示的装配，需要继续在该装配中完成其余孔位螺栓装配。装配之前注意到泵体与端盖零件中的孔均是使用阵列方式设计的，如图 5-94 和图 5-95 所示，也就是说这些零件具有阵列信息，像这种情况要在孔位置装配螺栓就可以使用参考阵列将螺栓按照孔阵列信息进行自动装配。

图 5-92 泵体装配　　　图 5-93 已经完成的装配 3　　　图 5-94 端盖零件中的孔阵列

步骤 1 打开练习文件 ch05 asm\5.5\02\02\ref_asm。

步骤 2 选择阵列对象。在模型树中单击选择端盖中装配的螺栓为阵列对象。

步骤 3 选择阵列命令。在"模型"功能面板的"修饰符"区域单击 按钮。

步骤 4 定义端盖螺栓参考阵列。选择阵列命令后，系统自动在端盖的四个孔位上生成阵列预览，如图 5-96 所示，系统自动设置阵列方式为"参考"阵列，如图 5-97 所示，单击"确定"按钮，完成参考阵列操作。

步骤 5 定义泵体螺栓阵列。参照以上步骤阵列泵体上四个螺栓，此处不再赘述。

图 5-95 泵体零件中的孔阵列　　　图 5-96 端盖螺栓参考阵列

图 5-97 定义"参考"阵列

5.5.3 重复装配

在装配设计中如果需要将相同的零部件重复装配到其他位置，这种情况可以先装配其中一个零件然后将这个零件复制到其他要装配的位置，下面具体介绍。

如图 5-98 所示的滑块支架装配，需要首先在滑块顶面及侧面对应位置装配支架，然后在支架与滑块对应孔位置装配螺栓，其中支架都是相同的，且支架上的孔均是使用阵列方式设计的，螺栓也是相同的，在装配支架时可以使用重复装配，在阵列支架上螺栓时可以使用参考阵列，下面具体介绍其装配过程。

（1）使用重复装配进行支架装配

步骤 1 打开练习文件 ch05 asm\5.5\03\repeat_asm。

步骤 2 装配如图 5-99 所示的第一个支架。

a. 导入支架零件。在"模型"功能面板的"元件"区域单击"组装"按钮 ，选择 bracket 文件，导入支架零件。

b. 添加第一个重合约束。选择如图 5-100 所示的平面对象定义重合约束。

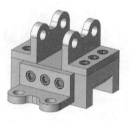
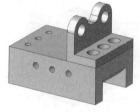

图 5-98 滑块支架装配　　　　图 5-99 装配第一个支架　　　　图 5-100 添加第一个重合约束

c. 添加第二个重合约束。选择如图 5-101 所示的圆柱面对象定义重合约束。

d. 添加第三个重合约束。取消"允许假设"选项，然后选择"新建约束"，选择如图 5-102 所示的圆柱面对象定义重合约束。

步骤 3 装配如图 5-103 所示的第二个支架。因为本例中要装配的支架都是一样的，而且每个支架的装配方法也都是一样的，第一个支架在装配过程中使用了一对平面重合约束和两对圆柱面重合约束，所以第二个支架的装配可以使用第一个支架进行重复装配得到。

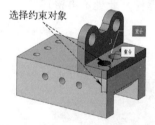
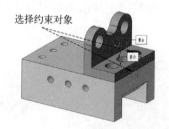
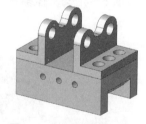

图 5-101 添加第二个重合约束　　　图 5-102 添加第三个重合约束　　　图 5-103 装配第二个支架

a. 复制对象。在装配模型树中选择已经装配好的第一个支架作为复制对象，按 Ctrl+C 快捷键对其进行复制。

b. 粘贴对象。按 Ctrl+V 快捷键粘贴支架零件，在粘贴的时候需要按照第一个支架装配顺序选择与之对应的约束对象，本例依次选择如图 5-104～图 5-106 所示的约束对象，单击"确定"按钮，完成第二个支架的重复装配。

步骤 4 装配如图 5-107 所示的第三个支架。在步骤 3 中已经复制了第一个支架零件，此步骤不需要重新复制，直接粘贴就可以了。按 Ctrl+V 快捷键粘贴支架零件，在粘贴的时候需要按照第一个支架装配顺序选择与之对应的约束对象，依次选择如图 5-108～图 5-110 所示的约束对象，单击"确定"按钮，完成第三个支架的重复装配。

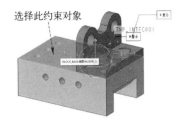

图 5-104　选择平面约束对象 1

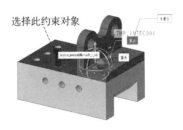

图 5-105　选择圆柱约束对象 1

图 5-106　选择圆柱约束对象 2

图 5-107　装配第三个支架

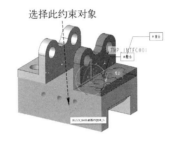

图 5-108　选择平面约束对象 2

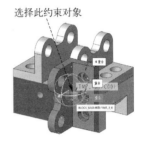

图 5-109　选择圆柱约束对象 3

（2）使用重复装配及参照阵列装配进行螺栓装配

步骤 1　装配如图 5-111 所示的第一个螺栓。

a. 导入螺栓零件。在"模型"功能面板的"元件"区域单击"组装"按钮，选择 bolt 文件，导入螺栓零件。

b. 添加第一个重合约束。选择如图 5-112 所示的圆柱面对象定义重合约束。

c. 添加第二个重合约束。选择如图 5-113 所示的平面对象定义重合约束，确认选中"允许假设"选项，完成约束定义。

图 5-110　选择圆柱约束对象 4

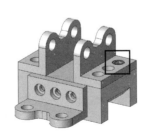

图 5-111　装配第一个螺栓

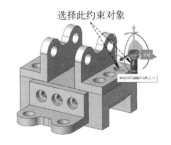

图 5-112　添加第一个重合约束

步骤 2　装配如图 5-114 所示的螺栓。此步骤要装配的螺栓与步骤 1 中装配的螺栓是一样的，只是装配的位置不同，可以使用重复装配方法进行装配。选择步骤 1 中装配的螺栓，按 Ctrl＋C 键复制螺栓，然后按 Ctrl＋V 键粘贴到如图 5-114 所示的位置。

步骤 3　装配如图 5-115 所示的螺栓。因为此步骤中要装配的螺栓都是装配在支架中的沉头孔中，而支架上的孔都是使用阵列方式设计的，如图 5-116 所示，所以对于与之装配的螺栓来讲，可以利用这种阵列信息进行参考阵列，快速完成螺栓的装配。

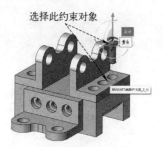

图 5-113　添加第二个重合约束

图 5-114　重复装配螺栓

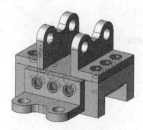

图 5-115　参考阵列螺栓

5.5.4　镜像装配

对于装配设计中的对称结构可以使用镜像方式快速装配，从而大大提高镜像结构的装配效率。在"装配"环境的"模型"选项卡中单击"元件"区域的"镜像元件"按钮 镜像元件，对零件进行镜像装配。需要注意的是，在 Creo 中通过镜像零件可以得到对称位置的相同零件，也可以创建选中零件的对称零件（相当于产生了新零件）。

图 5-116　支架零件中的孔阵列

如图 5-117 所示的夹具底座装配，现在已经完成了如图 5-118 所示的装配，需要对其中的垫块及垫块上的四个螺栓进行镜像装配，下面具体介绍。

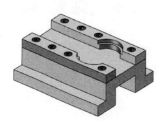

图 5-117　夹具底座装配

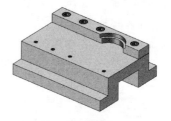

图 5-118　已经完成的装配 4

步骤 1　打开练习文件 ch05 asm\5.5\04\symmetry_asm。

步骤 2　镜像垫块零件（注意两侧垫块零件不是完全相同的零件）。

a. 选择命令。在"模型"功能面板中单击"元件"区域的"镜像元件"按钮 镜像元件，系统弹出"镜像元件"对话框，在该对话框中定义镜像装配。

b. 选择镜像对象及镜像平面。在装配模型树中选择垫块零件（PAD.PRT）为镜像对象，选择 DTM1 基准面为镜像平面，如图 5-119 所示。

c. 定义镜像类型。在"新建元件"区域选中"创建新模型"选项，表示在镜像元件后将生成新的零件模型，在"文件名"及"公用名称"文本框中输入镜像零件名称为 pad_mirror，如图 5-119 所示。

d. 定义镜像方式。在"镜像"区域选中"仅几何"选项，表示只是将选中零件的几何体镜像，其余选项采用系统默认设置，如图 5-119 所示，单击"确定"按钮，结果如图 5-120 所示。

说明：在"镜像元件"对话框的"镜像"区域选中"仅几何"选项，表示只是将选中零件的几何体进行镜像，此时在镜像零件模型树中只显示镜像主体，如图 5-121 所示；如果在"镜像"区域选中"具有特征的几何"选项，表示镜像零件中包括完整的特征结构，此时镜像结果如图 5-122 所示。

步骤 3　镜像螺栓零件（注意两侧螺栓零件均是完全相同的螺栓零件）。

a. 选择命令。在"模型"功能面板中单击"元件"区域的"镜像元件"按钮 ⅡⅢ 镜像元件，系统弹出"镜像元件"对话框。

b. 选择镜像对象及镜像平面。在装配模型树中选择任一螺栓零件（BOLT.PRT）为镜像对象，选择 DTM1 基准面为镜像平面，如图 5-123 所示。

图 5-119　"镜像元件"对话框

图 5-120　镜像垫块零件结果

图 5-121　镜像结果

注意：镜像零件时一次只能镜像一个零件，如果要镜像多个零件需要多次镜像，本例需要做四次镜像才能完成四个螺栓的镜像。

c. 定义镜像类型。在"新建元件"区域选中"重新使用选定的模型"选项，表示直接将选中的零件复制到镜像位置，也就是镜像前后的零件是完全一样的，其余选项采用系统默认设置，单击"确定"按钮，结果如图 5-124 所示。

图 5-122　带特征的镜像结果

图 5-123　设置相关性控制

图 5-124　镜像螺栓结果

> **说明：**实际镜像装配时一定要特别注意镜像类型，如果镜像前后的两个零件是完全不同的（只是零件结构及位置对称），这种情况应该选择"创建新模型"选项；如果镜像前后两个零件是完全相同的（只是零件位置对称），这种情况应该选择"重新使用选定的模型"选项。

5.6　装配编辑操作

装配设计完成一部分或全部完成后，有时需要根据实际情况对装配中的某些零部件对象进行编辑与修改，Creo 提供了多种装配设计编辑操作，下面具体介绍。

5.6.1　重命名零部件

实际装配设计中经常需要修改装配零部件名称，包括总装配文件名称修改及装配中各零部件名称修改。本例打开练习文件 ch05 asm\5.6\01\motor_asm，如图 5-125 所示，模型树如图 5-126 所示。此时模型树中文件名称均为英文名称，需要将总装配文件及各零部件名称改为中文名称，如图 5-127 所示，下面具体介绍。

图 5-125　电动机装配　　　　图 5-126　模型树　　　　图 5-127　重命名文件名称

（1）重命名总装配文件

总装配文件名称的修改主要有两种方法：第一种方法是直接在文件夹中修改总装配文件名称，如图 5-128 所示；第二种方法是打开总装配文件然后选择"文件"→"管理文件"→"重命名"命令，系统弹出如图 5-129 所示的"重命名"对话框，在该对话框中设置新文件名称为"电动机装配"，单击"确定"按钮，系统弹出"装配重命名"对话框，采用系统默认设置，单击"确定"按钮，如图 5-130 所示。

图 5-128　重命名总装配文件　　　　图 5-129　"重命名"对话框

（2）重命名零部件文件

在装配模型树中选中 MOTOR.PRT 零件，在弹出的快捷菜单中单击"打开"按钮打开零件，如图 5-131 所示。然后在零件环境中选择"文件"→"管理文件"→"重命名"

图 5-130 "装配重命名"对话框及重命名装配结果

命令，在系统弹出的"重命名"对话框中设置新文件名称为"电动机"，如图 5-132 所示，单击"确定"按钮，完成电动机零件重命名。按照这种方法继续打开其余两个零件重命名，结果如图 5-127 所示。

图 5-131 打开零件

图 5-132 重命名零件

5.6.2 编辑零部件

当装配产品中的零部件结构或尺寸不对时，可以对其进行编辑与修改，如图 5-133 所示的泵体装配，需要编辑端盖零件尺寸。本例打开练习文件 ch05 asm\5.6\02\edit_asm 进行练习，在 Creo 中包括两种编辑方法，下面具体介绍。

（1）直接打开零部件进行编辑

直接打开零部件进行编辑就是先打开要编辑的零部件，可以在文件夹中打开，也可以在装配环境中打开，打开后再编辑零部件。

如图 5-133 所示的泵体装配，需要编辑装配中的端盖零件（包括端盖主体尺寸及孔参数），使用这种方法编辑时，需要首先打开端盖零件，因为端盖主体使用旋转特征创建，端盖主体旋转截面草图如图 5-134 所示。如果需要编辑端盖尺寸，可以修改端盖主体旋转截面草图，如图 5-135 所示，这种编辑方法是在独立的零件环境中进行编辑，无法看到该零件与其他零件之间的装配关系，所以必须知道准确的尺寸才能编辑。

（2）直接在装配环境中进行编辑

直接在装配环境中编辑零部件就是首先在装配中"激活"要编辑的对象，"激活"后对零部件进行编辑，在编辑过程中可以参考装配中的其他非激活零部件。

对于如图 5-133 所示的泵体装配，如果要编辑其中的端盖零件，可以在装配模型树中选中端盖零件，在快捷菜单中单击"激活"按钮 ◈，如图 5-136 所示，激活选中零件，此时激活零件为正常显示（可以直接编辑），非激活零件为透明显示（无法编辑），如图 5-137 所示，此时模型树如图 5-138 所示。

图 5-133　泵体装配

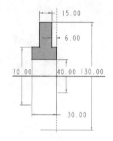

图 5-134　端盖主体旋转截面

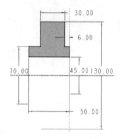

图 5-135　编辑端盖主体旋转截面

图 5-136　选择激活命令

图 5-137　激活零件

图 5-138　激活零件模型树

　　编辑旋转主体。在模型树中选中"旋转1"，在弹出的快捷菜单中单击"编辑定义"按钮，系统弹出"旋转"操控板，展开"放置"选项卡，单击"编辑"按钮，系统进入草图环境，编辑端盖零件旋转截面草图，这种编辑方法可以同时看到装配中其他零部件的结构，方便参考其他零件，如图 5-139 所示。

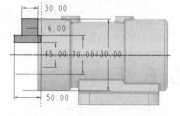

图 5-139　在装配环境编辑端盖旋转截面草图

　　编辑孔参数。在模型树中展开阵列特征，选择孔特征，在弹出的快捷菜单中单击"编辑定义"按钮，系统弹出"孔"操控板，展开"形状"选项卡编辑孔参数，如图 5-140 所示，完成编辑后在装配模型树中激活总装配文件完成编辑。

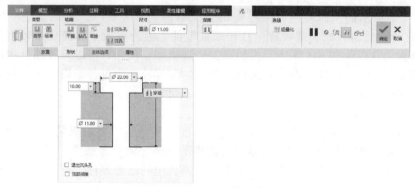

图 5-140　编辑孔参数

（3）编辑元件方法总结

以上介绍了两种编辑零件的方法：第一种方法是直接打开零部件进行编辑，这种方法可以在独立的零件环境中进行编辑，但是在独立的环境中无法参考其他零件对象，所以这种编辑方法具有一定的盲目性，不够高效；第二种方法是直接在装配环境中进行编辑，这种方法在编辑时可以参考装配中其他非编辑对象，所以这种编辑方法比较准确、高效。综上所述，在实际装配设计过程中，尽量使用第二种方法编辑零件。

5.6.3　创建元件

创建元件是指直接在装配环境中创建零部件，常规情况下，零部件是通过"新建"工具来创建的，创建完零部件后再通过装配方法将零部件装配到合适的位置，与此相比较，使用"创建元件"方法更准确、高效。

如图 5-141 所示的螺母座装配，现在需要在此基础上创建螺母座垫圈，如图 5-142 所示，要求螺母座垫圈尺寸与螺母座端面尺寸一致，厚度为 1mm，下面介绍设计过程。

图 5-141　螺母座装配　　　　　图 5-142　在螺母座装配中设计垫圈

步骤 1　打开练习文件 ch05 asm\5.6\03\creat_part。

步骤 2　创建零件文件。在"模型"功能面板的"元件"区域单击"创建"按钮 创建，系统弹出如图 5-143 所示的"创建元件"对话框，在该对话框中采用系统默认设置，输入文件名称 washer，单击"确定"按钮，系统弹出如图 5-144 所示的"创建选项"对话框，在该对话框中选中"创建特征"选项，单击"确定"按钮，此时在装配模型树中得到如图 5-145 所示的激活状态的垫圈文件。

> 注意：本步骤中如果创建的元件没有激活，读者可以自行激活，在模型树中选中创建的元件，在弹出的快捷菜单中选择"激活"命令将其激活。

图 5-143　"创建元件"对话框　　图 5-144　"创建选项"对话框　　图 5-145　元件创建结果

步骤 3　创建元件特征。在"模型"选项卡中选择"拉伸"命令，选择如图 5-146 所示的模型表面为草绘平面绘制如图 5-147 所示的垫圈截面草图，创建如图 5-148 所示的拉伸特征，拉伸厚度为 1mm。

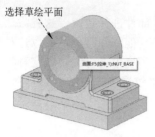

图 5-146　选择草图平面

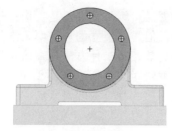

图 5-147　绘制垫圈截面草图

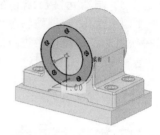

图 5-148　创建垫圈拉伸特征

步骤 4　完成元件创建。完成垫圈创建后，只有垫圈零件是激活状态，在装配模型树中选择总装配文件，在弹出的快捷菜单中选择"激活"命令，激活总装配文件。

5.6.4　替换元件

替换元件是指在不改变已有装配结构的前提下使用新的零件替换装配产品中旧的零件。使用替换元件操作不用推翻以前的装配文件，从而提高了整个产品设计效率。在 Creo 中替换元件不仅要替换零件结构，更重要的是替换零件涉及的装配约束，这就需要使用"装配互换"来处理。

如图 5-149 所示的轴承座装配，其中底座零件为旧版本零件，现在需要使用新底座零件替换原来的旧底座零件，包括零件中的装配约束关系。

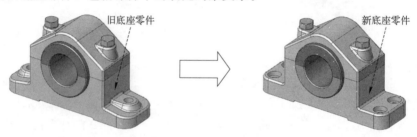

图 5-149　轴承座中底座零件替换

替换元件之前首先必须分析一下将要替换的零件与其他零件之间的装配约束及参照关系，替换元件的关键是要完整替换这些装配约束参照，否则将直接导致元件替换失败。本例要替换的零件是轴承座中的底座零件，该零件与其他零件在装配中涉及的装配约束参照如图5-150 所示。

要完成底座零件的替换，需要定义新旧两个底座零件中的这些装配约束参照，要保证完成底座零件替换后，替换后的新底座零件与周边装配零件之间有准确的装配约束参照，下面具体介绍替换元件过程。

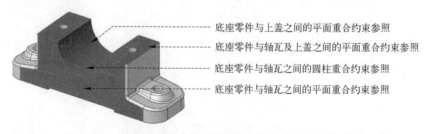

图 5-150　底座零件与其他零件装配中涉及的装配约束参照

步骤 1　打开练习文件 ch05 asm\5.6\04\exchange。

步骤 2　新建"装配互换"文件。在快速访问工具栏中单击"新建"按钮 ，系统弹出"新建"对话框，在对话框的"类型"区域中选中"装配"选项，然后在"子类型"区域中选中"互换"选项，输入文件名称 exchange_asm，如图 5-151 所示，单击"确定"按钮，系统进入装配互换界面。

步骤 3　导入互换零件。在"模型"功能面板的"元件"区域单击"功能"按钮 📥，在弹出的"打开"对话框中选择旧版本的底座零件（bearing_base），继续单击"功能"按钮 📥，然后在弹出的"打开"对话框中选择新版本的底座零件（bearing_base_new），将其调整到如图 5-152 所示的大概位置（不要添加任何装配约束），便于选择参照对象，此时模型树如图 5-153 所示。

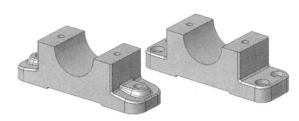

图 5-151　"新建"对话框　　　　　　　　　　图 5-152　导入互换零件

步骤 4　定义参照配对表。在"模型"选项卡的"参考配对"区域单击"参考配对表"按钮 ▦，系统弹出"参考配对表"对话框，在该对话框中定义新旧替换零件中的参照（软件中为参考）配对关系，根据前面的分析，本例中需要定义四对参照配对关系。

a. 定义第一对参照配对关系。在"参考配对表"对话框中单击左下角的 ✚ 按钮添加参照配对关系，然后按住 Ctrl 键依次在旧零件与新零件上选择如图 5-154 所示的配对参照，在"参考配对表"对话框列表区中得到第一对参照配对关系，如图 5-155 所示。

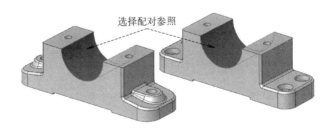

图 5-153　选择第一对配对参照 1　　　　　　　图 5-154　选择第一对配对参照 2

b. 定义第二对参照配对关系。在"参考配对表"对话框中单击左下角的 ✚ 按钮添加参照配对关系，然后按住 Ctrl 键依次在旧零件与新零件上选择如图 5-156 所示的配对参照，在"参考配对表"对话框列表区中得到第二对参照配对关系。

c. 定义第三对参照配对关系。在"参考配对表"对话框中单击左下角的 ✚ 按钮添加参照配对关系，然后按住 Ctrl 键依次在旧零件与新零件上选择如图 5-157 所示的配对参照，在"参考配对表"对话框列表区中得到第三对参照配对关系。

图 5-155　定义第一对参照配对关系

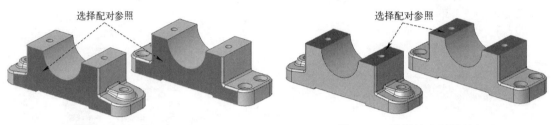

图 5-156　选择第二对配对参照　　　　　　图 5-157　选择第三对配对参照

d. 定义第四对参照配对关系。在"参考配对表"对话框中单击左下角的 ➕ 按钮添加参照配对关系，然后按住 Ctrl 键依次在旧零件与新零件上选择如图 5-158 所示的配对参照，在"参考配对表"对话框列表区中得到第四对参照配对关系。

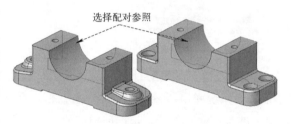

图 5-158　选择第四对配对参照

e. 完成参照配对定义。定义所有参照配对结果如图 5-159 所示，单击"确定"按钮，退出参照配对定义，然后保存并关闭互换文件，为后面替换元件所用。

图 5-159　定义参照配对结果

步骤 5　创建替换元件。在"模型"功能面板的"操作"菜单中选择"替换"命令，系统弹出如图 5-160 所示的"替换"对话框，在模型树中选择底座零件为替换对象，在该对话框中单击 🖼 按钮，系统弹出如图 5-161 所示的"族树"对话框，在对话框中展开族树节点，选择族树中的新版本底座零件（bearing_base_new），单击"确定"按钮，完成替换元件操作。

图 5-160 "替换"对话框

图 5-161 "族树"对话框

5.7 装配干涉分析

装配设计完成后,设计人员往往比较关心装配中是否存在干涉,如果存在干涉问题,必要时需要编辑装配产品以解决干涉问题。下面以如图 5-162 所示的轴承座为例介绍干涉分析操作,然后对模型中的干涉位置进行处理以解决干涉问题。

步骤1 打开练习文件 ch05 asm\5.7\interference_asm。

步骤2 选择命令。在"分析"功能面板的"检查几何"区域单击"全局干涉"按钮 全局干涉,系统弹出"全局干涉"对话框,在该对话框中定义干涉检查。

步骤3 设置干涉检查。在"全局干涉"对话框的"设置"区域选中"仅零件"选项,如图 5-163 所示,表示对装配模型中的所有零件对象进行干涉分析。

图 5-162 轴承座

图 5-163 "全局干涉"对话框

> **说明:** 在"全局干涉"对话框的"设置"区域选择"仅子装配"选项,表示将子装配作为整体进行检查,也就是不对子装配内部的零件干涉情况进行干涉分析;选择"包括面组"选项,表示对装配模型中的曲面进行干涉分析;选择"包括小平面"选项,表示对装配模型中的小平面体进行干涉分析。

步骤4 查看干涉结果。单击"预览"按钮,系统进行全局干涉分析,干涉结果显示在对话框的列表中,如图 5-163 所示。从列表中可以看出本例存在四处干涉,分别是两侧楔块与上盖的干涉以及底座与两侧螺栓的干涉。在列表中单击第一个干涉结果，此时在模型中显示干涉位置，如图 5-164 所示，第四个干涉位置如图 5-165 所示。

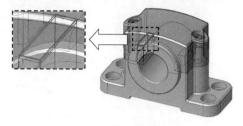

图 5-164　楔块与上盖干涉

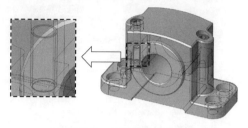

图 5-165　底座与螺栓干涉

对于模型中存在的干涉问题需要认真分析，对于确实存在的干涉问题需要对模型进行必要的改进以解决干涉问题。本例中两侧楔块与上盖的干涉是由两者尺寸不合理造成的，需要改进模型以解决干涉；对于模型中两侧螺栓与底座螺纹孔的干涉是由螺栓与螺纹孔中的螺纹部分造成的，这种干涉是正常的，直接忽略即可。

5.8　装配简化表示

实际产品设计中经常需要处理一些大型复杂的装配模型，这些大型复杂的装配模型涉及的零件数量比较多，占用的系统内存比较大，对电脑硬件的要求也比较高，这种情况就需要对装配模型进行必要的简化处理，以提高计算机运行速度，使模型操作更顺畅，最终提高工作效率。另外，在实际工作交流及产品展示中经常需要展示产品局部结构，这种情况下也需要简化装配模型中的局部结构。在 Creo 中使用"视图管理器"工具中的"简化表示"功能对模型进行简化处理，下面以如图 5-166 所示的挖掘机模型为例介绍简化表示操作。

步骤 1　打开练习文件 ch05 asm\5.8\000_excavator。

步骤 2　选择命令。在前导工具条中单击"视图管理器"按钮 🔳，系统弹出"视图管理器"对话框，在对话框中单击"简化表示"选项卡，如图 5-167 所示。

步骤 3　新建简化表示。本例在展示挖掘机模型时需要专门展示挖掘机车身部分，所以需要创建一个只显示车身部分的简化表示。单击"新建"按钮，输入"车身显示"作为简化表示名称，如图 5-168 所示。输入名称后回车，系统弹出如图 5-169 所示的"编辑车身显示"对话框，在该对话框中定义简化表示。

图 5-166　挖掘机

图 5-167　"视图管理器"对话框

图 5-168　新建简化表示

步骤 4　编辑车身简化表示。在"编辑车身显示"对话框左侧模型树列表中可以看到所有模型简化表示为排除，也就是不显示。选中车身子装配（BODY_ASSY.ASM），在简化表示下拉列表中选择"主表示"选项，也就是正常显示，此时在右侧模型图形窗口中显示简化表示结果，如图 5-169 所示。单击"应用"按钮，单击"打开"按钮，此时在图形区只显示车身模型，如图 5-170 所示。

图 5-169　定义车身简化表示

> 说明：在"简化表示"列表中有多种简化表示样式，分别是衍生、排除、主表示、自动表示、默认包络表示、用包络替代、用族表替代、用互换替代及用户定义等样式。在实际工作中主要会用到衍生、排除及主表示三种样式，其中衍生样式就是设置选中对象与父项对象的简化样式一致，排除样式就是设置选中对象不显示（不占用系统内存），主表示样式就是设置选中对象正常显示（占用系统内存较大）。

> 注意：简化表示还可以在模型树中编辑，如图 5-171 所示，具体操作不再赘述。

图 5-170　显示车身模型　　　图 5-171　模型树中编辑简化表示　　　图 5-172　编辑定义简化表示

步骤 5　重新编辑车身简化表示。在"视图管理器"对话框中选中新建的"车身显示"简化表示，在对话框中选择如图 5-172 所示的"编辑"→"编辑定义"命令，系统再次弹出"编辑车身显示"对话框，在"编辑车身显示"对话框左侧模型树列表中选中车身子装配（BODY_ASSY.ASM），在简化表示下拉列表中选择"排除"选项，选中驾驶室子装配（CAB_ASSY.ASM），在简化表示下拉列表中选择"主表示"选项，如图 5-173 所示，单击"应用"按钮，单击"打开"按钮，结果如图 5-174 所示。

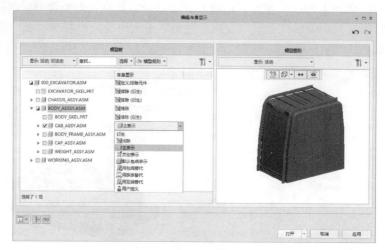

图 5-173　编辑车身简化表示

步骤6　新建车身覆盖板简化表示。参照以上操作新建车身覆盖板简化表示，如图 5-174 和图 5-175 所示，然后选择车身覆盖板子装配（CAP_ASSY.ASM）编辑简化表示，设置车身覆盖板简化表示结果如图 5-176 所示。

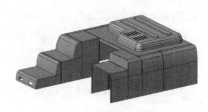

图 5-174　显示驾驶室　　图 5-175　新建车身覆盖板简化表示　　图 5-176　显示车身覆盖板

步骤7　打开简化表示。新建简化表示后，再打开文件时可以直接打开简化表示对象。在快速访问工具栏中单击"打开"按钮 🖿，系统弹出"文件打开"对话框，选择 000_excavator.asm 文件，然后选择"打开"→"打开表示"命令，如图 5-177 所示，系统弹出如图 5-178 所示的"打开表示"对话框，在该对话框列表中选择"车身显示"简化表示，单击 » 按钮展开简化表示预览，如图 5-178 所示。

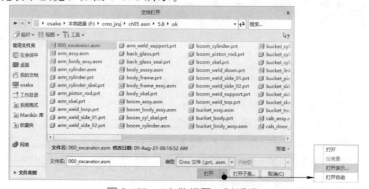

图 5-177　"文件打开"对话框

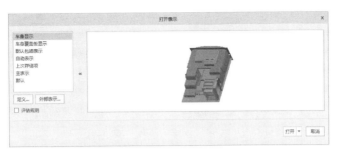

图 5-178 "打开表示"对话框

> 💡 **说明:** 在"文件打开"对话框中单击"打开子集"按钮，系统弹出如图 5-179 所示的"检索自定义"对话框，该对话框与前面介绍的"编辑简化表示"的对话框类似，也可以在该对话框中编辑选中对象的简化表示。

图 5-179 "检索自定义"对话框

5.9 装配分解视图

装配设计完成后，为了更清晰表达产品装配结构及装配零部件关系，可以创建装配分解视图，也就是将装配中各个零部件按照一定的装配位置关系拆解开。在 Creo 中使用"分解视图"工具创建装配分解视图，另外，创建的分解视图还可以直接用于装配拆卸动画设计。

如图 5-180 所示的齿轮泵装配产品，需要创建如图 5-181 所示的装配分解视图，用于表达齿轮泵中各零部件之间的装配位置关系，下面以此为例介绍装配分解视图操作。

步骤 1 打开练习文件 ch05 asm\5.9\pump_asm。

图 5-180 齿轮泵

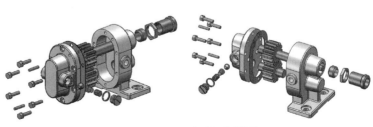

图 5-181 齿轮泵爆炸视图

　　步骤 2　选择命令。在前导工具条中单击"视图管理器"按钮 📷，系统弹出"视图管理器"对话框，在对话框中单击"分解"选项卡，如图 5-182 所示。

　　步骤 3　新建分解视图。在"分解"选项卡中单击"新建"按钮，输入"齿轮泵分解视图"作为分解视图名称，如图 5-183 所示，输入名称后回车。

　　步骤 4　编辑分解位置。创建分解视图的关键是将所有零件分解到合适位置，在"分解"选项卡中选中新建的"齿轮泵分解视图"对象，选择"编辑"→"编辑位置"命令（图 5-184），系统弹出如图 5-185 所示的"分解工具"操控板。

图 5-182　"分解"选项卡

图 5-183　新建分解视图

图 5-184　编辑位置

　　a. 编辑螺栓、定位销及垫圈分解位置。按住 Ctrl 键，在模型中选中全部螺栓、定位销及垫圈为分解对象，此时在模型中出现如图 5-186 所示的移动坐标轴，选中 X 轴将螺栓、定位销及垫圈移动到如图 5-187 所示的分解位置。

图 5-185　"分解工具"操控板

图 5-186　移动坐标轴

　　b. 编辑其余零件分解位置。参照以上步骤按顺序编辑如图 5-188～图 5-192 所示的分解位置（注意选择合适的分解对象并移动合适的距离，保证分解视图效果，具体操作请参看随书视频讲解），单击 ✔️ 按钮，完成分解位置编辑。

图 5-187　编辑分解位置 1

图 5-188　编辑分解位置 2

图 5-189　编辑分解位置 3

　　步骤 5　保存分解视图。创建分解视图后一定要保存下来，在"分解"选项卡中选中创建的分解视图，选择如图 5-193 所示的"编辑"→"保存"命令，系统弹出如图 5-194 所示的"保存显示元素"对话框，单击"确定"按钮，保存分解视图。

图 5-190 编辑分解位置 4

图 5-191 编辑分解位置 5

图 5-192 编辑分解位置 6

步骤 6 管理分解视图。在"分解"选项卡中选中创建的分解视图，在如图 5-195 所示的"编辑"菜单中取消选中"分解状态"选项，表示不显示分解状态，选中该选项表示显示分解状态。

💡 **注意：** 如果创建的分解视图没有保存，取消"分解状态"选项后，系统将撤销分解视图，而且无法恢复之前创建的分解视图，这一点读者要特别注意。

图 5-193 保存分解视图

图 5-194 "保存显示元素"对话框

图 5-195 管理分解视图

步骤 7 创建分解线。为了更为清晰表达零部件之间的分解位置关系，需要在零部件之间创建分解线。在"分解工具"操控板中单击 🖊 按钮，系统弹出如图 5-196 所示的"修饰偏移线"对话框，按住 Ctrl 键选择如图 5-197 所示的定位销圆柱面及定位销孔圆柱面，单击"应用"按钮，系统在两个圆柱面之间创建分解线，如图 5-198 所示。按照此方法在其余零件之间创建分解线，如图 5-199 所示。

图 5-196 "修饰偏移线"对话框

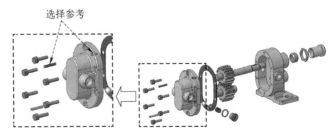

图 5-197 选择分解线参考

图 5-198 创建分解线结果

图 5-199 创建完整的分解线

5.10 装配设计案例

前面小节系统介绍了装配设计操作及知识内容，为了加深读者对装配设计的理解并更好地应用于实践，下面通过两个具体案例详细介绍装配设计。

5.10.1 夹具装配设计

如图 5-200 所示的夹具装配，其内部组成结构如图 5-201 所示，首先根据提供的夹具相关零件完成夹具装配设计，然后创建如图 5-202 所示的夹具分解视图。

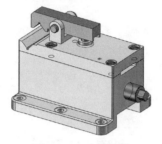
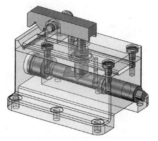

图 5-200　夹具装配　　　　图 5-201　夹具组成结构　　　　图 5-202　夹具分解视图

夹具装配设计说明：

① 设置工作目录：F：\creo_jxsj\ch05 asm\5.10\01。

② 选择装配方法：夹具结构比较简单，不涉及比较集中、比较独立的子结构，所以采用顺序装配方法进行夹具装配。

③ 具体装配过程：由于书籍写作篇幅限制，本书不详细写作装配过程，读者可自行参看随书视频讲解，视频中有详尽的夹具装配设计讲解。

5.10.2 差速器装配设计

如图 5-203 所示的差速器装配，其内部组成结构如图 5-204 所示，首先根据提供的差速器相关零件完成差速器装配设计，然后创建如图 5-205 所示的差速器分解视图。

图 5-203　差速器装配　　　　图 5-204　差速器组成结构　　　　图 5-205　差速器分解视图

差速器装配设计说明：

① 设置工作目录：F：\creo_jxsj\ch05 asm\5.10\02。

② 选择装配方法：差速器结构较为复杂，涉及多个比较集中、比较独立的装配子结构，包括左轴系子装配（如图 5-206 所示），中间竖轴子装配（如图 5-207 所示）及右轴系子装配（如图 5-208 所示）。

③ 具体装配过程：由于书籍写作篇幅限制，本书不详细写作装配过程，读者可自行参看随书视频讲解，视频中有详尽的差速器装配设计讲解。

图 5-206　左轴系子装配　　　　图 5-207　中间竖轴子装配　　　　图 5-208　右轴系子装配

第6章

工程图

　　工程图是实际产品设计及制造过程中非常重要的工程技术文件，其专业性及标准化要求非常高，Creo 提供了专门的工程图设计环境，在工程图环境中可以创建工程图视图、工程图标注等内容，本章主要介绍工程图设计方法与技巧。

6.1　工程图基础

　　学习工程图之前首先要了解工程图的具体作用及用户环境，同时还需要了解工程图基本设置，为后面具体学习工程图打好基础。

　　在 Creo 中设计工程图的优点如下：

　　（1）定制工程图标准模板

　　工程图是一种非常重要的工程技术文件，在工程图设计过程中，首先必须要注意不同行业，不同企业的标准与规范。不同行业、不同企业对工程图的标准与规范都有细致的要求，包括图纸幅面、图框样式、标题栏格式、材料明细表格式、各种视图样式及标注样式等。这些要求整合到一块就是我们常说的工程图模板，在模板中将这些要求都设置好，出图时直接调用即可，这样极大方便了工程图设计也提高了工程图设计效率。Creo 工程图环境提供了定制工程图模板的方法及各种工具，从而方便定制各种要求的工程图模板。

　　（2）根据三维模型快速生成各种工程图视图

　　在工程图中为了清晰表达各种结构，需要创建各种工程图视图，对于各种视图的创建，在二维 CAD 软件中一般比较麻烦，效率也比较低下，Creo 工程图模块提供了各种工程图视图创建工具，包括基础视图、投影视图、各种剖视图、断面图等等，另外，还可以使用工程图中的草绘工具设计各种特殊的工程图视图，极大提高了创建工程图视图的效率。

　　（3）添加各种工程图标注

　　工程图设计中需要根据产品设计要求进行各种技术标注，Creo 提供了两种标注方法，自动标注和手动标注。自动标注就是根据设计好的三维模型自动显示设计中的各种标注信息；手动标注非常灵活方便，可以作为自动标注的补充。另外，Creo 提供了各种工程图标注工具，如尺寸标注、公差标注、基准标注、形位公差标注、粗糙度标注、焊接符号标注及注释标注等等。

　　（4）创建工程图表格文件及编辑

　　工程图中包括的各种表格，如孔表、零件设计表，还有各种属性表都可以使用 Creo 工程图中提供的表格工具进行设计与编辑，另外还提供了管理表格的工具，方便表格的存储和调用。

　　（5）根据装配模型属性信息快速生成材料明细表

　　对于装配工程图的设计，需要根据零部件信息生成材料明细表，这在二维 CAD 软件中是很麻烦的,需要用户逐一填写,极不方便,同时效率低下。在 Creo 工程图设计中,可以自动根据各零部件属性信息自动生成材料明细表,而且材料明细表的样式与格式都可以提前定制好,极大方便了材料明细表的生成。

(6)创建各种类型工程图

工程图根据不同的行业,不同的企业甚至不同的产品可以分为很多类型,如零件工程图、装配工程图、钣金工程图、焊接工程图、管道工程图、电气线束工程图等等。在 Creo 工程图设计环境中,根据用户需要,可以方便设计以上各种类型的工程图。需要注意的是,要设计不同类型的工程图。必须先设计好相应的三维模型,比如,要设计钣金工程图,需要先在钣金设计环境中进行钣金件的设计,要设计管道工程图,需要先在管道设计环境中完成管道系统的设计,其他类型同样如此!

6.1.1 工程图用户界面

首先打开工程图文件 ch06 drawing\6.1\motor_base_drawing.drw,进入 Creo 工程图环境,如图 6-1 所示,下面具体介绍工程图用户界面。

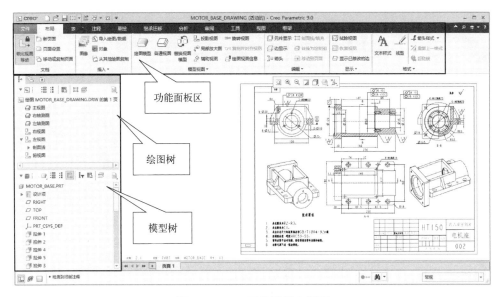

图 6-1 Creo 工程图用户界面

(1)功能面板区

功能面板区中都是工程图常用的功能命令按钮,是工程图环境中最重要的区域,下面具体介绍常用功能面板的主要功能。

功能面板区中的"布局"功能面板,主要用来管理工程图页面、工程图视图、视图编辑及显示,还有文本样式等,如图 6-2 所示。

图 6-2 "布局"功能面板

功能面板区中的"表"功能面板,主要用来创建表格、编辑表格、球标创建与管理、格式化管理等等,如图 6-3 所示。

图 6-3 "表"功能面板

功能面板区中的"注释"功能面板，主要用来创建并管理各种工程图标注，如图 6-4 所示。

图 6-4 "注释"功能面板

功能面板区中的"草绘"功能面板，主要用来在工程图中创建必要的草绘，如图 6-5 所示。

图 6-5 "草绘"功能面板

功能面板区中的"审阅"功能面板，主要用来管理工程图文件并对工程图进行必要的处理，如图 6-6 所示。

图 6-6 "审阅"功能面板

（2）绘图树与模型树

绘图树与模型树如图 6-7 所示，绘图树区域用来显示和管理工程图中的视图对象及标注对象。模型树区域用来管理绘图模型，在模型树中选中总模型文件右键，在快捷菜单中选择"打开"命令，可单独打开绘图模型。

6.1.2 工程图设置

前面介绍过，工程图是一项非常重要的工程技术文件，涉及大量的工程图标准化及规范化设置，其中最重要的是工程图页面设置与绘图选项设置，下面具体介绍。

（1）页面设置

在"布局"选项卡的"文档"区域单击"页面设置"按钮 📑 页面设置，系统弹出如图 6-8 所示的"页面设置"对话框，在该对话框中设置工程图页面属性。

图 6-7 绘图树与模型树

（2）绘图选项设置

工程图出图中最重要的设置就是绘图选项设置，在工程图环境中选择下拉菜单中的"文

件"→"准备"→"绘图属性"命令，
系统弹出如图 6-9 所示的"绘图属
性"对话框，在该对话框中单击
"详细信息选项"后面的"更改"字
符，系统弹出如图 6-10 所示的"选
项"对话框，在该对话框中设置工
程图各项细节属性，如字高、投影
视角、绘图比例、绘图单位、标注
样式、箭头样式、公差标注样式
等等。

图 6-8 "页面设置"对话框

图 6-9 "绘图属性"对话框

图 6-10 "选项"对话框

6.2 创建工程图过程

为了让读者能够尽快熟悉 Creo 工程图创建过程，下面通过一个具体案例详细介绍在
Creo 中创建工程图的一般过程及基本操作。

如图 6-11 所示的零件，需要创建如图 6-12 所示的零件工程图，工程图中主要包括工程
图视图（主视图、俯视图及左视图）及工程图标注两项内容，下面具体介绍。

（1）新建工程图文件

步骤 1 设置工作目录，打开练习文件 ch06 drawing\6.2\part。

步骤 2 新建工程图文件。在快速访问工具栏中单击"新建"按钮 ，系统弹出"新
建"对话框，选择"绘图"选项，在"文件名"文本框中输入 drawing，取消选中"使用默
认模板"选项，如图 6-13 所示，单击"确定"按钮。

图 6-11　绘图零件

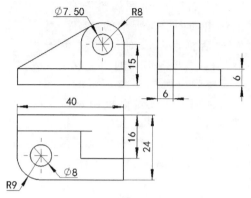

图 6-12　零件工程图

> **说明：** 在"新建"对话框中与工程图相关的文件类型一共有两种：绘图和格式。选择"绘图"类型，用于创建工程图模板、工程图视图及工程图标注等等；选择"格式"类型，用于创建工程图格式文件，如工程图图框、标题栏格式、材料明细表格式等等。

　　步骤 3　定义绘图模型及模板。新建工程图文件后，系统弹出如图 6-14 所示的"新建绘图"对话框，在该对话框中定义绘图模型及绘图模板，下面具体介绍。

　　a. 指定绘图模型。在 Creo 中创建工程图必须要根据已有的三维模型创建，三维模型可以是零件模型，也可以是装配模型。在"新建绘图"对话框的"默认模型"区域定义绘图模型，默认情况下，系统以打开的模型作为绘图模型，如图 6-14 所示，如果没有打开模型，需要单击"浏览"按钮选择绘图模型。

　　b. 指定绘图模板。创建工程图之前一定要指定合适的绘图模板，在"指定模板"区域选中"使用模板"选项，在"模板"区域单击"浏览"按钮，选择工作目录中的 a3_template 绘图模板，单击"确定"按钮，系统进入绘图环境。

> **说明：** 此处指定绘图模板相当于指定出图用的图纸标准环境、图纸格式及图纸幅面等信息，包括以下三个选项：
>
> 　　a. 选择"使用模板"选项，用于指定绘图模板。每一种模板都对工程图的各项标准与规定做了详细的设置，在工程图中我们要根据自己的需求正确选择工程图模板。选择工程图模板后就不用再做具体的设置，极大提高了出图的效率。在 Creo 中，可以使用系统自带的模板，也可以根据自身需要自定义模板，然后进行调用。
>
> 　　b. 选择"格式为空"选项，如图 6-15 所示，用于指定绘图格式。工程图格式指的就是工程图图框、标题栏及材料明细表等等，一旦调用了工程图格式，就不需要另外去绘制了，提高了工程图设计效率。调用格式文件也有两种方式：一种是调用系统自带的格式；另外一种就是调用自定义的格式。单击"格式"区域的"浏览"按钮，系统弹出如图 6-16 所示的"打开"对话框，在该对话框中选择绘图格式。
>
> 　　c. 选择"空"选项，如图 6-17 所示，就是不使用任何格式和模板，只定义图纸幅面大小，进入工程图环境后，就一个矩形边框，其中的各项设置都是系统默认设置。

　　（2）创建工程图视图

　　根据本例工程图要求，需要创建主视图、俯视图及左视图三个视图，创建工程图视图时需要注意各个视图的显示样式，下面具体介绍。

　　步骤 1　选择命令。在"布局"选项卡的"模型视图"区域单击"普通视图"按钮，系统弹出如图 6-18 所示的"选择组合状态"对话框，采用系统默认设置，单击"确定"按钮，在合适位置单击鼠标，系统弹出"绘图视图"对话框。

图 6-13　新建工程图文件

图 6-14　"新建绘图"对话框

图 6-15　指定绘图格式

图 6-16　选择格式

图 6-17　指定空模板

图 6-18　"选择组合状态"对话框

步骤 2　创建主视图。创建主视图需要定义视图类型、视图比例及视图显示样式。

a. 定义视图类型。在"绘图视图"对话框的"类别"区域选中"视图类型"选项，在"模型视图名"区域列表中双击 FRONT 将其设为视图方向，如图 6-19 所示，此时视图结果如图 6-20 所示。

图 6-19　设置视图类型

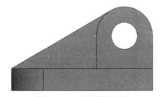

图 6-20　视图结果

说明：本例模型的 FRONT 视图方向符合主视图方向要求，所以直接使用 FRONT 视图作为主视图，如果没有合适的视图方向，需要专门创建定向视图作为视图方向。

b. 定义视图比例。在"绘图视图"对话框的"类别"区域选中"比例"选项，选中"自定义比例"选项，输入视图比例 3.5，如图 6-21 所示，单击"应用"按钮。

c. 定义视图显示样式。在"绘图视图"对话框的"类别"区域选中"视图显示"选项，在"显示样式"下拉列表中选择"消隐"选项，如图 6-22 所示，表示在视图中只显示轮廓线框；在"相切边显示样式"区域选择"无"选项，如图 6-22 所示，表示在视图中不显示相切边。单击"应用"按钮，此时视图结果如图 6-23 所示。

d. 整理视图。视图中的"7：2"表示视图比例，实际制图中一般不用单独显示视图比例，选中视图比例，按 Delete 键将其删除，结果如图 6-24 所示。

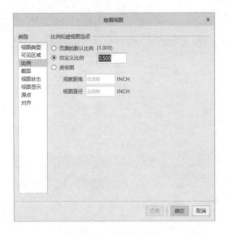

图 6-21 设置比例　　　　　　　　　图 6-22 设置视图显示样式

说明：在"相切边显示样式"下拉列表中选择"默认"选项，表示在视图中显示相切边，比如视图中的圆角相切边，显示相切边结果如图 6-25 所示。

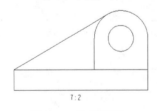
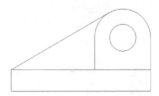
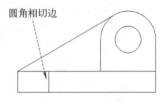

图 6-23 视图结果 1　　　　图 6-24 整理视图　　　　图 6-25 显示相切边结果

步骤 3 创建俯视图。视图中的俯视图需要从主视图向下进行投影得到。

a. 创建初步俯视图。选中主视图，在弹出的快捷菜单中单击"投影视图"按钮，向主视图下方移动鼠标到合适位置单击，得到如图 6-26 所示的初步俯视图。

b. 设置俯视图显示。双击俯视图，系统弹出"绘图视图"对话框，在"类别"区域单击"视图显示"选项，在"显示样式"下拉列表中选择"消隐"选项，在"相切边显示样式"区域选择"无"选项，结果如图 6-27 所示。

说明：在创建俯视图投影视图时，如果得到如图 6-28 所示相反的俯视图，这是因为绘图模板中的视角类型不对。视角类型包括第一视角和第三视角两种，在我国国家标准中一般使用第一视角出图，在欧美国家标准里有些是使用第三视角出图。如果需要设置视角类型，在"文件"菜单中选择"准备"→"绘图属性"命令，在"绘图属性"对话框的"详细信息选项"中选中"projection_type"选项，在"值"下拉列表中选择"first_angle*"选项，如图 6-29 所示，单击"添加/更改"按钮，表示使用第一视角。

图 6-26　初步俯视图　　　　图 6-27　视图结果 2　　　　图 6-28　相反俯视图

步骤 4　创建左视图。视图中的左视图需要从主视图向右进行投影得到。选中主视图，在弹出的快捷菜单中单击"投影视图"按钮，向主视图右侧移动鼠标到合适位置单击以放置视图，双击左视图，在"绘图视图"对话框中设置"显示样式"为"消隐"，在"相切边显示样式"区域选择"无"选项，结果如图 6-30 所示。

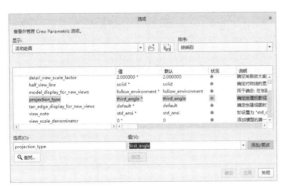

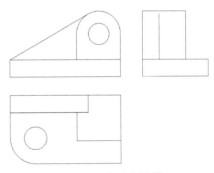

图 6-29　设置视角类型　　　　　　　　　图 6-30　创建左视图

（3）创建工程图标注

完成工程图视图创建后，需要根据设计要求创建工程图标注，工程图标注主要包括尺寸标注、公差标注、基准标注、形位公差标注、表面粗糙度标注、焊接符号标注、注释文本标注等等，本例只做中心线标注与尺寸标注，下面具体介绍。

步骤 1　标注中心线。中心线一般作为其他标注的参考，所以需要首先标注。

a. 选择命令。在"注释"选项卡的"注释"区域单击"显示模型注释"按钮，系统弹出如图 6-31 所示的"显示模型注释"对话框。

b. 标注中心线。在"显示模型注释"对话框中单击"显示模型基准"按钮，选择主视图对象，此时在主视图中显示主视图中所有的基准轴（中心线），选中所有的基准轴，如图 6-31 所示，单击"应用"按钮完成主视图基准轴（中心线）显示；继续选择俯视图，选择所有的基准轴（中心线），单击"确定"按钮，结果如图 6-32 所示。

图 6-31 "显示模型注释"对话框

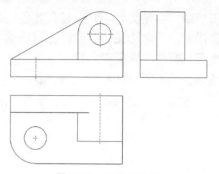

图 6-32 标注中心线

c. 调整中心线。图 6-32 中俯视图中圆孔位置的中心线显示太小，需要调整，单击中心线拖动鼠标将中心线调整到合适位置，如图 6-33 所示。

步骤 2 标注尺寸。本例尺寸主要包括线性尺寸、直径尺寸和半径尺寸，工程图中尺寸标注与草图中尺寸标注是类似的，只是线性尺寸标注不一样，需要按住 Ctrl 键。如图 6-34 所示。

a. 选择命令。在"注释"选项卡的"注释"区域单击"尺寸"按钮￼。

b. 标注线性尺寸。按住 Ctrl 键选择线性尺寸标注对象，在合适位置单击鼠标中键放置线性尺寸。

c. 标注半径尺寸。单击圆弧对象，在合适位置单击鼠标中键放置半径尺寸。

d. 标注直径尺寸。双击圆对象，在合适位置单击鼠标中键放置直径尺寸。

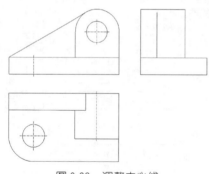

图 6-33 调整中心线

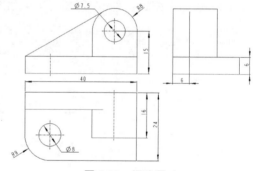

图 6-34 标注尺寸

（4）保存工程图

完成工程图创建后，在快速访问工具栏中单击"保存"按钮￼，将工程图文件保存到工作目录中。完成工程图保存后，在文件夹中包含零件文件与工程图文件，如图 6-35 所示。

图 6-35 保存工程图

在实际工作中，模型文件要与工程图文件始终保存在一起进行管理，特别是复制文件时要一起复制，单独复制工程图文件将无法正常打开。

6.3 工程图视图

工程图中最重要的内容之一就是工程图视图，工程图视图的主要作用就是从各个方位表达零部件结构，Creo 中提供了多种工程图视图工具，下面具体介绍。

6.3.1 基本视图

基本视图包括主视图、投影视图（俯视图及左视图等）及轴测图等，这是工程图中最常见也是最基本的一种视图。在 Creo 中创建基本视图需要首先按照出图要求准备视图定向，所谓视图定向就是指绘图模型的摆放，有了合适的定向，在工程图环境中可以直接使用这些定向创建基本视图，视图定向与工程图视图之间的关系如图 6-36 所示。

(a) 零件环境中的视图定向   (b) 工程图中的视图

图 6-36 视图定向与工程图视图之间的关系

如图 6-36（a）所示的视图定向称为平面定向，这种平面定向主要用来创建基本视图中的主视图、俯视图或左视图等。如果要创建轴测视图就需要提前做好三维视图定向，有了三维视图定向，在工程图环境中就可以直接创建轴测图，如图 6-37 所示。

(a) 零件环境中的三维视图定向   (b) 工程图中的轴测图

图 6-37 三维视图定向与轴测图之间的关系

由此可见，绘图模型的视图定向对于工程图视图创建来讲是非常重要的，同时也是创建工程图视图的关键。在 Creo 中得到视图定向主要有两种方法：

第一种方法是直接使用系统自带的视图定向。如果绘图模型是在 Creo 软件中创建的源模型，系统会自带默认的视图定向，在前导工具栏中单击 按钮查看，如图 6-38 所示，其中包含六个平面定向（BACK、BOTTOM、FRONT、LEFT、RIGHT 和 TOP），两个轴测定向（标准方向和缺省方向，这两个轴测其实是一样的），用户可直接使用这些视图定向来创建工程图基本视图。

第二种方法是用户自定义视图定向。如果绘图模型是从外部文件导入的，或者是系统自带的视图定向不符合出图要求，在这种情况下就需要自定义视图定向。在前导工具栏中单击"视图管理器"按钮 ，系统弹出如图 6-39 所示的"视图管理器"对话框，在对话框中单击"定向"选项卡，创建自定义视图。

接下来为了让读者熟练掌握基本视图的创建，下面以如图 6-40 所示的零件模型为例，详细介绍如图 6-41 所示基本视图（主视图、俯视图、左视图及轴测图）的创建。

图 6-38　默认视图定向　　　图 6-39　"视图管理器"对话框　　　图 6-40　零件模型

（1）准备视图定向

本例用的模型是从外部导入的模型，模型中没有系统自带的定向视图，需要用户首先做好定向视图，然后使用定向视图创建相应的工程图视图，下面具体介绍。

步骤 1　打开练习文件 ch06 drawing\6.3\01\base_part。

步骤 2　创建主视图定向视图。创建如图 6-41（a）所示的主视图，需要准备如图 6-42 所示的视图定向，接下来需要使用"视图管理器"工具创建定向视图。

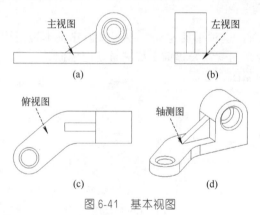

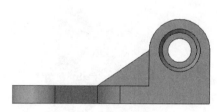

图 6-41　基本视图　　　　　　　　图 6-42　主视图定向视图

a. 新建定向视图。在前导工具栏中单击"视图管理器"按钮 📷，系统弹出"视图管理器"对话框，在该对话框中单击"定向"选项卡，然后单击"新建"按钮，新建一个视图定向，命名为 V1，如图 6-43 所示。

b. 创建定向视图。选中新建的 V1 视图，在对话框中选择如图 6-44 所示的"编辑"→"编辑定义"命令，系统弹出如图 6-45 所示的"视图"对话框。在对话框的"类型"下拉列表中选择"按参考定向"选项（一般是系统默认选择），首先在"参考一"下拉列表中选择"前"选项，表示要选择一个朝前放置的参考面，选择如图 6-46 所示的前视参考面；然后在"参考二"下拉列表中选择"上"选项，表示选择一个朝上放置的面，选择如图 6-46 所示的上视参考面。此时模型自动摆放到如图 6-42 所示的方位，单击"视图"对话框中的"确定"按钮，将摆放好的视图方位保存为定向视图，关闭"视图管理器"对话框，完成定向视图创建。

图 6-43　新建定向视图 V1

图 6-44　编辑定向视图

图 6-45　"视图"对话框

步骤 3　创建轴测图定向视图。创建如图 6-41（d）所示的轴测图，需要准备如图 6-47 所示的定向视图。在前导工具栏中单击"视图管理器"按钮 ，系统弹出"视图管理器"对话框，在该对话框中单击"定向"选项卡，然后单击"新建"按钮，新建一个视图定向，命名为 V2，如图 6-48 所示。选中新建的 V2 视图，在对话框中选择"编辑"→"编辑定义"命令，系统弹出"视图"对话框（不需要选择参考面），直接使用鼠标将零件模型摆放到如图 6-47 所示的方位，单击"视图"对话框中的"确定"按钮，将摆放好的视图方位保存为视图定向，关闭"视图管理器"对话框。

图 6-46　选择定向参考

图 6-47　轴测图定向视图

图 6-48　新建定向视图 V2

（2）创建基本视图

完成视图准备后，接下来在工程图环境中创建基本视图。

步骤 1　打开练习文件 ch06 drawing\6.3\01\base_view_ex。

步骤 2　创建主视图。在图纸任意位置按住右键，在弹出的快捷菜单中选择"普通视图"命令，在系统弹出的"选择组合状态"对话框中单击"确定"按钮，在放置主视图的位置单击鼠标，系统弹出"绘图视图"对话框，选择 V1 定向视图创建主视图，如图 6-49 所示，然后设置视图比例为 1，显示样式为"消隐"，相切边显示为"无"，单击"确定"按钮，完成主视图创建，结果如图 6-41（a）所示。

步骤 3　创建俯视图与左视图。选中主视图，在弹出的快捷菜单中单击"投影视图"按钮 ，移动鼠标在主视图下方单击生成俯视图，继续移动鼠标在主视图右侧单击生成左视图。分别双击创建的俯视图与左视图，在弹出的"绘图视图"对话框中设置显示样式为"消隐"，相切边显示为"无"，单击"确定"按钮，完成俯视图与左视图创建，结果如图 6-41（b）、（c）所示。

步骤 4 创建轴测图。轴测图的创建与主视图的创建是一样的，在图纸任意位置按住右键，在弹出的快捷菜单中选择"普通视图"命令，在系统弹出的"选择组合状态"对话框中单击"确定"按钮，在放置轴测图位置单击鼠标，在"绘图视图"对话框中使用 V2 定向视图创建轴测图，如图 6-50 所示，然后设置轴测图视图比例为 1，显示样式为"消隐"，单击"确定"按钮，完成轴测图创建，结果如图 6-41（d）所示。

图 6-49　定义主视图

图 6-50　创建轴测图

6.3.2　全剖视图

在工程图视图中，对于非对称的视图，如果外形结构简单而内部结构比较复杂，在这种情况下，为了清楚表达零件结构，需要创建全剖视图。

如图 6-51 所示的底座零件，现在已经完成了如图 6-52 所示基本视图的创建，需要继续创建全剖视图以表达主视图内部结构，创建全剖视图结果如图 6-53 所示。

图 6-51　底座零件

图 6-52　基本视图

图 6-53　创建全剖视图

步骤 1 打开练习文件 ch06 drawing\6.3\02\full_section_view。

步骤 2 准备横截面。创建全剖视图，需要首先准备横截面，所谓横截面就是用来剖切绘图模型的剖截面，有了横截面，在工程图中直接使用横截面创建全剖视图即可。

a. 打开绘图模型。在工程图模型树中打开绘图模型，在零件环境创建横截面。

b. 新建横截面。在前导工具栏中单击"视图管理器"按钮 ▦，系统弹出"视图管理器"对话框，在该对话框中单击"截面"选项卡，然后选择如图 6-54 所示的"新建"→"平面"命令，输入截面名称 A，如图 6-55 所示，此时系统弹出如图 6-56 所示的"截面"面板，在该面板中定义截面。

c. 定义横截面。在模型中选择 FRONT 基准平面作为剖切面，将整个模型剖开，得到全剖效果，如图 6-57 所示。

图 6-54 新建截面

图 6-55 定义截面名称

图 6-56 "截面"面板

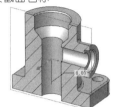

图 6-57 创建截面

> **说明:** 创建横截面后，在"视图管理器"中选择创建的截面右键，系统弹出如图 6-58 所示的快捷菜单，使用该菜单激活截面、显示截面、编辑截面及删除截面等。

步骤 3 创建全剖视图。在工程图中使用以上创建的平面横截面 A 创建全剖视图。

a. 创建初步的全剖视图。在工程图中双击主视图，系统弹出"绘图视图"对话框，在对话框的"类别"区域单击"截面"，然后在"截面选项"区域选中"2D 横截面"选项，单击 ✚ 按钮添加横截面，在横截面列表区的"名称"列表中选择前面创建的 A 横截面，在"剖切区域"列表中选择"完整"，表示创建全剖视图，如图 6-59 所示，单击"确定"按钮，得到初步的全剖视图，如图 6-60 所示。

图 6-58 截面菜单

图 6-59 定义全剖视图

图 6-60 初步的全剖视图

b. 设置剖面线属性。单击选中剖面线，系统弹出如图 6-61 所示的"编辑剖面线"操控板，单击"剖面线库"按钮 🔳 展开如图 6-62 所示的剖面线库，其中提供了丰富的剖面线样式，选择 ANSI31 剖面线样式，在 文本框设置剖面线角度为 45，在 文本框中设置剖面线比例为 80，在空白位置单击，结果如图 6-63 所示。

图 6-61　"编辑剖面线"操控板

c. 添加全剖视图箭头。选中创建的全剖视图右键，在弹出的快捷菜单中选择"添加箭头"命令，如图 6-64 所示，然后选择左视图，表示要在左视图中添加箭头，左视图是全剖视图的"父视图"，全剖视图是从左视图中间位置完整剖切得到的。

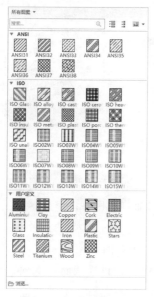

图 6-62　剖面线库

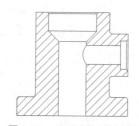

图 6-63　修改剖面线结果

图 6-64　添加箭头

6.3.3　半视图与半剖视图

在工程图视图中，对于对称的视图，经常使用半视图或半剖视图来表达视图结构，下面具体介绍半视图与半剖视图的创建。

（1）半视图

在工程图视图中，对于对称的视图，如果结构简单且不用做剖切可以考虑做半视图。所谓半视图就是沿着视图对称线位置只显示原来视图的一半，这样既不影响视图可读性又能够极大节省图纸篇幅，下面具体介绍半视图创建。

如图 6-65 所示的带轮零件，现在已经完成了如图 6-66 所示主视图的创建，因为视图结构比较简单，且主视图关于中心线是完全对称的，像这种视图可以做半视图，如图 6-67 所示。

图 6-65　带轮零件

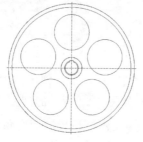

图 6-66　主视图

图 6-67　创建半视图

步骤 1　打开练习文件 ch06 drawing\6.3\03\half_view_ex。

步骤 2　创建半视图。双击主视图，系统弹出"绘图视图"对话框，在对话框的"类别"区域中选择"可见区域"，然后在右侧的"可见区域选项"区域中设置半视图属性，如图 6-68 所示。

a. 设置半视图类型。在"视图可见性"下拉列表中选择"半视图"选项。

b. 定义半视图参照平面。也就是定义半视图的对称平面，在"半视图参考平面"后的选择框中单击，然后选择 FRONT 基准面为半视图参考平面，如图 6-69 所示。

图 6-68　定义半视图属性

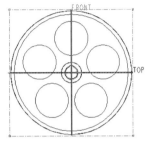

图 6-69　选择半视图参考平面

c. 定义保持侧。就是定义半视图中哪一侧是保留的，单击保持侧后的"反向"按钮进行调整，本例中调整保持侧箭头（中心位置的红色箭头）指向右侧。

d. 设置对称线标准。也就是设置半视图中对称线的显示样式，在"对称线标准"下拉列表中选择"对称线"选项，单击"确定"按钮，完成半视图的创建。

（2）半剖视图

在工程图视图中，对于对称的视图，如果外形结构简单，内部结构复杂，像这种情况可以考虑创建半剖视图来表达视图结构。在 Creo 中创建半剖视图需要提前准备横截面，下面具体介绍半剖视图创建。

如图 6-70 所示的支座零件，现在已经完成了如图 6-71 所示基本视图创建，需要继续在主视图中创建半剖视图，结果如图 6-72 所示。

图 6-70　支座零件

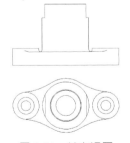

图 6-71　基本视图

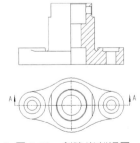

图 6-72　创建半剖视图

步骤 1　打开练习文件 ch06 drawing\6.3\03\half_section_view_ex。

步骤 2　准备横截面。创建半剖视图，需要首先准备横截面，创建半剖视图的横截面与创建全剖视图的横截面是一样的。选择"视图管理器"命令，使用 FRONT 基准面创建如图 6-73 所示的平面横截面（命名为 A），为创建半剖视图做准备。

步骤 3 创建半剖视图。在工程图中使用以上创建的平面横截面 A 创建半剖视图。

a. 创建初步的半剖视图。在工程图中双击主视图，系统弹出"绘图视图"对话框，在对话框的"类别"区域单击"截面"，然后在"截面选项"区域选中"2D 横截面"选项，单击 ✚ 按钮添加横截面，在横截面列表区的"名称"列表中选择前面创建的 A 横截面，在"剖切区域"列表中选择"半倍"，如图 6-74 所示，表示创建半剖视图。创建半剖视图需要选择半剖视图参照面，也就是半剖视图的中间对称面，本例选择主视图中的 RIGHT 基准面为对称面，然后在对称面右侧单击鼠标，使视图中的红色箭头指向右侧，如图 6-75 所示，表示在对称面的右侧做半剖视图，单击"确定"按钮。

b. 添加半剖视图箭头。选中创建的半剖视图右键，在弹出的快捷菜单中选择"添加箭头"命令，然后选择俯视图，表示要在俯视图中添加箭头，俯视图是半剖视图的"父视图"，半剖视图是从俯视图中间位置进行半剖切得到的。

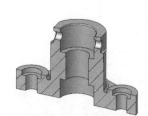
图 6-73 创建平面横截面

图 6-74 定义半剖视图

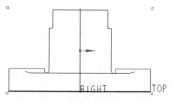
图 6-75 定义半剖视图参照

6.3.4 局部视图与局部剖视图

在工程图视图中，对于结构复杂的视图，经常使用局部视图或局部剖视图来表达视图的局部结构，下面具体介绍局部视图与局部剖视图的创建。

（1）局部视图

在工程图视图中，如果只需要表达视图的局部外形结构，这种情况下需要创建局部视图，这样既增强视图可读性，又能够节省图纸篇幅，下面具体介绍局部视图创建。

如图 6-76 所示的基座零件，现在已经完成了如图 6-77 所示的主视图创建，需要在此基础上创建局部视图，只显示视图的局部位置，如图 6-78 所示。

图 6-76 基座零件

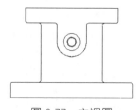
图 6-77 主视图

图 6-78 创建局部视图

步骤 1 打开练习文件 ch06 drawing\6.3\04\partial_view_ex。

步骤 2 创建局部视图。双击主视图，系统弹出"绘图视图"对话框，在对话框的"类别"区域中选择"可见区域",然后在右侧的"可见区域选项"区域中设置局部视图属性,如图 6-79 所示。

a. 设置局部视图类型。在"视图可见性"下拉列表中选择"局部视图"选项。

b. 定义几何上的参照点。该参照点用来定义局部视图的大概位置参考,必须要在视图轮廓边上定义,在如图 6-80 所示的视图轮廓边上单击定义参照点。

c. 定义样条边界。该样条边界用来确定局部视图范围,在主视图上绘制如图 6-81 所示的封闭样条边界并单击鼠标中键,单击"确定"按钮,完成局部视图的创建。

图 6-79　定义局部视图属性

定义几何参照点

图 6-80　定义几何参照点

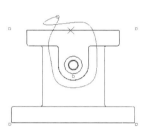

图 6-81　定义样条边界

💡 **注意:** 样条边界必须封闭,否则无法创建局部视图;另外,在绘制样条边界时,不要让起始点在视图内部(如图 6-82 所示),否则会得到不规范的局部视图,如图 6-83 所示,这一点在创建局部视图时一定要特别注意。

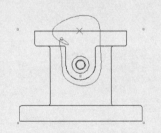

图 6-82　样条边界闭合点在视图内部

图 6-83　不规范局部视图

完成局部视图创建后,如果需要重新编辑局部视图的边界范围,可以双击局部视图,然后在可见区域的可见区域选项中单击"样条边界"区域,重新绘制样条边界。

(2)局部剖视图

在工程图视图中,如果需要表达视图的局部内部结构,这种情况下需要创建局部剖视图,这样既增强视图可读性,又能够减少视图数量,下面具体介绍局部剖视图创建。

如图 6-84 所示的传动轴零件,现在已经完成了如图 6-85 所示的主视图创建,需要在主视图两端创建局部剖视图以表达轴两端内部结构,如图 6-86 所示,下面具体介绍。

图 6-84　传动轴零件

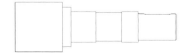

图 6-85　主视图

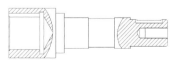

图 6-86　创建局部剖视图

步骤 1 打开练习文件 ch06 drawing\6.3\04\partial_section_view_ex。

步骤 2 准备横截面。创建局部剖视图，需要首先准备横截面，创建局部剖视图的横截面与创建全剖视图的横截面是一样的。选择"视图管理器"命令，使用 FRONT 基准面创建如图 6-87 所示的平面横截面（命名为 A），为创建局部剖视图做准备。

图 6-87 创建平面横截面

步骤 3 创建左侧局部剖视图。使用步骤 2 创建的 A 横截面创建左侧局部剖视图。

a. 定义局部剖视图类型。在工程图中双击主视图，系统弹出"绘图视图"对话框，在对话框的"类别"区域单击"截面"，然后在"截面选项"区域选中"2D 横截面"选项，单击 ✚ 按钮添加横截面，在横截面列表区的"名称"列表中选择前面创建的横截面，在"剖切区域"列表中选择"局部"，如图 6-88 所示。

b. 定义几何参照点。创建局部剖视图与创建局部视图类似，需要定义几何参照点，也就是确定局部剖视图的大概位置。本例在如图 6-89 所示的位置单击确定几何参照点，同样必须要在视图轮廓边上定义。

c. 定义样条边界。该样条边界用来确定局部剖视图范围，绘制方法和要求与创建局部视图是一样的，在主视图上绘制如图 6-90 所示的封闭样条边界并单击鼠标中键，单击"确定"按钮，完成局部剖视图的创建。

图 6-88 定义局部剖视图

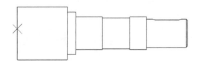

图 6-89 定义几何参照点

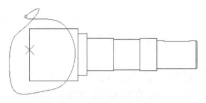

图 6-90 定义样条边界

图 6-91 添加局部剖视图

步骤 4 创建右侧局部剖视图。参考左侧局部剖视图创建方法，使用步骤 2 创建的 A 平面横截面，如图 6-91 所示，然后选择如图 6-92 所示的参照点并绘制封闭样条边界创建右侧局部剖视图，具体操作请查看随书视频讲解。

完成局部剖视图创建后，如果需要重新编辑局部剖视图的边界范围，可以双击局部剖视图，然后在截面区域单击如图 6-93 所示的"边界"位置，重新绘制样条边界。

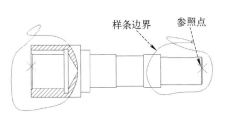

图 6-92 定义参照点及样条边界

图 6-93 重新定义边界

6.3.5 旋转视图与旋转剖视图

在工程图视图中，经常需要表达结构的剖截面特性或盘盖零件的完整剖截面特性，这种情况下需要使用旋转视图或旋转剖视图，下面具体介绍这两种视图的创建。

（1）旋转视图

旋转视图又称旋转截面视图，因为在创建旋转视图时经常用到剖截面，旋转视图是从现有视图引出的，主要用于表达剖截面的形状，此剖截面必须和它所引出的那个视图垂直，经常用在需要表达结构剖面结构的场合。在 Creo 中创建旋转视图需要提前准备横截面，下面具体介绍局部视图创建。

如图 6-94 所示的透盖零件，现在已经完成了如图 6-95 所示的主视图创建，需要在主视图右侧创建旋转视图，如图 6-96 所示，下面具体介绍创建过程。

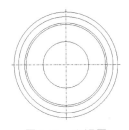
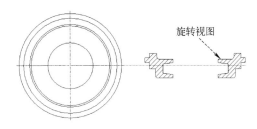

图 6-94 透盖零件　　图 6-95 主视图　　　　　图 6-96 旋转视图

步骤 1　打开练习文件 ch06 drawing\6.3\05\revolved_view_ex。

步骤 2　准备横截面。创建旋转视图，需要首先准备横截面，创建旋转剖视图的横截面与创建全剖视图的横截面是一样的。选择"视图管理器"命令，使用如图 6-97 所示的 TOP 基准面创建平面横截面（命名为 A），为创建旋转视图做准备。

步骤 3　创建旋转视图。在"布局"功能面板的"模型视图"区域单击"旋转视图"按钮 旋转视图，表示创建旋转视图，然后单击选择主视图作为旋转视图的父视图，最后在主视图右侧位置单击放置旋转视图，单击"确定"按钮，完成旋转视图的创建。

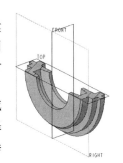

图 6-97 创建平面横截面

（2）旋转剖视图

对于盘盖类型的零件，为了将盘盖零件上不同角度位置的孔放在同一个剖切面上进行表达，需要创建旋转剖视图。在 Creo 中创建旋转剖视图需要提前创建横截面，然后在工程图中使用横截面创建旋转剖视图，下面具体介绍旋转剖视图创建。

如图 6-98 所示的法兰盘零件，现在已经完成了如图 6-99 所示的基本视图的创建，需要在左视图上创建旋转剖视图，将法兰盘上不同角度上的孔用同一个剖切面表达，如图 6-100 所示，下面具体介绍旋转剖视图创建过程。

图 6-98　法兰盘零件

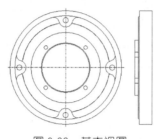
图 6-99　基本视图

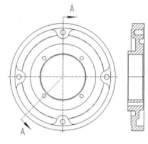
图 6-100　创建旋转剖视图

步骤 1　打开练习文件 ch06 drawing\6.3\05\revolved_section_view_ex。

步骤 2　准备横截面。创建旋转剖视图，需要首先准备横截面，需要注意的是，创建旋转剖视图所需的横截面不同于全剖、半剖视图的横截面，创建旋转剖视图需要创建一个偏移横截面，也叫"折叠横截面"，下面介绍这种横截面的创建。

a. 打开绘图模型。在工程图模型树中打开绘图模型，在零件环境创建横截面。

b. 新建横截面。在前导工具栏中单击"视图管理器"按钮 ，系统弹出"视图管理器"对话框，在该对话框中单击"截面"选项卡，然后选择如图 6-101 所示的"新建"→"偏移"命令，输入截面名称 A，此时系统弹出如图 6-102 所示的"截面"面板，在该面板中定义截面。

c. 绘制截面草图。选择如图 6-103 所示的模型表面作为草绘平面，绘制如图 6-104 所示横截面草图，完成偏移横截面创建。

图 6-101　新建偏移横截面

图 6-102　"截面"面板

d. 查看横截面。在"视图管理器"对话框中双击新建的横截面，此时在绘图模型上显示横截面剖切状态，如图 6-105 所示。

步骤 3　创建旋转剖视图。在工程图中使用以上创建的偏移横截面创建旋转剖视图。

a. 创建初步的旋转剖视图。在工程图中双击左视图，系统弹出"绘图视图"对话框，在对话框的"类别"区域单击"截面"，然后在"截面选项"区域选中"2D 横截面"选项，单击 按钮添加横截面，在横截面列表区的"名称"列表中选择前面创建的偏移横截面，在"剖切区域"列表中选择"全部（对齐）"，如图 6-106 所示，表示创建旋转剖视图，然后选择如图 6-107 所示的左视图基准轴作为旋转剖视图旋转中心参考，单击"确定"按钮，得到初步的旋转剖视图，如图 6-108 所示。

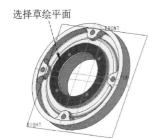

选择草绘平面

图 6-103 选择草绘平面

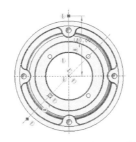

图 6-104 绘制横截面草图

图 6-105 偏移横截面

> **注意**：此处在选择旋转剖中心参考时一定要选择法兰盘零件的中心轴线，也就是模型中的 A_1 轴，否则无法得到正确的旋转剖视图。

b. 添加旋转剖视图箭头。选中创建的旋转剖视图右键，在弹出的快捷菜单中选择"添加箭头"命令，然后选择主视图，表示要在主视图中添加箭头，主视图是旋转剖视图的"父视图"，旋转剖视图是从主视图中经过两孔中心位置旋转剖切得到的。

c. 设置剖面线属性。设置符合视图要求的剖面线属性，此处不再赘述。

图 6-106 定义旋转剖视图

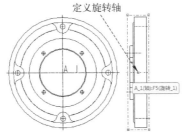

图 6-107 选择旋转剖中心轴

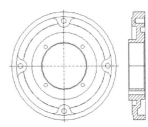

图 6-108 初步的旋转剖视图

6.3.6 阶梯剖视图

使用阶梯剖视图将不在同一平面上的结构放在同一个剖切面上表达，这样增强视图可读性，同时能够有效减少视图数量。在 Creo 中创建阶梯剖视图需要提前创建横截面，然后在工程图中使用横截面创建阶梯剖视图，下面具体介绍阶梯剖视图的创建。

如图 6-109 所示的模板零件，现在已经完成了如图 6-110 所示的基本视图，需要在主视图上创建阶梯剖视图，将模板零件上不同位置上的孔用同一个剖切面表达，如图 6-111 所示，下面具体介绍创建过程。

步骤 1 打开练习文件 ch06 drawing\6.3\06\step_section_view_ex。

步骤 2 准备横截面。创建阶梯剖视图，需要首先准备横截面，创建阶梯剖视图所需的横截面与创建旋转剖视图所需的横截面是一样的，下面介绍这种横截面的创建。

a. 打开绘图模型。在工程图模型树中打开绘图模型，在零件环境创建横截面。

图 6-109　模板零件

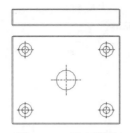

图 6-110　基本视图

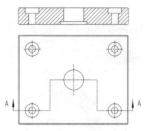

图 6-111　阶梯剖视图

　　b. 新建横截面。在前导工具栏中单击"视图管理器"按钮 🖥️，系统弹出"视图管理器"对话框，在该对话框中单击"截面"选项卡，然后选择"新建"→"偏移"命令，输入截面名称 A，系统弹出"截面"面板，选择如图 6-112 所示的模型表面作为草绘平面，绘制如图 6-113 所示的横截面草图，完成偏移横截面的创建。

　　c. 查看横截面。在"视图管理器"对话框中双击新建的横截面，此时在绘图模型上显示横截面剖切状态，如图 6-114 所示。

图 6-112　选择草绘平面

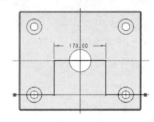

图 6-113　绘制横截面草图

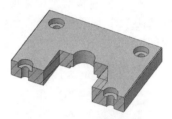

图 6-114　创建偏移横截面

　　步骤 3　创建阶梯剖视图。创建阶梯剖视的操作与创建全剖视图的操作是完全一致的，只是使用的横截面不一样，下面使用以上创建的偏移横截面创建阶梯剖视图。

　　a. 创建初步的阶梯剖视图。在工程图中双击主视图，系统弹出"绘图视图"对话框，在对话框的"类别"区域单击"截面"，然后在"截面选项"区域选中"2D 横截面"选项，单击 ➕ 按钮添加横截面，在横截面列表区的"名称"列表中选择前面创建的偏移横截面，在"剖切区域"列表中选择"完全"选项，单击"确定"按钮，得到初步的阶梯剖视图，如图 6-115 所示。

　　b. 添加旋转剖视图箭头。选中创建的阶梯剖视图右键，在弹出的快捷菜单中选择"添加箭头"命令，然后选择俯视图，表示要在俯视图中添加箭头，俯视图是阶梯剖视图的

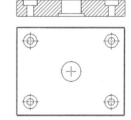

图 6-115　初步的阶梯剖视图

"父视图"，阶梯剖视图是从俯视图中经过三个孔中心位置阶梯剖切得到的。

　　c. 设置剖面线属性。设置符合视图要求的剖面线属性，此处不再赘述。

6.3.7　破断视图

　　对于工程图中细长结构的视图，如果要反映整个零件的结构，往往需要使用大幅面的图纸来绘制，为了既节省图纸幅面，又可以反映整个零件结构，一般使用破断视图来表达。破断视图是指将视图中选定两个位置之间的部分删除，将余下的两部分合并成一个带破断线的视图，下面具体介绍破断视图的创建。

　　如图 6-116 所示的传动轴套零件，现在已经完成了如图 6-117 所示的主视图，需要在此基础上创建如图 6-118 所示的破断视图，下面具体介绍创建过程。

图 6-116　传动轴套零件

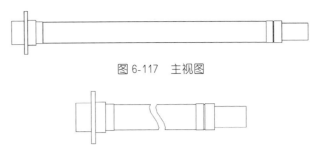

图 6-117　主视图

图 6-118　创建破断视图

步骤 1　打开练习文件 ch06 drawing\6.3\07\broken_view_ex。

步骤 2　创建破断视图。双击主视图，系统弹出"绘图视图"对话框，在对话框的"类别"区域中选择"可见区域"，在"可见区域选项"区域中设置破断视图属性，如图 6-119 所示。

a. 设置破断视图类型。在"视图可见性"下拉列表中选择"破断视图"选项。

b. 定义破断位置。在图 6-120 所示的位置单击以确定第一处破断位置，然后在图 6-121 所示的位置单击以确定第二处破断位置。

c. 定义破断线样式。在"绘图视图"对话框中"破断线造型"下拉列表中选择"草绘"选项，如图 6-122 所示，表示通过草绘方式绘制破断线样式，然后在主视图上第一处破断线位置绘制如图 6-123 所示的破断线（图中的样条曲线）。

图 6-119　定义破断视图

图 6-120　定义第一处破断位置

图 6-121　定义第二处破断位置

图 6-122　定义破断线样式

图 6-123　草绘破断线

在创建破断视图时，如果想调整破断视图的破断间隙，选择下拉菜单"文件"→"准备"→"绘图选项"命令，在弹出的"选项"对话框中设置"broken_view_offset"参数值（该参数默认值是1，本例设置为0.25），即可调整破断间隙参数。

6.3.8 辅助视图

辅助视图也叫向视图，是指从某一指定方向做投影，从而得到特定方向的视图效果，下面具体介绍辅助视图的创建。

如图6-124所示的安装座零件，现在已经完成了如图6-125所示主视图创建，需要在主视图右侧创建如图6-126所示的辅助视图（向视图），下面具体介绍创建过程。

步骤1 打开练习文件ch06 drawing\6.3\08\auxiliary_view_ex。

步骤2 创建初步辅助视图。首先创建初步辅助视图，然后调整辅助视图。

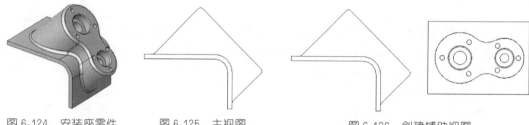

图 6-124 安装座零件 　　 图 6-125 主视图 　　 图 6-126 创建辅助视图

a. 创建初步的辅助视图。在"布局"功能面板的"模型视图"区域中单击"辅助"按钮 ◇辅助视图，表示创建辅助视图，然后在图6-127所示的斜边上单击以确定辅助视图投影参照，表示辅助视图是沿着与该边垂直的方向创建的投影视图，在主视图左下角位置单击，得到如图6-128所示的初步辅助视图。

b. 设置辅助视图显示样式。双击创建的辅助视图，在"绘图视图"对话框中设置视图样式为"消隐"，同时设置相切边不可见，结果如图6-129所示。

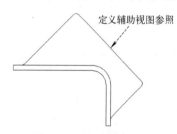
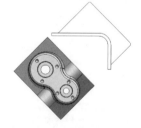

图 6-127 创建局部视图 　　 图 6-128 初步辅助视图 　　 图 6-129 设置视图显示样式

步骤3 移动辅助视图。此时创建的辅助视图与主视图之间存在斜投影关系，所以辅助视图只能在与辅助参照边垂直的方向移动，无法移动到其他的位置，要想移动辅助视图到其他的位置，必须先解除辅助视图与主视图之间的投影关系。双击辅助视图，系统弹出"绘图视图"对话框，在对话框的"类别"区域单击"视图类型"，然后在右侧的"类型"列表中选择"常规"选项，表示把辅助视图类型设置成一般视图，然后将辅助视图移动到如图6-130所示的位置（主视图右侧合适位置）。

步骤4 旋转辅助视图。此时得到的辅助视图还是一种倾斜状态，这样不便于后面标注尺寸，所以需要将辅助视图旋转一定角度，将其摆正。此时辅助视图与水平方向夹角为45°，如图6-131所示，需要将辅助视图旋转45°才能将其摆正。双击辅助视图，在"绘图视图"对话框的"视图方向"区域选择"角度"选项，在"旋转参照"列表中选择"法向"，在其下的"角度值"文本框中设置选项角度值 45，如图 6-132 所示，表示将视图沿着法向逆时针旋转 45°，单击"确定"按钮。

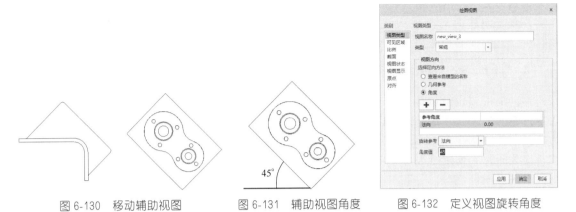

图 6-130 移动辅助视图　　图 6-131 辅助视图角度　　图 6-132 定义视图旋转角度

6.3.9 局部放大视图

局部放大视图，用于将视图中尺寸相对较小且较复杂的局部结构进行放大，从而增强视图可读性。创建局部放大视图时，需要首先在视图上选取一点作为参照中心点并草绘样条边界以确定放大区域，下面具体介绍局部放大视图的创建。

如图 6-133 所示的齿轮轴零件，现在已经完成了如图 6-134 所示的主视图创建，需要在主视图下方创建如图 6-135 所示的局部放大视图。

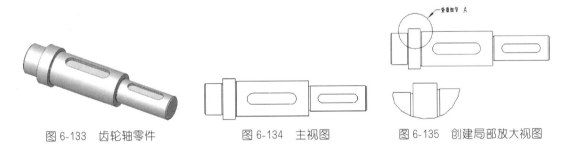

图 6-133 齿轮轴零件　　图 6-134 主视图　　图 6-135 创建局部放大视图

步骤 1　打开练习文件 ch06 drawing\6.3\09\detailed_view_ex。

步骤 2　创建局部放大视图。在"布局"功能面板的"模型视图"区域中单击"局部放大图"按钮 局部放大图，表示创建局部放大视图，然后在图 6-136 所示的位置单击以确定视图参照点，绘制如图 6-137 所示的样条边界，然后在放置局部放大视图的位置单击以放置视图，得到初步的局部放大视图。

图 6-136 定义参照点　　图 6-137 绘制样条边界

步骤 3　设置局部放大视图属性。双击创建的局部放大视图，系统弹出如图 6-138 所示的"绘图视图"对话框，在对话框中设置详细视图属性，包括视图名称及边界类型等，本例采用系统默认设置。

步骤 4 设置局部放大视图比例。局部放大视图的大小与图纸比例有关，如果图纸比例为 1∶2，则局部放大视图为父视图的 2 倍大，但可以根据实际需要调整比例。双击创建的局部放大视图，在弹出的"绘图视图"对话框中设置视图放大比例。

图 6-138　设置视图属性

6.3.10　移出剖视图

移出剖视图也被称为"断面图"，主要用于需要表达零件断面的场合，这样既可以简化视图，又能清晰表达视图断面结构。在 Creo 中创建移出剖视图需要首先准备横截面，其创建过程与全剖视图类似，下面具体介绍移出剖视图创建。

如图 6-139 所示的齿轮轴零件，现在已经完成了如图 6-140 所示的主视图，需要在主视图下方创建如图 6-141 所示的移出剖视图（断面图）。

图 6-139　齿轮轴零件　　　图 6-140　主视图　　　图 6-141　移出剖视图

步骤 1　打开练习文件 ch06 drawing\6.3\10\detailed_view_ex。

步骤 2　准备横截面。创建移出剖视图需要准备横截面。

a. 创建横截面基准面。创建横截面需要选择合适的基准面，本例键槽位置没有合适基准面，需要用户自定义基准面。选择"基准面"命令，系统弹出如图 6-142 所示的"基准平面"对话框，选择按住 Ctrl 键，选择如图 6-143 所示的顶点和模型表面，表示创建经过该顶点且平行于模型表面的基准面，该基准面用来创建横截面。

b. 创建横截面。选择"视图管理器"命令，选择上一步创建的基准平面，创建如图 6-144 所示的平面横截面，横截面名称为 A。

 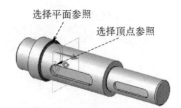 

图 6-142　"基准平面"对话框　　图 6-143　选择基准平面参照　　图 6-144　创建平面横截面

步骤 3　创建左视图。创建移出剖视图一般需要在已有的基本视图上创建，本例先创建左视图，然后在左视图上创建移出剖视图。选择主视图右键，在快捷菜单中选择"插入投影视图"命令，在主视图右侧放置左视图并设置显示样式，结果如图 6-145 所示。

步骤 4　创建移出剖视图。创建移出剖视图的操作与创建全剖视图的操作是完全一致的，只是截面属性不一样，下面在左视图上使用以上创建的横截面创建移出剖视图。

　　a. 创建初步的移出剖视图。在工程图中双击左视图，系统弹出"绘图视图"对话框，在对话框的"类别"区域单击"截面"，然后在"截面选项"区域选中"2D横截面"选项，单击
 按钮添加横截面，在横截面列表区的"名称"列表中选择前面创建的平面横截面，在"剖切区域"列表中选择"完全"，在"模型边可见性"区域选中"区域"选项（此选项非常关键），表示创建断面图，单击"确定"按钮，得到初步的移出剖视图，如图 6-146 所示。

　　b. 移动移出剖视图。因为移出剖视图是在左视图基础上创建的，所以移出剖视图与主视图之间存在投影关系，只能在投影方向上移动移出剖视图，无法移动到其他的位置，如果想移动移出剖视图到其他的位置，必须先解除移出剖视图与主视图之间的投影关系。双击移出剖视图，系统弹出"绘图视图"对话框，在对话框的"类别"区域单击"视图类型"，在右侧的"类型"列表中选择"常规"选项，把移出剖视图类型设置成一般视图，然后将移出剖视图移动到合适位置得到最终的移出剖视图。

图 6-145　创建左视图　　　　　图 6-146　创建初步移出剖视图

6.3.11　多模型视图

　　多模型视图是指在同一张工程图中创建多个不同零件视图。当表达某个零件的结构需要参照其他零件结构时就需要用到多模型视图。在多模型视图中，各个零件的视图与其相应零件模型相关联。下面具体介绍多模型视图创建。

　　如图 6-147 所示的泵盖与泵体零件，现在需要在同一张工程图中查看泵盖与泵体零件视图，这种情况，就需要创建如图 6-148 所示多模型视图。

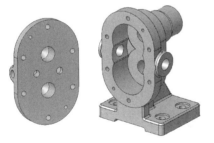
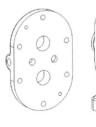
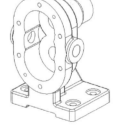

图 6-147　泵盖与泵体零件　　　　　图 6-148　多模型视图

　　步骤 1　设置工作目录 F：\creo_jxsj\ch06 drawing\03\11。
　　步骤 2　新建工程图。选择"新建"命令，在"新建"对话框中选择"绘图"选项，输入绘图名称 multi_view，取消"使用缺省模板"选项，单击"确定"按钮，在弹出的"新建绘图"对话框中选择缺省模型为 pump_body，表示用 pump_body 出工程图，在指定模板区域选择"使用模板"选项，单击"浏览"按钮选择工作目录中的 a3_template 模板文件作为出图模板。
　　步骤 3　创建泵体（pump_body）视图。因为在上一步已经选择了 pump_body 为缺省模型，所以此时只能使用 pump_body 出图，使用模型中的 V1 视图定向创建视图并设置视图显示样式，得到如图 6-149 所示的泵体视图。
　　步骤 4　创建泵盖（pump_body）视图。如果要在已有的视图中创建其他零件的视图，需要首先添加绘图模型再做视图。

a. 添加模型。在"布局"功能面板的"绘图视图"区域单击"绘图模型"按钮 ，系统弹出如图 6-150 所示的"菜单管理器"，在"菜单管理器"中选择"添加模型"命令，表示在现有的视图中添加其他绘图模型，在系统弹出的如图 6-151 所示的"打开"对话框中选择 pump_cover 零件。

b. 创建泵盖视图。添加 pump_cover 绘图模型后，接下来就可以创建 pump_cover 视图，使用模型中的 V1 定向视图创建视图并设置视图显示样式，如图 6-148 所示。

图 6-149　泵体视图　　图 6-150　菜单管理器　　　　图 6-151　选择添加其他绘图模型

6.3.12　加强筋剖视图

在机械制图中规定，加强筋或肋板结构在剖视图中不用做剖切，否则不符合机械制图规范要求，Creo 中没有直接创建这种剖视图的工具，需要使用草图工具处理。

如图 6-152 所示的支架零件，现在已经完成了如图 6-153 所示基本视图的创建，需要在其左视图中创建全剖视图，如图 6-154 所示，下面具体介绍创建过程。

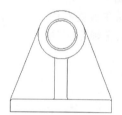
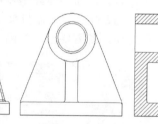

图 6-152　支架零件　　　　　图 6-153　基本视图　　　　　图 6-154　加强筋剖视图

步骤 1　打开练习文件 ch06 drawing\03\12\rib_view_ex。

步骤 2　准备横截面。创建全剖视图首先准备横截面。

a. 打开绘图模型。在工程图模型树中打开绘图模型，在零件环境创建横截面。

b. 新建横截面。使用"视图管理器"命令，然后选择零件模型中的 FRONT 基准面创建如图 6-155 所示的平面横截面。

步骤 3　准备初步全剖视图。双击左视图，在弹出的"绘图视图"对话框中使用前面做好的平面横截面创建全剖视图，结果如图 6-156 所示。

> 💡 **说明**：此时创建的全剖视图对结构中的加强筋也做了剖切，这种剖视图不符合机械制图规范要求，在机械制图中加强筋是不用剖切的，接下来对剖视图进行必要的修改，得到正确的加强筋剖视图，下面具体介绍。

步骤 4　创建加强筋剖视图。创建加强筋剖视图基本思路是先拭除不正确的剖面线，然后使用草绘功能重新绘制加强筋剖切区域，最后使用剖面线工具创建加强筋剖视图。

a. 隐藏剖面线。单击视图中的剖面线，在弹出的快捷菜单中单击 按钮，如图 6-157 所示，隐藏错误的剖面线，结果如图 6-158 所示。

图 6-155　创建平面横截面

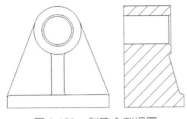

图 6-156　创建全剖视图

图 6-157　隐藏剖面线

b. 创建加强筋剖切区域。正确的加强筋剖切区域是除了加强筋位置不用剖切以外，其他位置正常剖切。在 Creo 中像这种特殊剖切区域需要使用工程图环境中的"草绘"功能来处理。

● 绘制初步的剖切区域。在工程图中切换至"草绘"功能面板，在"草绘"功能面板的"草绘"区域选择 □ 使用边 命令，选择如图 6-159 所示的视图边线将其转换成草绘图元得到初步的剖切区域，此时封闭区域是开放的。

● 绘制封闭的剖切区域。创建的剖切区域必须是封闭的，接下来继续绘制剖切区域。在"草绘"功能面板的"草绘"区域选择 ＼ 线 命令，绘制如图 6-160 所示的直线。

图 6-158　隐藏剖面线结果

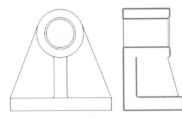

图 6-159　选择使用边对象

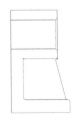

图 6-160　绘制直线

● 绘制如图 6-161 所示的草绘圆角。在"草绘"功能面板的"草绘"区域选择 ＼ 圆角 命令，按住 Ctrl 键选择圆角两端的直线，单击鼠标中键，系统弹出如图 6-162 所示的"圆角属性"对话框，在对话框中设置圆角半径为 2，单击"确定"按钮。

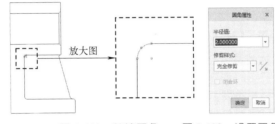

图 6-161　草绘圆角　图 6-162　设置圆角半径

c. 填充剖面线。选中绘制的封闭剖切区域，如图 6-163 所示，在"草绘"功能面板的"格式化"区域选择 剖面线/填充 命令，系统弹出如图 6-164 所示的工具条，采用系统默认横截面名称，单击 ✔ 按钮完成剖面线填充，如图 6-165 所示。

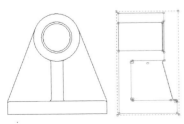

图 6-163　选中封闭剖切区域

图 6-164　设置横截面名称

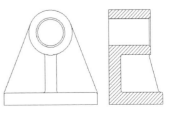

图 6-165　填充剖面线

241

💡 **说明：** 填充剖面线后双击剖面线，系统弹出如图 6-166 所示的 "修改剖面线" 菜单管理器，首先在菜单管理器中选择 "Hatch XCH（剖面线 XCH）" 命令，此时可以编辑剖面线属性，然后选择 "Spacing（间距）" 命令，在 "修改模式" 区域使用 "Half（半倍）" "Double（双倍）" 或 "Value（值）" 命令调整剖面线间距。

步骤 5 视图相关操作。完成以上加强筋剖视图创建后，移动左视图将发现剖面线没有与视图一起移动，如图 6-167 所示，这不符合工程图视图要求，必须将剖面线与所在视图做成一个整体，这需要进行视图相关操作。在左视图中选择创建的剖面线，如图 6-168 所示，在 "草绘" 功能面板的 "组" 区域选择 🔲 与视图相关 命令，选择左视图，表示将剖面线与左视图做成一个整体。

图 6-166　修改剖面线

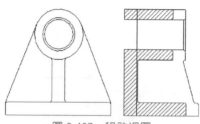

图 6-167　移动视图

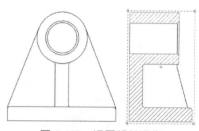

图 6-168　视图相关操作

6.3.13　装配体视图

对于装配产品出图，需要首先创建装配体视图，其实，装配体视图的创建与前面介绍的零件视图的创建是类似的，但是有两点需要特别注意，一个是装配体剖视图，另外一个是装配体分解视图。这两种视图与零件视图有很大的区别，接下来主要介绍装配体剖视图及装配体分解视图的创建。

（1）装配体剖视图

装配体中经常需要创建装配体剖视图，其创建方法与零件中的剖视图创建方法是类似的，但是有一点需要特别注意，在创建装配体剖视图时，需要处理装配体中不用剖切的对象，如装配体中的轴、标准件（螺栓、螺母、垫圈等）等都不用剖切，否则不符合工程图出图要求，下面具体介绍装配体剖视图的创建。

如图 6-169 所示的轴承座装配，需要创建如图 6-170 所示的装配体剖视图，包括主视图、俯视图、左视图，并且需要在主视图上创建轴承座半剖视图。

步骤 1 设置工作目录 F：\creo_jxsj\ch06 drawing\6.3\13\01。

步骤 2 新建装配工程图。选择工作目录中的 bearing_asm 装配模型及 a3_template 模板文件新建工程图文件（此步骤与新建零件工程图操作是一样的）。

步骤 3 创建装配体基本视图。在工程图环境按住右键，在快捷菜单中选择 "普通视图" 命令，系统弹出 "选择组合状态" 对话框，直接单击 "确定" 按钮，参照零件基本视图创建方法创建如图 6-171 所示的装配体基本视图。

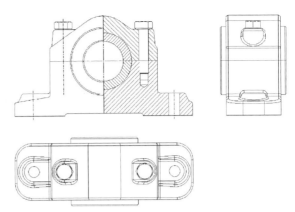

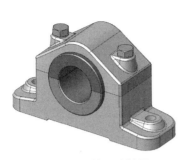

图 6-169 轴承座装配

图 6-170 创建装配体剖视图

步骤 4 创建装配体半剖视图。与零件半剖视图的创建方法是一样的。

a. 准备横截面。在工程图环境中打开绘图模型，选择"视图管理器"命令，选择装配环境中的 FRONT 基准面创建如图 6-172 所示的平面横截面。

b. 创建半剖视图。在工程图环境中使用创建的平面横截面在主视图中创建如图 6-173 所示的装配体半剖视图（此步骤与零件半剖视图操作是一样的）。

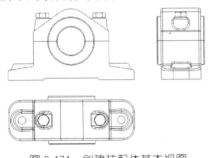

图 6-171 创建装配体基本视图

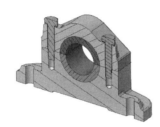

图 6-172 创建平面横截面

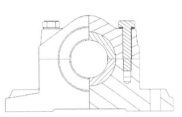

图 6-173 创建半剖视图

> 💡 **注意**：此时得到的装配体半剖视图存在一些不规范的问题，装配体中的螺栓及垫圈属于标准件，在工程图中不用剖切，但是此处创建半剖视图时都做了剖切，这是不对的。另外，装配体中各零件剖面线的角度、间距都不是很规范，需要重新设置。

步骤 5 整理半剖视图剖面线。需要处理螺栓、垫圈不剖切问题及其他各零件剖面线不规范的问题，下面具体介绍。

a. 处理螺栓、垫圈不剖切问题。选择螺栓零件剖面线，系统弹出"编辑剖面线"操控板，在"包含"区域选择 ━ 排除 命令，表示不剖切螺栓零件，相同的方法排除垫圈零件上的剖面线，结果如图 6-174 所示。

b. 重新创建底座零件剖面线。排除螺栓、垫圈零件剖面线后，底座中螺纹孔与螺栓零件装配位置的剖面线不对，需要重新创建剖面线。

• 拭除底座剖面线。选择底座零件剖面线，在弹出的快捷菜单中单击 🖉 按钮，隐藏底座零件上的剖面线，结果如图 6-175 所示。

> 💡 **注意**：此处在处理不规范剖面线时用到了"排除"和"隐藏"命令，使用"排除"命令表示将选中模型设置为不剖切显示，使用"隐藏"命令表示选中模型已经做了剖切，只是隐藏其中的剖面线，注意使用上的区别。

• 绘制底座剖切区域。首先使用工程图草绘中的"使用边"命令绘制如图 6-176 所示的草图，然后使用草绘直线绘制如图 6-177 所示的底座剖面线封闭区域（特别注意底座螺纹孔附近剖切区域的绘制要符合螺纹工程图规范要求）。

图 6-174　排除螺栓、垫圈剖面线　　图 6-175　隐藏底座剖面线　　图 6-176　绘制轮廓边线草图

• 填充剖面线。选择"剖面线/填充"命令，在以上绘制的底座剖切区域填充剖面线并设置剖面线属性，如图 6-178 所示。

• 设置剖面线与主视图相关性。选择绘制的底座剖切区域及填充剖面线，设置与主视图相关性，保证剖切区域及填充剖面线与主视图是一个整体。

c. 整理半剖视图剖面线。因为装配视图中涉及不同大小的零件，需要整理剖面线，增强视图可读性。整理原则是尽量设置相连两零件剖面线角度相反或间距疏密区分明显，如图 6-179 所示，具体操作请参看随书视频讲解。

图 6-177　草绘剖切区域　　　　图 6-178　填充剖面线　　　　图 6-179　编辑剖面线

（2）装配体分解视图

装配体视图与零件视图最大的区别就是装配体需要创建分解视图以表达装配体中零部件装配组成关系，增强可读性，而零件视图因为是单个零件，所以不用创建分解视图，下面具体介绍如图 6-180 所示轴承座装配体分解视图的创建。

步骤 1　设置工作目录 F：\creo_jxsj\ch06 drawing\6.3\13\02。

步骤 2　新建装配工程图。选择工作目录中的 bearing_asm 装配模型及 a3_template 模板文件新建工程图文件（此步骤与新建零件工程图操作是一样的）。

步骤 3　创建装配定向视图。在工程图中装配体分解视图一般是在轴测图上创建的，使用"视图管理器"创建如图 6-181 所示的定向视图，为创建轴测图做准备。

步骤 4　在装配环境创建装配体分解视图。在工程图中装配体分解视图是基于装配模型分解视图创建的，在装配环境中使用"视图管理器"创建如图 6-182 所示的分解视图并保存，为后面在工程图环境中创建分解视图做准备。

步骤 5　在工程图环境创建装配体分解视图。

a. 创建装配体轴测图。在工程图环境中使用步骤 3 创建的定向视图创建如图 6-183 所示的装配体轴测图。

b. 创建装配体分解视图。双击装配体轴测图，系统弹出"绘图视图"对话框，在对话框的"类别"区域选择"视图状态"，在右侧的"分解视图"区域中选中"视图中的分解元件"选项，然后在"组件分解状态"下拉列表中选择步骤 4 创建的装配分解视图（EXP0001），如图 6-184 所示，单击"确定"按钮，完成装配体分解视图的创建。

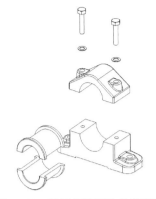

图 6-180 轴承座装配体分解视图

图 6-181 创建定向视图

图 6-182 创建分解视图

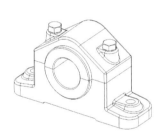

图 6-183 创建装配体轴测图

图 6-184 定义分解视图

6.4 工程图标注

工程图标注属于工程图中非常重要的技术信息，实际产品的设计与制造都要严格按照工程图标注信息来完成。工程图标注主要包括中心线标注、尺寸标注、尺寸公差标注、基准标注、形位公差标注、表面粗糙度标注、焊接符号标注、注释文本等等，下面具体介绍。

6.4.1 中心线标注

工程图标注中首先要创建中心线标注，标注中心线为其他各项工程图标注做准备。

（1）显示中心线

在 Creo 中创建的模型，像孔特征、圆柱特征，系统都会自动创建一根轴线，在工程图中，像这些轴线可以直接作为中心线参考完成中心线标注。

如图 6-185 所示的基座零件，该零件是在 Creo 软件环境中创建的源模型，其中的孔及圆柱结构都自带轴线，像这种情况可以自动显示中心线，如图 6-186 所示。

步骤 1 打开文件 ch06 drawing\6.4\01\centerline01_ex。

步骤 2 自动显示中心线。在"注释"功能面板中单击"注释"区域的"显示模型注释"按钮 ，系统弹出如图 6-187 所示的"显示模型注释"对话框，用来自动显示模型中的注释信息，在对话框中单击 按钮，表示自动显示（标注）中心线。

a. 标注主视图中心线。选择主视图表示要在主视图中自动显示中心线，此时"显示模型注释"对话框如图 6-188 所示，在对话框中显示包含的所有轴线，根据出图要求，选择需要显示的轴线，结果如图 6-189 所示，然后使用鼠标拖动中心线端点，调整中心线长度，完成主视图中心线标注，结果如图 6-190 所示。

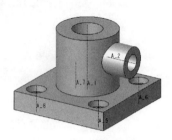

图 6-185 基座零件

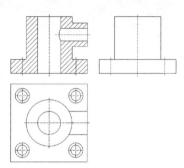

图 6-186 创建中心线标注

图 6-187 显示模型注释

图 6-188 选择显示中心线

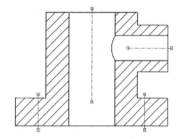

图 6-189 显示初步的中心线

b. 参照以上步骤完成俯视图及左视图中心线自动标注，结果如图 6-186 所示。具体操作此处不再赘述，读者可根据随书视频讲解自行练习。

在标注中心线时如果中心线长度偏小或偏大将不符合工程图标注规范要求，需要在如图 6-191 所示的"选项"对话框中设置中心线参数，其中 axis_line_offset 选项控制回转面轴线长度，circle_axis_offset 选项控制圆形中心轴线长度，两者默认值为 0.1，本例采用系统默认值。

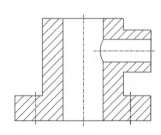

图 6-190 主视图中心线标注

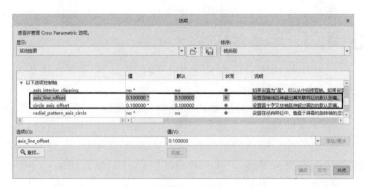

图 6-191 设置中心线配置参数

（2）自定义中心线

如果绘图模型不是在 Creo 软件中创建的，而是从其他外部文件导入的，此时模型不会自带轴线，在这种情况下需要用户自定义中心线。

如图 6-192 所示的安装板零件，该零件模型是从 STP 导入到 Creo 软件中的，这种情况需要使用自定义中心线方法标注中心线，如图 6-193 所示。

图 6-192 安装板零件

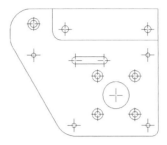

图 6-193 自定义中心线标注

步骤 1 打开文件 ch06 drawing\6.4\01\centerline02_ex。

步骤 2 创建基准轴。在工程图环境中打开绘图模型，选择"基准轴"命令，在每个孔位置创建基准轴为中心线标注做准备，如图 6-194 所示。

步骤 3 显示中心线。选择"显示模型注释"命令，然后选择需要显示中心线的工程图视图，显示模型中的所有中心线，结果如图 6-195 所示。

> **注意**：本例标注的中心线长度都偏小，不符合工程图标注规范，需要在"绘图选项"中设置 circle_axis_offset 选项值为 0.25。

图 6-194 创建基准轴

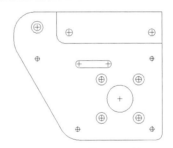

图 6-195 显示中心线

6.4.2 尺寸标注

尺寸标注方法主要包括两种：一种是自动尺寸标注；另外一种是手动尺寸标注。另外，在标注尺寸过程中一定要注意尺寸关联性问题。

（1）自动尺寸标注

如果绘图模型是在 Creo 中创建的源模型，模型中会自带各种尺寸数据，像这种情况在工程图中可以直接使用"显示模型注释"命令自动显示（标注）尺寸。

如图 6-196 所示的固定座零件，该零件是在 Creo 中创建的源模型，下面以该模型为例介绍使用"显示模型注释"命令自动显示（标注）尺寸的方法，如图 6-197 所示。

步骤 1 打开文件 ch06 drawing\6.4\02\01\auto_dim_ex。

步骤 2 自动显示（标注）尺寸。在"注释"功能面板中单击"注释"区域的"显示模型注释"按钮 ，系统弹出"显示模型注释"对话框，在对话框中单击 按钮，表示自动显示（标注）尺寸。

a. 选择需要标注的尺寸。在工程图中单击主视图，表示要在主视图中标注尺寸，此时在主视图上显示与该视图相关的所有尺寸，如图 6-198 所示，在"显示模型注释"对话框中选择需要标注的尺寸，如图 6-199 所示，单击"确定"按钮，完成尺寸标注，结果如图 6-200 所示。

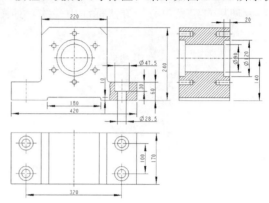

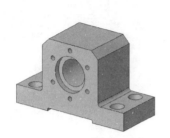

图 6-196　固定座零件　　　　　　　　　　图 6-197　自动尺寸标注

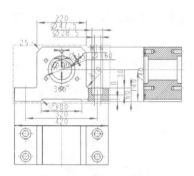

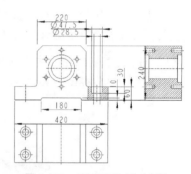

图 6-198　显示所有尺寸　　图 6-199　选择需要标注的尺寸　　图 6-200　完成自动尺寸标注

b. 整理尺寸。完成自动尺寸标注后，尺寸放置杂乱无章且不符合工程图规范要求，需要对标注的尺寸进行整理。选择下拉菜单"文件"→"绘图选项"命令，系统弹出"选项"对话框，在该对话框中设置绘图选项参数。

- 设置文本字高。设置 drawing_text_eight 为 0.15。
- 设置箭头长度。设置 draw_arrow_length 为 0.3。
- 设置箭头宽度。设置 draw_arrow_width 为 0.08。
- 整理尺寸。使用鼠标移动各尺寸到合适的位置，结果如图 6-201 所示。

步骤 3　自动标注其他视图尺寸。参照步骤 2 在其他视图中完成自动尺寸标注。

综上所述，自动标注尺寸非常高效，能够根据模型中已有的尺寸信息快速完成尺寸标注，但是一定要满足两个必要条件：

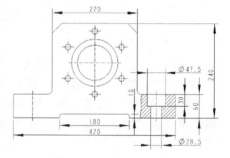

图 6-201　整理尺寸结果

首先，模型必须是在 Creo 软件中创建的源模型，从其他外部文件导入到 Creo 的模型都是无参数模型，没有尺寸信息便无法使用这种自动标注方法。

其次，工程图中需要标注的尺寸必须存在于模型中，模型中没有的尺寸参数无法通过自动标注显示在工程图中。这其实对前期的模型设计提出了更高的要求，就是在模型设计过程中必须考虑将来出图的问题，模型设计不规范会影响后期的工程图出图。

（2）手动尺寸标注

如果绘图模型不是在 Creo 软件中创建的，而是从其他外部文件导入进来的，此时模型中没有尺寸参数；另外，模型即使是在 Creo 中创建的，但是如果模型设计不规范，没有包含工程图标注所需的尺寸参数，在这些情况下都需要手动标注尺寸。手动标注最大的特点就是非常灵活，用户想标注哪里的尺寸都可以，所以掌握手动尺寸标注是非常重要的，下面具体介绍手动尺寸标注操作。

① 一般尺寸标注。一般尺寸标注包括线性尺寸、角度尺寸、圆弧半径及直径尺寸、圆弧间距尺寸，在"注释"功能面板中单击 按钮，创建一般尺寸标注。

如图 6-202 所示的安装支架零件，现在已经完成了工程图视图的创建，需要继续创建如图 6-203 所示的尺寸标注，因为模型为 STP 导入模型，需要使用手动方式创建这些尺寸，下面具体介绍一般尺寸标注。

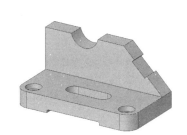

图 6-202 安装支架零件

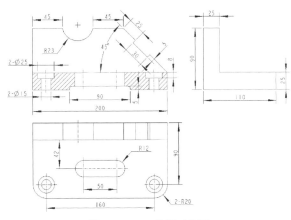

图 6-203 一般尺寸标注

步骤 1 打开练习文件 ch06 drawing\6.4\02\02\dim_01_ex。

步骤 2 选择命令。在"注释"功能面板中单击 按钮，系统弹出如图 6-204 所示的"选择参考"对话框，用于设置标注尺寸的选择对象类型，接受默认设置。

步骤 3 创建如图 6-205 所示的线性尺寸标注。单击 按钮，选择线性边或两个线性对象，然后在放置尺寸的位置单击鼠标中键完成线性尺寸标注。

💡 **注意**：当选择两个对象标注尺寸时，一定要按住 Ctrl 键选择两个对象再标注。

图 6-204 "选择参考"对话框

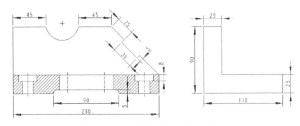

图 6-205 创建线性尺寸标注

💡 **说明**：在标注线性尺寸时，为了符合尺寸标注的规范性要求，需要在"绘图属性"中进行设置，具体包括以下设置：

a. 使用 default_lindim_text_orientation 选项设置线性尺寸文本方向，其默认值为 horizontal * 时，表示线性尺寸文本方向始终保持水平，如图 6-206（a）所示；设置值为 parallel_to_and_above_leader 时，表示线性尺寸文本方向始终平行于尺寸线且在尺寸线上方，如图 6-206（b）所示。

b. 使用 dim_leader_length 选项在尺寸线箭头超出尺寸界线时设置尺寸线的长度，如图 6-207 所示。

c. 使用 witness_line_delta 选项设置尺寸界线在尺寸线箭头上的延伸量，使用 witness_line_offset 选项设置尺寸线与标注对象之间的偏移量，如图 6-208 所示。

d. 使用 arrow_style 选项设置箭头样式，其值为 filled 时表示填充箭头，其值为 open 时表示开放箭头，其值为 closed 时表示封闭箭头，如图 6-209 所示。

e. 使用 draw_arrow_length 选项设置箭头长度，使用 draw_arrow_width 选项设置箭头宽度，箭头长度一般是箭头宽度的 4 倍。

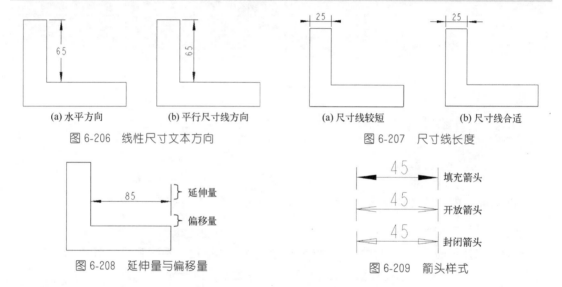

（a）水平方向　　　　（b）平行尺寸线方向

图 6-206　线性尺寸文本方向

（a）尺寸线较短　　　　（b）尺寸线合适

图 6-207　尺寸线长度

图 6-208　延伸量与偏移量

图 6-209　箭头样式

步骤 4　创建如图 6-210 所示的角度尺寸标注。单击 按钮，按住 Ctrl 键选择成夹角的两个轮廓边线对象，然后在放置尺寸的位置单击鼠标中键标注角度尺寸。

💡 **说明：** 在标注角度尺寸时，为了符合尺寸标注的规范性要求，需要在"绘图属性"中进行设置。使用 default_angdim_text_orientation 选项设置角度尺寸文本方向，使用 horizontal 选项设置角度尺寸文本保持水平。

步骤 5　创建如图 6-211 所示的半径尺寸标注（注意半径尺寸标注样式）。圆弧（非整圆）或倒圆角尺寸一般需要标注半径尺寸。

a. 创建初步的半径尺寸标注。单击 按钮，选择圆弧（非整圆）或倒圆角对象，在需要放置尺寸的位置单击鼠标中键，完成初步的半径尺寸标注，如图 6-212 所示。

b. 设置半径尺寸标注样式。实际工程图中标注半径尺寸一般需要标注成如图 6-211 所示的样式。选中标注的尺寸，系统弹出如图 6-213 所示的"尺寸"面板，在"尺寸"面板中设置尺寸样式。首先单击"显示"按钮 ，在弹出的如图 6-214 所示页面的"文本方向"下拉列表中选择"ISO-居上-延伸"选项，结果如图 6-215 所示，单击尺寸，在弹出的如图 6-216 所示的快捷菜单中单击"文本反向"按钮 调整尺寸文本方向。

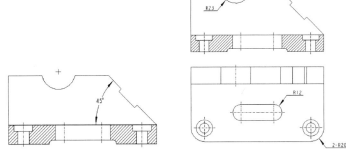

图 6-210 创建角度尺寸标注　　图 6-211 创建半径尺寸标注　　图 6-212 创建初步半径尺寸标注

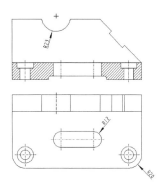

图 6-213 "尺寸" 面板

图 6-214 设置文本方向　　　图 6-215 设置文本方向结果　　图 6-216 反向文本

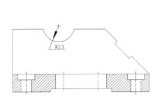
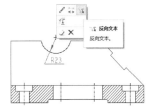

> **说明：** 在标注半径尺寸时，除了在 "文本" 面板中设置尺寸文本方向以外，还可以在 "绘图属性" 中设置。使用 default_ raddim_ text_ orientation 选项设置半径尺寸文本方向，选择 above_extended_elbow 选项，表示文本方向在尺寸线弯头延伸线上。

　　c. 设置尺寸前缀。在 "文本" 面板中单击 "尺寸文本" 按钮 ⌀10.0Φ，在弹出的如图 6-217 所示的页面中设置尺寸文本，包括前缀和后缀，在 "前缀" 文本框中输入前缀信息 "2-R"（表示图中有两个半径相同的圆弧或圆），结果如图 6-218 所示。

　　步骤 6　创建直径尺寸标注。直径尺寸标注包括两种方式：一种是圆形直径标注（如图 6-219 所示），另外一种是圆柱直径标注（如图 6-220 所示）。

　　a. 创建如图 6-219 所示的圆形直径标注。单击 ⊢⊣ 按钮，直接双击圆弧，在放置尺寸位置单击鼠标中键，完成直径标注。选中标注的直径尺寸，在弹出的快捷菜单中单击 "反向箭头" 按钮 |↔|，如图 6-221 所示，调整尺寸标注的箭头方向，多次选择该命令可以调整尺寸箭头三个方向，如图 6-221～图 6-223 所示。

图 6-217　设置尺寸前缀

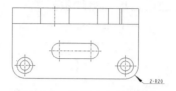

图 6-218　设置文本前缀结果

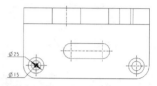

图 6-219　创建圆形直径标注

说明： 在标注直径尺寸时，除了在"文本"面板中设置尺寸文本方向以外，还可以在"绘图属性"中设置。使用 default_diadim_text_orientation 选项设置直径尺寸文本方向，选择 above_extended_elbow 选项，表示文本方向在尺寸线弯头延伸线上。

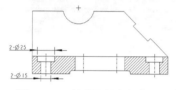

图 6-220　创建圆柱直径标注

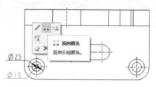

图 6-221　反向箭头命令

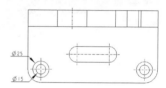

图 6-222　反向箭头方向 1

b. 创建如图 6-220 所示的圆柱直径标注。首先创建如图 6-224 所示的线性尺寸标注，选择尺寸，在"文本"面板中单击"尺寸文本"按钮 ⌀10.0①，在如图 6-225 所示的页面中输入前缀信息"2-"，在尺寸文本区域的尺寸值前面输入直径符号"⌀"。

图 6-225　设置尺寸文本

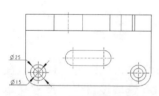

图 6-223　反向箭头方向 2

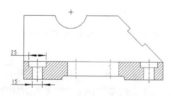

图 6-224　线性尺寸标注

步骤 7　创建如图 6-226 所示的圆弧间距尺寸标注。单击 ⊓ 按钮，直接选择需要标注的两个圆弧对象，在放置尺寸的位置单击鼠标中键，完成圆弧间距尺寸标注。另外，在标注尺寸时，在如图 6-227 所示的"选择参考"对话框中单击 ⚲ 按钮，表示标注相切尺寸，选择需要标注的圆弧对象，结果如图 6-228 所示。

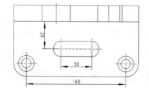

图 6-226　创建圆弧间距尺寸标注

图 6-227　定义相切类型

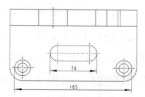

图 6-228　相切类型圆弧间距

② 纵坐标尺寸标注。纵坐标尺寸标注如图 6-229 所示，在"注释"功能面板中单击 ⊥纵坐标尺寸 按钮创建纵坐标尺寸标注，下面具体介绍纵坐标尺寸标注。

步骤 1 打开练习文件 ch06 drawing\6.4\02\02\dim_03_ex。

步骤 2 选择命令。在"注释"功能面板中单击 ⊥纵坐标尺寸 按钮，系统弹出"选择参考"对话框，使用系统默认设置。

步骤 3 创建纵坐标尺寸标注。首先选择视图底边为 0 基准边，然后按住 Ctrl 键从下到上依次选择标注对象，结果如图 6-229 所示。

（3）工程图关联性

在 Creo 中创建工程图是根据已有的三维模型得到工程图，一旦模型发生变化，工程图文件也会发生相应的变化，即工程图与绘图模型存在关联性。如图 6-230 所示的滑块零件及其工程图，下面具体介绍三维模型与工程图之间的关联问题。

图 6-229 纵坐标尺寸标注   图 6-230 工程图关联性

步骤 1 打开练习文件 ch06 drawing\6.4\02\03\dim_correlation_ex。

步骤 2 自动尺寸标注与三维模型的关联性。在 Creo 中创建的自动尺寸标注可以直接在工程图中修改，同时驱动三维模型发生相应的变化。

a. 创建自动尺寸标注。在工程图中使用"显示模型注释"命令创建如图 6-231 所示的自动尺寸标注。

b. 修改自动尺寸标注。双击自动尺寸标注，修改尺寸值为 40，如图 6-232 所示，在"快速访问工具条"中单击 按钮，结果如图 6-233 所示。

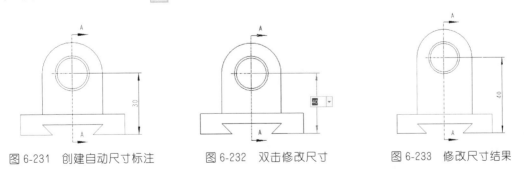

图 6-231 创建自动尺寸标注   图 6-232 双击修改尺寸   图 6-233 修改尺寸结果

c. 查看三维模型变化。在工程图中打开绘图模型，此时的三维模型已经发生了相应的变化，如图 6-234 所示。打开特征草图，模型中尺寸的变化与工程图中尺寸的变化一致，如图 6-235 所示。

步骤 3 三维模型与工程图的关联性。在三维模型中修改尺寸值，如图 6-236 所示，切换至工程图环境，此时工程图中的视图尺寸发生相应的变化，如图 6-237 所示。

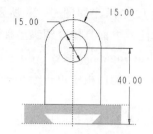

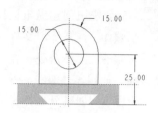

图 6-234　查看三维模型　　　图 6-235　三维模型尺寸变化　　　图 6-236　修改三维模型尺寸

步骤 4　手动尺寸标注与三维模型的关联性。在 Creo 中手动尺寸标注是根据三维模型中的实际尺寸创建的，不能直接在工程图中修改尺寸值，也无法驱动三维模型发生相应的变化。

a. 创建手动尺寸标注。在工程图的"注释"功能面板中单击 ⊟ 命令，手动创建如图 6-238 所示的左侧"25"尺寸。

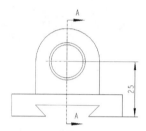

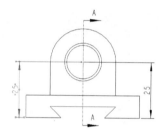

图 6-237　工程图尺寸变化　　　　　图 6-238　创建手动尺寸标注

b. 修改手动尺寸标注。双击手动尺寸标注，无法直接修改尺寸值，如果一定要在工程图中修改手动尺寸标注，可以单击手动尺寸标注，在弹出的"尺寸"面板中选中左侧的 ☑▭▭ 区域，在其后的文本框中输入尺寸覆盖值 45，如图 6-239 所示，此时视图结果如图 6-240 所示，三维模型也没有发生相应变化。

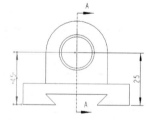

图 6-239　修改尺寸覆盖值　　　　　图 6-240　覆盖值不改变视图

注意：此处修改的"覆盖值"可以理解为"假值"，并不是真实值，也不能驱动三维模型发生相应的变化，修改覆盖值主要用在一些需要近似标注尺寸的场合。

综上所述，在工程图中标注尺寸时，尽量使用自动标注，这样便于以后随时修改尺寸参数，不用频繁在工程图与三维模型中切换，提高工程图出图效率。

6.4.3　尺寸公差标注

工程图中涉及加工及配合的位置都需要标注尺寸公差，在 Creo 中需要在已有的尺寸标注上进行公差标注。

如图 6-241 所示的端盖零件工程图，需要标注如图 6-242 所示的尺寸公差（包括线性公差与轴孔配合公差），下面具体介绍尺寸公差的标注。

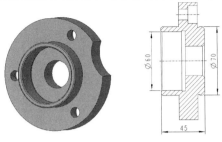
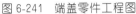

图 6-241　端盖零件工程图

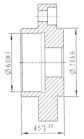

图 6-242　标注尺寸公差

步骤 1　打开练习文件 ch06 drawing\6.4\03\tolerance_ex。

步骤 2　设置公差显示选项。在工程图中标注尺寸公差需要首先选择尺寸标注，系统弹出"尺寸"面板，在"尺寸"面板的"公差"区域标注公差，但是默认情况下该区域是灰色的，表示无法标注尺寸公差，如果要标注尺寸公差，需要在"绘图属性"中设置公差显示选项。在"选项"对话框中设置公差显示选项 tol_display 的值为 yes（默认值为 no），如图 6-243 所示，表示允许标注尺寸公差。

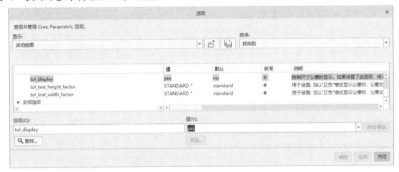

图 6-243　设置公差显示

步骤 3　标注线性尺寸公差。设置公差显示选项后，单击线性尺寸"45"，在"尺寸"面板的"公差"区域的下拉列表中选择"正负"选项，表示标注"正负"公差，然后在"上公差"文本框中输入 0.25，在"下公差"文本框中输入 0，如图 6-244 所示，完成线性尺寸公差的标注，结果如图 6-245 所示。

图 6-244　设置公差属性

> 💡 **说明**：在"公差模式"下拉列表中设置公差样式，包括四种公差样式，如图 6-246 所示，分别是"限制公差""加-减公差""对称公差""对称上标公差"。

步骤 4　标注配合公差。在 Creo 中标注配合公差可以直接在尺寸文本后面加后缀，单击直径尺寸 φ60，在"尺寸"面板中单击，在弹出页面的"后缀"文本框中输入公差值 H7，如图 6-247 所示，相同的方法设置 φ70 尺寸的配合公差为 k6。

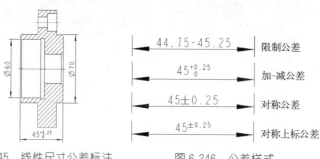

图 6-245 线性尺寸公差标注　　　图 6-246 公差样式　　　图 6-247 标注配合公差

6.4.4 基准标注

基准标注主要用于配合形位公差的标注，基准标注包括基准面标注和基准轴标注，下面具体介绍基准标注。

（1）基准面标注

基准面标注的对象一般是模型上的平面或基准面，接下来介绍如图 6-248 所示基准面的标注，为将来标注形位公差做准备。

步骤 1 打开练习文件 ch06 drawing\6.4\04\datum_plane_ex。

步骤 2 创建基准面标注。在"注释"功能面板中单击 🛢 **基准特征符号**按钮，选择主视图底部平面边线为标注对象，在合适位置单击鼠标中键，结果如图 6-249 所示。

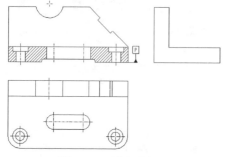

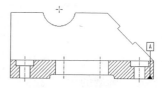

图 6-248 基准面标注　　　　　图 6-249 标注基准面

步骤 3 编辑基准面标注。选择基准面标注，系统弹出如图 6-250 所示的"基准特征"面板，在文本框中输入基准字符 P，得到最终基准面标注，如图 6-248 所示。

💡 **说明**：如果基准面标注错误可以删除基准面标注，直接选择需要删除的基准标注，在系统弹出的如图 6-251 所示的快捷菜单中单击 ✕ 按钮，即可删除基准标注。

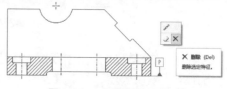

图 6-250 编辑基准面　　　　　图 6-251 删除基准面标注

（2）基准轴标注

基准轴标注的对象一般是模型上的轴线或基准轴，接下来介绍如图 6-252 所示基准轴的标注，为将来标注形位公差做准备。

步骤 1　打开练习文件 ch06 drawing\6.4\04\datum_axis_ex。

步骤 2　创建基准轴标注。在"注释"功能面板中单击 ⚐ ~~基准特征符号~~ 按钮，选择如图 6-253 所示的边线为标注对象，在合适位置单击鼠标中键，结果如图 6-253 所示。

步骤 3　编辑基准轴标注。选择基准轴标注，系统弹出"基准特征"面板，在文本框中输入基准字符 P，结果如图 6-252 所示。

> 💡 **说明：**此处基准轴标注在 φ70 的尺寸上，因为 φ70 表示直径尺寸，就是视图中对应圆柱面的直径，将基准轴直接标注在直径尺寸上即表示将该圆柱面的轴线作为基准轴，等效于直接标注在圆柱面的轴线上（如图 6-254 所示）。

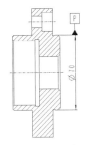
图 6-252　基准轴标注

图 6-253　标注基准轴

图 6-254　等效标注方法

6.4.5　几何公差标注

几何公差是形状公差和位置公差总称，用来指定零件的尺寸和形状与精确值之间所允许的最大偏差。零件的形位公差共 14 项，其中形状公差 6 个（直线度、平面度、圆度、圆柱度、线轮廓度及面轮廓度），位置公差 10 个（倾斜度、垂直度、平行度、位置度、同轴度、对称度、圆跳动、全跳动、线轮廓度及面轮廓度）。

（1）平行度、平面度与位置度标注

平行度指两平面或者两直线平行的程度，是一平面相对于另一平面平行的误差最大变动量；平面度公差是实际表面相对理想平面所允许的最大变动量，用以限制实际表面加工误差所允许的变动范围；位置度公差是被测要素的实际位置相对于理想位置所允许的最大变动量。下面介绍如图 6-255 所示平行度、平面度与位置度的标注。

步骤 1　打开练习文件 ch06 drawing\6.4\05\geometry_tolerance_01_ex。

步骤 2　创建平行度公差标注。在主视图上表面创建平行度公差标注。

a. 添加几何公差。在"注释"功能面板中单击"几何公差"按钮 ⊕1M，选择主视图上部边线为标注对象，在合适位置单击鼠标中键，得到如图 6-256 所示的几何公差。

b. 编辑几何公差。选择标注的几何公差，系统弹出"几何公差"面板，在"几何特性"下拉列表中选择"平行度"，在 ▥▭▭ 文本框中输入公差值 0.15，如图 6-257 所示。在 ▭▭▭ 文本框中输入基准 A，或单击该对话框后面的 🖳 按钮，系统弹出如图 6-258 所示的

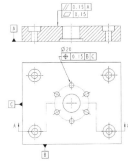
图 6-255　平行度、平面度与位置度标注

图 6-256　添加几何公差

"选择"对话框，选择基准符号A作为几何公差基准参考，完成平行度标注，如图2-259所示。

步骤3 创建平面度公差标注。在主视图上表面创建平面度公差标注。在"注释"功能面板中单击"几何公差"按钮 ⊅|M，选择步骤2标注的平行度为放置参考，表示将几何公差与选择的几何公差并列放置，如图6-260所示，然后选择添加的几何公差，定义公差类型为平面度，删除已有的基准符号，结果如图6-261所示。

图 6-257　编辑平行度几何公差　　　　　　　　　　图 6-258　选择参考

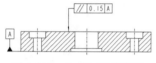

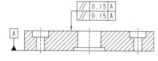

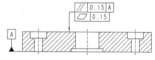

图 6-259　完成平行度标注　　　图 6-260　添加几何公差1　　　图 6-261　编辑几何公差1

步骤4 创建位置度公差标注。在俯视图上表面创建位置度公差标注。在"注释"功能面板中单击"几何公差"按钮 ⊅|M，选择俯视图 $\phi20$ 尺寸为放置参考，表示将几何公差与选择的尺寸并列放置，如图6-262所示，然后选择添加的几何公差，定义公差类型为位置度，选择B和C基准参考，如图6-263所示。

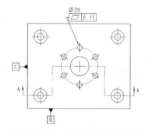

图 6-262　添加几何公差2　　　　　　　图 6-263　编辑位置度公差

（2）圆柱度与同轴度标注

圆柱度公差是实际圆柱面对理想圆柱面所允许的最大变动量，用以限制实际圆柱面加工误差所允许的变动范围。同轴度公差是被测实际轴线相对于基准轴线所允许的变动量，用以限制被测实际轴线偏离由基准轴线所确定的理想位置所允许的变动范围。下面介绍如图6-264所示圆柱度与同轴度标注。

步骤1 打开练习文件 ch06 drawing\6.4\05\geometry_tolerance_02_ex。

步骤2 创建同轴度公差标注。在"注释"功能面板中单击"几何公差"按钮 ⊅|M，选择如图6-265所示 $\phi120$ 圆柱面边线为标注参考，单击鼠标中键得到初步几何公差。然后选择添加的几何公差，定义公差类型为同轴度，定义基准符号为F，将几何公差移动到合适位置，结果如图6-266所示。

步骤 3 创建圆柱度公差标注。在"注释"功能面板中单击"几何公差"按钮ϕIM，选择如图 6-264 所示 ϕ70 圆柱面边线为标注参考，单击鼠标中键得到初步几何公差，然后选择添加的几何公差，定义公差类型为圆柱度，删除已有的基准符号（圆柱度不需要基准），结果如图 6-264 所示。

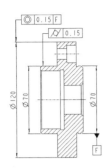

图 6-264 圆柱度与同轴度标注

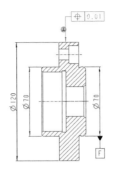

图 6-265 添加几何公差 3

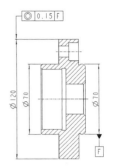

图 6-266 编辑几何公差 2

6.4.6 表面粗糙度标注

表面粗糙度是指加工表面具有的较小间距和微小峰谷的不平度，其两波峰或两波谷之间的距离（波距）很小（在 1mm 以下），它属于微观几何形状误差，表面粗糙度越小，则表面越光滑，下面介绍如图 6-267 所示的表面粗糙度标注。

步骤 1 打开练习文件 ch06 drawing\6.4\06\roughness_ex。

步骤 2 选择命令。在"注释"功能面板中选择 ³²√ 表面粗糙度 命令，系统弹出如图 6-268 所示的"表面粗糙度"操控板，在该操控板中定义表面粗糙度符号。

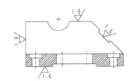

图 6-267 表面粗糙度标注

图 6-268 "表面粗糙度"操控板

步骤 3 选择粗糙度符号。在"表面粗糙度"操控板的"表面粗糙度符号"区域单击"符号库"按钮 ，系统弹出如图 6-269 所示的"符号库"，其中包括各种常用粗糙度符号。本例选择 machined 类型中的第二种 ，表示通过机加方式得到的粗糙度，同时还可以设置粗糙度值。另外，也可以在"表面粗糙度"操控板的"表面粗糙度符号"区域单击"浏览表面粗糙度符号"按钮 ³²√ ，系统弹出如图 6-270 所示的"打开"对话框，此对话框包含各种粗糙度符号文件夹，其内容与"符号库"一致。

步骤 4 定义粗糙度值。在"表面粗糙度"操控板的"自定义"区域单击"表面粗糙度自定义"按钮 ，系统弹出如图 6-271 所示的"表面粗糙度自定义"对话框，在 roughness _ height 文本框中输入粗糙度值 1.6，然后关闭对话框。

图 6-269 符号库

步骤 5　放置粗糙度符号。在空白位置按住右键，系统弹出如图 6-272 所示的快捷菜单，选择"图元上"命令，表示在视图轮廓上放置粗糙度，在"表面粗糙度"操控板的"重复"区域单击"重复模式"按钮，表示可以重复多次放置粗糙度，在视图合适位置单击放置粗糙度，结果如图 6-267 所示。

图 6-270　"打开"对话框

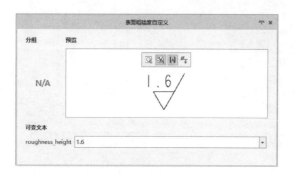

图 6-271　定义粗糙度值

图 6-272　定义粗糙度放置方式

6.4.7　注释文本

工程图里面的技术要求，特殊引线注释，还有表格文字等等都需要使用注释文本功能，下面具体介绍注释文本相关操作。

（1）补充 Creo 字体库

在 Creo 中创建注释文本需要使用软件自带的字体，但是默认情况下 Creo 软件自带的字体很少，需要首先补充 Creo 软件字体库。

电脑上都有一个固定存放字体样式的文件夹，存放在 C：\Windows\Fonts 位置，如图 6-273（a）所示，大概有数百种常用的字体样式文件。

Creo 也有固定存放字体样式的文件夹，存放在 D：\Program Files\PTC\Creo 9.0.0.0\Common Files\text\fonts 位置，如图 6-273（b）所示，直接将 Windows 字体样式复制到这个位置即可。另外如果想要更多的字体样式，也可以从网上下载更多的字体样式，然后复制到这个位置，这样在 Creo 中创建注释文本时便可以使用这些字体样式。

（a）Windows字体库

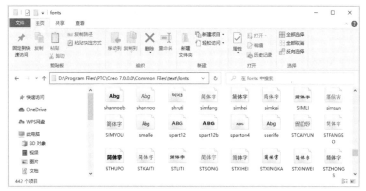

(b) Creo 字体库

图 6-273　Windows 字体库和 Creo 字体库

注意：实际工作中，经常需要将 Creo 创建的工程图文件转换成其他格式的工程图文件（比如 dwg），如果转换后无法显示正确的字体，主要原因也是字体样式不统一，需要保证 Creo 和打开转换后工程图的软件有一致的字体样式。

（2）创建文本样式

实际工程图中为了方便注释文本操作，可以提前创建好需要的字体样式，然后在工程图中直接选择做好的文本样式创建注释文本即可。

步骤 1　打开练习文件 ch06 drawing\6.4\07\text_ex。

步骤 2　查看文本样式库。在"注释"功能面板"格式"区域的扩展菜单中选择 **管理文本样式** 命令，系统弹出如图 6-274 所示的"文本样式库"对话框，在该对话框中显示的是系统自带的三种文本样式。

步骤 3　创建文本样式。在"文本样式库"对话框中单击"新建"按钮，系统弹出如图 6-275 所示的"新文本样式"对话框，在该对话框中定义文本属性，包括样式名称（文本样式），字体（FangSong_GB2312）等等，单击"确定"按钮，此时创建好的文本样式显示在"文本样式库"对话框中，如图 6-276 所示。

图 6-274　"文本样式库"对话框　　图 6-275　"新文本样式"对话框　　图 6-276　查看新建文本样式

> **注意：**实际工作中，在同一个工程图文件中往往需要使用多种文本样式创建不同的注释文本，所以要根据不同的注释文本创建相应的文本样式便于实际使用。

（3）创建注释文本

注释文本主要用来标注工程图中的文本信息，下面使用以上创建的文本样式在如图 6-277 所示工程图中创建注释文本，包括左视图指引线注释文本及技术要求。

步骤 1 设置默认文本样式。创建文本样式后，如果要使用文本样式创建注释文本，需要将文本样式设置为默认文本样式。在"注释"功能面板"格式"区域的扩展菜单中选择 **A** **默认文本样式** 命令，系统弹出如图 6-278 所示的菜单管理器，在该菜单管理器中显示所有可用的文本样式，选择以上创建的"文本样式"作为默认文本样式。

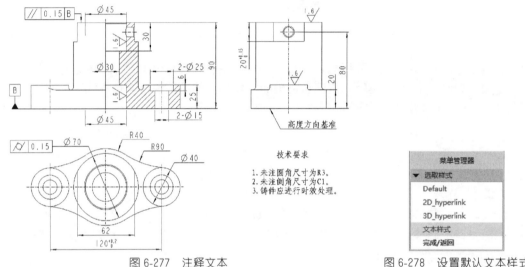

图 6-277 注释文本　　　　　　　　　　图 6-278 设置默认文本样式

步骤 2 创建左视图的"高度方向基准"指引线注释。

a. 创建注释。在"注释"功能面板的"注解"展开菜单中选择 **A** **引线注解** 命令，选择左视图底边为标注对象，在放置位置单击鼠标中键，然后输入注释文本信息"高度方向基准"，在空白位置单击完成注释文本，如图 6-279 所示。

b. 切换引线类型。选择带引线注释文本右键，在弹出的快捷菜单中单击"切换引线类型"按钮 ，如图 6-280 所示，此时注释文本如图 6-281 所示。

步骤 3 创建左视图下方的"技术要求"注释文本。在"注释"功能面板的"注解"展开菜单中选择"独立注解"命令，在合适位置单击以确定注释文本位置，然后输入注释文本信息并调整注释文本属性，结果如图 6-277 所示。

图 6-279 创建注释　　　　图 6-280 切换引线类型　　　　图 6-281 注释结果

6.5 工程图模板

在实际工程图设计之前，需要选择合适的工程图模板，工程图模板中对创建工程图的各项标准样式均做了相应的规定，如果按照前面小节介绍的逐项设置，效率低下而且容易出错，同时不便于实际标准化规范化管理，所以在实际出图之前都需要根据企业具体要求定制工程图模板，将来可以直接使用定制的工程图模板出图。

在 Creo 中创建工程图模板需要首先创建格式文件，然后使用格式文件创建工程图模板。下面以如图 6-282 所示的国标 A3 模板为例介绍工程图模板定制过程。

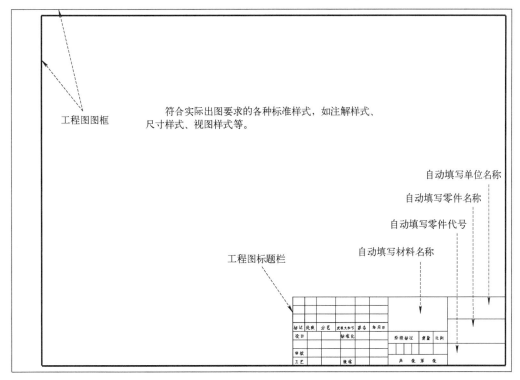

图 6-282 A3 模板定制要求

6.5.1 创建模板格式

模板格式一般包括工程图图框及标题栏表格，如图 6-283 所示，下面具体介绍。

> 💡 **说明**：本部分设置工作目录 F: \ creo_ jxsj \ ch06 drawing \ 6.5 \ 。

（1）新建格式文件

根据工程图模板要求，本例需要新建 A3 格式文件。在快速访问工具栏中单击"新建"按钮，系统弹出"新建"对话框，选择"格式"选项，在"文件名"文本框中输入gb_a3_geshi，如图 6-284 所示。单击"确定"按钮，系统弹出如图 6-285 所示的"新格式"对话框，在"指定模板"区域选中"空"选项，在"方向"区域选择"横向"选项，在"大小"区域选择 A3，单击"确定"按钮，系统进入格式环境。

（2）创建格式图框

根据国标要求，A3 模板边界及区域属性如图 6-286 所示，其实就是两个矩形，外框矩形（图纸边界）尺寸与图纸大小尺寸一致（420×297），内框矩形（图纸区域）与外框矩形左侧间距为 25，其余方向间距为 5，下面具体介绍 A3 模板图框创建过程。

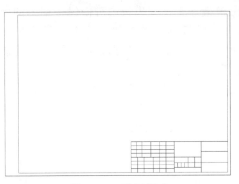  

图 6-283　模板格式　　　　图 6-284　新建格式文件　　　图 6-285　设置格式属性

步骤 1　绘制如图 6-287 所示的底边直线。在"草绘"功能面板的"草绘"区域选择 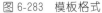线 命令，在绘图区任意位置按住右键，选择"绝对坐标"命令，如图 6-288 所示，在系统弹出的输入框中输入 *XY* 坐标分别为 25 和 5 并回车，如图 6-289 所示，然后继续按住右键输入另外一点的绝对坐标值 415 和 5 并回车，完成底边直线的绘制。

> **注意：**Creo 格式环境（以及绘图环境）的草绘功能中没有直接绘制矩形的命令，所以只能使用直线命令绘制图框矩形。

外框左上角坐标（0,297）　　　　外框右上角坐标（420,297）

内框左上角坐标（25,292）　　　　内框右上角坐标（415,292）

A3 图纸大小：420×297

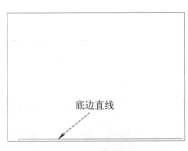

内框左下角坐标（25,5）　　　　　内框右下角坐标（415,5）

外框左下角坐标（0,0）　　　　　外框右下角坐标（420,0）

底边直线

图 6-286　图框大小及各点坐标值　　　　　图 6-287　绘制底边直线

步骤 2　绘制如图 6-290 所示的顶边直线。参照步骤 1 操作，在"草绘"功能面板的"草绘"区域选择 线 命令，绘制顶边直线，其中左侧顶点绝对坐标为 25 和 292，右侧顶点绝对坐标为 415 和 292，具体操作请参看随书视频讲解。

步骤 3　绘制两侧竖直直线。在"草绘"功能面板的"草绘"区域选择 线 命令，绘制如图 6-291 所示的两侧竖直直线，具体操作请参看随书视频讲解。

步骤 4　设置图框线宽。选择四条直线右键，在系统弹出的如图 6-292 所示的快捷菜单中选择"线型"命令，系统弹出如图 6-293 所示的"修改线型"对话框，设置宽度为 0.35，单击"应用"按钮，结果如图 6-294 所示。

图 6-288　设置绝对坐标

图 6-289　设置坐标值

图 6-290　绘制顶边直线

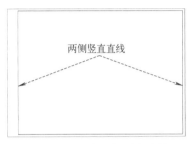

图 6-291　绘制两侧竖直直线

图 6-292　选择命令

图 6-293　设置图框线宽

步骤 5　绘制组。以上绘制的四条直线都是彼此独立的，需要将四条直线创建成组，使其成为一个整体以免误操作将其拆开。在"草绘"功能面板的"组"区域选择 ⚙️绘制组 命令，系统弹出如图 6-295 所示的"菜单管理器"及"选择"对话框，选择"创建"命令，按住 Ctrl 键选择四条直线，单击"确定"按钮，在系统弹出的输入框中输入任意组名，如图 6-296 所示，单击✔按钮，系统将四条直线创建成组。

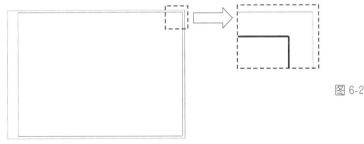

图 6-294　设置线宽结果

图 6-295　"菜单管理器"及"选择"对话框

图 6-296　输入组名称

（3）创建格式标题栏

根据国标要求，工程图标题栏如图 6-297 所示。标题栏主要包括标题栏格式（标题栏表格）与标题栏属性两大内容。其中标题栏属性包括"固定属性"和"链接属性"两种，固定属性就是指标题栏中固定的文本注释，如"标记""设计"等；链接属性就是指标题栏中会根据出图模型变化而变化的文本注释，如"单位名称""零件名称（图样名称）""零件代号（图样代号）"等。这些属性将来直接与出图零件的"参数"信息关联，以便自动填写这些信息，下面具体介绍。

步骤 1　细化表格行高及列宽。创建如图 6-297 所示的标题栏表格需要首先细化所有的行及列，为后面插入表格做准备，具体细化结果如图 6-298 所示。

图 6-297　标题栏

步骤 2　插入表。根据步骤 1 的细化表格，在"表"功能面板的"表"区域展开"表"菜单，选择 ▦ 插入表...命令，系统弹出如图 6-299 所示的"插入表"对话框，在"方向"区域单击 ⬒ 按钮，设置列数为 16，行数为 13，在"行"区域取消"自动高度调节"选项，设置高度为 5（可以任意设置），在"列"区域设置列宽为 10（可以任意设置），单击"确定"按钮，在任意位置放置表格，如图 6-300 所示。

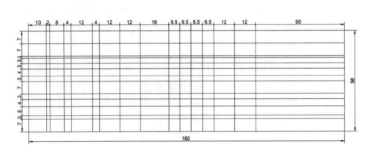

图 6-298　细化表格行高及列宽　　　　图 6-299　"插入表"对话框

步骤 3　设置表格列宽。根据步骤 1 的细化表格，逐列选择表格列右键，在弹出的快捷菜单中选择"宽度"命令，从左到右依次设置各列宽度为 10、2、8、4、12、4、12、12、16、6.5、6.5、6.5、6.5、12、12、50，如图 6-301 所示。

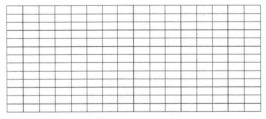

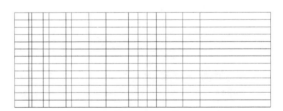

图 6-300　插入表格　　　　　　　　图 6-301　设置列宽

步骤 4　设置表格行高。根据步骤 1 的细化表格，逐行选择表格行右键，在弹出的快捷菜单中选择"高度"命令，从上到下依次设置各行高度为 7、7、1、3、3、4、3、7、3、4、5、2、7，如图 6-302 所示。

步骤 5　合并单元格。在"表"功能面板的"行和列"区域选择 ▦ 合并单元格 命令，对以上创建的表格进行合并，具体操作请参看随书视频讲解，结果如图 6-303 所示。

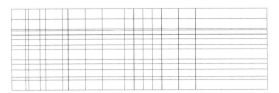

图 6-302　设置行高　　　　　　　　　图 6-303　合并单元格

步骤 6 移动表格。框选整个表格，在"表"功能面板的"表"区域选择 移动特殊 命令，选择表格右下角点为移动基点，系统弹出如图 6-304 所示的"移动特殊"对话框，输入移动目标点的 XY 坐标为 415 和 5（实际上就是绘图区域右下角点，也就是将表格右下角点移动到绘图区域的右下角），结果如图 6-305 所示。

图 6-304　"移动特殊"对话框

步骤 7 保存格式文件。在快速访问工具栏中单击 按钮，保存格式文件，将格式文件保存到 Creo 默认的格式库位置，如图 6-306 所示。保存到该默认位置后，以后在新建绘图文件时，可以在如图 6-307 所示的"新建绘图"对话框的"指定模板"区域选中"格式为空"选项，在"格式"区域单击"浏览"按钮，系统弹出如图 6-308 所示的"打开"对话框，在对话框中选择格式库中保存的格式文件。

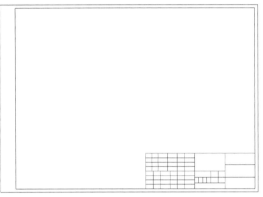

图 6-305　移动标题栏结果

图 6-306　格式文件默认保存位置

图 6-307　设置格式 1

图 6-308　选择格式文件

需要注意的是，根据实际出图的需要也可以在格式文件的标题栏的单元格中添加合适的文本，以后调用格式文件时不用再单独添加标题栏文本。此处创建的格式文件主要用于后面创建工程图模板，所以此处不用添加标题栏文本。

6.5.2 创建绘图模板

绘图模板实际上就是一个绘图文件，本例使用以上创建的格式文件创建绘图模板，要求在绘图模板中设置符合规范要求的绘图属性。自动填写标题栏属性。另外，还要求在绘图模板中定义模板视图，以便自动创建绘图模型的主视图、俯视图、左视图及轴测图，下面具体介绍创建过程。

步骤 1 新建模板文件。在快速访问工具栏中单击"新建"按钮 □，系统弹出"新建"对话框，选择"绘图"选项，在"文件名"文本框中输入 gb_a3_moban，如图 6-309 所示，单击"确定"按钮，系统弹出如图 6-310 所示的"新建绘图"对话框，在"指定模板"区域选中"格式为空"选项，在"格式"区域单击"浏览"按钮，选择前面保存的 gb_a3_geshi 文件为模板格式，单击"确定"按钮，系统进入绘图环境。

图 6-309 新建绘图

图 6-310 设置格式 2

步骤 2 设置绘图属性。工程图中需要设置多种绘图属性以确保工程图符合出图的规范性要求。这些属性一旦在绘图模板中设置好，以后只要用此绘图模板就不用反复设置绘图属性，从而提高了出图效率，同时保证出图的一致性。本例设置常用绘图属性：

设置 drawing_units 选项值为 mm；

设置 tol_display 选项值为 yes；

设置 text_height 选项值为 3.5；

设置 broken_view_offset 选项值为 3；

设置 projection_type 选项值为 first_angle；

设置 crossec_arrow_length 选项值为 4.5；

设置 crossec_arrow_width 选项值为 1.2；

设置 arrow_style 选项值为 filled；

设置 draw_arrow_length 选项值为 3.5；

设置 draw_arrow_width 选项值为 0.8；

设置 default_angdim_text_orientation 选项值为 horizontal；

设置 default_lindim_text_orientation 选项值为 parallel_to_and_above_leader；

设置 default_diadim_text_orientation 选项值为 above_extended_elbow；

设置 default_raddim_text_orientation 选项值为 above_extended_elbow；

设置 dim_leader_length 选项值为 6；

设置 witness_line_delta 选项值为 2；

设置 witness_line_offset 选项值为 0.2；

设置 axis_line_offset 选项值为 2.5；

设置 circle_axis_offset 选项值为 2.5。

步骤 3 创建文本样式。工程图中需要使用多种不同的字体，为了出图的方便，需要在绘图模板中创建好需要的文本样式，本例仅创建两种用于标题栏的文本样式。

a. 选择命令。在"注释"功能面板"格式"区域的扩展菜单中选择 **A 管理文本样式** 命令，系统弹出"文本样式库"对话框，在对话框中单击"新建"按钮。

b. 创建第一种标题栏文本样式。在"新文本样式"对话框中输入文本样式名称为"标题栏文本样式 1"，选择文本字体为 FangSong_GB2312，字体高度为 3，在"注解或尺寸"区域的"水平"下拉列表中选择"中心"选项，在"竖直"下拉列表中选择"中间"选项，单击"确定"按钮，结果如图 6-311 所示。

c. 创建第二种标题栏文本样式。参照上一步操作创建第二种文本样式，具体设置如图 6-312 所示，此时"文本样式库"如图 6-313 所示。

图 6-311　新建文本样式 1

图 6-312　新建文本样式 2

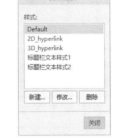

图 6-313　文本样式库

步骤 4 定义标题栏文本属性。工程图中的文本属性包括两种：一种是固定文本属性，如"标记""设计"及"审核"等；另一种是链接属性，如"单位名称""图样名称"及"图样代号"等。下面具体介绍。

a. 定义固定文本属性。设置"标题栏文本样式 1"为默认文本属性（标题栏中的"更改文件号"字体大小为 2，其余属性保持不变），双击标题栏单元格，输入对应的文本属性，结果如图 6-314 所示。

b. 定义链接文本属性。设置"标题栏文本样式 2"为默认文本属性（标题栏中的"设计""审核"及"工艺"等链接属性使用"标题栏文本样式 1"定义），双击标题栏单元格，输入对应的文本属性，在输入链接文本属性时一定要在属性名称前面加"&"符号，表示从绘图模型的参数中链接文本属性，结果如图 6-315 所示。

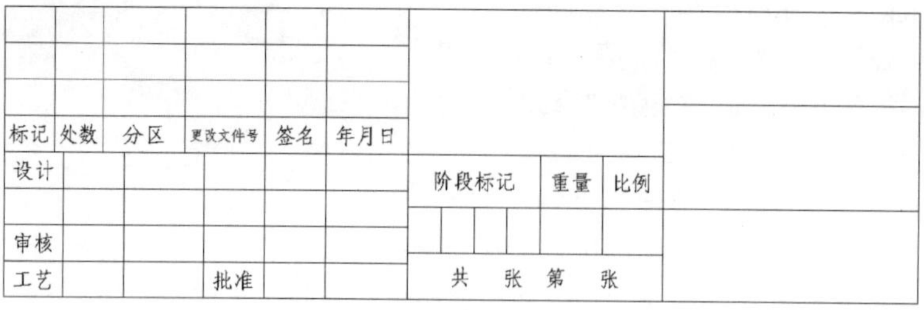

标记	处数	分区	更改文件号	签名	年月日				
设计									
						阶段标记	重量	比例	
审核									
工艺				批准			共 张 第 张		

图 6-314 定义固定文本属性

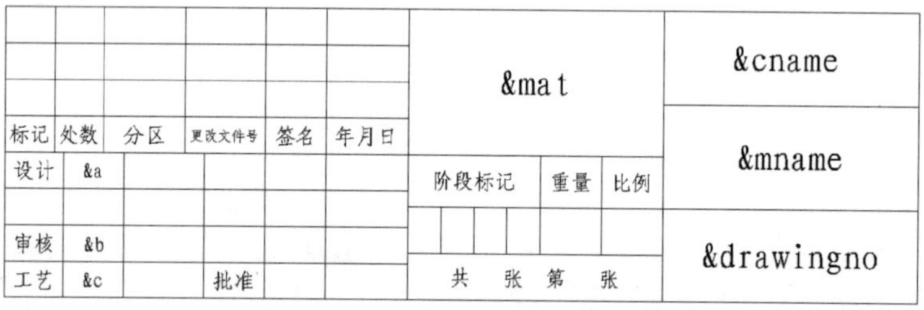

						&mat		&cname	
标记	处数	分区	更改文件号	签名	年月日				
设计	&a							&mname	
						阶段标记	重量	比例	
审核	&b							&drawingno	
工艺	&c			批准			共 张 第 张		

图 6-315 定义链接文本属性

步骤 5 创建模板视图。创建工程图视图一般需要定义视图方向、视图比例、显示样式及相切边样式等视图属性，如果每次都这样创建视图效率比较低。使用"模板视图"命令可以提前定义好各个视图的属性，然后正式出图时能够根据设置好的视图属性自动创建视图，从而节省了大量时间，提高了出图效率，下面具体介绍。

a. 选择命令。在"工具"功能面板的"应用程序"区域单击"模板"按钮 🔲，系统进入如图 6-316 所示的"布局"功能面板。

图 6-316 "布局"功能面板

b. 创建主视图。在"布局"功能面板单击"模板视图"按钮 🔲，系统弹出如图 6-317 所示的"模板视图指令"对话框，在该对话框中设置视图属性。

• 定义视图状态。在"名称"文本框输入视图名称为"主视图"，在"类型"下拉列表中选择"常规"选项，在"选项"区域选中"视图状态"，在右侧"值"区域设置方向为"FRONT"，表示使用FRONT 作为主视图方向，如图 6-317 所示。

• 定义视图比例。在"选项"区域选中"比例"，在右侧"值"区域的"视图比例"文本框中设置视图比例为 1，如图 6-318 所示。

• 定义模型显示。在"选项"区域选中"模型

图 6-317 定义视图状态

显示"，在右侧"值"区域选中"无隐藏线"选项，表示视图显示样式为"消隐"方式，如图 6-319 所示。

图 6-318 定义视图比例

图 6-319 定义模型显示

• 定义相切边显示。在"选项"区域选中"相切边显示",在右侧"值"区域选中"无"选项,表示视图不显示相切边,如图 6-320 所示。

• 放置模板视图。在"视图符号"区域单击"放置视图"按钮,在模板绘图区域合适位置单击以确定主视图放置位置,如图 6-321 所示。

 说明: 放置模板视图时只需要在大概位置单击放置即可,不需要很精确。

图 6-320 定义相切边显示

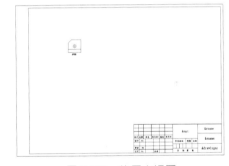

图 6-321 放置主视图

c. 创建左视图。参照以上步骤创建左视图。在"布局"功能面板单击"模板视图"按钮，系统弹出"模板视图指令"对话框,设置视图名称为"左视图",视图类型为"投影",投影父视图为"主视图",表示左视图是根据主视图投影得到的,视图状态不用设置,模型显示为"无隐藏线",相切边显示为"无",如图 6-322 所示,在主视图右侧合适位置单击以确定左视图放置位置。

d. 创建俯视图。参照以上步骤创建俯视图。在"布局"功能面板单击"模板视图"按钮，系统弹出"模板视图指令"对话框,设置视图名称为"俯视图",视图类型为"投影",投影父视图为"主视图",表示俯视图是根据主视图投影得到的,视图状态不用设置,模型显示为"无隐藏线",相切边显示为"无",在主视图下方合适位置单击以确定俯视图放置位置。

e. 创建轴测图。参照以上步骤创建轴测图。在"布局"功能面板单击"模板视图"按钮，系统弹出"模板视图指令"对话框,设置视图名称为"轴测图",视图类型为"常规",在"选项"区域选中"视图状态",在右侧"值"区域设置方向为"3D",表示使用

3D 定向视图作为轴测图方向，视图比例为 0.8，模型显示为"无隐藏线"，相切边显示为"默认"，在左视图下方合适位置单击以确定轴测图放置位置，如图 6-323 所示。

> **说明**：此处创建轴测图时使用的 3D 定向视图需要在绘图模型中提前做好，命名为"3D"定向视图，系统将自动使用这个 3D 定向视图创建轴测图。

图 6-322 创建左视图

图 6-323 创建轴测图

f. 整理视图位置。完成所有模板视图创建后，移动各视图到如图 6-324 所示的位置，以后使用绘图模板时系统会自动在这些位置生成各视图。

步骤 6 保存绘图模板。在"快速访问工具条"中选择"保存"命令，保存工程图模板文件，然后将工程图模板复制到模板文件夹中（默认文件夹位置为 D：\Program Files\PTC\Creo 9.0.0.0\Common Files\templates），如图 6-325 所示。

> **注意**：保存绘图模板后重启 Creo 软件使模板生效，否则无法调用绘图模板。

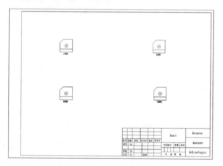
图 6-324 全部模板视图

图 6-325 保存模板位置

6.5.3 调用绘图模板

下面使用设置的工程图模板新建工程图，验证工程图属性的关联性。

步骤 1 打开练习文件 ch06 drawing\6.5\top_cover，如图 6-326 所示。

步骤 2 创建定向视图。将模型摆放到如图 6-326 所示的方位，选择"视图管理器"命令创建定向视图，设置视图名称为 3D，如图 6-327 所示。

步骤 3 设置模型属性参数。在"工具"功能面板的"模型意图"区域选择 [] 参数 命令，系统弹出"参数"对话框，在该对话框中定义模型属性参数，如图 6-328 所示，具体操作请参看随书视频讲解。

图 6-326　上盖零件

图 6-327　创建定向视图

图 6-328　定义模型属性参数

步骤 4　新建工程图。在快速访问工具栏中单击"新建"按钮，系统弹出"新建"对话框，选择"绘图"选项，在"文件名"文本框中输入 top_cover_drawing，单击"确定"按钮，系统弹出如图 6-329 所示的"新建绘图"对话框，在"指定模板"区域选中"使用模板"选项，在"模板"区域选择前面保存的 gb_a3_moban 绘图模板，单击"确定"按钮，系统进入绘图环境并自动生成完整的工程图，如图 6-330 所示。

图 6-329　选择绘图模板

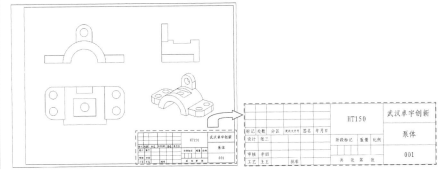

图 6-330　查看绘图

6.6　工程图明细表

为了方便管理各个零部件的基本信息，包括零件名称、零件代号、零件材料、零件重量等信息，需要在装配工程图中创建零件明细表。下面以如图 6-331 所示的轴承座装配模型为例，介绍创建明细表操作，明细表结果如图 6-332 所示。

6.6.1　定义零件属性

创建明细表之前，需要首先定义各个零件的文件属性，包括零件代号、零件名称、零件材料、零件重量等等。本例轴承座中所有零件均是本书 3.3 节零件模板定制中的零件，零件模板中已经定义好了明细表所需的属性名称，如图 6-333 所示，其中 DRAWING_NUM-

BER 表示零件代号，PART_NAME 表示零件名称，PART_MATERIAL 表示零件材料，PART_MASS 表示零件重量，下面直接打开各零件模型，在"参数"对话框中定义零件参数属性。

图 6-331　轴承座装配模型

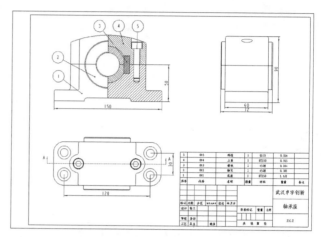

图 6-332　轴承座装配图与明细表

（1）定义基座零件属性

底座零件代号为 001，零件材料为 HT150，材料密度为 $7.2\mathrm{kg/m^3}$。

步骤 1　打开文件 ch06 drawing\6.6\base_down，如图 6-334 所示。

步骤 2　计算底座质量。为了计算零件质量，需要首先设置零件的材料密度，然后自动计算零件质量并将质量数据链接到参数表中，下面具体介绍。

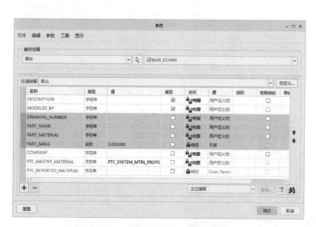

图 6-333　零件模板中的参数属性

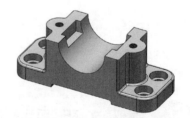

图 6-334　底座零件

a. 计算质量。在"分析"功能面板中的"模型报告"区域选择 🔧 质量属性 命令，系统弹出如图 6-335 所示的"质量属性"对话框，单击"材料定义"按钮，系统弹出"材料定义"对话框，在"密度"区域定义材料密度为"$7.2\mathrm{e\text{-}9tonne/mm^3}$"，如图 6-336 所示。单击"确定"按钮，系统返回至"质量属性"对话框，单击"预览"按钮，此时在对话框中显示质量属性，如图 6-337 所示。

💡 **说明**：密度单位一般用 kg/m^3（即 $\mathrm{kg/m^3}$），Creo 软件中默认密度单位为 tonne/mm^3，两者换算公式为：$1\mathrm{kg/m^3} = 1\mathrm{e\text{-}9tonne/mm^3}$。

图 6-335　"质量属性"对话框　　图 6-336　定义密度　　　图 6-337　计算质量属性

　　b. 设置单位制。上一步计算的质量单位为公吨（即吨）单位，如果要换算成千克单位，需要设置单位制。选择"文件"→"准备"→"模型属性"命令，在"模型属性"对话框的"单位"后面单击"更改"按钮，系统弹出如图 6-338 所示的"单位管理器"对话框，选择"毫米千克秒"单位，单击"设置"按钮，系统弹出如图 6-339 所示的"更改模型单位"对话框，选择"转换尺寸"选项，单击"确定"按钮。

　　c. 重新计算质量。在"分析"功能面板中的"模型报告"区域选择  质量属性 命令，系统弹出"质量属性"对话框，单击"预览"按钮，此时在对话框中显示质量属性，此时质量单位为千克，如图 6-340 所示。

图 6-338　"单位管理器"对话框　　图 6-339　"更改模型单位"对话框　　图 6-340　最终质量属性

　　d. 更新模型数据。选择"文件"→"准备"→"ModelCHECK 重新生成"命令，如图 6-341 所示，更新模型，以上计算的质量属性会自动显示在"参数"对话框中。

　　步骤 3　定义底座属性。在"工具"功能面板中的"模型意图"区域选择 [] **参数** 命令，系统弹出"参数"对话框，在对话框中定义属性，代号（DRAWING_NUMBER）为001，名称（PART_NAME）为底座，材料（PART_MATERIAL）为HT150，质量（PART_MASS）为自动计算的质量，如图6-342所示。

步骤4 保存底座模型。在"快速访问工具条"中选择"保存"命令，保存文件。

（2）定义轴瓦零件属性

轴瓦零件代号为002，零件材料为45钢，材料密度为7.89kg/m³。

图6-341 更新模型数据

图6-342 定义零件属性

步骤1 打开练习文件ch06 drawing\6.6\bearing_bush。

步骤2 计算轴瓦质量。首先设置"毫米千克秒"单位制，然后定义材料密度为7.89e-9tonne/mm^3并计算质量，最后使用"ModelCHECK 重新生成"命令更新模型。

步骤3 设置轴瓦属性。在"参数"对话框中定义代号、名称及材料。

（3）定义楔块零件属性

楔块零件代号为003，零件材料为45钢，材料密度为7.89kg/m³。

步骤1 打开练习文件ch06 drawing\6.6\wedge_block。

步骤2 计算楔块质量。首先设置"毫米千克秒"单位制，然后定义材料密度为7.89e-9tonne/mm^3并计算质量，最后使用"ModelCHECK 重新生成"命令更新模型。

步骤3 设置楔块属性。在"参数"对话框中定义代号、名称及材料。

（4）定义上盖零件属性

上盖零件代号为004，零件材料为HT150，材料密度为7.2kg/m³。

步骤1 打开练习文件ch06 drawing\6.6\top_cover。

步骤2 计算上盖质量。首先设置"毫米千克秒"单位制，然后定义材料密度为7.2e-9tonne/mm^3并计算质量，最后使用"ModelCHECK 重新生成"命令更新模型。

步骤3 设置上盖属性。在"参数"对话框中定义代号、名称及材料。

（5）定义螺栓零件属性

螺栓零件代号为005，零件材料为Q235，材料密度为7.86kg/m³。

步骤1 打开练习文件ch06 drawing\6.6\bolt。

步骤2 计算螺栓质量。首先设置"毫米千克秒"单位制，然后定义材料密度为7.86e-9tonne/mm^3并计算质量，最后使用"ModelCHECK 重新生成"命令更新模型。

步骤3 设置螺栓属性。在"参数"对话框中定义代号、名称及材料。

6.6.2 创建材料明细表

创建明细表需要首先创建明细表表格，然后使用"重复区域"命令在明细表表格中自动显示各零件属性信息，下面具体介绍。

步骤 1 打开练习文件 ch06 drawing\6.6\bearing_drawing。

步骤 2 创建明细表表格。本例需要创建一个 7 列 2 行的表格及表头文字。

a. 插入表格。在"表"功能面板的"表"区域展开"表"菜单，选择 ▦ 插入表... 命令，系统弹出如图 6-343 所示的"插入表"对话框，在"方向"区域单击 ↖ 按钮，设置列数为 7，行数为 2，在"行"区域取消"自动高度调节"选项，设置高度为 7，在"列"区域设置列宽为 20，单击"确定"按钮，如图 6-344 所示。

> 💡 **注意：** 因为明细表数据都是从下到上计数的，所以此处在定义表格方向时一定要选择向上增长方向，也就是"方向"区域的 ↖ 或 ↗ 。

b. 设置表格行高及列宽。选择第 2 行表格设置行高为 10，如图 6-345 所示，然后逐列设置表格列宽，从左到右分别为 10、40、40、10、30、30、20，如图 6-346 所示。

图 6-343 定义表格参数

图 6-344 插入表格

图 6-345 设置行高

图 6-346 设置列宽

c. 定义表头。选择"标题栏文本样式 1"（绘图模板自带文本样式）作为默认文本样式，双击表格单元格输入表头文本，结果如图 6-347 所示。

序号	代号	名称	数量	材料	重量	备注

图 6-347 定义表头

d. 移动表格位置。框选整个表格，在"表"功能面板的"表"区域选择 ⤴ 移动特殊 命令，选择表格右下角点为移动基点，系统弹出"移动特殊"对话框，输入移动目标点的 XY 坐标为 415 和 61（实际上就是标题栏右上角顶点，也就是将明细表右下角点移动到标题栏右上角），结果如图 6-348 所示。

步骤 3 定义重复区域。就是定义表格具有自动检索零件属性信息生成明细表的功能，本例需要定义明细表中从"序号"列到"备注"列为重复区域，使这些表格列能够自动检索零件属性信息然后自动生成明细表。

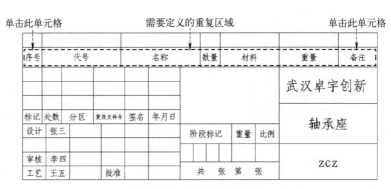

图 6-348　移动明细表位置

a. 添加重复区域。在"表"功能面板的"数据"区域单击"重复区域"按钮▦，系统弹出如图 6-349 所示的"表域"菜单管理器，在菜单管理器中选择"添加"→"简单"命令，在明细表区域中先后单击如图 6-350 所示的"序号"单元格及"备注"单元格，系统将这两个单元格之间的表格区域定义为重复区域。

图 6-349　"表域"菜单管理器　　　　　图 6-350　添加重复区域

b. 定义报告符号。完成重复区域定义后，重复区域表格具备了自动检索属性参数的功能，但是对于每个单元格来说，系统还不确定到底要检索哪些具体的信息，需要给重复区域中的每个单元格定义具体要检索的属性信息，需要定义报告符号。

• 定义"序号"列报告符号。双击重复区域中"序号"列单元格，系统弹出"报告符号"对话框，在"报告符号"对话框中依次选择"rpt"—"index"选项（表示自动检索零件序号），如图 6-351 所示。

• 定义"代号"列报告符号。双击重复区域中"代号"列单元格，在弹出的"报告符号"对话框中依次选择"asm"—"mbr"—"user defined"选项，在输入框中输入零件中定义的属性代码 drawing_number，表示自动检索零件代号。

> 说明：此处在定义报告符号时需要从"报告符号"对话框中选择属性代码，系统会根据这些属性代码检索相应的属性信息填入明细表。这些代码中有些是固定的，如序号、数量。如果报告符号中没有固定的属性代码，需要用户自定义，这些自定义的属性信息都是在零件设计参数表中设置的。定义报告符号时首先选择"asm"—"mbr"—"user defined"，然后在弹出的输入框中输入与参数表一致的自定义属性代码，如零件代号需要输入 drawing_number，该属性参数在零件参数表中提前做了定义，如图 6-352 所示。

图 6-351 定义报告符号

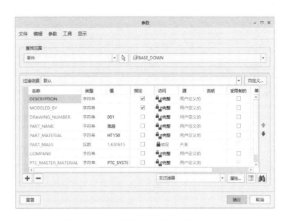

图 6-352 零件中定义的属性参数

• 定义"名称"列报告符号。双击重复区域中"名称"列单元格,在弹出的"报告符号"对话框中依次选取"asm"—"mbr"—"user defined"选项,在输入框中输入零件中定义的属性代码 part_name,表示自动检索零件名称。

• 定义"数量"列报告符号。双击重复区域中"数量"列单元格,在弹出的"报告符号"对话框中依次选取"rpt"—"qty"选项,表示自动检索零件数量。

• 定义"材料"列报告符号。双击重复区域中"材料"列单元格,在弹出的"报告符号"对话框中依次选取"asm"—"mbr"—"user defined"选项,在输入框中输入零件中定义的属性代码 part_material,表示自动检索零件材料。

• 定义"质量"列报告符号。双击重复区域中"质量"列单元格,在弹出的"报告符号"对话框中依次选取"asm"—"mbr"—"user defined"选项,在输入框中输入零件中定义的属性代码 part_mass,完成所有报告符号定义后,结果如图 6-353 所示。

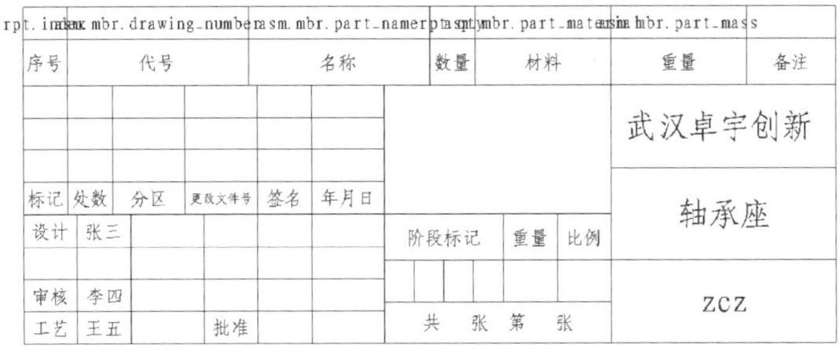

序号	代号		名称	数量	材料	重量	备注
rpt.index	asm.mbr.drawing_number		asm.mbr.part_name	rpt.qty	asm.mbr.part_material	asm.mbr.part_mass	
						武汉卓宇创新	
标记	处数	分区	更改文件号	签名	年月日	轴承座	
设计	张三						
				阶段标记	重量	比例	
审核	李四						ZCZ
工艺	王五		批准	共 张 第 张			

图 6-353 定义报告符号结果

步骤 4 更新明细表。在"表"功能面板的"数据"区域选择 更新表 命令,更新明细表,此时在表格中自动生成完整的各零件属性信息,结果如图 6-354 所示。

步骤 5 设置明细表属性。更新明细表后,可以设置明细表属性。在"表"功能面板的"数据"区域单击"重复区域"按钮,系统弹出"表域"菜单管理器,在菜单管理器中选择"属性"命令,系统弹出如图 6-355 所示的"区域属性"菜单管理器,选择"无多重记录"→"完成/返回"命令,此时明细表结果如图 6-356 所示。

6.6.3 创建球标

使用球标指示装配视图中的零件序号,下面接着使用 6.6.2 节的绘图文件介绍创建球标操作,本例需要在主视图中创建球标。

8	005	螺栓		Q235	0.026	
7	005	螺栓		Q235	0.026	
6	004	上盖		HT150	0.925	
5	002	轴瓦		45钢	0.381	
4	003	楔块		45钢	0.044	
3	003	楔块		45钢	0.044	
2	002	轴瓦		45钢	0.381	
1	001	底座		HT150	1.631	
序号	代号	名称	数量	材料	重量	备注

图 6-354　更新明细表

图 6-355　"区域属性"菜单管理器

5	005	螺栓	2	Q235	0.026	
4	004	上盖	1	HT150	0.925	
3	003	楔块	2	45钢	0.044	
2	002	轴瓦	2	45钢	0.381	
1	001	底座	1	HT150	1.631	
序号	代号	名称	数量	材料	重量	备注

图 6-356　设置明细表属性

步骤 1　插入球标。在"表"功能面板的"球标"区域展开"创建球标"菜单，选择创建球标–按视图命令，单击主视图，系统在主视图创建球标，如图 6-357 所示。

步骤 2　移动球标位置。逐一选中球标移动球标位置，结果如图 6-358 所示。

步骤 3　编辑球标连接。球标的规范标注一般是从零件表面合适位置引出球标，本例需要对球标连接位置进行调整，选中球标右键，在弹出的如图 6-359 所示的快捷菜单中选择"编辑连接"命令，系统弹出"选择参考"对话框，然后在标注零件上选择合适的位置单击鼠标以更改球标连接位置，结果如图 6-360 所示。

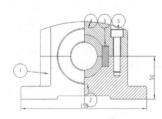

图 6-357　插入球标

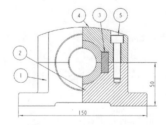

图 6-358　移动球标位置

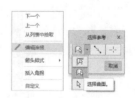

图 6-359　编辑连接

步骤 4　编辑球标箭头样式。球标箭头样式一般使用圆点，选中球标箭头右键，在系统弹出的快捷菜单中选择如图 6-361 所示的"箭头样式"→"实心点"命令，将所有箭头样式改为圆点样式，结果如图 6-362 所示。

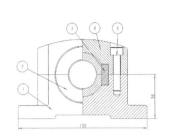

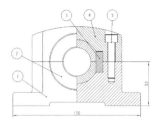

图 6-360　编辑连接结果　　　图 6-361　设置箭头样式　　　图 6-362　设置箭头样式结果

6.7　工程图转换及打印

实际工作中经常需要对完成的工程图进行文件转换及打印，下面以如图 6-363 所示的轴承端盖零件工程图为例介绍工程图文件转换及打印操作。

6.7.1　工程图转换

在 Creo 中完成工程图创建后，用户可以将 Creo 工程图转换成其他格式的图纸文件，同时还可以将其他格式的图纸文件转换成 Creo 能打开的格式，从而实现了各种图纸文件的共享与互补，最终提高工作效率。下面具体介绍工程图转换操作。

（1）单个工程图转换

① 将 Creo 工程图转换为 DWG/PDF 文件。

步骤 1　打开练习文件 ch06 drawing\6.7\01\motor_base_drawing。

步骤 2　转换为 DWG 文件。在"文件"菜单中选择"另存为"→"保存副本"命令，系统弹出如图 6-364 所示的"保存副本"对话框，设置保存类型为"DWG（ * .dwg）"，文件名称为 motor_base_drawing，单击"确定"按钮，系统弹出如图 6-365 所示的"DWG 的导出环境"对话框，在该对话框中设置导出 DWG 属性。本例均采用系统默认设置，单击"确定"按钮，完成 DWG 转换，结果如图 6-366 所示。

步骤 3　转换为 PDF 文件。在"文件"菜单中选择"另存为"→"保存副本"命令，系

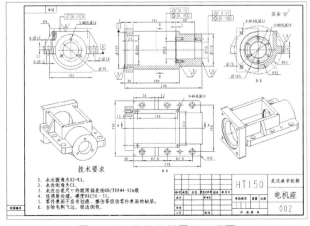

图 6-363　轴承端盖零件工程图

图 6-364　转换 DWG 文件

统弹出"保存副本"对话框，设置保存类型为"PDF（＊.pdf）"，单击"确定"按钮，系统弹出如图 6-367 所示的"PDF 导出设置"对话框，在该对话框中设置导出 PDF 属性，本例均采用系统默认设置，单击"确定"按钮，结果如图 6-368 所示。

图 6-365 设置转换 DWG 属性

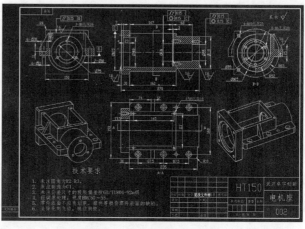

图 6-366 已经完成的结构

图 6-367 设置转换 PDF 属性

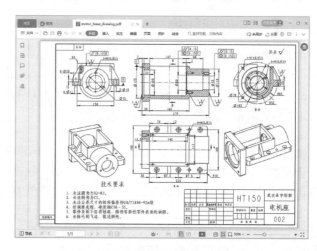

图 6-368 转换 PDF 文件

② 将 DWG 文件转换为 Creo 工程图。

接下来介绍将如图 6-369 所示的 DWG 文件转换成如图 6-370 所示的 Creo 工程图文件。

步骤 1 打开文件。选择"打开"命令，在"打开"对话框中设置文件类型为"DWG（＊.dwg）"，选择打开文件 ch06 drawing\6.7\01\vice.dwg，单击"导入"按钮。

步骤 2 设置导入选项。选择打开文件后，系统弹出如图 6-371 所示的"导入 DWG"对话框，在该对话框中设置导入选项（图 6-372），本例采用系统默认设置，单击"确定"按钮，完成导入。

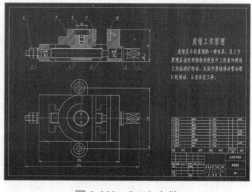

图 6-369 DWG 文件

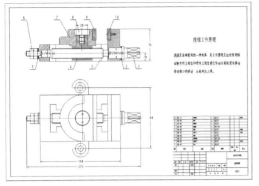

图 6-370 转换到 Creo 文件

图 6-371 选择导入类型

图 6-372 设置导入选项

> **注意:** 导入 DWG 文件时一定要正确设置 Creo 与 DWG 对应的属性。一般情况下，DWG 中的字体库与 Creo 字体库是不一样的，如果 DWG 中的字体在 Creo 中没有对应的字体，这将导致导入文件后无法正确显示字体。这是工程图转换中经常会遇到的问题。要解决这些问题，需要在"导入 DWG"对话框中单击"属性"选项卡，设置导入属性，包括颜色、线型及文本字体等等。

在"导入新模型"对话框的"类型"区域选中"零件"类型，表示将 DWG 文件导入到 Creo 建模环境，在实际设计中用户可以根据导入的 DWG 文件进行三维模型的设计，也就是通常说的"二维转三维"的设计过程，同时也是一种逆向设计方法。

（2）工程图批量转换

Creo 提供了文件批量转换功能，能够实现多文件的自动批量转换，前提是在安装 Creo 软件时在 Creo Parametric 中选择了"Creo Parametric Distributed Computing Extension"程序，这个程序在安装中一般都是默认选择的。下面具体介绍工程图文件的批量转换，其他文件的批量转换与之类似。

步骤1 设置配置文件。启动 Creo 软件，在"文件"菜单中选择"选项"→"选项"命令，系统弹出如图 6-373 所示的"Creo Parametric 选项"对话框。

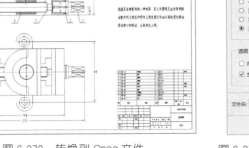

图 6-373 "Creo Parametric 选项"对话框

a. 设置导出配置文件。在左侧列表中选择"全局"区域的"数据交换"，然后在右侧"导出配置文件"区域的下拉列表中选择"DWG"选项，表示设置将 Creo 文件转换成 DWG 文件的导出配置文件。单击"设置导出配置文件"按钮，系统弹出如图 6-374 所示的"DWG 导出配置文件设置"对话框，在对话框中使用系统默认设置，单击"保存配置文件"按钮，系统弹出如图 6-375 所示的"保存导出配置文件"对话框，将设置的配置文件（def_profile. dep_dwg）保存下来，一般保存到起始目录中。

💡 **说明 1：** 本例介绍的是多文件转换 DWG 导出配置文件的设置，如果要批量转换 STEP 文件，需要在"导出配置文件"区域下拉列表选择"STEP"选项，然后单击"设置导出配置文件"按钮，系统将弹出如图 6-376 所示的"STEP 导出配置文件设置"对话框，用于设置 STEP 导出配置文件，其余操作与导出 DWG 文件类似。

图 6-374 "DWG 导出配置文件设置"对话框

图 6-375 "保存导出配置文件"对话框

💡 **说明 2：** 配置文件一般保存在起始目录中，起始目录的设置方法是在桌面 Creo 启动图标上右键，选择"属性"命令，系统弹出如图 6-377 所示的"Creo Parametric 9. 0. 2. 0 属性"对话框，在该对话框的"起始位置"文本框中设置，如设置到 D \ creo 文件夹中。

图 6-376 "STEP 导出配置文件设置"对话框

图 6-377 设置起始目录

b. 选择配置文件。在"导出配置文件"区域下方列表的"格式"列中选择"DWG"类型，在对应的"默认配置文件"列中选择"浏览"，然后选择上一步保存的导出配置文件（def_profile. dep_dwg），如图 6-378 所示。

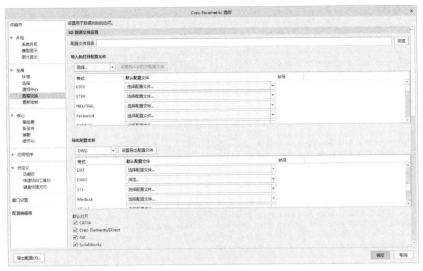

图 6-378　选择配置文件

c. 导出配置文件。选择配置文件后，在"Creo Parametric 选项"对话框中单击"确定"按钮，系统弹出如图 6-379 所示的"Creo Parametric 选项"对话框，直接单击"确定"按钮，将以上各项设置以配置文件保存下来。

步骤 2　设置批量转换。在"开始"菜单展开"PTC"，然后选择"Creo Distributed Batch 9.0.2.0"命令，系统弹出如图 6-380 所示的"Creo Distributed Batch"对话框。

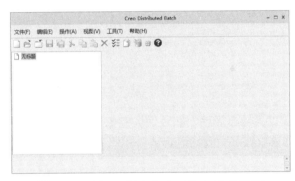

图 6-379　保存配置文件

图 6-380　"Creo Distributed Batch"对话框

a. 新建任务组。在对话框中单击 按钮，系统弹出如图 6-381 所示的"新建任务组"对话框，在"AUTOCAD"区域选择"DWG 2D Export"选项，表示新建转换 DWG 文件任务，单击"确定"按钮，系统返回至"Creo Distributed Batch"对话框。

b. 选择转换对象。在对话框左侧列表中选择"对象"，然后在右侧单击 按钮，在 F:\creo_jxsj\ch06 drawing\6.7\02\文件夹中选择所有工程图文件作为转换对象，如图 6-382 所示，表示将选中的这些工程图文件批量转换成 DWG 文件。

c. 选择配置文件。在对话框左侧列表中选择"配置文件"，然后在右侧单击 按钮，从起始目录中选择配置文件（def_profile.dep_dwg），如图 6-383 所示。

d. 设置输出。在对话框左侧列表中选择"输出"，在"指定输出文件的目标目录"区域选择"与源对象位置相同"选项，如图 6-384 所示，表示将所有转换文件保存到与源文件相同的文件夹中。

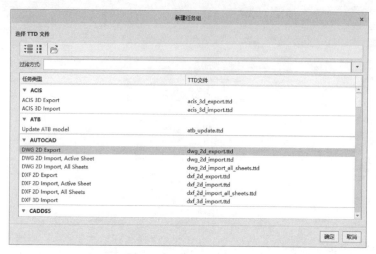

图 6-381 "新建任务组"对话框

图 6-382 选择转换对象

图 6-383 选择配置文件

e. 设置导出属性。在对话框左侧列表中选择"DWG 2D Export"，然后在右侧"DSM"下拉列表中选择"独立"选项，如图 6-385 所示。

图 6-384 设置输出

图 6-385 设置导出属性

f. 批量转换文件。在对话框中选择"操作"→"开始选定组"命令，系统开始转换，此时在对话框的"进度"区域显示转换进度，如图 6-386 所示。全部转换完成后，在文件夹中显示转换后的 DWG 文件，如图 6-387 所示。

图 6-386　转换进度

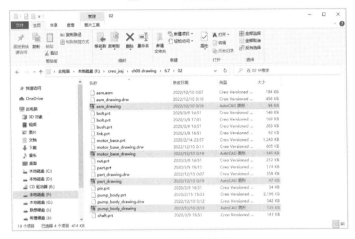

图 6-387　转换结果

6.7.2　工程图打印

完成工程图创建后，考虑到实际管理与存档的方便，需要将工程图文件打印成纸质文件。电脑连接打印机后，在"文件"菜单中选择"打印"命令，系统进入如图 6-388 所示的"打印"界面，调整好打印属性，单击"打印"按钮，系统弹出如图 6-389 所示的"打印"对话框，单击"确定"按钮，完成打印。

说明：此处打开练习文件 ch06 drawing \ 6. 7 \ 03 \ motor_base_drawing。

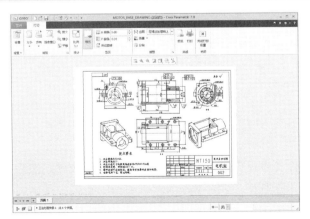

图 6-388　"打印"界面

图 6-389　"打印"对话框

6.8 工程图案例

前面小节系统介绍了工程图操作及知识内容，为了加深读者对工程图的理解并更好地应用于实践，下面通过两个具体案例详细介绍工程图设计。

6.8.1 缸体零件工程图

如图 6-390 所示的缸体零件，使用文件夹中提供的工程图模板新建工程图文件，然后创建工程图视图及标注，工程图结果如图 6-391 所示。

缸体工程图说明：

① 打开练习文件：ch06 drawing\6.8\pump_body。

② 新建绘图文件：使用文件夹中提供的 a3_template 模板新建绘图文件，然后创建工程图视图及工程图标注，得到最终需要的工程图，如图 6-391 所示。

图 6-390 缸体零件

③ 具体过程：由于书籍写作篇幅限制，本书不详细写作制作工程图过程，读者可自行参看随书视频讲解，视频中有详尽的缸体零件工程图讲解。

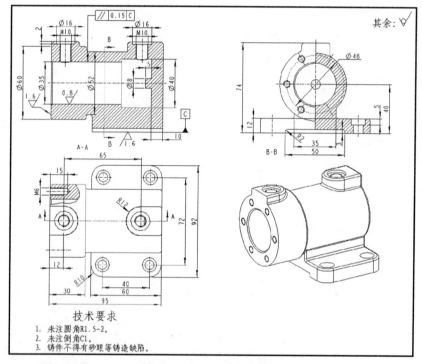

图 6-391 缸体零件工程图

6.8.2 阀体零件工程图

如图 6-392 所示的阀体零件，使用文件夹中提供的工程图模板新建工程图文件，然后创建工程图视图及标注，工程图结果如图 6-393 所示。

阀体工程图说明：

① 打开练习文件：ch06 drawing\6.8\valve_body。

② 新建绘图文件：使用文件夹中提供的 a3_template 模板新建绘图文件，然后创建工程图视图及工程图标注，得到最终需要的工程图，如图 6-393 所示。

③ 具体过程：由于书籍写作篇幅限制，本书不详细写作制作工程图过程，读者可自行参看随书视频讲解，视频中有详尽的阀体工程图讲解。

图 6-392　阀体零件

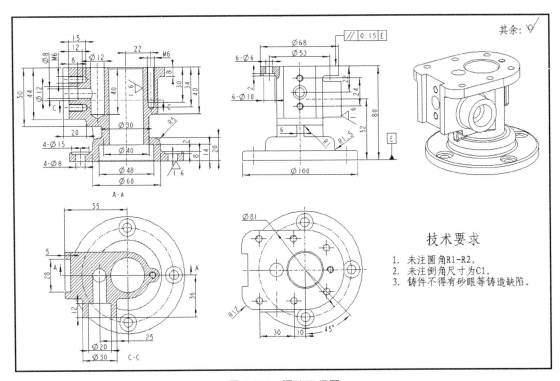

图 6-393　阀体工程图

第7章

曲面设计

7.1 曲面设计基础

学习曲面设计之前首先要了解曲面设计的一些基本问题，接下来从曲面设计的应用、思路及用户界面等三个方面系统介绍曲面设计的一些基本问题，为后面进一步学习和使用曲面做好准备。

7.1.1 曲面设计应用

曲面设计非常灵活，所以曲面设计应用非常广泛，能够帮助我们解决很多实际问题。但是在学习与理解曲面应用方面，有相当一部分人一直都存在一种误解，他们认为，学习曲面设计的主要作用就是做曲面造型设计，如果自己的工作不涉及曲面造型就没有必要学习曲面设计，这种认识和理解是大错特错的！

虽然曲面设计最主要的作用是进行曲面造型设计，但是在学习与使用曲面设计的过程中我们会接触到更多的设计思路与方法，而这些设计思路与方法在一般零件设计的学习过程中是接触不到的。在实际工作中，适当运用一些曲面设计方法，能够帮助我们更高效地解决一些实际问题。

如图 7-1 所示的弯管接头零件模型，其中的关键是中间扫掠结构的设计。创建扫掠结构需要扫掠轨迹与截面，就该结构来说，扫掠截面很简单，就是一个圆，但是扫掠轨迹是一条三维的空间轨迹，应该如何设计呢？如果没有接触曲面知识，相信大部分人都会使用分段法进行设计（在本书第 3 章有详细介绍）。首先将扫掠结构分成几段，然后逐段创建轨迹，其中还需要创建大量基准特征，这种设计方法不仅繁琐，而且修改也不方便。但是使用曲面设计中的组合投影功能，只需要根据结构特点创建两个正交方向的分解草图，然后使用组合投影就可以直接得

图 7-1　弯管接头零件模型

到这条三维空间轨迹曲线，这种设计方法操作简单，而且便于以后修改，提高了设计效率！

这只是一个很简单的案例，这种设计思路和方法也只是强大曲面设计功能中的冰山一角，总的来讲，曲面设计应用主要涉及以下几个方面：

（1）一般零件设计应用

在一般零件设计中有很多规则结构，也有很多不规则结构，其中一些不规则的结构很多都需要使用曲面方法进行设计，另外，在一般零件设计中灵活使用曲面方法进行处理，能够帮助我们更高效完成设计。

（2）曲面造型应用

使用曲面设计功能能够灵活设计各种流线型的曲面造型，这也是曲面设计最本质的应

用，是其他设计方法不可替代的。

（3）自顶向下应用

自顶向下设计是产品设计及系统设计中最为有效的一种设计方法，在自顶向下设计中需要设计各种骨架模型与控件，这些骨架模型与控件均需要使用曲面方法进行设计。

（4）管道设计及电气设计应用

在管道设计与电气设计中，需要设计各种管道路径或电气路径，这是管道设计与电气设计中最为重要的环节，其中很多复杂路径的设计都需要使用曲面设计方法来完成。

（5）模具设计应用

模具设计中需要设计各种分型面，分型面的好坏直接关系到最终的模具分型及整套模具的设计，分型面的设计也是借助曲面设计方法来完成的！

7.1.2　曲面设计思路

由于曲面自身的特殊性，曲面设计思路与一般零件设计思路存在很大差异。下面就一般零件设计思路与曲面设计思路做一个对比，帮助读者理解曲面设计的基本思路。

对于一般零件，根据其不同的结构特点，可以采用不同的方法进行设计，关于这个问题在本书第 3 章有详细的介绍，但是不管用什么方法进行一般零件的设计，其本质都类似于搭积木，如图 7-2 所示。

图 7-2　一般零件设计思路

对于曲面的设计，根据曲面结构的不同，同样也有很多设计方法，其中最典型的方法就是线框设计法，一般是先创建曲线线框，然后根据曲线线框进行初步曲面设计，最后将曲面转换成实体并进行后期细节设计，如图 7-3 所示。

图 7-3　曲面设计思路

7.1.3　曲面设计用户界面

Creo 建模环境中提供了曲线及曲面设计工具，打开练习文件 ch07 surface\7.1\airplane_surface，熟悉曲面设计工具，如图 7-4 所示。

Creo 建模环境中的一般特征工具基本上都能够用于曲线及曲面设计，如拉伸、旋转、扫描、倒圆角等，同时 Creo 还提供了很多专门用于曲线及曲面设计的工具，如"编辑"区域的相交、投影、延伸、偏移、合并、加厚等等。另外，在"曲面"区域选择 样式 命令，系统进入专门的曲面造型设计环境——交互式曲面设计环境，其中提供了更为灵活的曲线及曲面设计工具。

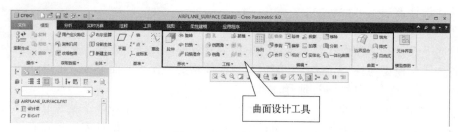

图 7-4 曲面设计工具

7.2 曲线线框设计

曲线是曲面设计的基础，是曲面设计的灵魂，Creo 提供了多种曲线设计方法，方便用户进行曲线线框设计。曲面设计所需的曲线主要包括两种类型：平面曲线和空间曲线。下面具体介绍这两种曲线的设计。

7.2.1 草绘曲线

草绘曲线也就是指平面曲线，在零件设计环境的"模型"功能面板的"基准"区域单击"草绘"按钮，选择草绘平面后，系统进入"草绘"环境，绘制各种平面曲线。下面通过一个具体线框模型介绍草绘曲线的应用。

如图 7-5 所示的曲面模型，在设计中需要创建如图 7-6 所示的曲线线框，因为这些曲线都是平面曲线，可以使用"草绘"工具创建，下面具体介绍。

> 💡 **说明**：在曲线线框中，一般将最能反映曲面轮廓外形的曲线称为轮廓曲线，与轮廓曲线相连接的另外一个方向的曲线称为截面曲线。本例中较长的两条曲线就是轮廓曲线，与其相连接的三条圆弧曲线就是截面曲线。

步骤 1 设置工作目录：F:\creo_jxsj\ch07 surface\7.2。

步骤 2 新建零件文件。单击"新建"按钮，新建零件文件，命名为 sketch_curves。

步骤 3 创建轮廓曲线。在"模型"功能面板的"基准"区域单击"草绘"按钮，选择 TOP 基准面绘制如图 7-7 所示的轮廓曲线草图。

图 7-5 曲面模型

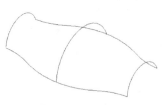
图 7-6 曲线线框

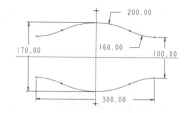
图 7-7 创建轮廓曲线草图

步骤 4 创建如图 7-6 所示最左侧第一截面曲线。

a. 创建第一截面基准面。在"模型"功能面板的"基准"区域单击"平面"按钮，按住 Ctrl 键选择如图 7-8 所示的轮廓曲线顶点与 RIGHT 基准面作为平面参考，创建第一截面基准面，为创建第一截面曲线做准备。

b. 创建第一截面草图。在"模型"功能面板的"基准"区域单击"草绘"按钮，选择上一步创建的第一截面基准面绘制如图 7-9 所示的第一截面草图。

步骤 5　创建如图 7-6 所示最右侧第二截面曲线。

a. 创建第二截面基准面。在"模型"功能面板的"基准"区域单击"平面"按钮 ▱，按住 Ctrl 键选择如图 7-10 所示的轮廓曲线顶点与 RIGHT 基准面作为平面参考，创建第二截面基准面，为创建第二截面曲线做准备。

b. 创建第二截面草图。在"模型"功能面板的"基准"区域单击"草绘"按钮 ↷，选择上一步创建的第二截面基准面绘制如图 7-11 所示的第二截面草图。

图 7-8　创建第一截面基准面　　　图 7-9　创建第一截面草图　　　图 7-10　创建第二截面基准面

步骤 6　创建如图 7-6 所示中间截面曲线。

a. 创建中间截面基准点（两个）。在"模型"功能面板的"基准"区域选择 ✕✕ 点命令，按住 Ctrl 键选择如图 7-12 所示的轮廓曲线与 RIGHT 基准面为点参考，创建中间截面基准点，为创建中间截面曲线做准备。

b. 创建中间截面草图。在"模型"功能面板单击"草绘"按钮 ↷，选择 RIGHT 基准面并选择上一步创建的基准点为参照绘制如图 7-13 所示的中间截面草图。

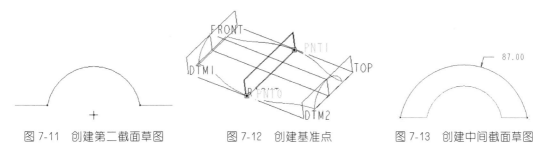

图 7-11　创建第二截面草图　　　图 7-12　创建基准点　　　图 7-13　创建中间截面草图

7.2.2　基准曲线

基准曲线包括多种类型，下面主要介绍其中两种常用的基准曲线：通过点的曲线及方程曲线。

（1）通过点的曲线

通过点的曲线就是通过选择空间一系列点而创建的曲线，这些点可以是基准点，也可以是模型顶点，同时还可以设置曲线两端的约束条件。

如图 7-14 所示的一段空间管道零件，现在已经完成了如图 7-15 所示的管道两端法兰的创建，需要继续创建中间的连接管道，那么关键就是要创建如图 7-16 所示的曲线。该曲线两端连接两端法兰的圆心，同时需要与两端法兰平面垂直，下面具体介绍。

步骤 1　打开练习文件 ch07 surface\7.2\points_curves。

步骤 2　创建法兰轴线。本例创建曲线要求曲线两端与法兰端面垂直，也就是要求曲线两端与法兰轴线相切，为了创建这条曲线，需要首先创建两个法兰的轴线。

图 7-14　空间管道零件

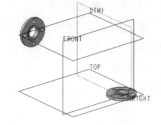

图 7-15　已经完成的法兰结构

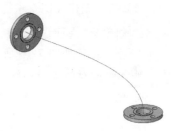

图 7-16　需要创建的曲线

a. 创建上部法兰轴线。在"模型"功能面板的"基准"区域展开"基准"菜单，选择"曲线"→"通过点的曲线"命令，系统弹出如图 7-17 所示的"曲线：通过点"面板，依次选择上部法兰的 PNT0 和 PNT1 两个基准点创建曲线，在"曲线：通过点"面板展开"放置"选项卡，选择"直线"选项，结果如图 7-18 所示。

图 7-17　"曲线：通过点"面板

图 7-18　创建上部法兰轴线

b. 创建下部法兰轴线。参照步骤 2 操作，依次选择下部法兰的 PNT2 和 PNT3 两个基准点创建曲线，结果如图 7-19 所示。

步骤 3　创建曲线。选择法兰轴线端点创建曲线，同时约束曲线与法兰轴线相切。

a. 创建初步曲线。在"模型"功能面板的"基准"区域展开"基准"菜单，选择"曲线"→"通过点的曲线"命令，系统弹出"曲线：通过点"面板，依次选择如图 7-20 所示法兰轴线的端点创建曲线，此时在两轴线之间创建一条直线。

b. 设置曲线约束。创建初步曲线后，选中曲线两端的约束符号右键，选择"相切"命令，如图 7-21 所示，表示在曲线端点位置设置曲线与轴线相切。用相同方法设置曲线另一端与轴线相切，结果如图 7-22 所示。

图 7-19　创建下部法兰轴线

图 7-20　创建初步曲线

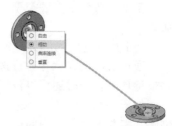

图 7-21　设置曲线约束条件

（2）方程曲线

方程曲线就是使用曲线方程创建曲线，如图 7-23 所示的球面螺旋线，这种曲线使用常规方法无法得到，需要使用如图 7-24 所示的球面螺旋线方程来创建，下面具体介绍。

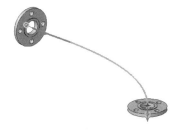

图 7-22 创建曲线结果

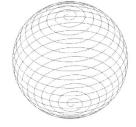

图 7-23 球面螺旋线

图 7-24 球面螺旋线方程

步骤 1 设置工作目录：F:\creo_jxsj\ch07 surface\7.2。

步骤 2 新建零件文件。单击"新建"按钮，新建文件，命名为 equation _ curves。

步骤 3 选择命令。在"模型"功能面板的"基准"区域展开"基准"菜单，选择"曲线"→"来自方程的曲线"命令，系统弹出"曲线：从方程"面板。

步骤 4 创建方程曲线。选择默认坐标系为曲线坐标系，在"坐标系"区域的下拉列表中选择"球坐标"类型，如图 7-25 所示。单击 🖉 **编辑** 按钮，系统弹出"方程"对话框，在对话框中输入曲线方程，如图 7-26 所示。单击"确定"按钮，此时在图形区生成球面螺旋曲线，在"曲线：从方程"面板单击"确定"按钮。

图 7-25 "曲线：从方程"面板

图 7-26 定义曲线方程

7.2.3 导入曲线

使用"导入"命令将点数据文件导入到 Creo 中生成曲线。如图 7-27 所示的点数据表，需要根据该点数据表创建如图 7-28 所示的空间曲线，这种情况下需要首先根据点数据创建点文件，然后将点文件导入 Creo 中生成空间曲线，下面具体介绍创建过程。

点序号	X坐标	Y坐标	Z坐标
1	0	0	0
2	50	50	10
3	100	100	5
4	150	50	10
5	200	0	0

图 7-27 点数据表

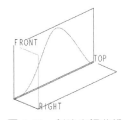

图 7-28 创建空间曲线

步骤 1 设置工作目录：F:\creo_jxsj\ch07 surface\7.2。

步骤 2 新建零件文件。单击"新建"按钮，新建零件文件，命名为 File_curves。

步骤 3 创建点文件。创建自文件的空间曲线必须首先创建点文件。

a. 编辑点数据记事本。按照如图 7-29 所示的记事本格式编辑点数据记事本。

b. 保存点文件。在记事本窗口中选择"文件"→"另存为"命令，系统弹出"另存为"

对话框，在文件名中输入文件名称 curves_files.ibl。名称中一定要输入保存的点文件扩展类型，本例保存为 IBL 文件，所以需要输入文件扩展名 ".ibl"，如图 7-30 所示。单击 "保存" 按钮，在文件夹中生成 IBL 格式的点文件。

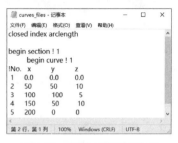

图 7-29　编辑点数据记事本

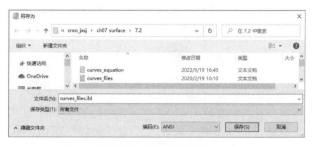

图 7-30　保存点文件

步骤 4　创建导入曲线。在 "模型" 功能面板的 "获取数据" 区域展开 "获取数据" 菜单，选择 "导入" 命令，在弹出的 "打开" 文件夹中选择以上创建的点文件，如图 7-31 所示。单击 "导入" 按钮，系统弹出如图 7-32 所示的 "文件" 对话框，采用系统默认设置，单击 "确定" 按钮，在如图 7-33 所示的 "导入" 面板中单击 "确定" 按钮。

图 7-31　打开点文件

图 7-32　"文件" 对话框

图 7-33　"导入" 面板

7.2.4　相交曲线

使用 "相交" 命令创建两个对象的相交曲线，相交对象可以是两个曲面对象，也可以是两条曲线对象，下面具体介绍相交曲线操作。

（1）曲面与曲面相交

如图 7-34 所示的矩形弹簧，创建该矩形弹簧需要使用如图 7-35 所示的矩形螺旋线，而矩形螺旋线需要使用如图 7-36 所示的螺旋曲面与矩形曲面相交得到，下面具体介绍创建过程。

步骤 1　打开练习文件 ch07 surface\7.2\intersect_curves_01_ex。

步骤 2　选择命令。在 "模型" 功能面板的 "编辑" 区域选择 相交 命令，系统弹出如图 7-37 所示的 "相交" 面板，用于定义相交曲线。

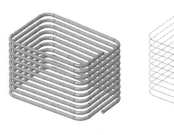

图 7-34 矩形弹簧

图 7-35 矩形螺旋线

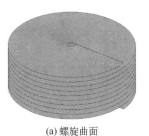

(a) 螺旋曲面　　　　(b) 矩形曲面

图 7-36 螺旋曲面与矩形曲面

步骤 3 选择相交对象。在过滤器中选择"面组"选项，按住 Ctrl 键，选择如图 7-38 所示的螺旋曲面与矩形曲面，此时在两曲面相交位置生成相交曲线。

图 7-37 "相交"面板

图 7-38 选择曲面

（2）曲线与曲线相交

如图 7-39 所示的护栏零件，创建该护栏零件关键是创建外侧的扫描结构，而创建该扫描结构的关键是要创建如图 7-40 所示的空间扫描曲线，下面具体介绍。

为了得到这种空间扫描曲线，首先分析一下曲线，像这种曲线我们可以从正交两个方向观察曲线特点，如图 7-41 所示。从俯视方向观察，得到如图 7-42 所示的俯视方向曲线效果，从侧视方向观察，得到如图 7-42 所示的侧视方向曲线效果。这种情况下，可以先在两个正交方向分别绘制曲线效果，如图 7-43 所示，然后使用曲线相交方式得到两者的相交曲线。下面具体介绍创建过程。

图 7-39 护栏零件

图 7-40 空间扫描曲线

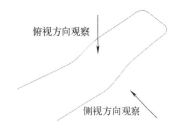

俯视方向观察

侧视方向观察

图 7-41 曲线观察方向

步骤 1 打开练习文件 ch07 surface\7.2\intersect_curves_02_ex。

步骤 2 创建曲线相交线。按住 Ctrl 键，选择如图 7-43 所示的正交方向的两条草图曲线，在"模型"功能面板的"编辑"区域选择 相交命令，得到空间扫描轨迹曲线。

本例中曲线与曲线相交的本质其实还是曲面与曲面的相交，相当于使用正交两个方向的曲线做曲面，然后两个曲面相交得到相交曲线，如图 7-44 所示。像这种情况我们首选的还是曲线与曲线相交，因为这样不用做曲面，操作更高效，曲线与曲线相交解决不了的情况才会使用曲面与曲面相交。

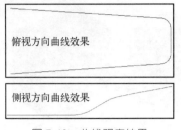 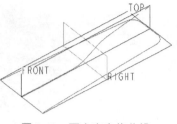 

图 7-42　曲线观察结果　　图 7-43　两个方向的曲线　　图 7-44　曲线相交本质

7.2.5　投影曲线

投影曲线是将已有的曲线按照一定的方式投射到曲面上得到的一条曲面上的曲线。如图7-45所示的封闭环零件，这种结构可以使用扫描方法创建，而使用扫描方法创建的关键是要得到如图7-46所示的封闭空间曲线。

为了创建这种空间曲线，首先分析曲线特点。仔细观察曲线发现曲线正好是在一个球面上，如图7-47所示，像这种曲面上的曲线就可以使用投影曲线来创建，需要准备原始曲线及投影曲面，如图7-48所示，下面具体介绍创建过程。

图 7-45　封闭环　　图 7-46　封闭空间曲线　　图 7-47　曲线落在球面上　　图 7-48　曲线及投影曲面

步骤 1　打开练习文件 ch07 surface\7.2\projection_curves_ex。

步骤 2　选择命令。在"模型"功能面板的"编辑"区域选择 投影 命令，系统弹出如图 7-49 所示的"投影曲线"操控板，用于定义投影曲线。

图 7-49　"投影曲线"操控板

步骤 3　创建投影曲线。选择如图 7-48 所示的草图曲线为投影对象，在"投影目标"区域的文本框中单击，选择球面为投影目标，在"方向"下拉列表中选择"沿方向"选项，表示将曲线沿着指定的方向进行投影。选择 TOP 基准面为方向参考，表示沿着 TOP 基准面的垂直方向进行投影，结果如图 7-50 所示。

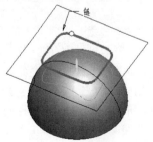 

图 7-50　创建投影曲线　　图 7-51　垂直于曲面投影

创建投影曲线包括两种投影方式，在"投影"操控板中的"方向"下拉列表中设置投影方式，选择"沿方向"选项，表示将原始曲线沿着指定的方向投影到曲面上；选择"垂直于曲面"方式，表示将原始曲线沿着与投影曲线垂直的方向投影到曲面上，结果如图 7-51 所示。这两种投影方式结果是完全不一样的。

7.2.6 包络曲线

使用"包络曲线"将平面曲线缠绕在曲面上。如图 7-52 所示的螺旋叶片模型，现在已经完成了如图 7-53 所示基础结构的创建，需要在此基础上创建螺旋叶片。已知螺旋叶片中性面内侧曲线如图 7-54 所示，需要将该曲线缠绕到基础结构圆柱面上，然后使用内侧曲线创建叶片曲面，下面具体介绍创建过程。

图 7-52 螺旋叶片

图 7-53 基础结构

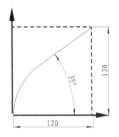
图 7-54 叶片中性面内侧曲线

步骤 1 打开练习文件 ch07 surface\7.2\envelope_curves。

步骤 2 创建基准平面。在"模型"功能面板的"基准"区域单击 □ 按钮，按住 Ctrl 键选择圆柱面与 FRONT 基准面，创建一个与实体圆柱面相切同时与 FRONT 基准面平行的基准平面，如图 7-55 所示，该基准平面将作为创建包络曲线的草图平面。

步骤 3 创建曲线草图。在"模型"功能面板的"基准"区域单击 ⌒ 按钮，选择上一步创建的基准平面为草图平面创建如图 7-56 所示的曲线草图，该曲线正是如图 7-54 所示螺旋叶片中性面曲线。

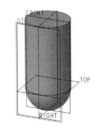
图 7-55 创建基准平面

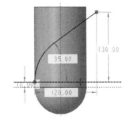
图 7-56 创建曲线草图

步骤 4 创建包络曲线。将上一步创建的草图曲线缠绕到实体圆柱面上。

a. 选择命令。在"模型"功能面板的"编辑"区域展开"编辑"菜单，选择 ▤ 包络 命令，系统弹出如图 7-57 所示的"包络"操控板。

b. 定义包络曲线。选择以上创建的曲线草图为曲线对象，系统自动将曲线缠绕到圆柱面上，得到如图 7-58 所示的包络曲线。

步骤 5 创建扫描叶片。在"模型"功能面板的"形状"区域选择 🟦 扫描 命令，选择如图 7-59 所示的包络曲线为扫描轨迹，创建如图 7-60 所示的扫描截面，得到如图 7-61 所示的扫描叶片，然后使用阵列命令对叶片进行阵列，结果如图 7-52 所示。

图 7-57　"包络"操控板

图 7-58　创建包络曲线

图 7-59　选择扫描轨迹

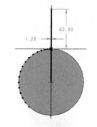

图 7-60　绘制扫描截面

图 7-61　创建扫描叶片

7.3 曲面设计工具

曲面设计重点还是各种曲面的设计，Creo 提供了多种曲面设计工具，方便用户完成各种曲面的设计，下面具体介绍几种常用曲面设计工具。

7.3.1 拉伸曲面

使用"拉伸"命令将二维草图沿着一定的方向拉伸出来形成一张曲面，创建方法与"拉伸特征"是一样的。7.2.4 小节介绍了矩形弹簧（图 7-34）的创建，创建的关键是得到图 7-35 所示的矩形螺旋线，而在创建矩形螺旋线的过程中需要首先创建如图 7-36（b）所示的矩形曲面，该矩形曲面就可以使用"拉伸"来创建。

步骤 1　打开练习文件 ch07 surface\7.3\01\extrude_surface。

步骤 2　选择命令。在"模型"功能面板的"形状"区域单击 按钮，系统弹出"拉伸"操控板，在操控板的"类型"区域中单击 按钮，如图 7-62 所示。

图 7-62　"拉伸"操控板

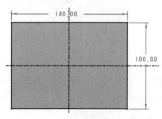

图 7-63　创建拉伸截面草图

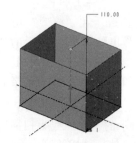

图 7-64　定义拉伸曲面

步骤 3 创建拉伸截面草图。选择 TOP 基准面为草图平面，选择 RIGHT 基准面为参考面，方向为右，进入草图环境创建如图 7-63 所示的拉伸截面草图。

步骤 4 定义拉伸曲面。在"拉伸"操控板中定义拉伸深度为 110，如图 7-64 所示，单击"确定"按钮，完成拉伸曲面创建（后面使用"圆角"命令得到最终矩形曲面）。

7.3.2　旋转曲面

使用"旋转"命令将二维草图绕着轴旋转一定角度（默认 360°）形成一张回转曲面，创建方法与"旋转特征"是一样的。如图 7-65 所示的艺术灯罩曲面，在创建该灯罩曲面时需要首先创建如图 7-66 所示的主体曲面，因为该主体曲面是一个回转曲面，可以使用"旋转"工具创建，下面具体介绍。

图 7-65　灯罩曲面

图 7-66　灯罩主体曲面

步骤 1 打开练习文件 ch07 surface\7.3\02\revolve_surface。

步骤 2 选择命令。在"主页"选项卡中单击"旋转"按钮 旋转，系统弹出"旋转"操控板，在操控板的"类型"区域中单击 按钮，如图 7-67 所示。

图 7-67　"旋转"操控板

步骤 3 创建旋转截面草图。选择 FRONT 基准面为草图平面，选择 RIGHT 基准面为参考面，方向向右，进入草图环境创建如图 7-68 所示的旋转截面草图。

步骤 4 定义旋转曲面。在"旋转"操控板中接受默认的旋转角度为 360°，如图 7-67 所示，单击"确定"按钮，完成旋转曲面创建。

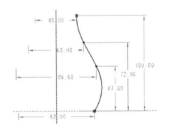

图 7-68　旋转截面草图

7.3.3　填充曲面

填充曲面就是将封闭的草图区域做成平整的曲面片体，创建填充曲面的关键是需要有封闭的草绘区域。如图 7-69 所示的曲面，现在需要将曲面各个方向封闭起来，得到如图 7-70 所示的封闭曲面，这种情况下可以使用填充曲面工具对各个侧面进行填充处理。

步骤 1 打开练习文件 ch07 surface\7.3\03\fill_surface。

步骤 2 创建如图 7-71 所示的第一张填充曲面。在"模型"功能面板的"曲面"区域选择 填充 命令，系统弹出如图 7-72 所示的"填充"操控板，在空白位置按住右键选择"定义内部草绘"命令，选择模型中的 DTM1 基准面为草绘平面，创建如图 7-73 所示的填充草图，完成第一张填充曲面的创建。

图 7-69　开放曲线

图 7-70　封闭曲面

图 7-71　创建第一张填充曲面

图 7-72　"填充"操控板

步骤 3　创建如图 7-74 所示的第二张填充曲面及如图 7-75 所示的第三张填充曲面。参照步骤 2 选择合适的草绘平面绘制填充草图创建填充曲面。

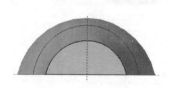

图 7-73　创建填充草图

图 7-74　创建第二张填充曲面

图 7-75　创建第三张填充曲面

7.3.4　扫描曲面

使用"扫描"命令还可以创建扫描曲面，创建方法与创建扫描特征是一样的，下面具体介绍扫描曲面的创建方法及各种创建类型。

（1）一般扫描曲面

一般扫描曲面就是将一个截面沿着一条轨迹扫掠得到的曲面，下面以如图 7-76 所示的曲面为例，介绍一般扫描曲面创建方法。

步骤 1　打开练习文件 ch07 surface\7.3\04\sweep_surface_01。

步骤 2　选择命令。在"模型"选项卡"形状"区域选择 扫描 菜单中的 扫描 命令，在操控板的"类型"区域中单击 按钮，表示创建扫描曲面，如图 7-77 所示。

图 7-76　扫描曲面 1

图 7-77　"扫描"操控板

步骤 3　定义扫描轨迹。选择如图 7-78 所示的草图曲线作为扫描轨迹曲线。

步骤 4　定义扫描截面。单击 草绘 按钮，绘制如图 7-79 所示的草图作为扫描截面，系统将扫描截面沿着扫描轨迹扫掠得到扫描曲面，如图 7-80 所示。

步骤 5　完成扫描曲面创建。单击"扫描"操控板中的"确定"按钮 。

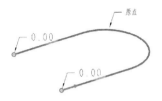

图 7-78 选择扫描轨迹曲线

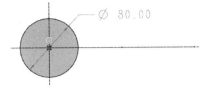

图 7-79 绘制扫描截面

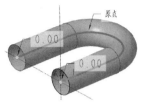

图 7-80 创建扫描曲面

（2）使用多条轨迹创建扫描曲面

Creo 中可以使用多条轨迹创建形状更为复杂的扫描曲面。在多条轨迹中，选择的第一条轨迹称为原点轨迹，其余轨迹称为一般轨迹。原点轨迹和草绘平面的交点为扫描截面草绘的原点，系统默认扫描起始点为草绘原点，也可以在原点轨迹上选择一个点来定义草绘原点。原点轨迹线是扫描截面掠过的路线，扫描截面开始于原点轨迹线的起点，终止于原点轨迹线的终点，其余一般轨迹用于控制扫描截面的扫描形状，另外，扫描曲面的扫描范围以选取的所有轨迹中最短曲线为准。

如图 7-81 所示的多条曲线轨迹，下面具体介绍使用这些曲线轨迹创建如图 7-82 所示扫描曲面的方法，其中扫描截面为经过三条轨迹的圆。

步骤 1 打开练习文件 ch07 surface\7.3\04\sweep_surface_02。

步骤 2 选择命令。在"模型"选项卡"形状"区域选择 扫描 菜单中的 扫描 命令，在操控板的"类型"区域中单击 按钮。

步骤 3 定义多条轨迹。按住 Ctrl 键选择如图 7-83 所示的直线为原点轨迹，选择直线右边的曲线为第一条一般轨迹，选择直线左边的曲线为第二条一般轨迹，此时在"扫描"操控板"参考"选项卡的"轨迹"区域显示选择的三条轨迹，如图 7-84 所示。

图 7-81 多条曲线轨迹

图 7-82 扫描曲面 2

图 7-83 选择扫描轨迹

步骤 4 定义扫描截面。单击 草绘 按钮，以如图 7-85 所示的草图作为扫描截面，单击"扫描"操控板中的"确定"按钮 ，如图 7-86 所示。

图 7-84 定义扫描轨迹 1

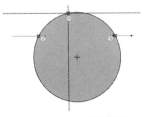

图 7-85 创建扫描截面 1

本例中选择多条轨迹的顺序决定着最终扫描曲面的结果，如图 7-87 所示的扫描曲面是根据左边曲线为原点轨迹创建的结果，如图 7-88 所示的扫描曲面是根据右边曲线为原点轨迹创建的结果，这些扫描曲面与以上创建的扫描曲面均相同。

图 7-86　创建扫描曲面　　　图 7-87　不同扫描曲面 1　　　图 7-88　不同扫描曲面 2

（3）使用 X 轨迹创建扫描曲面

Creo 中 X 轨迹决定扫描过程中草绘截面的水平方向（X 轴方向），指定 X 轨迹后，在扫描过程中草绘平面与原点轨迹和 X 轨迹交点的连线就是截面的水平方向，即扫描的所有截面水平方向始终指向 X 轨迹。

如图 7-89 所示的模型，模型中包括一条直线和一条曲线，下面以此模型为例，介绍使用 X 轨迹创建扫描曲面的方法，重点是理解 X 轨迹对扫描曲面的影响。

步骤 1　打开练习文件 ch07 surface\7.3\04\sweep_surface_03。

步骤 2　选择命令。在"模型"选项卡"形状"区域选择 扫描 菜单中的 扫描 命令，在操控板的"类型"区域中单击 按钮。

步骤 3　创建扫描曲面。按住 Ctrl 键选择如图 7-90 所示的直线为原点轨迹，选择曲线为一般轨迹，单击 草绘 按钮，制如图 7-91 所示的草图作为扫描截面，单击"扫描"操控板中的"确定"按钮，此时得到如图 7-92 所示的扫描曲面。

　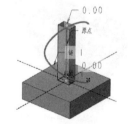　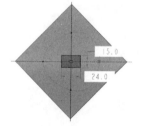

图 7-89　示例模型 1　　　图 7-90　定义扫描轨迹 2　　　图 7-91　创建扫描截面 2

步骤 4　创建 X 轨迹扫描曲面。在"扫描"操控板"参考"选项卡"轨迹"区域的"链 1"对应 X 列选中方框，表示将"链 1"定义为 X 轨迹，如图 7-93 所示，单击"扫描"操控板中的"确定"按钮，此时得到如图 7-94 所示的扫描曲面。

图 7-92　一般扫描曲面结果　　　图 7-93　定义 X 轨迹　　　图 7-94　X 轨迹扫描曲面

（4）使用法向轨迹创建扫描曲面

Creo 中的法向轨迹决定扫描过程中草绘截面的法向，指定法向轨迹后，在扫描过程中草绘截面始终垂直于法向轨迹，即经过原始轨迹上某个点并垂直于法向轨迹的平面就是扫描截面的草绘平面，系统默认选择的第一条原点轨迹为法向轨迹。

如图 7-95 所示的模型，其中包括两条曲线，下面以此模型为例，介绍使用法向轨迹创建扫描曲面的方法，重点是理解法向轨迹对扫描曲面的影响。

图 7-95　示例模型 2　　　　　图 7-96　创建扫描截面 3

步骤 1　打开练习文件 ch07 surface\7.3\04\sweep_surface_04。

步骤 2　选择命令。在"模型"选项卡"形状"区域选择 扫描 ▼ 菜单中的 扫描 命令，在操控板的"类型"区域中单击 按钮。

步骤 3　创建扫描曲面一。按住 Ctrl 键选择如图 7-95 所示的曲线 1 为原点轨迹（单击曲线上箭头调整左侧为起始方向），选择曲线 2 为一般轨迹，单击 草绘 按钮，创建如图 7-96 所示的扫描截面，此时展开"参考"选项卡，将"轨迹"区域"原点"行的 N 列设置为选中状态，如图 7-97 所示，表示原点轨迹为法向轨迹，此时扫描截面与曲线 1 垂直，扫描曲面结果如图 7-98 所示。

图 7-97　定义法向轨迹 1　　　　　图 7-98　扫描曲面结果 1

步骤 4　创建扫描曲面二。展开"参考"选项卡，在"轨迹"区域"链 1"行的 N 列中选中方框，如图 7-99 所示，表示将"链 1"定义为法向轨迹，此时扫描截面与曲线 2 垂直，扫描曲面结果如图 7-100 所示。

 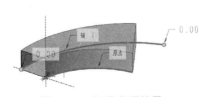

图 7-99　定义法向轨迹 2　　　　　图 7-100　扫描曲面结果 2

（5）扫描截面变化规律

创建扫描曲面一定要注意扫描截面的变化规律，对于同样形状的扫描截面，如果约束不同将得到完全不同的扫描曲面，下面继续以如图 7-95 所示的模型为例具体介绍。

选择"扫描"命令，按住 Ctrl 键依次选择如图 7-95 所示的曲线 1 和曲线 2 为扫描轨迹，然后创建如图 7-101 所示的扫描截面。截面中定义圆弧半径为 60，结果如图 7-102 所示，此时扫描曲面在整个扫描过程中的截面半径均为 60，如图 7-103 所示。

图 7-101　创建扫描截面 1　　　　图 7-102　扫描曲面 1　　　　图 7-103　扫描曲面特点 1

选择"扫描"命令，按住 Ctrl 键依次选择如图 7-95 所示的曲线 1 和曲线 2 为扫描轨迹，然后创建如图 7-104 所示的扫描截面。截面中定义圆弧高度为 18，结果如图 7-105 所示，此时扫描曲面在整个扫描过程中每处截面高度均为 18，如图 7-106 所示。

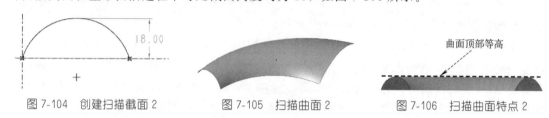

图 7-104　创建扫描截面 2　　　　图 7-105　扫描曲面 2　　　　图 7-106　扫描曲面特点 2

选择"扫描"命令，按住 Ctrl 键依次选择如图 7-95 所示的曲线 1 和曲线 2 为扫描轨迹，然后创建如图 7-107 所示的扫描截面。截面中定义圆弧为半圆，结果如图 7-108 所示，此时扫描曲面在整个扫描过程中每处截面均为半圆，如图 7-109 所示。

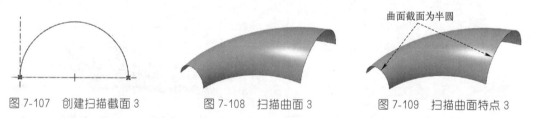

图 7-107　创建扫描截面 3　　　　图 7-108　扫描曲面 3　　　　图 7-109　扫描曲面特点 3

（6）扫描截面与轨迹控制

创建扫描曲面一定要注意扫描截面与轨迹之间的位置关系，对于同样的扫描截面及扫描轨迹，如果两者位置关系不同将得到完全不同的扫描曲面，下面以如图 7-110 所示的模型为例具体介绍。

选择"扫描"命令，按住 Ctrl 键依次选择如图 7-110 所示的曲线 1 和曲线 2 为扫描轨迹，然后创建如图 7-111 所示的扫描截面，在"扫描"操控板展开"参考"选项卡，然后在"截平面控制"下拉列表中设置扫描截面与轨迹的关系，如图 7-112 所示。

在"截平面控制"下拉列表中选择"垂直于轨迹"选项，表示扫描截面始终垂直于原点轨迹，结果如图 7-113 所示。

在"截平面控制"下拉列表中选择"垂直于投影"选项，然后选择图 7-111 中直线为投影方向，表示扫描截面始终垂直于该直线，结果如图 7-114 所示。

在"截平面控制"下拉列表中选择"恒定法向"选项，然后选择图 7-111 中 FRONT 面为参考面，表示扫描截面始终与该面平行，结果如图 7-115 所示。

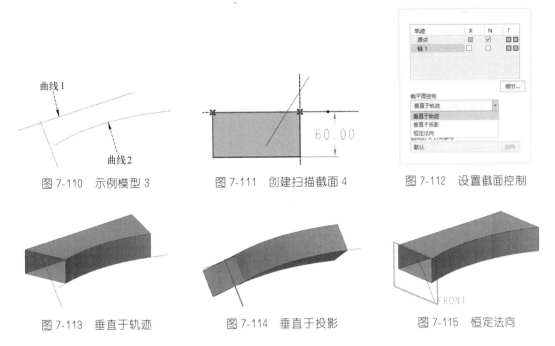

图 7-110 示例模型 3　　　图 7-111 创建扫描截面 4　　　图 7-112 设置截面控制

图 7-113 垂直于轨迹　　　图 7-114 垂直于投影　　　图 7-115 恒定法向

（7）扫描截面参数控制

在创建扫描曲面时，扫描曲面外形的变化除了受到扫描轨迹的控制之外，还可以在扫描截面中添加轨迹参数来控制扫描曲面外形，其中轨迹参数包括 trajpar 和 evalgraph 两种，下面具体介绍这两种轨迹参数对扫描截面的控制。

① trajpar 参数。trajpar 是从 0 到 1 呈线性变化的一个变量，表示相对于原点轨迹的长度百分比，在扫描的起始点，trajpar 值为 0，在扫描的终点，trajpar 值为 1。

如果在扫描截面草绘中加入关系式 sd♯＝trajpar＋n，此时尺寸 sd♯受到 trajpar＋n 控制，在扫描的起始点 sd♯的值为 $0+n=n$，在扫描的终点 sd♯的值为 $1+n=1+n$，sd♯的大小呈线性变化，所以扫描曲面外形也呈线性变化。

如图 7-116 所示的扫描曲面，其扫描轨迹为一条直线，扫描截面如图 7-117 所示，在截面草图环境 "工具" 功能区的 "模型意图" 区域单击 **⌐= 关系** 按钮，系统弹出 "关系" 对话框，此时草图中的尺寸显示为尺寸代号，如图 7-118 所示。

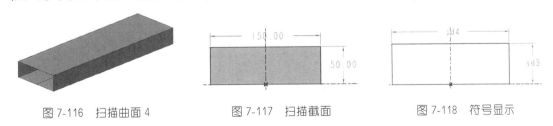

图 7-116 扫描曲面 4　　　图 7-117 扫描截面　　　图 7-118 符号显示

> 💡 **说明：** Creo 中产生的任何尺寸都有一个系统给定的代号，本例中尺寸 50 的代号为 sd3，尺寸 150 的代号为 sd4，在 "工具" 功能区的 "模型意图" 区域单击 **⌐ 切换尺寸** 按钮（或者在 "关系" 对话框中单击 **⌐** 按钮），切换尺寸与符号之间的显示。

在 "关系" 对话框中对选中的尺寸定义关系即可使扫描截面在扫描过程中随着参数的变化而发生变化，最终控制扫描曲面的变化。此处选择 sd3 尺寸定义关系 sd3＝50＋trajpar *

100，如图 7-119 所示，退出草图后，在"扫描"操控板中单击  可变截面 按钮，表示创建变化扫描曲面，结果如图 7-120 所示。

图 7-119　定义参数关系

图 7-120　变化扫描曲面

在定义扫描截面参数关系时，还可以使用 sin 函数进行控制，此处选择 sd3 尺寸定义关系 "sd3＝100 * (1＋sin(360 * trajpar))"，此时将得到如图 7-121 所示的扫描曲面。

在创建扫描曲面时，使用 trajpar 参数可以控制角度的变化。如图 7-122 所示的样条曲线，选择曲线为扫描轨迹，创建如图 7-123 所示的扫描截面，如果直接扫描将得到如图 7-124 所示的扫描曲面，如果使用 trajpar 参数控制截面中的角度变化，对角度定义关系 sd3＝trajpar * 360 * 10，将得到如图 7-125 所示的扫描螺旋曲面，另外，再使用扫描螺旋曲面的边界为扫描轨迹，绘制圆作为扫描截面即可得到如图 7-126 所示的曲线弹簧。

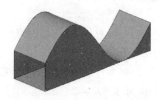

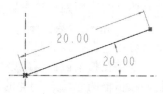

图 7-121　sin 变化扫描曲面

图 7-122　样条曲线

图 7-123　创建扫描截面 5

说明： 此处的 trajpar*360*10 关系式大概可以理解为扫描截面的角度参数以 360° 为周期绕着扫描轨迹进行旋转，一共旋转了 10 圈。

图 7-124　扫描曲面 5

图 7-125　扫描螺旋曲面

图 7-126　曲线弹簧

在创建扫描曲面时，使用 trajpar 参数可以控制直径的变化。如图 7-127 所示的圆形曲线，选择曲线为扫描轨迹，创建圆形扫描截面。如果直接扫描将得到如图 7-128 所示的扫描曲面，如果使用 trajpar 参数控制截面中的直径变化，对直径定义关系 sd3＝60＋30 * sin(trajpar * 360 * 8)，将得到如图 7-129 所示的变化环形曲面。

② evalgraph 参数。evalgraph（evaluate graph）是系统默认的基准控制曲线计算函数，其功能为当变量 x_value 变化时计算相应的 y 值，然后指定给 sd♯，x_value 的值可以是实数或表达式，如果是表达式可含有 trajpar 参数。

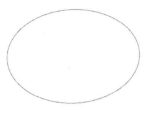

图 7-127　圆形曲线

图 7-128　环形曲面

图 7-129　变化环形曲面

在创建扫描曲面时，可以使用关系式结合基准图形（datum graph）及 trajpar 参数来控制截面参数的变化，使用图形控制的格式为：sd♯（y 值）＝evalgraph（"图形名称"，x 值）。首先定义图形名称，然后绘制坐标系和图形曲线，曲线的 x 轴方向会随着扫描轨迹变化，原点代表扫描起始点，终点代表曲线终点。

如图 7-130 所示的圆柱体，需要在圆柱体表面创建如图 7-131 所示的凸轮槽，其中凸轮槽曲线如图 7-132 所示，需要根据该曲线创建凸轮槽，下面具体介绍。

图 7-130　圆柱体

图 7-131　凸轮槽

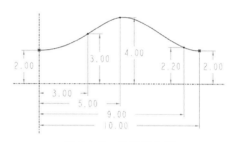

图 7-132　凸轮槽曲线

步骤 1　打开练习文件 ch07 surface\7.3\04\sweep_surface_11。

步骤 2　创建图形。根据凸轮槽曲线创建图形，然后使用 evalgraph 参数结合图形控制扫描切除，最终得到凸轮槽结构。

a. 选择命令。在"模型"功能面板的"基准"展开菜单中选择 △ 图形 命令。

b. 定义图形名称。在系统弹出的输入框中输入图形名称，如图 7-133 所示。

c. 创建坐标系。在草绘环境的"草绘"区域选择 ↗ 坐标系 命令，在图形区任意位置单击创建坐标系，如图 7-134 所示，该坐标系是图形的定位基准。

d. 绘制图形曲线。根据图形曲线要求，使用样条曲线绘制如图 7-135 所示的图形曲线，注意曲线两端都要与水平轴线相切，确定将来凸轮槽闭环位置的平滑过渡。

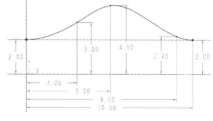

图 7-133　定义图形名称

图 7-134　创建坐标系

图 7-135　创建图形曲线

步骤 3　创建凸轮槽。下面使用扫描切除方法创建凸轮槽。

a. 定义扫描轨迹。选择如图 7-136 所示的圆柱体底边圆弧为扫描轨迹。

b. 创建扫描截面。单击 ✎ 草绘 按钮，创建如图 7-137 所示的扫描截面。

c. 定义参数关系。在草图环境"工具"功能区的"模型意图"区域单击 $^{d=}$关系 按钮，选择 60 尺寸定义关系 sd5＝evalgraph("111"，trajpar ＊ 12) ＊ 30，如图 7-138 所示。

d. 定义扫描属性。在"扫描"操控板中单击 ⚏ 移除材料 按钮，单击 ╰ 可变截面 按钮。

💡 **说明**：此处定义的参数关系相当于按照图形曲线的变化规律控制扫描截面中对应尺寸的变化，最终得到与图形曲线变化规律一致的扫描结构。

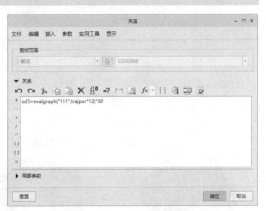

图 7-136　选择扫描轨迹　　图 7-137　创建扫描截面 6　　　　图 7-138　定义参数关系

7.3.5　扫描混合曲面

使用"扫描混合"命令将多个截面沿着多条轨迹进行扫掠得到几何特征，该命令兼具扫描及混合两大功能特点，既可以用来创建实体特征，也可以用来创建曲面，本章只介绍扫描混合曲面操作。

如图 7-139 所示的曲线模型，需要以此曲线为轨迹，创建如图 7-140 所示的一端大一端小的扫描混合曲面，下面具体介绍创建过程。

图 7-139　曲线模型　　　　　　　　　　图 7-140　扫描混合曲面

步骤 1　打开练习文件 ch07 surface\7.3\05\sweep_blend_surface。

步骤 2　选择命令。在"模型"功能面板的"形状"区域选择 ⟋ 扫描混合 命令，系统弹出如图 7-141 所示的"扫描混合"操控板，在操控板的"类型"区域中单击 ⬜ 按钮。

图 7-141　"扫描混合"操控板

步骤 3　定义扫描混合轨迹。选择曲线作为扫描混合轨迹曲线，如图 7-142 所示。

步骤 4　定义扫描混合截面。在"扫描混合"操控板展开"截面"选项卡，如图 7-143 所示，选中"草绘截面"选项，表示通过草图绘制创建扫描混合截面。

a. 创建截面 1。在"截面"选项卡单击"草绘"按钮，系统将在轨迹曲线起始点位置创建截面，进入草图环境创建如图 7-144 所示的截面 1（直径为 50 的圆）。

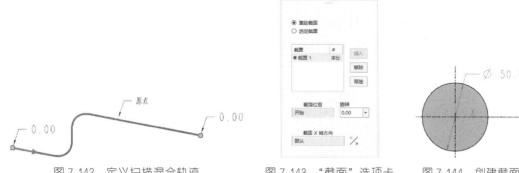

图 7-142　定义扫描混合轨迹　　　　图 7-143　"截面"选项卡　　　图 7-144　创建截面 1

b. 创建截面 2。在"截面"选项卡单击"插入"按钮，系统添加截面 2，如图 7-145 所示。选择如图 7-146 所示的位置定义截面 2，单击"草绘"按钮，系统将在选择的位置创建截面 2。进入草图环境创建直径为 50 的圆作为截面 2（与截面 1 相同）。

c. 创建截面 3。在"截面"选项卡单击"插入"按钮，系统添加截面 3，单击"草绘"按钮，系统将在扫描轨迹末端位置创建截面 3，进入草图环境创建如图 7-147 所示的截面 3（直径为 20 的圆）。

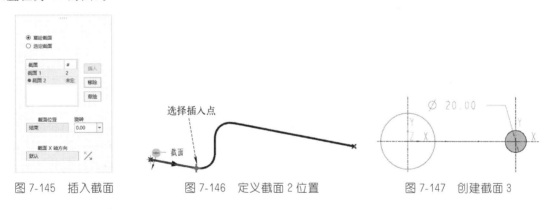

图 7-145　插入截面　　　　图 7-146　定义截面 2 位置　　　　图 7-147　创建截面 3

> 💡 **说明**：一般情况下可以在轨迹曲线的端点、曲线与曲线的节点位置定义扫描混合截面，如果要在曲线中间任意位置定义扫描混合截面，需要首先在曲线上创建基准点，然后选择基准点插入扫描混合截面。

步骤 5　完成扫描混合曲面。在"扫描混合"操控板单击"确定"按钮✓。

7.3.6　边界混合曲面

边界混合曲面是根据已有的曲线线框，创建经过各条曲线线框的混合曲面，如图 7-148 所示。因为创建边界混合曲面所需的线框在空间呈现网格形态，所以边界混合曲面也形象地称为网格曲面。边界混合曲面是曲面设计中最重要的一种曲面设计工具，创建边界混合曲面的关键是首先创建符合曲面设计要求的曲线线框，同时需要注意在曲面边界位置添加合适的边界条件。下面具体介绍边界混合曲面的设计。

（1）边界混合曲面创建过程

如图 7-149 所示的曲线线框，包括两条较长的曲线（轮廓曲线）及三条圆弧曲线（截面

(a) 曲线线框　　　创建边界混合曲面　　　(b) 边界混合曲面

图 7-148　边界混合曲面

曲线），需要根据这些曲线创建如图 7-150 所示的曲面，下面具体介绍创建过程。

图 7-149　曲线线框

图 7-150　创建曲面

步骤 1　打开练习文件 ch07 surface\7.3\06\boundary_surface_ex_01。

步骤 2　选择命令。在"模型"功能面板的"曲面"区域单击"边界混合"按钮 ，系统弹出如图 7-151 所示的"边界混合"操控板，用于创建边界混合曲面。

图 7-151　"边界混合"操控板

> **说明：**"边界混合"操控板中主要有两个文本框，用于选择最多两个方向的曲线。其中"第一方向"文本框用于选择第一方向的曲线，"第二方向"文本框用于选择第二方向的曲线。其实这两个方向并没有严格的区分，完全可以交换选择，但是在实际创建边界混合曲面时，第一方向往往用于选择线框中的"轮廓曲线"，第二方向往往用于选择线框中的"截面曲线"。

步骤 3　选择第一方向曲线。在"边界混合"操控板中单击"第一方向"文本框，表示要定义第一方向的混合曲线。按住 Ctrl 键，依次选择如图 7-152 所示的两条较长的轮廓曲线，此时在"第一方向"文本框中显示"2 个链"，表示第一方向选择了两条曲线，此时在"曲线"选项卡的"第一方向"区域中显示选择的两条曲线，如图 7-153 所示，其中链前面的"1"和"2"为曲线编号，对应于模型中选择的两条曲线的数字编号。

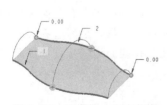

图 7-152　选择第一方向曲线

图 7-153　定义第一方向曲线

步骤 4 选择第二方向曲线。在“边界混合”操控板中单击“第二方向”文本框，表示要选择第二方向的混合曲线。按住 Ctrl 键，依次选择如图 7-154 所示的三条圆弧截面曲线，此时在“第二方向”文本框中显示“3 个链”，表示第二方向选择了三条曲线，此时在“曲线”选项卡的“第二方向”区域中显示选择的三条曲线，如图 7-155 所示，其中链前面的“1”“2”和“3”为曲线编号，对应于模型中选择的三条曲线的数字编号。

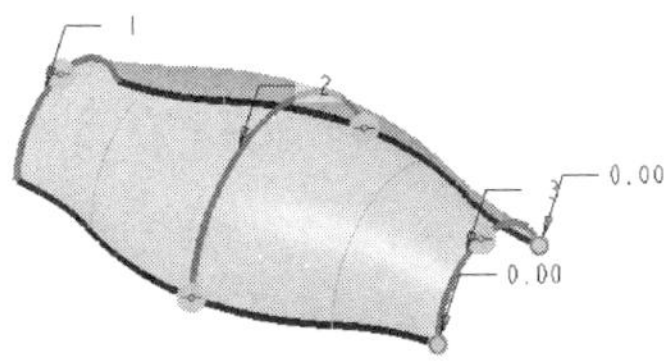

图 7-154 选择第二方向曲线

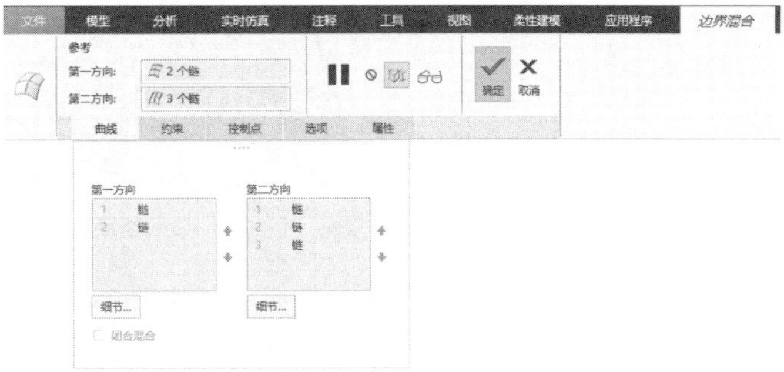

图 7-155 定义第二方向曲线

步骤 5 完成边界混合曲面的创建。如果选择的曲线没有问题，单击鼠标中键完成边界混合曲面的创建，结果如图 7-150 所示。

（2）边界混合曲面创建方式

边界混合曲面的创建包括多种方式，不同的创建方式用于不同场合的曲面设计。下面从简单到复杂依次介绍几种常用的边界混合曲面的创建方式。

① 单一方向的边界混合曲面。如图 7-156 所示的曲线线框，属于单一方向多条曲线，选择“边界混合”命令，按住 Ctrl 键，依次选择如图 7-157 所示的五条曲线链，得到如图 7-158 所示的曲面。

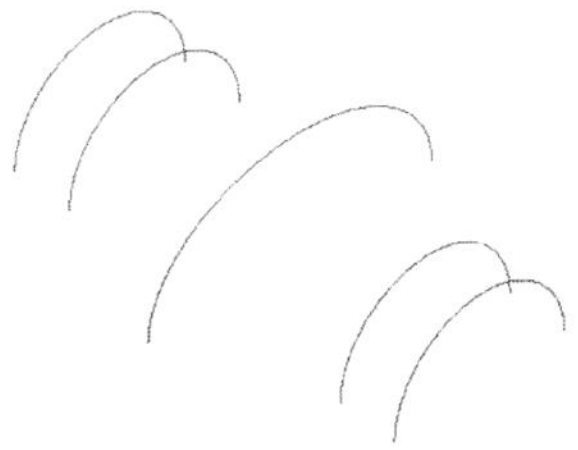

图 7-156 单一方向多条曲线

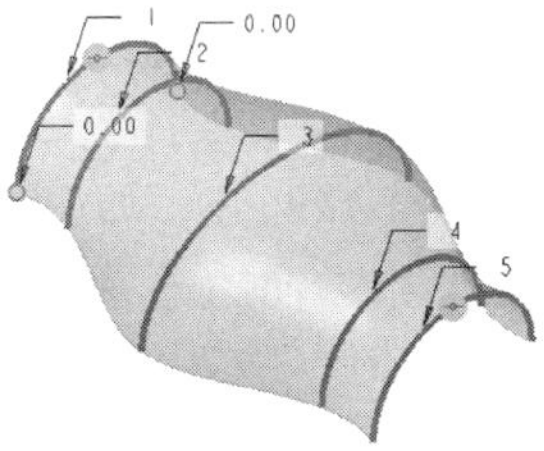

图 7-157 选择多条曲线链

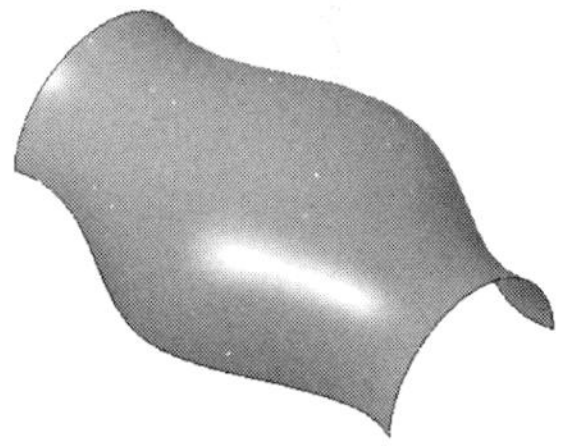

图 7-158 得到边界混合曲面

② 点和线的边界混合曲面。如图 7-159 所示的点和五角星曲线，选择“边界混合”命令，按住 Ctrl 键，依次选择如图 7-160 所示的点和五角星曲线，得到如图 7-161 所示的曲面。

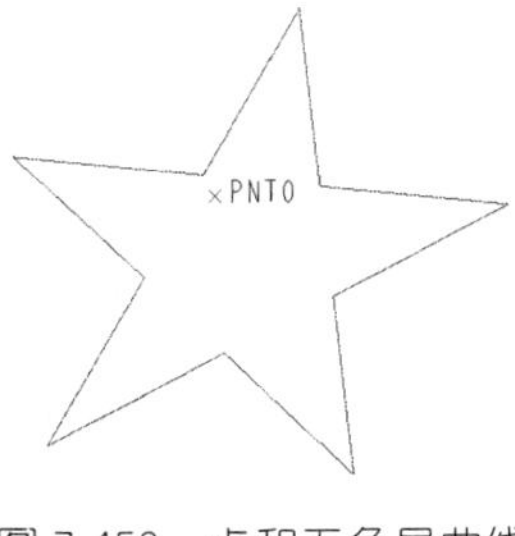

图 7-159 点和五角星曲线

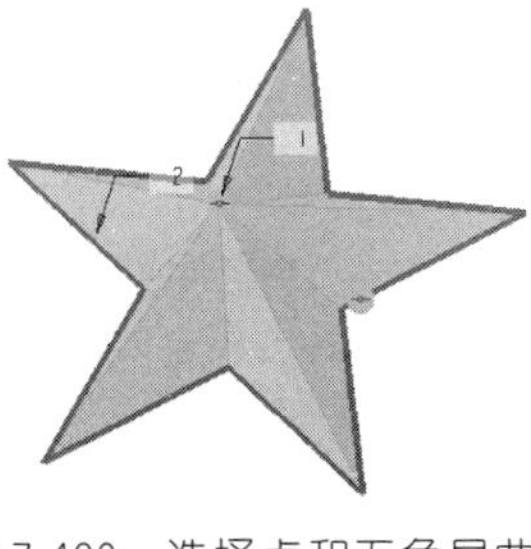

图 7-160 选择点和五角星曲线

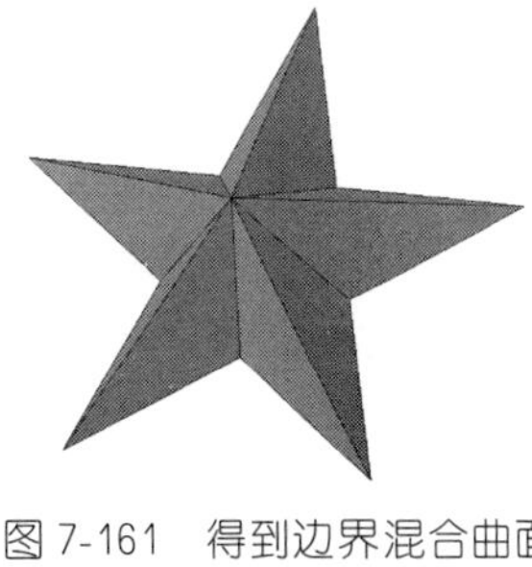

图 7-161 得到边界混合曲面

③ 三条边界的边界混合曲面。如图 7-162 所示的曲线线框，属于三角形线框问题。选择"边界混合"命令，按住 Ctrl 键，依次选择如图 7-163 所示的任意两条曲线作为第一方向曲线，然后选择剩下第三条曲线为第二方向曲线，得到如图 7-164 所示的曲面。

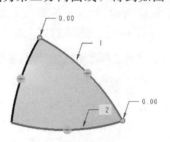

图 7-162　三角形线框　　　　图 7-163　选择两个方向曲线　　　图 7-164　得到边界混合曲面 1

④ 两个方向多条曲线的边界混合曲面。如图 7-165 所示的曲线线框，属于两个方向多条曲线问题。选择"边界混合"命令，按住 Ctrl 键，首先依次选择如图 7-166 所示的五条轮廓曲线作为第一方向曲线，然后依次选择剩下三条曲线为第二方向曲线，得到如图 7-167 所示的曲面。

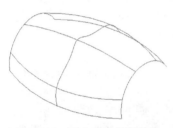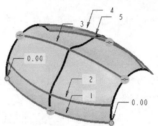

图 7-165　两个方向多条曲线　　　　图 7-166　选择曲线　　　　图 7-167　得到边界混合曲面 2

（3）边界混合曲面线框要求

创建边界混合曲面的关键是首先做好相应的曲线线框，不是所有的曲线线框都能创建边界混合曲面，创建曲线线框时一定要注意线框要求：

① 多个方向的曲线线框在连接位置不能断开，如图 7-168 所示。

② 线框中的中间曲线不能同时与两个方向的边界曲线相交，如图 7-169 所示。

③ 两个方向的边界曲线不能相切，如图 7-170 所示。

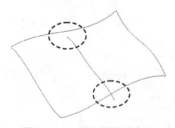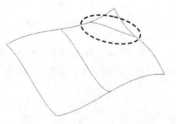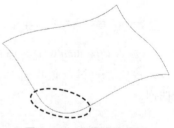

图 7-168　曲线断开不连接　　　图 7-169　错误的中间曲线　　　图 7-170　曲线线框相切

（4）边界混合曲面线框选择

根据曲线线框创建边界混合曲面一定要注意曲线线框的正确选择，否则无法得到需要的边界混合曲面。下面具体介绍边界混合曲面曲线线框的选择方法与技巧。

如图 7-171 所示的曲线线框，线框结构比较简单，包括一个完整的椭圆、一段圆弧及一条样条曲线。使用该线框创建边界混合曲面，如果选择曲线的方法不同将得到如图 7-172 与图 7-173 所示的不同曲面结果。

图 7-171　曲线线框　　　　图 7-172　曲面结果 1　　　　图 7-173　曲面结果 2

步骤 1　打开练习文件 ch07 surface\7.3\06\boundary_surface_07。

步骤 2　选择命令。在"模型"功能面板的"曲面"区域单击"边界混合"按钮 ⬚，系统弹出"边界混合"操控板。

步骤 3　直接选择曲线。按住 Ctrl 键，直接选择如图 7-174 所示的椭圆曲线与圆弧曲线，此时得到如图 7-175 所示的错误边界混合曲面。

> **说明：** 此处得到如图 7-175 所示错误结果的主要原因是线框中既有完整的椭圆曲线，又有开放的圆弧曲线，两者是无法直接混合的，需要对完整的椭圆曲线进行拆分。根据曲线线框特点，如果想得到如图 7-172 所示的曲面结果，必须对线框进行"拆解"，得到如图 7-176 所示的三条曲线。

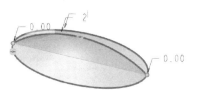  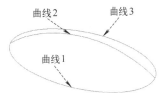

图 7-174　直接选择曲线　　　图 7-175　错误边界混合曲面　　　图 7-176　拆分三条曲线

步骤 4　使用右键切换选择曲线。选择曲线时，如果曲线是规则的图形，如圆、椭圆、矩形等，可以直接使用鼠标右键切换选择。按住 Ctrl 键，将鼠标放在椭圆曲线上一侧（一定不要选中曲线）快速单击鼠标右键，此时系统切换选择一半椭圆曲线作为第一条曲线链，然后继续使用鼠标单击选择圆弧作为第二条曲线链，最后将鼠标放在椭圆曲线上另外一侧（一定不要选中曲线）快速单击鼠标右键，此时系统切换选择另外一半椭圆曲线作为第三条曲线链，如图 7-177 所示。

步骤 5　曲线长度调整。选择曲线时，如果需要选择相对完整曲线的一部分，需要对曲线长度进行调整。对于如图 7-171 所示的曲线线框，如果想创建如图 7-173 所示的曲面结果，就需要在选择每条曲线时对曲线长度进行调整。

a. 选择第一条曲线。按住 Ctrl 键，使用右键切换选择如图 7-178 所示的初步曲线。接下来对曲线长度进行调整，在"边界混合"操控板中单击"曲线"选项卡，单击"第一方向"区域中的"细节"按钮，此时在选中的曲线链上显示曲线端点标签（如图 7-179 所示），同时弹出如图 7-180 所示的"链"对话框，使用该对话框对曲线长度进行调整。在"链"对话框中单击"选项"选项卡，在"端点 2"下拉列表中选择"在参考上修剪"选项，然后选择如图 7-181 所示的曲线为修剪参考，表示使用该曲线对选中的曲线链进行修剪，单击"确定"按钮，完成曲线长度调整，结果如图 7-182 所示。

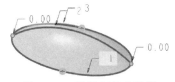  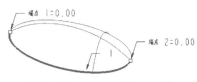

图 7-177　选择三条曲线链　　　图 7-178　选择初步曲线 1　　　图 7-179　显示曲线端点标签

💡 **说明 1**：此处"链"对话框中的"端点 1"与"端点 2"分别对应于曲线上的"端点 1"与"端点 2"，在调整曲线长度时一定要注意是调整曲线哪一个端点。

💡 **说明 2**：此处修剪曲线所用的修剪对象可以是曲线，也可以是基准点或基准面，在修剪曲线之前需要提前做好相应的修剪对象。

b. 选择第二条曲线。按住 Ctrl 键，直接选择如图 7-183 所示的初步曲线，在"边界混合"操控板中单击"曲线"选项卡，单击"第一方向"区域中的"细节"按钮，系统弹出"链"对话框，在"链"对话框中单击"选项"选项卡，在"端点 1"下拉列表中选择"在参考上修剪"选项，然后选择如图 7-184 所示的曲线为修剪参考，单击"确定"按钮，完成曲线长度调整，结果如图 7-185 所示。

图 7-180 "链"对话框

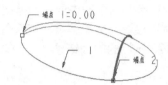
图 7-181 选择修剪参考 1

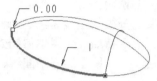
图 7-182 调整长度后的曲线 1

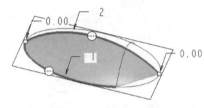
图 7-183 选择初步曲线 2

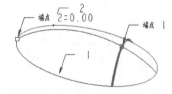
图 7-184 选择修剪参考 2

c. 选择第三条曲线。按住 Ctrl 键，直接选择如图 7-186 所示的初步曲线，在"边界混合"操控板中单击"曲线"选项卡，单击"第一方向"区域中的"细节"按钮，系统弹出"链"对话框，在"链"对话框中单击"选项"选项卡，在"端点 1"下拉列表中选择"在参考上修剪"选项，然后选择如图 7-187 所示的曲线为修剪参考，单击"确定"按钮，完成曲线长度调整，结果如图 7-188 所示。

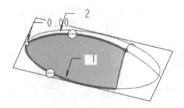
图 7-185 调整长度后的曲线 2

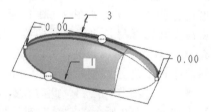
图 7-186 选择初步曲线 3

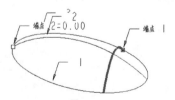
图 7-187 选择修剪参考 3

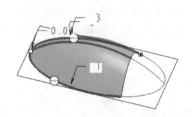
图 7-188 调整长度后的曲线 3

（5）边界混合曲面约束条件

在创建边界混合曲面时，如果曲面边界位置有已经存在曲面，需要设置边界混合曲面与这些曲面的连接关系（约束条件）。在 Creo 中可以设置四种边界约束条件：自由、相切、垂直及曲率。下面具体介绍添加约束条件的操作过程。

如图 7-189 所示的曲面及曲线，需要在两个曲面中间通过圆弧曲线创建边界混合曲面，将两个曲面连接起来，这种情况下，创建的边界混合曲面与两端的曲面存在连接关系，需要根据实际情况设置边界约束条件。

步骤 1 打开练习文件 ch07 surface\7.3\06\boundary_surface_09。

步骤 2 选择命令。在"模型"功能面板的"曲面"区域单击"边界混合"按钮，系统弹出"边界混合"操控板。

步骤 3 自然连接。按住 Ctrl 键，依次选择如图 7-190 所示的左侧曲面圆弧边线、中间圆弧曲线及右侧曲面的圆弧边线，注意此时在两条边界链上各有一个圆圈符号（连接符号），默认为自然连接，单击鼠标中键，得到如图 7-191 所示的曲面结果。因为创建的曲面与两端的曲面为自然连接，有明显的接痕，所以曲面连接位置不是很光滑。在实际曲面设计中一般使用专门的分析工具分析曲面连接关系。在"分析"功能面板展开"检查几何"菜单，选择 反射 命令，系统弹出如图 7-192 所示的"反射分析"对话框，选择所有的曲面，此时在曲面上显示反射斑马线，如图 7-193 所示，自然连接的曲面，反射斑马线都是完全错开的。

图 7-189 曲面及曲线

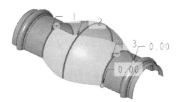
图 7-190 选择曲线链

图 7-191 创建自然连接曲面

步骤 4 相切连接。在创建边界混合曲面时，按住连接符号右键，在快捷菜单中选择"相切"选项，如图 7-194 所示，设置边界曲面与其他曲面相切连接，使用"反射"工具查看反射结果如图 7-195 所示，此时反射斑马线是对齐的，但是并没有相切，表示曲面之间是相切连接的。

图 7-192 "反射分析"对话框

图 7-193 查看曲面反射结果

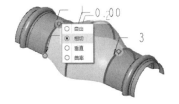
图 7-194 设置相切约束

步骤 5 曲率连接。在创建边界混合曲面时，按住连接符号右键，在快捷菜单中选择"曲率"选项，如图 7-196 所示，设置边界曲面与其他曲面曲率连接，使用"反射"工具查看反射结果，如图 7-197 所示。此时反射斑马线对齐且相切，表示曲面之间是曲率连接，曲率连接的曲面比相切连接的曲面更光滑。

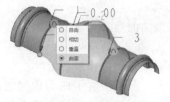

图 7-195　查看曲面反射结果 1　　　图 7-196　设置曲率约束　　　图 7-197　查看曲面反射结果 2

说明：曲面设计中的连续性条件通常包括 G0（自然连接）、G1（相切连接）、G2（曲率连接）、G3（流向连接），Creo 软件目前只能达到 G2（曲率连接）水平。

在设置曲面约束条件时，一般情况下，系统会自动查找约束对象，但是连接情况比较复杂时需要用户手动选择。在"边界混合"操控板中单击"约束"选项卡，在"约束"选项卡的"图元"区域可以查看或选择指定的曲面约束对象，如图 7-198 所示。

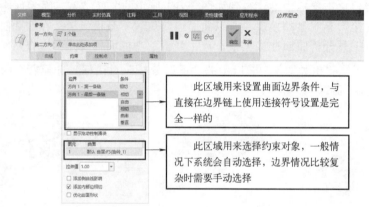

图 7-198　设置曲面约束条件

（6）曲面约束必要条件

边界混合曲面设计中通过添加合适的约束条件能够有效提高曲面质量，保证曲面设计要求，但是一定要特别注意的是，在添加曲面边界条件前一定要保证约束的必要条件，否则无法准确添加约束条件。

如图 7-199 所示的曲面线框，需要使用其中的曲线线框及曲面边线创建曲面，并要求创建的曲面与已有的曲面边界相切连接，如图 7-200 所示，下面具体介绍操作过程。

步骤 1　打开练习文件 ch07 surface\7.3\06\boundary_surface_10。

步骤 2　选择命令。在"模型"功能面板的"曲面"区域单击"边界混合"按钮，系统弹出"边界混合"操控板。

步骤 3　创建初步的曲面。按住 Ctrl 键，选择 TOP 面上的两条样条曲线为第一方向曲线链，然后选择如图 7-201 所示的两条曲线为第二方向曲线链，在如图 7-201 所示的两曲面连接边界上的连接符号上右键，选择"相切"命令，添加相切约束。在"边界混合"操控板中选择如图 7-202 所示的曲面为相切对象，单击鼠标中键结束曲面创建。但是此时系统弹出如图 7-203 所示的"再生失败"对话框，提示创建曲面失败。

说明：创建边界混合曲面添加约束时出现失败的主要原因往往是曲线线框不满足约束条件，两曲面要在连接位置相切，必须首先保证两曲面中所有处在连接位置的曲线都要相切，这就是曲面相切的必要条件。此处创建的边界混合曲面要与已有的曲面相切就需要保证 TOP 面上的两条样条曲线与连接的曲面边界相切。

图 7-199　曲面线框

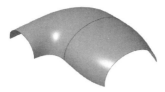

图 7-200　创建查切曲面

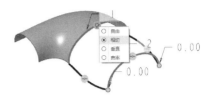

图 7-201　设置约束条件

步骤 4　编辑曲线。选中 TOP 基准面上的曲线草图右键，选择"编辑定义"命令，进入草图环境，查看曲线与曲面边界的连接条件，发现曲线并没有与曲面边界相切，如图 7-204 所示，此处添加曲线与曲面边界的相切约束，如图 7-205 所示。

图 7-202　选择约束对象

图 7-203　再生失败提示

图 7-204　草图曲线不相切

步骤 5　创建相切曲面。选择"边界混合"命令，按住 Ctrl 键，选择 TOP 面上的两条样条曲线为第一方向曲线链，然后选择如图 7-206 所示的两条曲线为第二方向曲线链，设置边界曲面与已有曲面之间的相切条件，单击鼠标中键完成曲面创建，使用"反射"工具检查曲面连接质量，符合曲面相切要求，如图 7-207 所示。

图 7-205　添加相切约束

图 7-206　创建边界曲面

图 7-207　查看曲面反射结果

（7）垂直约束应用

创建对称曲面时，一般是先创建一半曲面，然后通过镜像方式创建另外一半，为了在镜像后保证两半曲面之间的相切连续，需要在创建一半曲面时，在曲面边界添加垂直约束（通常是镜像面上的边界），这样镜像后的两个半曲面就能够相切连续。

如图 7-208 所示的曲面线框，需要根据该曲线线框首先创建如图 7-209 所示的八分之一曲面，然后使用镜像命令得到如图 7-210 所示的完整曲面，同时保证曲面光顺要求。下面以此为例介绍垂直约束条件的使用。

图 7-208　曲线线框 1

图 7-209　八分之一曲面

图 7-210　完整曲面

步骤 1 打开练习文件 ch07 surface\7.3\06\boundary_surface_11。

步骤 2 选择命令。在"模型"功能面板的"曲面"区域单击"边界混合"按钮 ，系统弹出"边界混合"操控板。

步骤 3 创建初步曲面。根据以上思路直接创建边界混合曲面并镜像，此时得到的初步曲面如图 7-211 所示，此时曲面连接都是自然连接，表面质量极差，不符合曲面设计要求，需要对曲面进行改进，保证曲面质量如图 7-210 所示。

步骤 4 改进曲线线框。为了在创建边界混合曲面时能够正确添加连续性条件，需要对曲线线框进行必要的处理。打开本例文件时轮廓曲线如图 7-212 所示，需要约束每条曲线两端垂直于水平轴线及竖直轴线，如图 7-213 所示，同时还需要约束两个截面曲线两端垂直于水平轴线及竖直轴线，如图 7-214 所示，这正是后面约束曲面的必要条件。

图 7-211 初步曲面

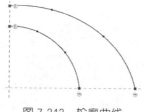

图 7-212 轮廓曲线

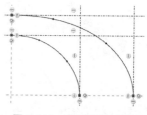

图 7-213 改进轮廓曲线

说明：此步骤中实际要约束各曲线两端垂直于各镜像平面，但是这种垂直约束不能在样条曲线与面之间直接添加，所以需要在各曲线草图中添加曲线与各镜像面垂线之间的相切约束，这样镜像之后才能保证曲面相切连续性要求。

步骤 5 创建最终边界混合曲面。选择"边界混合"命令，选择两条轮廓曲线为第一方向曲线，选择两条圆弧截面曲线为第二方向曲线，设置边界混合曲面四周为垂直约束，垂直对象为各曲线所在的基准面，结果如图 7-215 所示。

说明：完成边界混合曲面创建后再使用镜像操作得到完整的曲面效果，如图 7-210 所示，读者可自行操作，此处不再赘述。

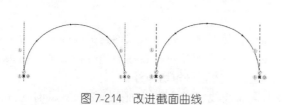

图 7-214 改进截面曲线

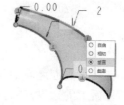

图 7-215 创建边界曲面

（8）边界混合曲面控制点

创建边界混合曲面时，当选择的曲线是由多段曲线构成的时，需要设置边界混合控制点，保证曲面质量，下面具体介绍设置控制点的操作方法。

如图 7-216 所示的曲线线框，由两条封闭曲线构成，每条曲线均由八段圆弧组成，如图 7-217 所示，现在需要使用这两条曲线创建如图 7-218 所示的曲面。

步骤 1 打开练习文件 ch07 surface\7.3\06\boundary_surface_12。

步骤 2 选择命令。在"模型"功能面板的"曲面"区域单击"边界混合"按钮 ，系统弹出"边界混合"操控板。

图 7-216 曲线线框 2

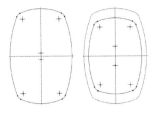

图 7-217 线框构成

图 7-218 创建曲面

步骤 3 创建初步的边界混合曲面。按住 Ctrl 键，直接选择如图 7-219 所示的两条封闭曲线为曲线链，此时得到如图 7-220 所示的错误结果，曲面是完全扭曲的。

步骤 4 调整曲线闭合点。选中每条封闭曲线链，曲线上都会出现一个白色圆点，此点即为曲线链闭合点。使用鼠标直接拖动曲线上的闭合点使其到对应的位置，结果如图 7-221 所示，此时两条曲线链上只有闭合点是对应的，曲线上其他各连接点仍然没有对应，所以曲面依然存在扭曲，需要进一步调整曲面。

图 7-219 选择曲线链

图 7-220 错误的边界曲面

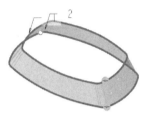

图 7-221 调整曲线闭合点

步骤 5 调整曲线控制点。对于曲线中控制点不对应的问题，需要设置控制点拟合方式。在"边界混合"操控板中单击"控制点"选项卡，在"控制点"选项卡中的"拟合"下拉列表中选择"段至段"选项，如图 7-222 所示，表示系统自动捕捉两条曲线链中较近的对应点进行对应，此时曲线链中各个控制点是完全对应的，如图 7-223 所示。

图 7-222 设置控制点拟合方式

图 7-223 设置控制点结果

7.4 曲面设计编辑

曲面设计中，一般是先创建初步曲面，然后对曲面进行适当的编辑操作，得到最终需要的曲面，这也是曲面设计的大概思路，下面具体介绍常用曲面编辑操作。

7.4.1 复制/粘贴曲面

复制/粘贴曲面就是将现有的曲面或实体表面进行复制并粘贴，得到选中曲面的副本，这些曲面副本后期可以用来做其他的曲面操作，下面具体介绍复制/粘贴曲面操作。

如图 7-224 所示的壳体，现在需要将其上表面进行复制并粘贴，得到如图 7-225 所示的上表面曲面副本，后期可以对该曲面进行偏移，得到如图 7-226 所示的效果。需要注意的是，此处在复制曲面的同时对曲面上的孔进行了填充。

图 7-224　壳体模型　　　图 7-225　需要复制的曲面　　　图 7-226　对复制曲面偏移

步骤 1　打开练习文件 ch07 surface\7.4\01\copy_surface。

步骤 2　复制曲面。按住 Ctrl 键，选择壳体上表面，按 Ctrl＋C 复制曲面。

步骤 3　粘贴曲面。按住 Ctrl＋V 键，粘贴曲面，系统弹出如图 7-227 所示的"曲面：复制"操控板，完成粘贴后，在复制曲面的原始位置得到曲面副本，如图 7-228 所示。

图 7-227　"曲面：复制"操控板　　　图 7-228　复制曲面结果

步骤 4　排除曲面并填充孔。在"复制"操控板中单击"选项"选项卡，选择"排除曲面并填充孔"选项，然后激活"填充孔/曲面"区域，如图 7-229 所示。选择如图 7-230 所示的模型表面，表示在粘贴曲面的同时将这些曲面上的内部孔填充掉，结果如图 7-231 所示。

> **说明：** 此处在填充孔时，只是将选中曲面中的内部孔填充，模型中的矩形孔因为同时分布在三个表面上，并不属于以上选中曲面的内部，所以无法被自动填充，需要做进一步的设置。

图 7-229　设置填充孔/曲面　　　图 7-230　选择填充孔曲面

步骤 5　填充分布在多个曲面上的孔。编辑以上创建的复制曲面，在"复制"操控板中单击"选项"选项卡，选择"排除曲面并填充孔"选项，然后激活"填充孔/曲面"区域，选择如图 7-232 所示的矩形孔边界，表示在粘贴曲面的同时将选中边界的孔填充，结果如图 7-233 所示。

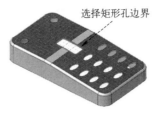

选择矩形孔边界

图 7-231 填充孔结果 1　　　图 7-232 选择矩形孔边界　　　图 7-233 填充孔结果 2

7.4.2 偏移曲面

偏移曲面是将选中的曲面按照一定的距离或方式进行变换。Creo 中的偏移曲面功能非常强大，应用也非常广泛。偏移曲面包括四种偏移类型：标准偏移、拔模偏移、展开偏移及替换面偏移。下面具体介绍这些偏移曲面操作。

（1）标准偏移

标准偏移是将选中的曲面沿着与曲面垂直的方向偏移一定的距离，如图 7-234 所示的示例模型，需要将模型顶部的曲面沿着与曲面垂直的方向偏移一定的距离，如图 7-235 所示，这种情况下需要使用标准偏移操作。

图 7-234 示例模型　　　　　　　图 7-235 创建标准偏移

步骤 1 打开练习文件 ch07 surface\7.4\02\offset_surface_01_ex。

步骤 2 选择偏移对象。首先选择模型上表面为偏移对象。

步骤 3 选择命令。在"模型"功能面板"编辑"区域选择 偏移 命令，系统弹出"偏移"操控板，在"类型"区域单击 按钮，表示对曲面进行偏移，在"偏移类型"下拉列表中选择 标准偏移 类型，表示进行标准偏移，如图 7-236 所示。

图 7-236 "偏移"操控板

💡 **说明：** 在"偏移"操控板的"类型"区域定义偏移对象，可以是曲面、曲线或者曲面的边界，本小节主要介绍偏移曲面操作，其他类型的偏移与之类似，此处不再赘述。

步骤 4 定义偏移参数。单击"偏移"操控板中的"反向"按钮 调整偏移方向，在"偏移距离"文本框中输入偏移距离值 10，结果如图 7-237 所示（注意偏移方向）。

（2）拔模偏移

拔模偏移是将选中的曲面的某一区域沿着与曲面垂直的方向偏移一定的距离。如

图 7-238 所示的曲面模型，需要将曲面中间一椭圆区域沿着与曲面垂直的方向偏移一定的距离，得到曲面凹坑效果，如图 7-239 所示，这种情况下需要使用拔模偏移操作。

图 7-237　定义偏移参数 1　　　　图 7-238　曲面模型　　　　图 7-239　创建拔模偏移

步骤 1　打开练习文件 ch07 surface\7.4\02\offset_surface_02_ex。

步骤 2　选择偏移对象。首先选择曲面模型为偏移对象。

步骤 3　选择命令。在"模型"功能面板"编辑"区域选择 [图标] 偏移 命令，系统弹出"偏移"操控板，在"类型"区域单击 [图标] 按钮，表示对曲面进行偏移，在"偏移类型"下拉列表中选择 [图标] 具有拔模 类型，表示进行拔模偏移，如图 7-240 所示。

图 7-240　"偏移"操控板

步骤 4　定义拔模偏移区域。在空白位置按住鼠标右键，选择"定义内部草绘"命令，选择 TOP 基准面为草绘平面，绘制如图 7-241 所示的草图，用于定义拔模偏移区域，在"偏移"操控板中输入偏移距离 3，拔模角度为 60°，结果如图 7-242 所示。

步骤 5　设置侧面轮廓。默认情况下，创建的拔模偏移的侧面与偏移基础面之间是直接接触连接的，结果如图 7-239 所示。在"偏移"操控板中选择"选项"选项卡，在选项卡的"侧面轮廓"区域选中"相切"选项如图 7-243 所示，表示拔模偏移侧面与偏移基础面之间是相切连接的，结果如图 7-244 所示，这样曲面连续性更好，也不用另外添加曲面倒圆角。

使用拔模偏移方法还可以在曲面上创建各种特殊图案，如图 7-245 所示的曲面上的文字就是使用拔模偏移方法创建的。一般情况下创建拔模偏移可以先选择偏移命令，然后绘制草图区域，但是在曲面上创建字体时，需要首先绘制文字草图，然后再做拔模偏移，下面具体介绍这种特殊且实用的偏移方法。

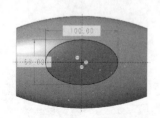

图 7-241　定义拔模偏移区域　　　图 7-242　定义偏移参数 2　　　图 7-243　定义侧面轮廓

步骤 1　打开练习文件 ch07 surface\7.4\02\offset_surface_02_ex。

步骤 2　创建文字草图。选择"草绘"命令，选择 TOP 基准面，创建如图 7-246 所示的文字草图，结果如图 7-247 所示。

图 7-244　设置侧面条件

图 7-245　曲面上创建文字

图 7-246　创建文字草图

步骤 3　创建拔模偏移。选择曲面模型为偏移对象，选择"偏移"命令，在"偏移类型"下拉列表中选择  具有拔模 类型，在空白位置按住右键，选择 TOP 基准面为草图平面，选择"投影"命令转换文本草图，如图 7-248 所示，定义偏移方向向上，偏移深度为 2，结果如图 7-249 所示。

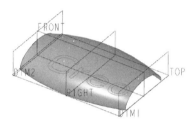

图 7-247　文字草图结果

图 7-248　重绘文字草图

图 7-249　定义偏移参数 3

（3）展开偏移

展开偏移是将选中的实体表面沿着与表面垂直的方向偏移一定的距离，相当于将模型表面直接进行拉伸，既可以拉伸整个实体表面，又可以拉伸表面上的局部区域。

如图 7-250 所示的实体模型，需要将模型顶部的曲面沿着与曲面垂直的方向拉伸一定的距离，得到如图 7-251 所示的偏移结果，还需要将表面上的一个椭圆区域进行拉伸，得到如图 7-252 所示的拉伸结果，相当于做了一个与表面平行的椭圆形凸台。这种情况需要使用展开偏移操作，下面具体介绍操作过程。

图 7-250　实体模型

图 7-251　完整展开偏移

图 7-252　拉伸结果

步骤 1　打开练习文件 ch07 surface\7.4\02\offset_surface_01_ex。

步骤 2　选择偏移对象。首先选择实体模型顶部曲面为偏移对象。

步骤 3　选择命令。在"模型"功能面板"编辑"区域选择 偏移 命令，系统弹出"偏移"操控板，在"类型"区域单击 按钮，表示对曲面进行偏移，在"偏移类型"下拉列表中选择 展开 类型，表示进行展开偏移，如图 7-253 所示。

步骤 4　定义偏移参数。在"偏移"操控板中定义展开偏移距离 10，结果如图 7-254 所示。

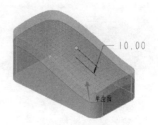

图 7-253 "偏移"操控板　　　　　　　　　图 7-254 定义偏移参数 4

以上介绍的是创建整个表面的完整展开偏移，如果需要对表面的局部区域进行展开偏移，需要定义展开区域，下面继续使用图 7-250 所示的模型介绍局部展开偏移操作。

定义展开偏移后，在"偏移"操控板中选择"选项"选项卡，在选项卡的"展开区域"中选择"草绘区域"选项，如图 7-255 所示，表示使用草绘区域创建局部展开偏移。选择 TOP 基准面绘制如图 7-256 所示的草绘区域，定义偏移距离为 10，创建展开偏移结果如图 7-257 所示，仅在椭圆区域进行实体偏移。

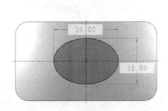

图 7-255 定义展开偏移区域　　图 7-256 绘制草绘区域　　图 7-257 创建展开偏移结果

局部展开偏移在产品设计中应用非常广泛，特别适合于创建塑料零件中的扣合结构。如图 7-258 所示的塑料盖零件，需要在塑料盖边缘位置设计如图 7-259 所示的扣合结构，这种情况可以使用局部展开偏移来创建扣合结构。

步骤 1　打开练习文件 ch07 surface\7.4\02\offset_surface_06_ex。

步骤 2　选择偏移对象。首先选择如图 7-260 所示的模型表面为偏移对象。

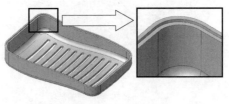

图 7-258 塑料盖零件　　　　图 7-259 扣合结构　　　　图 7-260 选择偏移面

步骤 3　创建展开偏移。选择"偏移"命令，在"偏移类型"下拉列表中选择 展开类型，选择"选项"选项卡，在"展开区域"中选择"草绘区域"选项，选择 TOP 基准面绘制如图 7-261 所示的草绘区域，定义偏移方向指向塑料盖内部，偏移距离为 1，结果如图 7-262 所示，创建扣合结构最终结果如图 7-259 所示。

此处创建的扣合结构为内侧扣合结构，就是通过对零件壁的内侧进行操作得到的扣合结构。一般情况下，扣合结构是成对设计的，与内侧扣合结构配对的是外侧扣合结构，只需要调整偏移方向反向即可得到外侧扣合结构，如图 7-263 所示。

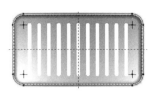

图 7-261　草绘区域

图 7-262　定义展开偏移

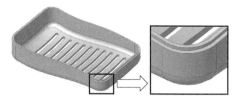

图 7-263　外侧扣合结构

（4）替换面偏移

替换面偏移是将选中的曲面用其他曲面替换，如图 7-264 所示的实体模型与曲面，现在需要用曲面将实体模型上半部分"修剪掉"，如图 7-265 所示，这种操作还可以理解成用曲面将实体模型的上表面替换掉，下面具体介绍操作方法。

步骤 1　打开练习文件 ch07 surface\7.4\02\offset_surface_04_ex。

步骤 2　选择偏移对象。首先选择如图 7-266 所示的实体模型上表面为偏移对象。

图 7-264　实体曲面模型

图 7-265　创建替换面偏移

图 7-266　选择偏移面

步骤 3　创建替换面偏移。在"模型"功能面板"编辑"区域选择 偏移 命令，系统弹出"偏移"操控板，在"类型"区域单击 按钮，在"偏移类型"下拉列表中选择 替换曲面 类型，如图 7-267 所示，在模型上选择曲面为替换面，如图 7-268 所示，单击鼠标中键，完成替换曲面偏移。

图 7-267　创建替换面偏移

> 💡 **说明**：创建替换曲面时，展开"选项"选项卡，选择"保留替换面组"选项，系统将保留替换面组，如图 7-269 所示。

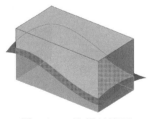

图 7-268　选择替换面

图 7-269　保留替换面组

7.4.3　修剪曲面

使用修剪曲面对曲面中多余的部分进行裁剪，在 Creo 中可以使用曲线或曲面对已有的曲面进行修剪，下面具体介绍修剪曲面操作过程。

（1）使用曲线修剪曲面

使用曲线修剪曲面就是使用曲面上的曲线对曲面进行修剪，曲面上的投影曲线或相交曲线都可以用来修剪曲面。

如图 7-270 所示的曲面及曲线，在曲面上有六角星的投影曲线，现在需要用这个六角星投影曲线对曲面进行修剪，修剪结果如图 7-271 所示，下面具体介绍。

步骤 1　打开练习文件 ch07 surface\7.4\03\trim_surface_01。

步骤 2　选择修剪对象。首先选择曲面为修剪对象。

步骤 3　选择命令。在"模型"功能面板的"编辑"区域选择 修剪 命令，系统弹出如图 7-272 所示的"修剪"操控板，在"类型"区域单击 按钮，表示修剪曲面。

图 7-270　曲面及曲线

图 7-271　修剪曲面

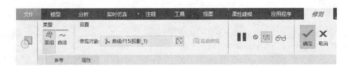

图 7-272　"修剪"操控板

说明： 在"修剪"操控板的"类型"区域单击 按钮，表示修剪曲线，其操作与修剪曲面操作类似，本小节仅介绍修剪曲面操作。

步骤 4　创建曲面修剪。选择曲面上的六角星曲线为修剪工具，表示用该曲线对曲面进行修剪，此时在模型上显示如图 7-273 所示的箭头，单击箭头使箭头指向六角星外侧，表示六角星外侧为保留侧，单击鼠标中键完成修剪曲面操作。

此处在修剪曲面时，如果调整箭头指向六角星内侧，如图 7-274 所示，表示在修剪曲面时保留六角星内侧的曲面，结果如图 7-275 所示。

图 7-273　定义修剪方向

图 7-274　调整修剪方向

图 7-275　修剪曲面结果

（2）使用曲面修剪曲面

使用曲面修剪曲面就是使用曲面对其他曲面进行修剪，修剪过程中一定要注意"被修剪曲面"与"修剪工具"的正确区分，否则容易出现错误的修剪。

如图 7-276 所示的椭圆曲面及圆弧曲面，现在需要使用圆弧曲面将椭圆曲面的上半部分修剪掉，得到如图 7-277 所示的修剪结果。此时椭圆曲面是"被修剪曲面"，圆弧曲面是"修剪工具"，下面具体介绍修剪过程。

步骤 1　打开练习文件 ch07 surface\7.4\03\trim_surface_02。

步骤 2　选择被修剪曲面。首先选择椭圆曲面为被修剪曲面。

步骤 3　选择命令。在"模型"功能面板的"编辑"区域选择 修剪 命令。

步骤 4　创建曲面修剪。选择圆弧曲面为修剪工具,表示用圆弧曲面对椭圆曲面进行修剪,此时在模型上显示如图 7-278 所示的箭头,单击箭头使箭头指向椭圆曲面下部,表示椭圆曲面下部为保留侧,单击鼠标中键完成曲面修剪,结果如图 7-279 所示。

> 💡 **说明**:修剪曲面后,系统将自动隐藏修剪工具,如图 7-279 所示。如果修剪工具在接下来的操作中还有用,在"修剪"操控板展开"选项"选项板,选中"保留修剪面组"选项,如图 7-280 所示,表示保留修剪工具,结果如图 7-277 所示。

图 7-276　椭圆曲面及圆弧曲面

图 7-277　曲面修剪曲面

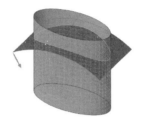

图 7-278　定义修剪方向

步骤 5　继续修剪曲面。选择"修剪"命令后,反过来选择圆弧曲面为被修剪曲面,选择椭圆曲面为修剪工具,调整箭头方向使其指向圆弧曲面内侧,如图 7-281 所示,表示使用椭圆曲面修剪圆弧曲面时保留圆弧曲面的内侧,结果如图 7-282 所示。

图 7-279　修剪结果 1

图 7-280　设置修剪选项

图 7-281　调整修剪方向

本例对椭圆曲面及圆弧曲面进行相互交叉修剪后得到如图 7-282 所示的曲面修剪结果,两个曲面看似是一个整体,但是此时的两个曲面仍然是彼此独立的,两个曲面的连接位置并没有公共边,所以也就无法在两个曲面的连接位置创建倒圆角。如果需要在两个曲面的连接位置创建如图 7-283 所示的倒圆角,必须将两个曲面合并,曲面合并将在本章后面小节详细介绍,此处不再赘述。

图 7-282　修剪结果 2

图 7-283　曲面倒圆角

7.4.4 延伸曲面

使用延伸曲面可以将曲面的边界按照一定的方式进行扩大，在 Creo 中延伸曲面主要包括两种方式，一种是按距离延伸，另一种是延伸到指定参照。下面以如图 7-284 所示的曲面模型为例介绍延伸曲面操作。

步骤 1 打开练习文件 ch07 surface\7.4\04\extend_surface。

步骤 2 选择延伸对象。创建延伸曲面必须选择曲面的边线进行延伸，选择如图 7-285 所示的曲面边线为延伸对象。

步骤 3 选择命令。在"模型"功能面板的"编辑"区域选择 延伸命令，系统弹出如图 7-286 所示的"延伸"操控板，在操控板中定义延伸参数。

图 7-284 曲面模型

图 7-285 选择延伸对象

图 7-286 "延伸"操控板

步骤 4 定义延伸类型及参数。在"延伸"操控板的"类型"区域单击 按钮，表示将曲面沿着与曲面相切的方向按照一定的距离进行延伸，设置延伸距离为 40，如图 7-287 所示，延伸曲面结果如图 7-288 所示。

> 💡 **说明**：在"延伸"操控板的"延伸距离"后面单击 按钮调整延伸方向，本例单击 按钮调整到如图 7-289 所示的方向，延伸结果如图 7-290 所示。

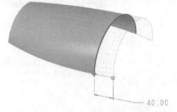

图 7-287 定义延伸参数

图 7-288 延伸曲面结果

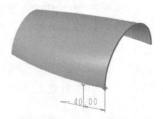

图 7-289 反向延伸方向

> 💡 **说明**：在"延伸"操控板的"类型"区域单击 按钮，表示将曲面延伸到指定参考上，如果选择如图 7-291 所示的基准面为延伸参考，系统将曲面边线延伸到参考基准面上。参考延伸是将曲面沿着与基准面垂直的方向进行延伸，所以延伸后的曲面与原始曲面并不相切，结果如图 7-292 所示。

图 7-290　反向延伸结果

图 7-291　延伸到指定参考

图 7-292　延伸到指定参考结果

7.4.5　分割曲面

使用"划分曲面"命令用草图或曲线对曲面进行分割，还可以对分割后的曲面做进一步的操作。如图 7-293 所示的模型，需要在模型顶部的斜面上分割一个圆形面，如图 7-294 所示，后期可以在分割的圆形面上添加载荷条件以便进行结构分析。

图 7-293　示例模型

图 7-294　分割面

步骤 1　打开练习文件 ch07 surface\7.4\split_surface_01。

步骤 2　选择命令。在"模型"选项卡"编辑"区域选择 分割 ▾ 菜单中的 划分曲面 命令，系统弹出如图 7-295 所示的"划分曲面"操控板。

图 7-295　"划分曲面"操控板

步骤 3　定义分割条件（分割方法）。在"划分曲面"操控板的"分割条件"区域单击 按钮，表示使用草绘对象分割曲面。

步骤 4　创建分割对象。在空白位置按住鼠标右键，选择"定义内部草绘"命令，选择模型顶部斜面为草绘平面，创建如图 7-296 所示的草图作为分割对象。

步骤 5　创建分割面。选择顶部斜面为要分割的曲面，单击"确定"按钮 。

说明：在"划分曲面"操控板的"分割条件"区域单击 ～ 按钮，表示使用曲线对象分割曲面。如图 7-297 所示的曲面及投影曲线（不是草图），选择曲面为要分割的曲面，选择投影曲线为分割曲线，结果如图 7-298 所示。

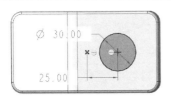

图 7-296　绘制分割区域

图 7-297　曲面及投影曲线

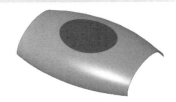

图 7-298　分割曲面

7.4.6 合并曲面

使用合并曲面可以将多个独立的曲面组合成一整张曲面，合并曲面后可以对曲面进行一些整体操作，如偏移曲面、加厚曲面等等。合并曲面包括两种方式：一种是对连接曲面进行合并；另一种是对相交曲面进行合并。

如图 7-299 所示的吹风机曲面，包括主体曲面与手柄曲面，其中主体曲面由前部曲面与尾部曲面构成，现在需要将所有的曲面合并为一整张曲面，并且在曲面的连接位置创建曲面圆角，结果如图 7-300 所示，下面具体介绍合并曲面操作过程。

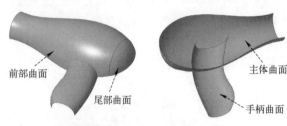

图 7-299　吹风机曲面　　　　　　　　　　　　图 7-300　创建合并曲面

步骤 1　打开练习文件 ch07 surface\7.4\05\merge_surface。

步骤 2　选择命令。在"模型"选项卡"编辑"区域选择 合并 命令，系统弹出如图 7-301 所示的"合并"操控板。

图 7-301　"合并"操控板

步骤 3　对连接曲面进行合并。因为主体曲面由前部曲面与尾部曲面连接构成，像这种曲面的合并就属于连接曲面的合并。按住 Ctrl 键，选择主体曲面中的两部分曲面，单击鼠标中键，完成合并曲面操作，结果如图 7-302 所示。

步骤 4　对相交曲面进行合并。因为整个吹风机曲面由主体曲面与手柄曲面相交构成，这种曲面的合并就属于相交曲面的合并。按住 Ctrl 键，选择主体曲面与手柄曲面，在"模型"选项卡"编辑"区域选择 合并 命令，此时在模型上显示两个黄色的箭头，箭头指向的那一侧是保留侧，另一侧在合并曲面的过程中将被修剪掉，单击箭头调整箭头方向如图 7-303 所示，单击鼠标中键，完成合并曲面操作。

步骤 5　创建曲面圆角。对于相交曲面的合并，通过合并操作，既对曲面进行了修剪，又对曲面进行了合并，因为曲面已经完成合并，所以可以直接在曲面的连接位置使用圆角命令进行倒圆角，圆角半径为 10，结果如图 7-304 所示。

图 7-302　合并主体曲面　　　　　图 7-303　合并主体与手柄曲面　　　　　图 7-304　创建曲面圆角

需要注意的是，对于两个相交曲面的修剪问题，还可以使用前面介绍的"修剪"命令来处理，但是使用修剪命令，一次只能修剪一个曲面，所以需要用两个曲面进行相互修剪，才能得到最终的修剪结果，而且，修剪完的面仍然是两个独立的曲面，必须对曲面进行合并，才能使两个独立曲面形成完整的曲面，这样才能在曲面连接位置创建倒圆角。

综上所述，对于相交曲面的修剪问题，应该直接使用合并曲面方法进行处理，既可以对相交曲面进行修剪，还同步做了曲面合并。

7.4.7　曲面复制操作

曲面设计中经常需要对曲面对象进行各种复制操作以得到曲面对象的多个副本。与实体特征的复制操作类似，曲面复制操作也包括镜像操作、阵列操作等等，而且具体操作过程均与实体特征的复制操作相同。但是有一点需要特别注意，那就是在选择曲面对象时，与实体特征的选择是完全不一样的，比如在阵列一个孔特征时，可以在模型上直接选择孔特征，也可以在模型树中选择孔特征，然后对选中的孔特征进行阵列即可，对于曲面的复制操作，操作的关键是一定要准确选择整个曲面对象。下面以曲面阵列操作为例，介绍曲面复制操作的操作方法与技巧。

如图 7-305 所示的风扇叶片，现在已经完成了如图 7-306 所示风扇叶片曲面的创建，需要对风扇叶片曲面进行阵列，得到完整的风扇叶片模型，这种情况下需要对已经创建的风扇叶片曲面进行阵列，下面具体介绍阵列操作过程。

步骤 1　打开练习文件 ch07 surface\7.4\05\pattern_surface。

步骤 2　选择阵列对象。阵列操作前首先要选择阵列对象，本例要选择如图 7-306 所示的整个风扇叶片曲面进行阵列。在选择的时候一定要特别注意，如果直接在叶片模型上单击选择，只能选择如图 7-307 所示的"叶片曲面"，其实从模型树看，只是选择了"边界混合1"，即整个叶片曲面的"一部分"而已。

图 7-305　风扇叶片　　　　图 7-306　已经完成的叶片　　　　图 7-307　选择对象

步骤 3　创建曲面阵列。在"模型"功能面板的"编辑"区域单击▦按钮，设置阵列方式为轴阵列，选择模型中的 A_1 轴为阵列轴参考，阵列数量为 3，圆周均匀分布，结果如图 7-308 所示。

> 💡 **说明：**此处得到的阵列结果显然是错误的，其主要原因是步骤 2 中只选择了风扇叶片曲面的一部分，所以在创建阵列时，也就只能阵列选择的部分曲面对象。

步骤 4　重新创建曲面阵列。为了顺利完成曲面阵列，需要首先正确选择阵列对象，然后使用几何阵列对曲面进行阵列。

a. 创建曲面阵列。正确选择曲面阵列对象后，在"模型"功能面板"编辑"区域的

"阵列"菜单中选择 ⊞ 几何阵列 命令，设置阵列方式为轴阵列，选择模型中的 A_1 轴为阵列轴参考，阵列数量为 3，圆周均匀分布，结果如图 7-305 所示。

　　b. 选择阵列对象。在过滤器中设置选择类型为"面组"，然后直接单击曲面即可快速选中完整的曲面对象，如图 7-309 所示。

> 💡 **说明**：几何阵列与一般阵列的操控板及操作都是一样的，只是阵列对象不同，一般阵列主要是针对特征对象进行阵列，几何阵列主要是针对整体对象进行阵列。

　　在 Creo 中对曲面对象进行镜像操作与对曲面进行阵列操作是类似的，首先都要正确选择曲面面组，然后再进行镜像，具体操作此处不再赘述。

图 7-308　错误阵列结果　　　　　　　　　　图 7-309　选择曲面面组

7.5　曲面实体化操作

　　曲面设计的最后阶段一定要将曲面创建成实体，因为曲面是没有厚度（零厚度）的片体，没有实际意义，所以一定要将曲面创建成实体，将曲面创建成实体的操作称为曲面实体化操作。在 Creo 中曲面实体化操作包括曲面加厚及曲面实体化两种方式。

7.5.1　曲面加厚

　　曲面加厚就是将曲面沿着垂直方向增加一定的厚度，从而使曲面形成均匀壁厚的薄壁结构或壳体结构。如图 7-310 所示的吹风机曲面，现在需要创建吹风机壳体，要求壳体厚度为 1.2mm，如图 7-311 所示，下面以此为例介绍曲面加厚操作过程。

图 7-310　吹风机曲面　　　　　　　　　　图 7-311　吹风机壳体

　　步骤 1　打开练习文件 ch07 surface\7.5\surface_solid_01。

　　步骤 2　选择加厚对象。选择整个吹风机曲面面组为加厚对象。

　　步骤 3　创建曲面加厚。在"模型"功能面板的"编辑"区域单击 ⊏ 加厚，系统弹出如图 7-312 所示的"加厚"操控板，单击 ⤫ 按钮调整加厚方向向下，表示向曲面内侧进行加厚，设置厚度为 1.2，如图 7-313 所示，单击鼠标中键，完成曲面加厚。

图 7-312 "加厚"操控板

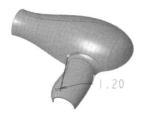

图 7-313 定义曲面加厚

7.5.2 曲面实体化

对于相对封闭的曲面，可以直接使用"实体化"命令将曲面创建成实体。相对封闭主要是指曲面所在的空间范围是相对封闭的。下面以门把手曲面实体化和垫块曲面实体化为例介绍具体操作步骤。

（1）门把手曲面实体化

如图 7-314 所示的门把手零件，现在已经完成了如图 7-315 所示主体曲面的创建，需要将该曲面创建成实体，然后在实体的基础上创建门把手细节，得到最终的门把手零件，下面具体介绍曲面实体化操作过程。

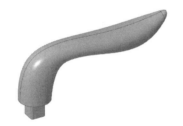

图 7-314 门把手零件

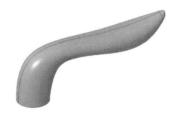

图 7-315 门把手曲面

步骤 1 打开练习文件 ch07 surface\7.5\surface_solid_02。

步骤 2 模型处理。全封闭曲面的实体化一定要保证曲面是完全封闭的，但是本例创建的门把手曲面是开口的，如图 7-316 所示，需要首先将曲面封闭。

a. 创建填充曲面。选择"填充"命令，选择门把手曲面的开口草图创建填充曲面，如图 7-317 所示，该填充曲面将整个曲面完全封闭。

b. 创建合并曲面。按住 Ctrl 键选择门把手主体曲面与填充曲面，选择"合并"命令，将主体曲面与填充曲面合并成一个整体。

步骤 3 封闭曲面实体化。选择以上创建的封闭曲面面组，在"模型"功能面板的"编辑"区域选择 实体化 命令，单击鼠标中键，完成封闭曲面实体化操作。

封闭曲面实体化后，为了便于观察，可以使用"视图管理器"工具在模型中间创建横截面将零件剖开查看，结果如图 7-318 所示。关于使用"视图管理器"工具创建横截面的操作在本书第 6 章工程图部分有详细的介绍，此处不再赘述。

图 7-316 曲面开口

图 7-317 创建填充曲面

图 7-318 曲面实体化结果

（2）垫块曲面实体化

在曲面设计中，如果曲面部分被其他的实体结构封闭了，像这种情况也能够使用实体化工具直接将曲面创建成实体。

如图7-319所示的垫块零件，现在已经完成了如图7-320所示的底部实体与上部曲面部分的创建，因为此时曲面部分与下部实体部分形成了封闭区域，如图7-321所示，这种情况可以直接使用实体化工具将其创建成实体，下面具体介绍操作过程。

步骤1 打开练习文件 ch07 surface\7.5\surface_solid_03。

步骤2 选择命令。在"模型"功能面板的"编辑"区域选择 实体化 命令，系统弹出如图7-322所示的"实体化"操控板。

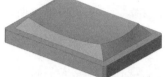

图 7-319 垫块零件　　　图 7-320 已经完成的实体与曲面　　　图 7-321 实体与曲面形成封闭区域

图 7-322 "实体化"操控板

步骤3 创建曲面实体化。选择上部曲面面组为实体化对象，在"实体化"操控板的"类型"区域单击 按钮，此时在模型上显示方向箭头，单击箭头调整箭头方向向下，如图7-323所示，表示将曲面部分向下创建实体并与下部的实体部分自动合并，单击鼠标中键，完成曲面实体化操作，结果如图7-324所示。

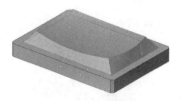

图 7-323 定义曲面实体化　　　　　　　图 7-324 实体化结果

7.5.3 曲面实体化切除

曲面实体化切除就是使用曲面切除实体，这是产品设计中非常重要的一种设计方法，特别是在产品自顶向下设计中应用非常广泛，下面具体介绍曲面实体化切除操作。

如图7-325所示的旋钮零件，现在已经完成了如图7-326所示的旋转实体与曲面的创建，需要进一步使用曲面切除旋转实体，得到旋钮零件中凹坑结构。

步骤1 打开练习文件 ch07 surface\7.5\surface_solid_04。

步骤2 选择命令。在"模型"功能面板的"编辑"区域选择 实体化 命令，系统弹出如图7-327所示的"实体化"操控板。

图 7-325 旋钮零件

图 7-326 旋转实体与曲面

图 7-327 "实体化"操控板

步骤 3 创建曲面实体化切除。选择左侧曲面为切除曲面，在"实体化"操控板的"类型"区域单击 按钮，此时在模型上显示方向箭头，单击箭头调整箭头方向如图 7-328 所示，单击鼠标中键，完成曲面实体化切除。

说明：创建实体化曲面切除时一定要注意箭头方向，如果方向不对将得到错误的结果，此处如果方向反向，将得到如图 7-329 所示的结果。

步骤 4 创建另外一侧曲面实体化切除。参考步骤 3 操作，使用另外一侧曲面进行切除，结果如图 7-330 所示，具体操作请参看随书视频讲解。

图 7-328 曲面实体化切除

图 7-329 反向切除结果

图 7-330 最终切除结果

7.6 曲面设计方法

很多读者在实际曲面设计中不能准确规划设计思路，无法对曲面结构展开准确的设计，其主要原因是没有系统掌握曲面设计方法。为了让读者更深入理解曲面设计并掌握曲面在产品设计中的应用，下面对曲面设计中的一些常见结构进行归类总结，帮助读者全面系统掌握曲面设计方法，更好地用于实战。

在实际曲面设计中主要涉及四种曲面设计方法分别是：曲线线框法、组合曲面法、曲面切除法及封闭曲面法。这些方法既可以独立使用，又可以混合使用，以便完成更复杂曲面的设计，下面具体介绍这些曲面设计方法。

7.6.1 曲线线框法

曲线线框法就是首先创建曲线线框，然后根据线框创建曲面，最终进行实体化得到需要的曲面结构的方法。如图 7-331 所示，这是曲面设计中最本质的方法，同时也是最重要的一种方法，主要用于流线型曲面结构的设计。

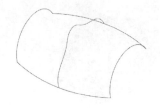

图 7-331   曲线线框法设计思路

曲线线框法应用非常广泛，凡是流线型的曲面均可以使用这种方法进行设计。如图 7-332 所示的灯罩曲面、水龙头曲面及电吹风曲面都是典型的流线型曲面，都可以使用曲线线框法进行设计。

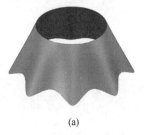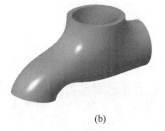

(a)   (b)   (c)

图 7-332   线框曲面设计应用举例

为了让读者更好理解曲线线框法的设计思路与设计过程，下面来看一个具体案例。如图 7-332（c）所示的电吹风模型，整体是一个流线型的造型，应该使用曲线线框法进行设计。根据电吹风造型特点，应该首先创建如图 7-333 所示的曲线线框，然后创建如图 7-334 所示的主体曲面，最后进行曲面实体化，得到最终的电吹风造型，如图 7-335 所示。

 说明：电吹风结构分析及设计过程详细讲解请看随书视频。

图 7-333   创建曲线线框   图 7-334   创建主体曲面   图 7-335   曲面实体化

7.6.2 组合曲面法

组合曲面法就是首先创建独立的曲面，然后经过曲面组合最终将这些面组合成需要的曲面造型的方法，如图 7-336 所示。这种设计方法的关键是要分析曲面结构能够分解出哪些独立的曲面。

图 7-336   组合曲面设计思路

曲面设计中，凡是结构清晰、层次分明的曲面均可以使用组合曲面法进行设计。如图7-337所示的水壶曲面、遥控器曲面及水龙头曲面都符合典型组合曲面的特点，都可以使用组合曲面法进行设计。

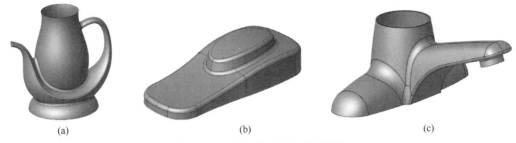

(a) (b) (c)

图 7-337 组合曲面设计应用举例

为了让读者更好理解组合曲面法的设计思路与设计过程，下面来看一个具体案例。如图7-337（c）所示的水龙头模型，整体是由多个曲面组合而成，应该使用组合曲面法进行设计。根据水龙头造型特点，应该首先创建如图7-338所示的底座曲面，然后创建如图7-339所示的竖直旋转曲面，接着创建如图7-340所示的倾斜曲面，最后对这些曲面进行组合得到最终的水龙头曲面。

 说明： 水龙头结构分析及设计过程详细讲解请看随书视频。

图 7-338 底座曲面　　图 7-339 竖直旋转曲面　　图 7-340 倾斜曲面

7.6.3 曲面切除法

曲面切除法就是首先创建基础实体，然后使用曲面切除实体，最终得到需要的零件结构的方法，如图7-341所示。这种曲面设计方法的关键是首先分析零件中的"切除痕迹"，然后设计相应的基础实体与切除曲面，这种方法主要用于产品表面切除结构的设计。

图 7-341 曲面切除法设计思路

曲面设计中，凡是零件表面存在"切除痕迹"的，均可以使用这种方法进行设计。如图7-342所示的旋钮模型、面板盖模型及充电器盖模型上均有各种"切除痕迹"，符合曲面切除的特点，可以使用曲面切除法进行设计。

为了让读者更好理解曲面切除法的设计思路与设计过程，下面来看一个具体案例。如图7-342（b）所示的面板盖模型，零件表面存在多处"切除痕迹"，应该使用曲面切除法进

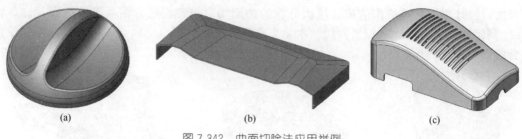

(a)   (b)   (c)

图 7-342　曲面切除法应用举例

行设计。根据面板盖零件特点，应该首先创建如图 7-343 所示的基础实体，然后创建如图 7-344 所示的切除曲面，最后创建如图 7-345 所示的曲面切除得到最终的面板盖模型。

 说明： 面板盖结构分析及设计过程详细讲解请看随书视频。

图 7-343　创建基础实体　　　　图 7-344　创建切除曲面　　　　图 7-345　曲面切除实体

7.6.4　封闭曲面法

封闭曲面法就是首先创建模型外表面，然后将外表面进行封闭并实体化，最终得到需要的零件结构的方法，如图 7-346 所示。这种方法的设计关键是首先创建零件的所有外表面，主要用于各种异形结构的设计，特别是用其他设计方法无法完成的场合。

图 7-346　封闭曲面法设计思路

曲面设计中，凡是"实心"零件或是不规则的零件结构，均可以使用这种方法进行设计。如图 7-347 所示的门把手模型、起重机吊钩模型及螺旋体模型均符合封闭曲面特点，都可以使用封闭曲面法进行设计。

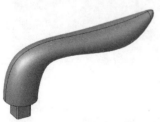  

图 7-347　封闭曲面法应用举例

为了让读者更好理解封闭曲面法的设计思路与设计过程，下面来看一个具体案例。如图 7-348 所示的异形环模型，其内部是实心的，应该使用封闭曲面法进行设计，同时，因为该异形环模型表面是流线型的，所以本例还需要使用曲线线框法进行设计，这是一个多种方法混合设计的案例。根据异形环模型结构特点，应该首先创建如图 7-349 所示的线框，然后创建如图 7-350 所示的曲面，接着创建如图 7-351 所示的封闭曲面，最后创建如图 7-352 所示的封闭曲面实体化得到最终的异形环模型。

 说明：异形环结构分析及设计过程详细讲解请看随书视频。

图 7-348　异形环模型

图 7-349　创建曲线线框

图 7-350　创建基础曲面

　　准确来讲，这种零件设计方法是"万能"的设计方法，对所有零件的设计都是适用的，因为所有的零件都由若干表面构成，所以只要得到零件的表面，就可以得到零件。但是要注意的是，在实际设计时还要考虑操作的方便性，因为这种方法往往需要创建很多的曲面，而且还要保证这些曲面是相对封闭的，所以不到万不得已的情况，尽量不要使用这种方法。

图 7-351　创建封闭曲面

图 7-352　封闭曲面实体化

7.7　曲面拆分与修补

　　曲面设计中对于无法直接创建的曲面需要使用曲面拆分与修补的方法来处理，该方法特别适用于复杂曲面的造型设计。如图 7-353 所示的汽车车身局部曲面设计，在设计这些复杂曲面时都使用了大量的曲面拆分与修补方法。

图 7-353　曲面拆分与修补应用

7.7.1　曲面拆分修补思路

　　在本章 7.3 节"曲面设计工具"中详细介绍了多种曲面设计工具，不同设计工具用于不同场合不同结构的曲面设计。在使用这些曲面设计工具时都要考虑一个共同的问题，那就是曲线线框的要求。图 7-354 所示的曲线线框都是常见的曲线线框，使用这些线框都可以直接创建需要的曲面，如扫描曲面、扫描混合曲面、边界混合曲面等。

图 7-354　常见曲线线框

另外，对于多边形线框（一般边数大于四），可以使用"填充曲面"进行创建，但是存在一些使用上的限制，使用"填充曲面"只能创建平面，如果是空间的多边形线框则无法直接创建。

如果曲线线框是复杂的多边形线框（边数大于四，边界为复杂的空间三维结构），如图 7-355 所示的五角边线框及如图 7-356 所示的水龙头线框，使用这些多边形线框均无法直接创建曲面，这时需要对多边形线框进行拆分与修补。拆分与修补的基本思路就是首先对多边形线框进行拆解，然后根据曲面拆解先创建一部分曲面，再添加一部分曲线或曲面对曲面进行修补得到最终曲面。

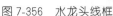

图 7-355　五角边线框　　　　　　　　　图 7-356　水龙头线框

7.7.2　曲面拆分修补实例

如图 7-357 所示的喷壶手柄，其三视图如图 7-358 所示，现在已经完成了如图 7-359 所示曲面的创建（包括三个独立的曲面），需要在此基础上应用曲面拆分与修补得到完整的喷壶手柄曲面，然后进行曲面加厚，厚度为 1.2mm，下面具体介绍设计过程。

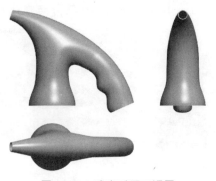

图 7-357　喷壶手柄　　　　　　　　　　图 7-358　喷壶手柄三视图

步骤 1　打开练习文件 ch07 surface\7.7\watering_can_handle。

步骤 2　创建如图 7-360 所示的轮廓曲线。使用基准曲线及草图创建轮廓曲线，确定整个曲面的外形轮廓，为后面的曲面拆分及修补做准备。

步骤 3 创建如图 7-361 所示的相交曲线。使用基准面命令在曲面合适位置创建基准面，然后使基准面与曲面相交得到相交曲线，这是后面曲线的辅助线。

图 7-359 已创建曲面　　　　图 7-360 创建轮廓曲线　　　　图 7-361 创建相交曲线

步骤 4 创建如图 7-362 所示的连接曲线。在以上创建的相交曲线之间创建连接曲线，要求连接曲线与两端的相交曲线相切连续。

步骤 5 创建如图 7-363 所示的边缘补面。在轮廓曲线、连接曲线及曲面之间使用边界混合命令创建边缘补面，确保曲面之间都是相切连续的。

步骤 6 创建如图 7-364 所示的过渡补面。按照四边形构面要求创建中间曲线，然后创建过渡补面，过渡补面在三个方向上与周围曲面相切连续。

图 7-362 创建连接曲线　　　　图 7-363 创建边缘补面　　　　图 7-364 创建过渡补面

步骤 7 修剪过渡补面如图 7-365 所示。创建拉伸曲面（或修剪命令）对过渡补面进行修剪，注意修剪之后的区域要重新构成四边形边框。

步骤 8 创建如图 7-366 所示的中间补面。使用边界混合曲面在中间四边形区域创建中间补面，注意所有边界必须相切连续，将所有曲面修补完整。

步骤 9 合并并镜像曲面如图 7-367 所示。首先使用合并命令将所有曲面合并成一张完整的曲面，然后镜像整个曲面再合并。

步骤 10 加厚曲面。使用加厚命令对曲面进行加厚，方向向内，厚度为 1mm。

 说明： 以上是喷壶手柄建模的大概思路，详细建模过程请看随书视频讲解。

图 7-365 修剪过渡补面　　　　图 7-366 创建中间补面　　　　图 7-367 合并并镜像曲面

7.8 渐消曲面

渐消曲面是指曲面设计中的一种渐进式变化的造型曲面，在产品设计中应用非常广泛，其灵动的造型特点能够提升产品质感与美感。如图 7-368 所示的汽车车身曲面，在设计车身曲面时使用了大量的渐消曲面。

图 7-368　渐消曲面设计应用

7.8.1 渐消曲面设计

渐消曲面的本质是曲面拆分与修补的实际运用，渐消曲面设计思路是首先创建基础曲面，然后对基础曲面进行拆解（将出现渐消的部位全部剪裁掉），最后添加必要的曲线或曲面创建渐消曲面补面。如图 7-369 所示的曲面模型，需要创建如图 7-370 所示的渐消曲面，下面以此为例介绍渐消曲面设计过程。

步骤 1　打开练习文件 ch07 surface\7.8\disappear_surface01。

步骤 2　创建如图 7-371 所示的修剪曲面。渐消曲面设计的第一步是将出现渐消的部位全部剪裁掉，为创建渐消曲面做准备，使用拉伸命令创建修剪曲面。

图 7-369　曲面模型

图 7-370　渐消曲面

图 7-371　修剪曲面

步骤 3　创建如图 7-372 所示的控制曲线。创建渐消曲面控制曲线主要是为了控制渐消曲面的具体结构，使用"草图"命令创建如图 7-372 所示的渐消曲面控制曲线。

步骤 4　创建渐消曲面补面。渐消曲面设计的最后一步是根据添加的渐消曲面控制曲线及剪裁的曲面区域创建渐消曲面补面，同时注意补面与基础面之间的约束关系，如图 7-373 所示，最终结果如图 7-374 所示。

图 7-372　添加控制曲面

图 7-373　创建汽车渐消曲面补面

图 7-374　创建渐消曲面结果

说明：渐消曲面分析及设计过程详细讲解请看随书视频。

7.8.2 渐消曲面案例

如图 7-375 所示的吸尘器曲面模型，模型表面存在多处渐消曲面结构，是一个典型的渐消曲面案例，下面以此为例，详细介绍渐消曲面的设计过程。

步骤 1 打开练习文件 ch07 surface\7.8\disappear_surface02。

步骤 2 创建如图 7-376 所示的基准特征。基准特征作为整个零件设计的基准参考。

步骤 3 创建如图 7-377 所示的基础曲面。基础曲面是渐消曲面设计基础。

 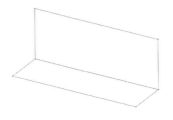 

图 7-375 吸尘器曲面模型　　　　图 7-376 基准特征　　　　图 7-377 创建基础曲面

步骤 4 创建如图 7-378 所示的剪裁曲面。创建渐消曲面需要首先将基础面上出现渐消的部位完全剪裁掉，为后面创建渐消曲面做准备。

步骤 5 创建渐消曲面。根据渐消曲面特点在剪裁位置创建如图 7-379 所示的渐消曲面，注意曲面之间的约束关系。

步骤 6 创建如图 7-380 所示的整体曲面。使用镜像及缝合曲面命令创建整体曲面。

步骤 7 曲面实体化及细节结构设计（如图 7-375 所示）。将创建的整体曲面进行加厚实体化，最后创建吸尘器曲面模型中的细节结构。

 说明：吸尘器曲面分析及设计过程详细讲解请看随书视频。

图 7-378 剪裁曲面　　　　图 7-379 创建渐消曲面　　　　图 7-380 创建整体曲面

7.9 曲面设计案例

前面小节系统介绍了曲面设计操作及知识内容，为了加深读者对曲面设计的理解并更好地应用于实践，下面通过两个具体案例详细介绍曲面设计方法与技巧。

7.9.1 玩具企鹅

如图 7-381 所示的玩具企鹅，根据以下说明完成玩具企鹅造型设计。

① 设置工作目录：F:\creo_jxsj\ch07 surface\7.9。

② 新建零件文件：命名为 surface_design01。

③ 玩具企鹅曲面设计思路：首先创建如图 7-382 所示的主体曲面，然后创建如图 7-383 所示的眼睛和嘴巴曲面，然后创建如图 7-384 所示的手臂曲面，接着创建如图 7-385 所示的脚曲面，最后创建如图 7-386 所示的肚皮曲面。

④ 具体过程：由于书籍写作篇幅限制，本书不详细写作玩具企鹅曲面设计过程，读者可自行参看随书视频讲解，视频中有详尽的玩具企鹅曲面设计讲解。

图 7-381　玩具企鹅

图 7-382　创建主体曲面

图 7-383　创建眼睛和嘴巴曲面

图 7-384　创建手臂曲面

图 7-385　创建脚曲面

图 7-386　创建肚皮曲面

7.9.2　无人机

如图 7-387 所示的无人机，其各向视图如图 7-388～图 7-392 所示，根据各向视图要求及以下说明完成无人机造型设计。

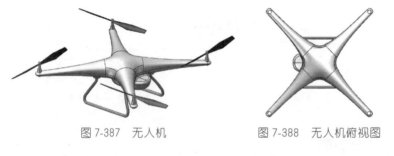

图 7-387　无人机

图 7-388　无人机俯视图

图 7-389　无人机仰视图

图 7-390　无人机侧视图

图 7-391　无人机前视图

图 7-392　无人机后视图

① 设置工作目录：F:\creo_jxsj\ch07 surface\7.9。

② 新建零件文件：命名为 surface_design02。

③ 无人机造型设计思路：首先创建如图 7-393 所示的基准及曲线线框，然后创建如

图 7-394 所示的主体造型及如图 7-395 所示的扫掠支架，最后创建螺旋叶片。

④ 具体过程：由于书籍写作篇幅限制，本书不详细写作无人机造型设计过程，读者可自行参看随书视频讲解，视频中有详尽的无人机造型设计讲解。

图 7-393　创建基准及曲线线框　　　图 7-394　创建主体造型　　　图 7-395　创建扫掠支架

第8章

自顶向下设计

微信扫码，立即获取
全书配套视频与资源

产品设计从总体设计方法上来讲主要包括两种：一种是自下向顶设计（也就是本书第 5 章介绍的顺序装配与模块装配），这是一种从局部到整体的设计方法；另一种就是自顶向下设计，这是一种从整体到局部的设计方法。本章主要介绍自顶向下的设计方法，需要特别注意骨架模型的设计方法与技巧。

8.1 自顶向下设计基础

学习和使用自顶向下设计之前需要首先理解自顶向下设计原理，同时还需要初步认识一下自顶向下设计的主要工具，为进一步学习自顶向下设计做准备。

8.1.1 自顶向下设计原理

产品设计中最重要的两种方法就是"自下向顶设计"与"自顶向下设计"，为了帮助读者理解自顶向下设计原理及流程，下面对比讲解这两种设计方法。

（1）自下向顶设计

自下向顶设计（Down-Top Design）方法也就是一般的装配设计方法（本书第 5 章主要介绍的就是这种方法，其中又包括"顺序装配"与"模块装配"两种方法），是一种从局部到整体的设计方法。基本思路就是先根据总产品结构特点及组成关系完成各个零件的设计，然后将零件进行组装得到完整的装配产品，具体设计流程如图 8-1 所示（其中"子装配"是根据装配结构特点人为划分的）。

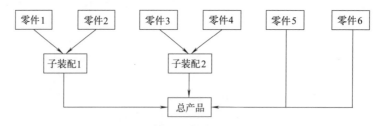

图 8-1 自下向顶设计流程

这种设计方法中零部件之间仅仅存在装配配合关系，如果需要修改装配产品结构，需要对相关联的各个零部件逐一进行修改，甚至还需要重新进行装配，总体效率比较低下，这种设计方法主要用于装配关系比较简单的产品设计。

（2）自顶向下设计

自顶向下设计（Top-Down Design）方法是从整体到局部的一种设计方法，基本思路就是先根据总产品结构特点及组成关系设计一个总体骨架模型，这个总体骨架模型反映整个装配产品的总体结构布局关系及主要的设计参数，然后将总体骨架逐级往下细分或细化，最终完成各个零部件的设计，具体设计流程如图 8-2 所示。

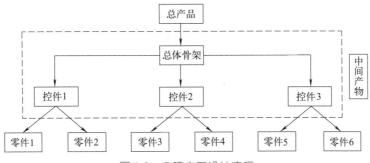

图 8-2 自顶向下设计流程

需要特别注意的是，自顶向下设计中的总体骨架模型及控件模型均是"中间产物"，完成产品设计后需要隐藏处理。这种设计方法中所有主要零部件均受到总体骨架模型的控制，如果需要修改装配产品结构，只需要对总体骨架模型或主要的零部件进行修改即可，总体效率非常高，这种设计方法特别适合装配关系比较复杂的产品设计。

8.1.2 自顶向下设计工具

在 Creo 中自顶向下设计主要是在装配设计模块中进行，自顶向下设计中有两个关键步骤，一个是建立产品装配结构（需要根据装配产品结构特点及装配关系建立），另一个是零部件之间的关联复制（保证零部件之间存在结构关联，确保一个零件的变化将同步引起关联零件的变化）。

在 Creo 装配设计环境中选择"元件"区域的 创建 命令，系统弹出如图 8-3 所示的"创建元件"对话框，在"对话框"的"类型"区域选择"骨架模型"选项创建自顶向下的骨架模型，选择"零件"选项创建零件结构，选择"子装配"选项创建子装配结构，这些是自顶向下设计中最重要的三种结构。

另外，要在零部件之间进行几何关联复制可以使用多个命令来实现。在零件设计环境（或者在装配环境中激活零件），在"模型"功能面板"模型意图"区域的展开菜单中选择 发布几何 命令，系统弹出如图 8-4 所示的"发布几何"对话框，使用该对话框将选中对象发布，为以后的关联复制做准备。

图 8-3 "创建元件"对话框

图 8-4 "发布几何"对话框

在"模型"功能面板"获取数据"区域选择  复制几何 命令，系统弹出如图 8-5 所示的"复制几何"操控板；选择 收缩包络 命令，系统弹出如图 8-6 所示的"收缩包络"操控板；在"模型"功能面板"获取数据"区域的展开菜单中选择 合并/继承 命令，系统弹出如图 8-7 所示的"合并/继承"操控板。使用这些命令将一个零件中的几何对象关联复制到另外一个零件里面作为外部参考使用，后面会具体介绍这些工具的使用方法。

图 8-5 "复制几何"操控板

图 8-6 "收缩包络"操控板

图 8-7 "合并/继承"操控板

8.2 自顶向下设计过程

为了帮助读者尽快熟悉 Creo 自顶向下设计方法及基本操作，下面通过一个具体案例详细介绍。如图 8-8 所示的门禁控制盒，主要由如图 8-9 所示的前盖与后盖装配而成。接下来使用自顶向下设计方法设计门禁控制盒的前盖与后盖，关键要保证两者的一致性，也就是前盖与后盖的装配尺寸要始终保持一致。

在开始自顶向下设计之前首先根据产品装配结构特点及组成关系规划自顶向下设计流程。本例要设计的是门禁控制盒总产品，为了完成这个产品的设计，需要根据产品结构特点设计一个骨架模型，然后根据骨架模型分割细化得到需要的前盖与后盖零件。门禁控制盒自顶向下设计流程如图 8-10 所示，这个流程将作为整个自顶向下设计的重要依据。

图 8-8 门禁控制盒

图 8-9 前盖与后盖

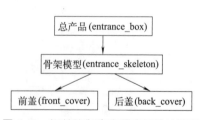

图 8-10 门禁控制盒自顶向下设计流程

8.2.1 新建总装配文件

自顶向下设计是从新建装配文件开始的，而且整个自顶向下设计的管理都是在装配环境中进行的，所以自顶向下设计的第一步是新建一个装配文件对整个产品进行管理。

在快速访问工具条中选择"新建"命令，系统弹出"新建"对话框，在该对话框中选择"装配"类型，名称为 entrance_box，取消选中"使用默认模板"选项，选择 mmns_asm_design_abs 模板，文件保存路径为 F：\creo_jxsj\ch08 top_down\8.2，如图 8-11 所示，此装配文件就是门禁控制盒的总装配文件。

图 8-11　新建装配文件

8.2.2　建立装配结构

为了对整个产品文件进行有效管理，需要根据以上门禁控制盒自顶向下设计流程创建装配结构，下面具体介绍建立装配结构操作。

步骤 1　新建骨架模型（entrance_skeleton）。在装配设计环境中选择"元件"区域的 创建 命令，系统弹出如图 8-12 所示的"创建元件"对话框，在"类型"区域选择"骨架模型"选项，输入文件名称 entrance_skeleton（不区分大小写），单击"确定"按钮，系统弹出如图 8-13 所示的"创建选项"对话框，选中"空"选项，单击"确定"按钮。

图 8-12　新建骨架模型

图 8-13　定义创建方法

步骤 2　新建前盖模型（front_cover）。继续选择 创建 命令，系统弹出"创建元件"对话框，在"类型"区域选择"零件"选项，输入文件名称 front_cover，单击"确定"按钮，如图 8-14 所示。在系统弹出的"创建选项"对话框中选中"空"选项，单击"确定"按钮。

步骤 3　新建后盖模型（back_cover）。参照步骤 2 操作创建后盖零件，输入文件名称 back_cover，最终装配结构如图 8-15 所示。

图 8-14　新建新盖模型

图 8-15　最终装配结构

8.2.3　骨架模型设计

骨架模型是整个自顶向下设计的核心，本例要设计的门禁控制盒属于一个整体性产品，所谓整体性就是将所有零件装配起来后给人的感觉好像是一个整体。像这种产品可以直接将骨架模型做出来，如图 8-16 所示，然后添加一个分型面对整体进行分割，分割出来后一部分做前盖，另外一部分做后盖，如图 8-17 所示。本例门禁控制盒骨架模型如图 8-18 所示，下面具体介绍骨架模型创建过程。

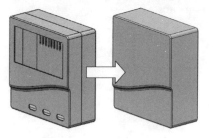  

图 8-16　门禁控制盒整体　　　　图 8-17　骨架模型分型面　　图 8-18　门禁控制盒骨架模型

步骤 1　激活骨架模型。在装配浏览器中单击骨架模型，在弹出的快捷工具条中单击"激活"按钮◇，表示在装配环境激活骨架模型。

步骤 2　复制基准面。在"模型"功能面板"获取数据"区域选择 复制几何命令，系统弹出"复制几何"操控板，在"内容"区域取消"发布几何"按钮（单击即可），在"参考"选项卡中单击"参考"区域，按住 Ctrl 键选择装配环境三个基准面，如图 8-19 所示，单击鼠标中键，完成复制几何操作，结果如图 8-20 所示。

 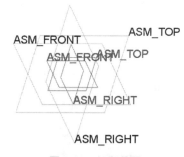

图 8-19　定义复制几何　　　　　　　图 8-20　复制结果

💡 **说明**：8.2.2 小节的操作只是建立了骨架模型文件，但是文件里面是空白的，连原始基准面都没有，无法展开建模。为了保证骨架模型与整个装配基准重合，在自顶向下设计中一般首先将装配中的基准面关联复制到骨架模型中，这样能够保证两者基准是完全重合的，然后根据这些基准进行骨架模型建模，最终完成所有结构设计。

步骤 3　创建如图 8-21 所示的主体拉伸。选择"拉伸"命令，选择"FRONT 基准平面"为草图平面绘制如图 8-22 所示的拉伸草图进行拉伸，拉伸深度为 80。

步骤 4　创建如图 8-23 所示的拉伸切除。选择"拉伸"命令，选择主体拉伸的前表面为草图平面绘制如图 8-24 所示的拉伸草图进行拉伸切除，切除深度为 6。

图 8-21　主体拉伸　　　　图 8-22　拉伸草图 1　　　　图 8-23　拉伸切除　　　　图 8-24　拉伸草图 2

步骤 5　创建如图 8-25 所示的拔模。选择"拔模"命令，选择如图 8-26 所示的固定面与拔模面，拔模角度为 45°。

步骤 6　创建如图 8-27 所示的倒圆角。圆角半径为 5mm。

步骤 7　创建如图 8-28 所示的倒圆角。圆角半径为 5mm。

步骤 8　创建如图 8-29 所示的倒圆角。圆角半径为 2mm。

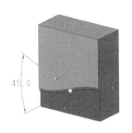

图 8-25　拔模　　　　图 8-26　定义拔模　　　　图 8-27　创建倒圆角 1　　　　图 8-28　创建倒圆角 2

步骤 9　创建如图 8-30 所示的分型面。选择"拉伸"命令，选择"RIGHT 基准平面"为草图平面绘制如图 8-31 所示的分型面草图，拉伸宽度与主体拉伸宽度一致。

步骤 10　切换至装配环境。完成骨架模型设计后切换到总装配文件（设计其他零件也是如此），为后面其他零部件的设计做准备。

图 8-29　创建倒圆角 3　　　　图 8-30　创建分型面　　　　图 8-31　分型面草图

8.2.4　具体零件设计

完成骨架模型设计后，接下来参考骨架模型进行具体零件的设计，本例需要设计门禁控制盒的前盖与后盖零件，下面具体介绍。

（1）设计前盖零件

前盖零件如图 8-32 所示，前盖零件属于骨架模型的前半部分，需要将骨架模型参考过来，然后使用分型面将后盖部分（后半部分）切除，最后添加必要的细节。

步骤 1　激活前盖零件。在装配浏览器中激活前盖零件，如图 8-33 所示。

图 8-32　前盖零件

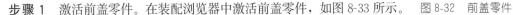

步骤 2 参考骨架模型。因为前盖零件需要根据骨架模型来设计，所以需要将骨架模型中的实体与分型面关联复制到前盖零件中。在"模型"功能面板"获取数据"区域的展开菜单中选择 🔗 合并/继承 命令，系统弹出"合并/继承"操控板，在模型树单击选择骨架模型，在"操控板"中展开"参考"选项卡，选中"复制基准平面"选项，如图 8-34 所示，表示在合并/继承中自动复制参考模型中的基准面，单击"确定"按钮，将骨架模型完整复制到前盖零件中，如图 8-35 所示。

图 8-33 激活前盖零件　　　　　　　　　　图 8-34 定义合并/继承

步骤 3 切除实体。前盖零件属于骨架模型的前半部分，需要将后盖部分（后半部分）切除。选择"实体化"命令将后半部分切除，如图 8-36 所示。

💡 **说明**：前盖零件具体细节既可以在激活前盖零件的情况下创建，也可以直接在装配环境中打开前盖零件，然后在独立的环境中创建。对于初学者建议打开前盖零件在独立的环境中创建细节，这样能够有效避免与其他结构产生错误参照关系。

步骤 4 创建如图 8-37 所示的抽壳。选择"抽壳"命令，选择切除面为移除面，设置抽壳厚度为 1.5mm。

步骤 5 创建如图 8-38 所示的拉伸切除。选择"拉伸"命令，选择前端面为草图平面绘制如图 8-39 所示的拉伸草图创建完全贯穿切除。

图 8-35 参考零件　　　图 8-36 切除实体 1　　　图 8-37 抽壳 1　　　图 8-38 拉伸切除

步骤 6 创建如图 8-40 所示的直槽孔。选择"拉伸"命令，选择直槽口所在平面为草图平面绘制如图 8-41 所示的拉伸草图创建完全贯穿切除。

步骤 7 创建如图 8-42 所示的直槽孔阵列。选择直槽孔特征，选择"阵列"命令，设置阵列方式为方向阵列，阵列个数为 3，间距为 40，结果如图 8-43 所示。

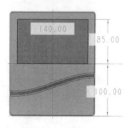　　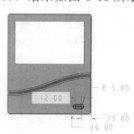　

图 8-39 拉伸草图 1　　　图 8-40 直槽孔 1　　　图 8-41 拉伸草图 2　　　图 8-42 陈列直槽孔

步骤 8 创建如图 8-44 所示的扣合结构。选择"拉伸"命令，使用壳体内侧边线为草图对象创建薄壁拉伸切除，深度为 0.8，薄壁厚度为 0.75（壳体厚度的一半）。

步骤 9 创建如图 8-45 所示的倒角。尺寸为 0.2，角度为 45°。

步骤 10 切换至总装配环境，为其余零件设计做准备。

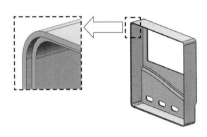

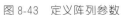

图 8-43 定义阵列参数   图 8-44 创建扣合结构 1   图 8-45 创建倒角 1

（2）设计后盖零件

后盖零件如图 8-46 所示，后盖零件属于骨架模型的后半部分，需要将骨架模型参考过来，然后使用分型面将前盖部分（前半部分）切除，最后添加必要的细节。

步骤 1 激活后盖零件。在装配浏览器中激活后盖零件。

步骤 2 参考骨架模型。因为后盖零件需要根据骨架模型来设计，所以需要将骨架模型中的实体与分型面关联复制到后盖零件中。在"模型"功能面板"获取数据"区域的展开菜单中选择 🔵 合并/继承 命令，系统弹出"合并/继承"操控板，在模型树单击选择骨架模型，在"操控板"中展开"参考"选项卡，选中"复制基准平面"选项，单击"确定"按钮，此时将骨架模型完整复制到后盖零件中。

步骤 3 切除实体。后盖零件属于骨架模型的后半部分，需要将前盖部分（前半部分）切除。选择"实体化"命令，选择分型面将前半部分切除，如图 8-47 所示。

步骤 4 创建如图 8-48 所示的抽壳。选择"抽壳"命令，选择切除面为移除面，设置抽壳厚度为 1.5mm。

步骤 5 创建如图 8-49 所示的扣合结构。选择"拉伸"命令，使用壳体内侧边线为草图对象创建薄壁拉伸，深度为 0.8，薄壁厚度为 0.75（壳体厚度的一半）。

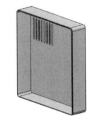

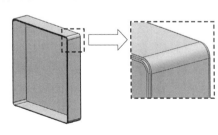

图 8-46 后盖零件   图 8-47 切除实体 2   图 8-48 抽壳 2   图 8-49 创建扣合结构 2

步骤 6 创建如图 8-50 所示的直槽孔。选择"拉伸"命令，选择直槽孔所在平面为草图平面绘制如图 8-51 所示的拉伸草图创建完全贯穿切除。

步骤 7 创建如图 8-52 所示的直槽孔阵列。选择直槽孔特征，选择"阵列"命令，设置阵列方式为方向阵列，阵列个数为 8，间距为 10，结果如图 8-52 所示。

步骤 8 创建如图 8-53 所示的倒角。尺寸为 0.2，角度为 45°。

步骤 9 保存后盖零件然后切换至总装配环境，为其余零件设计做准备。

图 8-50　直槽孔 2

图 8-51　拉伸草图 3

图 8-52　定义阵列

图 8-53　创建倒角 2

8.2.5　装配文件管理

完成所有零件设计后切换至总装配文件，此时在模型中显示所有的模型文件，包括骨架模型、前盖与后盖，如图 8-54 所示。因为在自顶向下设计中骨架模型只是一个"中间产物"，在设计最后需要隐藏处理。在装配模型树中将骨架模型设置为隐藏，此时在模型上只显示需要的前盖与后盖，如图 8-55 所示。为了在以后打开模型时确保骨架模型都是隐藏的，需要在层树中进行永久隐藏处理。在装配浏览器顶部单击"层树"按钮 ，在如图 8-56 所示的层树中选中"隐藏项"右键，选择"保存状况"命令。

图 8-54　全部模型文件

图 8-55　需要的模型文件

图 8-56　设置层树

8.2.6　验证自顶向下设计

自顶向下设计最主要的特点就是零部件之间存在一定的关联性，所以修改非常方便，下面通过对门禁控制盒进行改进验证自顶向下设计的关联性。

如果要修改门禁控制盒前盖与后盖的高度与宽度，同时保持两者的一致性，可以直接对骨架模型进行修改，因为骨架模型控制整个门禁控制盒的结构与主要尺寸。

打开骨架模型，然后修改主体拉伸的截面草图，如图 8-57 所示，修改后进入总装配文件重建模型，结果如图 8-58 所示（前盖与后盖都完成重建）。使用测量工具测量高度值，如图 8-59 所示，说明自顶向下设计是成功的。

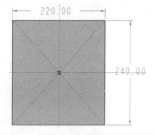

图 8-57　修改主体拉伸的截面草图

图 8-58　重建模型

图 8-59　测量尺寸

8.3 几何关联复制

自顶向下设计中经常需要将参考零部件（如骨架模型）中的几何对象关联复制到其他零件中作为其他零件设计的基准参考，从而在参考零部件与其他零部件之间实现几何关联，这也是实现自顶向下设计的关键。在 Creo 中几何关联复制方法主要包括发布几何、复制几何、合并/继承及收缩包络等，其中收缩包络与复制几何操作类似，下面主要介绍发布几何、复制几何及合并/继承操作。

8.3.1 发布几何

使用"发布几何"命令将后期要参考引用的几何对象提前打包，便于后期直接使用，能够发布的对象包括曲面、曲线、主体及基准对象。本小节主要介绍发布几何操作，关于发布几何的应用将在 8.3.2 小节的复制几何中具体介绍。

如图 8-60 所示的参考模型，其模型树如图 8-61 所示，模型中包括主体、基准、曲面及草图等几何对象，后期需要使用这个参考模型创建如图 8-62 所示的顶板模型及如图 8-63 所示的镶块模型。下面需要首先在模型中创建发布几何，为后面建模做准备。

图 8-62　顶板模型

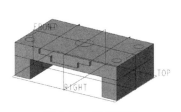

图 8-60　参考模型

图 8-61　模型树

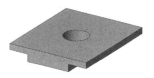

图 8-63　镶块模型

步骤 1　打开练习文件 ch08 top_down\8.3\publish_geometry。

步骤 2　发布几何分析。发布几何一定要根据后期建模需要进行发布，在创建如图 8-62 所示的顶板模型时需要使用如图 8-64 所示的参考几何对象，在创建如图 8-63 所示的镶块模型时需要使用如图 8-65 所示的参考几何对象。

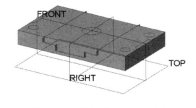

图 8-64　顶板参考几何对象

图 8-65　镶块参考几何对象

步骤 3　创建顶板发布几何。在"模型"功能面板"模型意图"区域的展开菜单中选择 发布几何 命令，系统弹出如图 8-66 所示的"发布几何"对话框，在"曲面集"区域单击，然后在模型中选择"拉伸 3 曲面"进行发布；在"主体"区域单击，然后在模型中选择"主体3"进行发布；在"链"区域单击，然后选择"草绘2""草绘3"和"草绘4"进行发布；在"参考"区域单击，然后选择所有基准面进行发布。单击"确定"按钮，此时在模型树底部生成发布几何，结果如图8-67所示。

步骤4 创建镶块发布几何。在"模型"功能面板"模型意图"区域的展开菜单中选择 发布几何 命令，系统弹出"发布几何"对话框，在"曲面集"区域单击，然后在模型中选择"拉伸3曲面"进行发布，在"主体"区域单击，然后在模型中选择"主体3"进行发布，在"链"区域单击，然后选择"草绘4"进行发布，单击"确定"按钮。

步骤5 重命名发布几何。实际设计中有时创建的发布几何比较多，为了方便管理及后期使用，需要对发布几何进行重命名，如图8-68所示。

图8-66 定义发布几何

图8-67 发布几何结果

图8-68 重命名发布几何

8.3.2 复制几何

使用"复制几何"命令将参考模型中的指定几何对象关联复制到当前文件中，如果是发布几何，可以通过复制几何将发布对象整体复制。另外，复制几何既可以在单个零件之间进行，也可以在装配中的零部件之间进行，下面具体介绍。

（1）在单个零件中复制几何

下面分别打开顶板文件和镶块文件，然后将8.3.1小节创建的发布几何复制到当前文件中创建顶板模型和镶块模型。

步骤1 打开零件文件 ch08 top_down\8.3\top_board。

步骤2 选择命令。在"模型"功能面板"获取数据"区域选择 复制几何 命令，系统弹出如图8-69所示的"复制几何"操控板。

步骤3 复制发布几何。下面将8.3.1小节做好的发布几何复制到当前文件中建模。

a. 定义复制方式。在操控板的"内容"区域选中"发布几何"按钮（注意默认情况下就是选中状态），此时只能对发布的几何进行复制。

b. 选择参考模型。在操控板的"源模型和位置"区域单击"打开"按钮，选择8.3.1小节创建的 publish_geometry 模型为参考模型。

c. 定义放置。选择参考模型后，系统弹出如图 8-70 所示的"放置"对话框，接受系统默认设置，单击"确定"按钮，将参考模型放置到系统默认坐标系位置。

图 8-69 "复制几何"操控板

图 8-70 定义放置

d. 选择发布几何。在"参考"选项卡的"发布几何参考"区域单击，系统弹出如图 8-71 所示的预览窗口，在窗口中选择前面做好的"顶板几何"为复制对象，单击鼠标中键，完成复制操作，结果如图 8-72 所示。

步骤 4 创建如图 8-73 所示的顶板模型。下面根据复制的几何创建顶板模型。

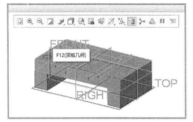

图 8-71 选择发布几何

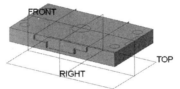

图 8-72 复制几何结果

图 8-73 创建顶板模型

a. 创建如图 8-74 所示的实体化切除。选择"实体化"命令创建实体化切除。

b. 创建如图 8-75 所示的拉伸切除。选择"拉伸"命令创建拉伸切除。

步骤 5 创建如图 8-76 所示的镶块模型。参照以上步骤创建镶块模型。

图 8-74 创建实体化切除 1

图 8-75 创建拉伸切除 1

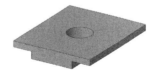

图 8-76 创建镶块模型

a. 打开零件文件 ch08 top_down\8.3\mid_block。

b. 创建如图 8-77 所示的复制镶块几何。使用"复制几何"命令将 publish_geometry 模型中的镶块几何复制到 mid_block 模型中。

c. 创建如图 8-78 所示的实体化切除。选择"实体化"命令创建实体化切除。

d. 创建如图 8-79 所示的拉伸切除。选择"拉伸"命令创建拉伸切除。

图 8-77 复制镶块几何

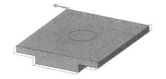

图 8-78 创建实体化切除 2

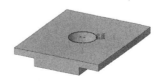

图 8-79 创建拉伸切除 2

💡 **说明：**在复制几何时，打开参考模型后，如果在"复制几何"操控板取消"发布几何"选项，表示不从发布几何中复制对象，展开"参考"选项卡，可以从参考模型中直接复制曲面、主体、链及参考对象，如图8-80所示。

图8-80 直接复制几何

（2）在装配中复制几何

如图8-81所示的装配模型，其中骨架模型（copy_geometry_skel）就是前面创建的 publish_geometry 模型，现在需要将骨架模型中的几何对象复制到 top_board1 和 mid_block1 文件中建模，这种情况需要在装配中复制几何，下面具体介绍。

步骤1 打开装配文件 ch08 top_down\8.3\copy_geometry。

步骤2 激活对象。在装配中复制几何首先要激活对象，表示向激活对象中复制几何，在模型树中激活 top_board1 文件，表示向 top_board1 中复制几何。

步骤3 定义复制几何。激活文件后，在"模型"功能面板"获取数据"区域选择 复制几何 命令，系统弹出如图8-82所示的"复制几何"操控板，在"内容"区域选中"发布几何"按钮（注意默认情况下就是选中状态），直接在骨架模型中选择"顶板几何"为复制对象，单击鼠标中键完成复制几何操作。

图8-81 装配模型

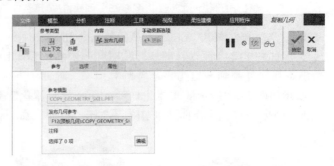

图8-82 "复制几何"操控板

步骤4 复制镶块几何。激活 mid_block1 文件，参照以上步骤，将骨架模型中的"镶块几何"复制到 mid_block1 文件中，具体操作请参看随书视频讲解。

说明 1：在装配中复制几何时，如果在"复制几何"操控板取消"发布几何"选项，表示不从发布几何中复制对象，展开"参考"选项卡，可以从选择的模型中直接复制曲面、主体、链及参考对象，如图 8-83 所示。

说明 2：在创建复制几何时，默认情况下复制几何之间是相互关联的，如果需要断开几何之间的关联性，需要在"复制几何"操控板中展开"选项"选项卡，在"更新复制几何"区域选中"非相关性"选项，如图 8-84 所示，表示断开关联，注意断开相关性后无法撤销，如图 8-85 所示，单击"确定"按钮，确认断开相关性。

图 8-84 取消关联

图 8-83 从模型中直接复制几何

图 8-85 断开相关性

8.3.3 合并/继承

使用"合并/继承"命令将参考模型中的全部几何对象（也可以包括基准面）关联复制到当前文件中。合并/继承既可以在单个零件之间进行，也可以在装配中的零部件之间进行。下面继续以 8.3.1 小节模型为例介绍合并/继承操作。

（1）单个零件的合并/继承

下面介绍将整个 publish_geometry 模型包括其基准面复制到一个零件中的操作。

步骤 1 打开零件文件 ch08 top_down\8.3\merge_geometry。

步骤 2 选择命令。在"模型"功能面板"获取数据"区域的展开菜单中选择 合并/继承 命令，系统弹出如图 8-86 所示的"合并/继承"操控板。

图 8-86 "合并/继承"操控板 1

步骤 3 定义合并/继承。

a. 选择参考模型。在操控板的"源模型和位置"区域单击"打开"按钮，选择 8.3.1 小节创建的 publish_geometry 模型为参考模型。

b. 定义放置。选择参考模型后，系统弹出如图 8-87 所示的"元件放置"对话框及如图 8-88 所示的"预览窗口"，在"约束类型"下拉列表中选择"默认"选项，表示将参考模型中的坐标系与当前文件坐标系重合放置，单击  按钮，完成放置定义。

> 💡 **说明：** 此处定义参考模型放置与装配中元件放置是类似的，相当于将选择的参考模型"装配"到当前文件合适的位置以便进行参考设计。

c. 复制基准平面。在合并/继承中，如果需要将参考模型中的基准平面一并复制到当前文件中，需要在"参考"选项卡中选中"复制基准平面"选项，如图 8-89 所示，否则需要使用"复制几何"方法单独将参考模型中的基准平面复制到当前文件。

图 8-87　定义放置

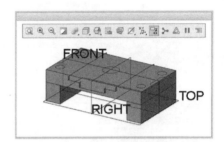

图 8-88　预览模型

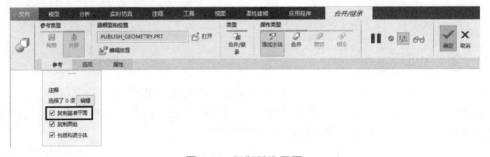

图 8-89　复制基准平面

（2）在装配中合并/继承

如图 8-90 所示的装配文件，其中骨架模型（merge_geometry_skel）就是前面创建的 publish_geometry 模型，现在需要将骨架模型中的全部几何对象（包括基准平面）复制到 merge_part 中，这种情况需要在装配中合并/继承，下面具体介绍。

步骤 1 打开装配文件 ch08 top_down\8.3\merge_geometry。

步骤 2 激活对象。在装配中合并/继承首先要激活对象，表示向激活对象中合并/继承，在模型树中激活 merge_part 文件，表示向 merge_part 中合并/继承。

步骤 3 定义合并/继承。激活文件后，在"模型"功能面板"获取数据"区域的展开菜单中选择 🔵| **合并/继承** 命令，系统弹出如图 8-91 所示的"合并/继承"操控板，在装配模型树中单击选择骨架模型为参考模型，在"参考"选项卡中选中"复制基准平面"选项，单击鼠标中键完成合并/继承操作。

图 8-90　装配文件　　　　　　　图 8-91　"合并/继承"操控板 2

> **说明**：在创建合并/继承时，默认情况下合并/继承之间是相互关联的，如果需要断开几何之间的关联性，需要在"合并/继承"操控板中展开"选项"选项卡，在"更新复制几何"区域选中"非相关性"选项，具体操作与复制几何中断开相关性是一致的，读者可自行操作，此处不再赘述。

8.4　骨架模型设计

骨架模型是整个自顶向下设计的核心，是根据装配体结构特点及组成关系设计的一种特殊零件模型，相当于整个装配体的 3D 布局，是将来修改装配产品主要参数的平台。因为骨架模型的重要性，所以在设计骨架模型时一定要综合考虑各方面的因素，以便提高骨架模型乃至整个装配产品的设计效率，骨架模型设计一定要注意以下问题：

① 尽可能多地包含产品各项主要设计参数。骨架模型中包含的主要设计参数越多就越方便以后修改，否则需要在多个文件中修改设计参数，影响修改效率。

② 骨架模型要充分注意防错设计。骨架模型主要是为下游设计提供必要的依据及参考，所以骨架模型中一定不要出现模棱两可的设计，否则分配到下游后无法指导下游设计人员进行准确的设计，最终影响整个产品的设计。

③ 骨架模型中的草图要合理集中与分散。骨架模型中经常需要绘制很多控制草图，如果控制草图太复杂，需要将草图分解为多个草图来绘制，如果控制草图很简单，应该直接在一个草图中绘制，集中与分散的主要目的就是提高绘制效率。

④ 尽量体现多种设计方案并行。如果产品设计中涉及多种方案，可以在骨架模型中体现多种设计方案，这样方便下游设计人员根据自身情况选择合适方案展开设计。

实际产品设计中，骨架模型一定要根据实际装配产品特点及组成关系进行设计，骨架模型主要包括四种类型，分别是草图骨架、独立实体骨架、实体曲面骨架及混合骨架，下面具体介绍这四种骨架模型的设计。

8.4.1　草图骨架模型设计

草图骨架模型就是使用一些草图对象控制装配产品总体结构及主要尺寸关系，骨架模型中的草图一般是比较简单的机构简图。草图骨架模型主要用于结构比较分散的装配产品设计，如焊件结构设计、自动化生产线设计等，如图 8-92 所示。

图 8-92　草图骨架模型应用举例

如图 8-93 所示的轴承，主要由轴承内圈、轴承外圈、轴承支撑架及滚珠等零件构成，如图 8-94 所示，下面具体介绍使用自顶向下设计方法进行轴承设计的步骤。

（1）骨架模型分析

自顶向下设计的关键是骨架模型的设计，要完成轴承设计需要首先分析轴承骨架模型的设计。因为轴承为回转结构产品，假设用一个平面从中心位置对轴承进行剖切，从轴承剖截面上可以看到轴承主要尺寸参数，如图 8-95 所示。所以对于轴承的设计，可以取轴承的剖截面作为骨架模型，这样正好可以对轴承主要尺寸参数进行控制，在具体设计时考虑设计的方便，用简化草图来替代轴承剖截面作为轴承设计骨架。

💡 **说明**：实际上轴承产品属于常用件，一般不用单独建模，可以从设计库中直接调用，本例只是用轴承说明草图骨架模型的设计方法及应用。

图 8-93 轴承

图 8-94 轴承结构

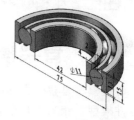
图 8-95 轴承尺寸参数

（2）创建装配结构

步骤 1 设置工作目录 F:\creo_jxsj\ch08 top_down\8.4\01。

步骤 2 根据轴承产品结构特点及装配关系创建轴承装配结构，如图 8-96 所示。

（3）骨架模型设计

在装配中激活骨架模型（轴承_skel），使用"复制几何"命令将装配环境的三个基准面复制到骨架模型中，然后打开骨架模型，使用"草图"命令，选择"FRONT 基准平面"为草图平面绘制如图 8-97 所示的草图作为轴承骨架模型。

（4）主要零件设计

完成骨架模型设计后，将骨架模型中的草图关联复制到各个零件中进行具体设计，包括轴承内圈、轴承外圈、轴承支撑架及滚珠等。

步骤 1 创建如图 8-98 所示的轴承内圈。在装配中激活轴承内圈，使用"合并/继承"命令将骨架模型中的草图及基准面复制到轴承内圈中，然后根据骨架草图创建如图 8-99 所示的旋转特征作为内圈主体，最后创建如图 8-100 所示的倒圆角。

图 8-96 创建轴承装配结构

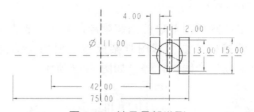
图 8-97 轴承骨架模型

图 8-98 创建内圈

步骤 2 创建如图 8-101 所示的轴承外圈。在装配中激活轴承外圈，使用"合并/继承"命令将骨架模型中的草图及基准面复制到轴承外圈中，然后根据骨架草图创建如图 8-102 所示的旋转特征作为外圈主体，最后创建如图 8-103 所示的倒圆角。

图 8-99　创建旋转主体 1

图 8-100　创建倒圆角 1

图 8-101　创建外圈

图 8-102　创建旋转主体 2

步骤 3　创建如图 8-104 所示的轴承支撑架。在装配中激活支撑架，使用"合并/继承"命令将骨架模型中的草图及基准面复制到轴承支撑架中，然后根据骨架草图创建如图 8-105 所示的旋转特征作为轴承支撑架主体，最后创建如图 8-106 所示的拉伸切除及如图 8-107 所示的圆周阵列（阵列个数为 12 个）。

图 8-103　创建倒圆角 2

图 8-104　创建支撑架

图 8-105　创建旋转主体 3

图 8-106　创建拉伸切除

步骤 4　创建如图 8-108 所示的轴承滚珠。在装配中激活轴承滚珠，使用"合并/继承"命令将骨架模型中的草图及基准面复制到轴承滚珠中，然后根据骨架草图创建如图 8-109 所示的旋转特征作为滚珠主体，最后在装配环境中使用阵列命令对滚珠进行圆周阵列，阵列个数为 12。为了保证滚珠数量与支撑架里面的孔的数量一致，使用关系命令定义支撑架孔的阵列个数（p8：6）等于滚珠阵列个数（p24），如图 8-110 所示。

图 8-107　创建圆周阵列

图 8-108　创建滚珠

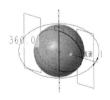

图 8-109　创建旋转主体 4

图 8-110　定义关系

💡　**说明**：此处在定义关系时，考虑到修改的方便，应该让支撑架孔的阵列个数（p8：6）等于滚珠的阵列个数（p24），以后直接在装配环境修改滚珠阵列个数，支撑架的孔阵列数量也会随之发生变化，确保两者数量保持一致。

（5）文件管理

完成自顶向下设计后，分别在装配环境及各零件中使用"层树"功能将骨架模型及各种辅助参考对象永久隐藏。

8.4.2 独立实体骨架模型设计

独立实体骨架模型就是使用若干彼此独立的实体对象（Creo 中的主体）控制装配产品总体结构及主要尺寸关系，骨架模型中的独立实体分别代表下游需要设计的主要结构。在自顶向下设计中将各个独立的实体分别关联复制到需要设计的零部件中，然后经过细化得到具体的装配产品零部件。独立实体骨架模型主要用于各种焊接结构的设计，如挖掘机底盘焊接支架、大型机械设备的焊接机架等等，如图 8-111 所示。

图 8-111　独立实体骨架模型应用举例

如图 8-112 所示的焊接支座，主要由底板、左右支撑板及筋板等零件构成，如图 8-113 所示，下面具体介绍使用自顶向下设计方法进行焊接支座设计的操作步骤。

（1）骨架模型分析

焊接支座是典型的焊接件，主要由若干钢板零件焊接而成，像这种结构的产品，可以先在一个单独的文件中完成主体结构的设计（不考虑具体细节）。为了区分不同的零件，在创建不同零件时使用不同的主体来表示，这样在自顶向下设计中就可以使用"复制几何"命令将不同主体"拆分"到不同零件中。零件中的细节尽量在具体零件中设计，节省设计骨架模型的时间。焊接支座骨架模型如图 8-114 所示。

图 8-112　焊接支座　　　　图 8-113　焊接支座组成　　　　图 8-114　焊接支座骨架模型

说明： 骨架中底板上的草图点是后面创建底板孔的定位参考，支撑板上的草图是后面创建支撑板镂空结构的控制草图，这些结构不用在骨架模型中建模，但是需要在骨架模型中进行必要的控制，以便下游设计人员在得到这些结构后能够准确建模。

（2）创建装配结构

步骤 1　设置工作目录 F:\creo_jxsj\ch08 top_down\8.4\02。

步骤 2　根据焊接支座结构特点及装配关系创建装配结构，如图 8-115 所示。

（3）骨架模型设计

步骤 1　在总装配中激活骨架模型（焊接支座_skel），使用复制几何命令将装配环境的三个基准面复制到骨架模型中，然后打开骨架模型建模。

步骤2　创建如图 8-116 所示的底板拉伸。选择"拉伸"命令，选择"TOP 基准平面"为草图平面绘制如图 8-117 所示的拉伸草图，定义拉伸高度为 15。

图 8-115　创建装配结构

图 8-116　创建底板拉伸

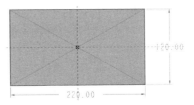

图 8-117　拉伸草图 1

步骤3　创建如图 8-118 所示的拉伸凸台。选择"拉伸"命令，选择底板拉伸上表面为草图平面绘制如图 8-119 所示的拉伸草图，定义拉伸高度为 5。

步骤4　重命名底板主体。以上结构属于焊接支座中的主体部分，为了便于后期设计与管理，需要在模型树的"设计项"中修改主体名称，如图 8-120 所示。

图 8-118　拉伸凸台

图 8-119　拉伸草图 2

图 8-120　重命名底板主体

步骤5　创建支撑板主体（用于控制支撑板零件）。在"模型"功能面板的"主体"区域选择 新建主体 命令，然后修改主体名称为"支撑板主体"，如图 8-121 所示。

> **注意**：Creo 中的"主体"功能是从 Creo7.0 版本才开始有的，之前的版本并没有"主体"功能，无法在同一个零件中创建不同的主体，所以在 Creo7.0 之前的版本中都是使用曲面方法将不同的结构做成若干封闭曲面，后期将封闭曲面"拆分"到具体零件中建模，所以本章介绍的这种骨架模型设计方法适用于 Creo7.0 及更高的版本。

步骤6　创建如图 8-122 所示的支撑板拉伸。选择"拉伸"命令，选择步骤3创建的拉伸凸台侧面为草图平面绘制如图 8-123 所示的拉伸草图，定义拉伸厚度为 15。

> **说明**：此处创建的支撑板只是焊接支座中的右侧支撑板结构，左侧支撑板与右侧支撑板完全对称，但是属于不同的两个零件，这种结构的设计只需要在骨架模型中做好一侧结构，将来在装配中使用镜像做另外一侧即可。

图 8-121　创建支撑板主体

图 8-122　支撑板拉伸

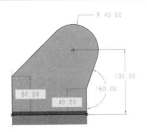

图 8-123　拉伸草图 3

步骤7 创建如图8-124所示的圆柱凸台。选择"拉伸"命令，选择上一步创建的支撑板拉伸侧面为草图平面绘制与圆弧面等半径的圆，定义拉伸厚度为10。

步骤8 创建筋板主体（用于控制筋板零件）。在"模型"功能面板的"主体"区域选择 🗂 新建主体 命令，然后修改主体名称为"筋板主体"，如图8-125所示。

步骤9 创建如图8-126所示的筋板。选择"拉伸"命令，选择"FRONT基准平面"为草图平面绘制如图8-127所示的草图，拉伸方式为"对称值"，拉伸厚度为15。

图 8-124　圆柱凸台

图 8-125　创建筋板主体

图 8-126　筋板拉伸

> 💡 **说明**：此处创建的筋板只是焊接支座中的右侧筋板结构，左侧筋板与右侧筋板完全对称，而且是相同的零件，这种结构的设计只需要在骨架模型中做好一侧结构，将来在装配中使用镜像做另外一侧即可。

步骤10 创建如图8-128所示的孔定位基准点。选择底板上表面为草图平面，绘制如图8-129所示的孔定位草图，实际上就是四个草图基准点。

> 💡 **说明**：底板上的孔属于底板零件细节，骨架模型中不用建模，但是需要做好定位控制，因为底板孔位置比较特殊，需要根据支撑板及筋板的结构定位，如果在单独的底板零件中设计将无法参考这些结构进行定位。

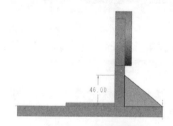

图 8-127　拉伸草图4

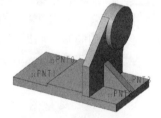

图 8-128　孔定位基准点

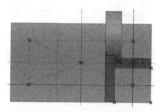

图 8-129　绘制孔定位草图

步骤11 创建如图8-130所示的镂空草图。选择右支撑板侧面为草图平面，绘制如图8-131所示的镂空草图，后期用于控制支撑板上镂空结构的轮廓。

> 💡 **说明**：支撑板镂空结构属于支撑板零件细节，骨架模型中不用建模，但是需要做好轮廓控制，因为镂空轮廓比较特殊，需要根据支撑板及筋板的结构确定，如果在单独的支撑板零件中设计将无法参考这些结构确定轮廓。

步骤12 创建底板发布几何。选择"发布几何"命令，选择底板主体、底板孔定位基准点及三个基准面作为发布对象，如图8-132所示。

步骤13 创建支撑板发布几何。选择"发布几何"命令，选择支撑板主体、镂空草图及三个基准面作为发布对象，如图8-133所示。

图 8-130 镂空草图

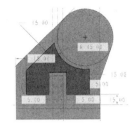

图 8-131 绘制镂空草图

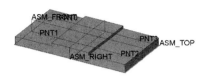

图 8-132 底板发布几何

步骤 14 创建筋板发布几何。选择"发布几何"命令，选择筋板主体及三个基准面作为发布对象，如图 8-134 所示。全部发布结果如图 8-135 所示。

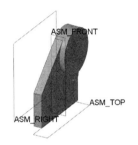

图 8-133 支撑板发布几何

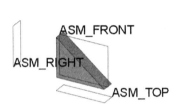

图 8-134 筋板发布几何

图 8-135 发布结果

（4）主要零件设计

完成骨架模型设计后，将骨架模型中的对象关联复制到各个零件中进行具体设计，包括底板、支撑板及筋板等等，下面具体介绍。

步骤 1 创建如图 8-136 所示的底板零件。激活底板零件，使用"复制几何"命令将骨架模型中的底板发布几何关联复制到底板零件中，然后进行细节建模。

a. 选择"拉伸"命令，选择底板凸台顶面为草图平面，创建如图 8-137 所示的草图，然后创建如图 8-138 所示的直槽孔拉伸切除。

图 8-136 底板零件

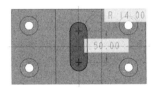

图 8-137 拉伸草图 5

图 8-138 创建直槽孔拉伸切除

b. 选择"孔"命令，创建如图 8-139 所示的底板沉头孔，沉头孔小径为 14，大径为 30，沉孔深度 0.5，然后根据底板孔定位草图进行阵列。

c. 创建如图 8-140 所示的倒角，倒角尺寸为 2，角度为 45°。

d. 创建如图 8-141 所示的倒圆角，圆角半径为 20。

步骤 2 创建如图 8-142 所示的右侧支撑板零件。激活右侧支撑板零件，使用"复制几何"命令将骨架模型中的支撑板发布几何关联复制到右侧支撑板零件中。

a. 使用骨架草图中的镂空草图创建如图 8-143 所示的拉伸切除。

图 8-139　创建底板沉头孔　　　　图 8-140　创建倒角　　　　图 8-141　创建倒圆角 1

　　b. 创建如图 8-144 所示的倒圆角，圆角半径为 5。

　　c. 创建如图 8-145 所示的倒圆角，圆角半径为 30。

　　d. 选择"孔"命令，创建如图 8-146 所示的支撑板孔，孔与圆柱凸台同轴，沉头孔小径为 30，大径为 60，沉头孔深度为 2。

　　e. 选择"孔"命令，创建如图 8-147 所示的底板螺纹孔，孔为直径定位，定位圆直径为46，螺纹孔规格为 M5，然后进行轴阵列，阵列个数为 6。

图 8-142　右侧支撑板零件　图 8-143　创建拉伸切除　图 8-144　创建倒圆角 2　图 8-145　创建倒圆角 3

　　步骤 3　创建如图 8-148 所示的左侧支撑板零件。左侧支撑板与右侧支撑板完全对称，但是属于不同的两个零件，这种零件直接在装配环境中使用"镜像元件"来创建。选择 ASM_RIGHT 为镜像基准面，注意在镜像操作中使用"创建新模型"功能。

　　步骤 4　创建如图 8-149 所示的筋板零件。激活筋板零件，使用"复制几何"命令将骨架模型中的筋板发布几何关联复制到右侧支撑板零件中，左侧筋板与右侧筋板完全对称，而且是相同的零件，这种情况直接在装配环境中使用"镜像"创建即可。选择 ASM_RIGHT 为镜像基准面，注意在镜像操作中使用"重新使用选定的模型"功能。

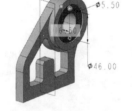

图 8-146　创建支撑板孔　图 8-147　创建底板螺纹孔　图 8-148　创建左侧支撑板零件　图 8-149　筋板零件

8.4.3　实体曲面骨架模型设计

　　实体曲面骨架模型就是使用实体控制产品整体结构，然后根据装配组成关系设计相应的分型曲面，最后使用分型曲面对实体进行切除创建具体零件结构。实体曲面骨架模型主要用于整体性产品设计，如吸尘器、汽车车身、鼠标等等，如图 8-150～图 8-152 所示。

　　如图 8-153 所示的 U 盘产品，主要由前盖、上盖及下盖等零件构成，如图 8-154 所示，下面具体介绍使用自顶向下设计方法进行 U 盘设计。

图 8-150 吸尘器　　　　　　图 8-151 汽车车身　　　　　　图 8-152 鼠标

图 8-153 U 盘　　　　　　　　　　　　图 8-154 U 盘组成

（1）骨架模型分析

从整体外观来看 U 盘是一个典型的整体性的产品，U 盘前盖、上下盖装配在一起形成 U 盘。在骨架模型中可以先将这个整体做出来，然后根据前盖、上下盖之间的装配配合关系设计相应的分型面，如图 8-155 所示。这些分型面主要是为了将 U 盘整体分割成前盖和上、下盖三个部分，后期通过切除及细化得到最终的前盖及上下盖零件。U 盘骨架模型如图 8-156 所示。

（2）创建装配结构

步骤 1　设置工作目录 F:\creo_jxsj\ch08 top_down\8.4\03。

步骤 2　根据 U 盘结构特点及装配关系创建 U 盘装配结构，如图 8-157 所示。

图 8-155　U 盘分型面　　　　　　图 8-156　U 盘骨架模型　　　　　　图 8-157　创建 U 盘装配结构

（3）骨架模型设计

步骤 1　在总装配中激活骨架模型（U 盘 _ skel），使用复制几何命令将装配环境的三个基准面复制到骨架模型中，然后打开骨架模型建模。

步骤 2　创建如图 8-158 所示的主体拉伸。选择"TOP 基准平面"为草图平面绘制如图 8-159 所示的拉伸草图，定义拉伸方式为对称拉伸，拉伸高度为 11。

步骤 3　创建如图 8-160 所示的扫描切除。

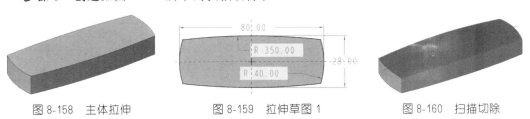

图 8-158　主体拉伸　　　　　　图 8-159　拉伸草图 1　　　　　　图 8-160　扫描切除

a. 创建如图 8-161 所示的扫描轨迹。选择"草图"命令，选择 FRONT 基准面为草图平面，创建如图 8-162 所示的轨迹草图。

b. 创建扫描切除。选择"扫描"命令，选择上一步草图为扫描轨迹，然后创建如图 8-163 所示的扫描截面草图，创建扫描切除。

步骤 4 镜像扫描切除。选择上一步创建的扫描切除，然后使用"镜像"命令将其沿着 TOP 基准面进行镜像，这样得到上下对称的扫描切除结构。

步骤 5 创建如图 8-164 所示的椭圆孔。选择"TOP 基准平面"为草图平面绘制如图 8-165 所示的拉伸草图，定义拉伸方式为两侧贯通切除。

图 8-161 扫描轨迹

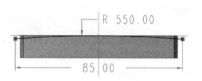

图 8-162 轨迹草图

图 8-163 扫描截面草图

步骤 6 创建如图 8-166 所示的倒圆角，圆角半径为 3。

步骤 7 创建如图 8-167 所示的倒圆角，圆角半径为 1。

图 8-164 椭圆孔

图 8-165 拉伸草图 2

图 8-166 倒圆角 1

步骤 8 创建如图 8-168 所示的前盖分型面。前盖分型面主要作用是分割 U 盘的前盖与上下盖，如图 8-169 所示，下面介绍前盖分型面的设计。

图 8-167 倒圆角 2

图 8-168 前盖分型面

图 8-169 前盖分型面作用

a. 创建如图 8-170 所示的拉伸曲面。选择"拉伸"命令，选择 TOP 基准平面为草图平面绘制如图 8-171 所示的草图创建对称拉伸曲面，拉伸高度为 14。

b. 创建如图 8-172 所示的偏移曲面。选择"偏移"命令，选择上一步的拉伸曲面为偏移对象，偏移方向向左，偏移距离为 4。

c. 创建如图 8-173 所示的拉伸曲面。选择"拉伸"命令，选择 RIGHT 基准平面为草图平面绘制如图 8-174 所示的拉伸草图，拉伸深度大于等于 U 盘长度的一半即可。

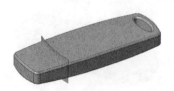

图 8-170 拉伸曲面 1

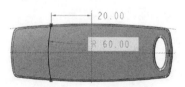

图 8-171 拉伸草图 3

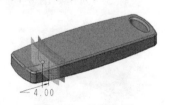

图 8-172 偏移曲面

d. 创建如图 8-175 所示的合并曲面。选择"合并"命令，对以上创建的拉伸曲面及偏移曲面进行合并。

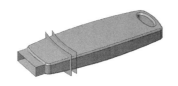
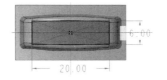
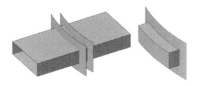

图 8-173 拉伸曲面 2　　　　图 8-174 拉伸草图 4　　　　图 8-175 合并曲面

步骤 9 创建如图 8-176 所示的上下盖分型面。选择"填充"命令，选择 TOP 基准平面为草图平面绘制如图 8-177 所示的草图，创建填充曲面作为上下盖分型面。

（4）主要零件设计

完成 U 盘骨架模型设计后，使用"合并/继承"命令将骨架模型中的实体及分型面关联复制到各个零件中进行具体设计，包括 U 盘前盖及 U 盘上下盖等等。

步骤 1 创建如图 8-178 所示的前盖零件。激活前盖零件，使用"合并/继承"命令将骨架模型中的实体及分型面关联复制到前盖零件中。

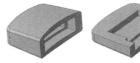

图 8-176 上下盖分型面　　　　图 8-177 填充草图　　　　图 8-178 创建前盖零件

a. 创建实体化切除。选择"实体化"命令，使用前盖分型面对实体做实体化切除，切除结果如图 8-179 所示。

b. 创建如图 8-180 所示的拉伸切除。首先创建如图 8-181 所示的基准平面，然后选择该基准面为草图平面绘制如图 8-182 所示的拉伸草图进行拉伸切除，深度为 12.5。

图 8-179 创建实体化切除　　　　图 8-180 创建拉伸切除　　　　图 8-181 创建基准平面

步骤 2 创建如图 8-183 所示的上盖零件。激活上盖零件，使用"合并/继承"命令将骨架模型中的实体及所有分型面关联复制到上盖零件中，依次使用前盖分型面及上下盖分型面对 U 盘实体进行切除，然后抽壳，抽壳厚度为 0.8，最后使用"拉伸"创建如图 8-184 所示的扣合特征，扣合宽度为 0.4（厚度的一半），深度为 0.5。

图 8-182 拉伸草图 5　　　　　　　图 8-183 创建上盖零件

步骤3 创建如图 8-185 所示的下盖零件。激活下盖零件，使用"合并/继承"命令将骨架模型中的实体及所有分型面关联复制到下盖零件中，依次使用前盖分型面及上下盖分型面对 U 盘实体进行切除，然后抽壳，抽壳厚度为 0.8，最后使用"拉伸"创建如图 8-186 所示的扣合特征，扣合宽度为 0.4（厚度的一半），深度为 0.5。

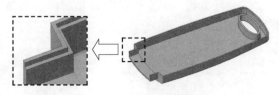

图 8-184　创建扣合特征 1

 说明： 下盖零件与上盖零件基本一样，主要是扣合特征不一样，具体看视频讲解。

图 8-185　创建下盖零件

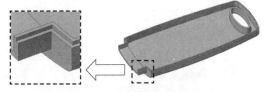

图 8-186　创建扣合特征 2

8.4.4 混合骨架模型设计

实际产品设计中，特别是复杂产品的设计，以上介绍的三种类型的骨架模型经常混合使用，具体用哪种方法要根据装配产品结构特点而定。如图 8-187 所示的挖掘机，像这种复杂产品在自顶向下设计过程中就需要使用多种骨架模型进行混合设计。

首先从挖掘机总体结构来分析，挖掘机可以划分为三大子系统，底盘子系统、车身子系统及挖掘机构子系统。这三大子系统结构都比较分散，所以设计挖掘机总体骨架模型时应该使用草图骨架模型进行设计，如图 8-188 所示。后面在设计各子系统时再将总体骨架模型

图 8-187　挖掘机

中的部分草图关联复制到子系统即可，比如在设计车身子系统时需要将总体骨架模型中与车身有关的草图关联复制，在设计工作机构子系统时需要将总体骨架中与工作机构有关的草图关联复制，如图 8-189 所示。

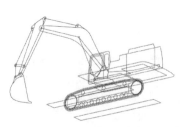

图 8-188　总体草图骨架

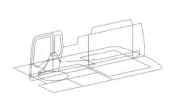

(a) 车身子骨架

(b) 工作机构子骨架

图 8-189　子骨架

挖掘机底盘及工作机构的主体结构均是由各种钢板焊接而成，如图 8-190～图 8-192 所示，所以这些子系统应该使用独立实体骨架进行设计。基本思路是先在骨架模型中将主要的焊接结构创建成独立的实体，后面再拆分为具体零部件。

最后在设计车身总成时，整个车身部分给人的感觉就像一个整体（如图 8-193 所示），

所以车身部分是一个整体性很强的子系统，而且车身部分的驾驶室（如图 8-194 所示），还有车身覆盖件（如图 8-195 所示）都属于整体性很强的子系统，这些子系统应该使用实体曲面骨架进行设计。基本思路是先在骨架模型中创建该系统的整体，然后设计相应的分型面，后面再使用分型面对实体进行切除得到具体的零部件。

图 8-190　底盘支架总成

图 8-191　工作机构总成

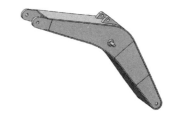

图 8-192　动臂总成

图 8-193　车身总成

图 8-194　驾驶室总成

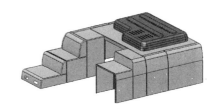

图 8-195　车身覆盖件

8.5　控件设计

在产品设计中，如果产品中包含相对比较独立、比较集中的局部结构（类似于装配中的子装配），为了便于对这个局部结构的设计与管理，需要针对局部结构设计一个控制部件，该控制部件简称控件。控件是自顶向下设计过程中一个非常重要的中间产物，主要起到一个承上启下的作用，一方面从上一级的骨架模型中继承一部分几何参考，另一方面又控制着下游级别的结构设计。

控件和骨架都是对产品结构起控制作用的中间产物，但是两者在设计中是有本质区别的。骨架模型对产品结构起总体控制作用，控制范围是整个产品（或整个子系统）；控件主要控制某一相对独立、相对集中的局部结构。理论上讲，一般的产品设计中，骨架模型必须有而且一般只有一个，但是控件不同，结构简单的可以不用设计控件，结构复杂的根据结构设计需要可以有多级控件。

8.5.1　控件设计要求与原则

自顶向下设计中，控件的设计非常重要，除了要注意一般的结构设计要求与原则以外，还需要特别注意以下几点：

① 在进行控件设计时，一定要根据产品结构特点进行合理划分，控件级别不要太多，也不能太少，要将产品中的关键结构划分出来，结构简单的不用设计控件。

② 控件中的分型面设计一定要根据下游级别的结构来决定，要用尽量少的分型面分割得到需要的结构，分型面太多，一方面影响设计效率，另一方面容易出错。

③ 控件中的结构设计要尽量集中，避免分散，下游结构中都有的结构，应该在控件中设计好了再往下一级别细分，这样既提高了设计效率，同时又便于以后的修改。

8.5.2 控件设计案例

为了让读者理解控件设计应用以及控件设计要求与原则，下面通过一个具体案例详细介绍产品设计中的控件设计。如图8-196所示的遥控器，其背面结构如图8-197所示，遥控器组成结构如图8-198所示，主要包括上盖、屏幕、按键、标志、下盖及电池盖，下面具体介绍使用自顶向下设计方法设计遥控器主要零部件的过程。

图 8-196　遥控器

图 8-197　遥控器背面

图 8-198　遥控器组成结构

（1）骨架模型分析

从整体外观来看遥控器是一个典型的整体性很强的产品，遥控器所有零部件装配在一起形成遥控器整体，如图8-199所示。又因为遥控器是一个上下结构的产品，包括遥控器上半部分及下半部分，如图8-200所示，为了将骨架实体一分为二，需要在骨架模型中部位置设计分型面，得到遥控器骨架模型，如图8-201所示。

图 8-199　遥控器整体

图 8-200　遥控器整体结构特点

图 8-201　遥控器骨架模型及分型面

（2）控件模型分析

根据以上对遥控器整体结构的分析，遥控器是一个上下结构的产品，上半部分包括上盖、屏幕、按键及标志，如图8-202所示。为了方便对上半部分进行设计及管理，先将骨架模型中的上半部分关联复制，然后添加如图8-203所示的屏幕分型面及标志分型面，得到遥控器上部控件，方便后期设计屏幕及标志，如图8-204所示。

图 8-202　遥控器上半部分

图 8-203　屏幕分型面及标志分型面

图 8-204　屏幕及标志

遥控器下半部分包括下盖及电池盖，如图8-205所示，为了方便下半部分的设计及管理，先将骨架模型中的下半部分关联复制，然后添加如图8-206所示的电池盖分型面，得到遥控器下部控件，方便后期设计电池盖，如图8-207所示。

图 8-205　遥控器下半部分

图 8-206　电池盖分型面

图 8-207　电池盖

规划上部控件及下部控件以后，如果遥控器上半部分需要改进，只需要在上部控件内部进行，这样不会涉及下部结构，相同的道理，如果下半部分需要改进，只需要在下部控件内部进行，这样也不会涉及上部结构。

（3）创建装配结构

综上所述，根据遥控器整体性结构特点，需要设计如图 8-201 所示的总体骨架模型，又根据遥控器上下结构特点，需要设计如图 8-202 所示的上部控件（主要对遥控器上半部分进行控制）以及如图 8-205 所示的下部控件（主要对遥控器下半部分进行控制）。总体骨架及控件都是自顶向下设计的中间产物，遥控器自顶向下设计流程如图 8-208 所示，根据设计流程创建如图 8-209 所示的装配结构，为自顶向下设计做准备。

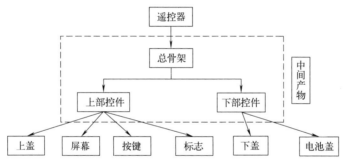

图 8-208　遥控器自顶向下设计流程

（4）骨架模型设计

步骤 1　在总装配中激活骨架模型（遥控器_skel），使用复制几何命令将装配环境的三个基准面复制到骨架模型中，然后打开骨架模型建模。

步骤 2　创建如图 8-210 所示的拉伸主体。选择"拉伸"命令，选择"TOP 基准平面"为草图平面绘制如图 8-211 所示的拉伸草图，拉伸方向向上，拉伸高度为 20。

步骤 3　创建如图 8-212 所示的顶部切除。选择"拉伸"命令，选择"RIGHT 基准平面"为草图平面绘制如图 8-213 所示的草图，拉伸方式为两侧贯通切除。

图 8-209　创建装配结构

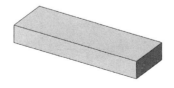

图 8-210　拉伸主体

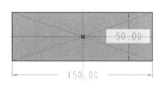

图 8-211　拉伸草图 1

步骤4　创建如图 8-214 所示的底部切除。创建这种切除需要首先创建如图 8-215 所示的扫描混合曲面，然后使用"实体化"命令切除遥控器的底部结构。

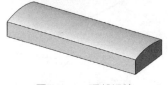
图 8-212　顶部切除

图 8-213　拉伸草图 2

图 8-214　底部切除

a. 创建如图 8-216 所示的曲线线框。选择"草绘"命令在"FRONT 基准面平"上绘制如图 8-217 所示圆弧曲线，该圆弧曲线作为扫描混合曲面的轨迹曲线。

图 8-215　扫描混合曲面

图 8-216　曲线线框

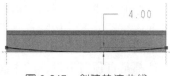
图 8-217　创建轨迹曲线

b. 创建如图 8-218 所示的截面曲线。选择"草绘"命令在主体右端面上绘制如图 8-219 所示圆弧曲线（圆弧中点与上一步绘制的扫描混合轨迹曲线端点重合），该圆弧曲线作为扫描混合曲面的截面线。

c. 创建如图 8-219 所示的其余截面曲线。选择"镜像"命令将上一步创建的截面曲面沿着 RIGHT 基准平面镜像。

d. 创建扫描混合曲面。选择"扫描混合"命令，使用以上创建的轨迹曲线及两条截面曲线创建如图 8-215 所示的扫描混合曲面。

e. 创建实体化切除。选择"实体化"命令，选择以上创建的扫描混合曲面对主体实体进行切除，得到遥控器底部切除效果，如图 8-214 所示。

步骤5　创建如图 8-220 所示的圆角一。在遥控器底部创建完整倒圆角。

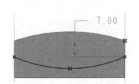
图 8-218　创建截面曲线

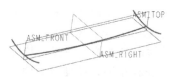
图 8-219　创建其余截面曲线

图 8-220　创建圆角一

步骤6　创建如图 8-221 所示的圆角二。在遥控器顶端创建倒圆角，半径为 10。

步骤7　创建如图 8-222 所示的圆角三。在遥控器上下面创建倒圆角，半径为 3。

步骤8　创建如图 8-223 所示的分型面。选择"拉伸"命令，选择"FRONT 基准平面"为草图平面绘制如图 8-224 所示的拉伸草图，创建拉伸曲面作为分型面。

步骤9　创建如图 8-225 所示的旋转切除。选择"旋转"命令，选择遥控器顶端面为草图平面绘制如图 8-226 所示的旋转草图进行旋转切除。

图 8-221　创建圆角二

图 8-222　创建圆角三

图 8-223　创建分型面

图 8-224　拉伸草图 3

图 8-225　创建旋转切除

图 8-226　创建旋转截面

（5）上部控件设计

步骤 1　在总装配中激活上部控件模型。

步骤 2　创建合并/继承。选择"合并/继承"命令，复制骨架模型中的实体与分型面，然后使用骨架模型中的分型面将遥控器下半部分切除，如图 8-227 所示。

步骤 3　创建屏幕及标志分型面。为了根据上部控件创建屏幕及标记，需要在上部实体中创建如图 8-203 所示的屏幕及标志分型面。

（6）下部控件设计

步骤 1　在总装配中打开下部控件模型。

步骤 2　创建合并/继承。选择"合并/继承"命令，复制骨架模型中的实体与分型面，使用骨架模型中的分型面将遥控器上半部分切除，如图 8-228 所示。

图 8-227　切除实体 1

图 8-228　切除实体 2

步骤 3　创建电池盖分型面。为了根据下部控件创建电池盖，需要在下部实体中创建如图 8-206 所示的电池盖分型面。

（7）主要零件设计

完成遥控器骨架模型及控件设计后，将控件模型中的实体及曲面关联复制到各个零件中进行具体设计，包括上盖、屏幕、按键、标志、下盖及电池盖等等。

步骤 1　创建如图 8-229 所示的上盖零件。激活上盖零件，使用"合并/继承"命令将上部控件中的实体及曲面关联复制到上盖零件中，然后将屏幕部分及标志部分切除并添加上盖部分的细节得到完整的上盖零件。

步骤 2　创建如图 8-230 所示的屏幕零件。激活屏幕零件，使用"合并/继承"命令将上部控件中的实体及曲面关联复制到屏幕零件中，然后将上盖部分及标志部分切除并添加屏幕部分的细节得到完整的屏幕零件。

步骤 3　创建如图 8-231 所示的标志零件。激活标志零件，使用"合并/继承"命令将上部控件中的实体及曲面关联复制到标志零件中，然后将屏幕部分及上盖部分切除并添加标志部分的细节得到完整的标志零件。

步骤 4　创建如图 8-232 所示的按键零件。激活按键零件，使用"复制几何"命令将上盖中如图 8-233 所示的模型表面复制到按键中创建按键细节。

图 8-229　遥控器上盖

图 8-230　遥控器屏幕

图 8-231　遥控器标志

步骤5 创建如图 8-234 所示的下盖零件。激活下盖零件，使用"合并/继承"命令将下部控件中的实体及曲面关联复制到下盖零件中，然后将电池盖部分切除并添加下盖部分的细节得到完整的下盖零件。

步骤6 创建如图 8-235 所示的电池盖零件。激活电池盖零件，使用"合并/继承"命令将下部控件中的实体及曲面关联复制到电池盖零件中，然后将下盖部分切除并添加电池盖部分的细节得到完整的电池盖零件。

图 8-232 遥控器按键

图 8-233 按键参考面

图 8-234 遥控器下盖

图 8-235 电池盖

8.6 自顶向下布局设计

产品设计完成后经常需要根据实际要求修改产品参数，结构简单的可以直接在模型中找到参数进行修改，但是如果结构比较复杂，要准确高效找到参数就比较困难，这样会严重影响修改效率。实际设计中，为了方便对产品参数进行管理与修改，在 Creo 中使用布局对其进行管理，布局文件相当于产品结构图册，在布局中绘制了产品的结构简图，并且在简图上标注了相关的尺寸参数，整个布局文件与产品模型是相互关联的，布局文件上数据发生的变化会直接体现在产品结构中。

如图 8-236 所示的赛车模型，其结构比较复杂，包含的参数也比较多，如果要修改其中的某些参数，需要首先从模型中找到对应参数再进行修改。针对这个模型创建如图 8-237 所示的赛车布局文件，文件主要包括如图 8-238～图 8-243 所示的页面内容。

图 8-236 赛车模型

图 8-237 赛车布局文件（封面）

赛车布局文件中包含了赛车的主要结构示意图及参数，以后可以直接在这些布局页面中找到相应的参数进行修改。由于布局文件与三维模型是相互关联的，修改参数后，只需要在三维模型中进行再生即可驱动三维模型发生相应的变化。

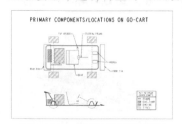

图 8-238 赛车结构简图页面

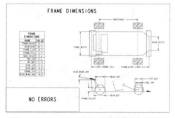

图 8-239 底盘及车架参数页面

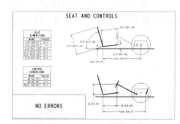

图 8-240 座椅位置参数页面

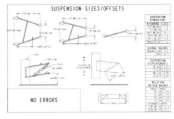

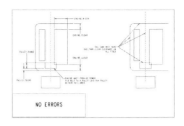

图 8-241　悬挂系统参数页面　　　　图 8-242　轮毂样式及参数页面　　　　图 8-243　发动机位置参数页面

下面以如图 8-244 所示的轴承模型为例介绍布局文件的创建过程。最终轴承布局文件如图 8-245 所示，包括轴承结构示意图、轴承参数表（用于修改轴承参数）及参数审核功能（用于判断重要参数修改是否在合理范围之内）。创建布局文件后将布局文件与轴承三维模型进行关联，以后直接修改布局文件就可以对轴承模型进行修改。

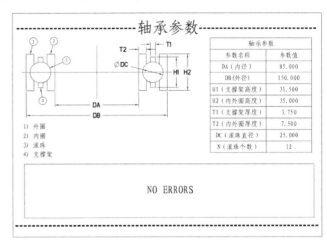

图 8-244　轴承模型　　　　　　　　　　　　图 8-245　轴承布局文件

（1）新建布局文件

在 Creo 中创建布局需要新建"记事本"文件并进入记事本环境，下面具体介绍。

步骤 1　设置工作目录 F:\creo_jxsj\ch08 top_down\8.6。

步骤 2　新建布局文件。在"快速访问"工具栏中选择"新建"命令，在弹出的"新建"对话框的"类型"区域选择"记事本"选项，如图 8-246 所示。输入文件名称 bearing_lay，单击"确定"按钮，系统弹出如图 8-247 所示的"新记事本"对话框，指定模板为"空"，方向为"横向"，大小为"A3"，单击"确定"按钮。

（2）创建轴承布局

本例轴承布局需要创建两个布局页面，一个是封面页，另一个是正文页，其中正文页包括轴承结构简图、轴承参数表及参数审核功能，下面具体介绍。

步骤 1　添加布局页面。在图形区底部工具栏中单击 ➕ 按钮添加页面，然后对页面重命名，第一个页面名称为"封面"，第二个页面名称为"正文"，如图 8-248 所示。

步骤 2　创建字体样式。创建布局之前需要首先创建好字体样式，通常需要创建三种字体样式：封面字体样式、页眉页脚字体样式及正文字体样式。

a. 创建封面字体样式。在"布局"功能区展开"格式"菜单，选择 **A️ 管理文本样式** 命令，新建封面字体样式，字体为 FangSong_GB2312，高度为 1.2，水平为"中心"，竖直为"中间"，单击"确定"按钮，完成封面字体样式创建。

图 8-246　"新建"对话框　　图 8-247　定义记事本　　图 8-248　添加布局页

　　b. 创建页眉页脚字体样式。字体为 FangSong_GB2312，高度为 0.6，水平为"中心"，竖直为"中间"，单击"确定"按钮，完成页眉页脚字体样式创建。

　　c. 创建正文字体样式。字体为 FangSong_GB2312，高度为 0.25，水平为"中心"，竖直为"中间"，单击"确定"按钮，完成正文字体样式创建。

　　步骤 3　插入如图 8-249 所示的封面图。在"布局"功能区的"插入"区域选择 导入绘图/数据 命令，选择工作目录中的 drawing.dwg 文件插入到封面页面作为封面图。

　　步骤 4　创建如图 8-250 所示的封面页眉页脚。将"封面字体样式"设置为默认文本样式，在封面页面的顶部及底部输入如图 8-250 所示的字符。

　　步骤 5　创建如图 8-251 所示的正文页眉页脚。将"正文字体样式"设置为默认文本样式，在正文页面的顶部及底部输入如图 8-251 所示的字符。

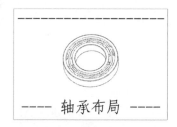

图 8-249　插入封面图　　　　图 8-250　创建封面页眉页脚　　　图 8-251　创建正文页眉页脚

　　步骤 6　创建轴承结构简图。下面使用"草绘"工具创建轴承结构简图。

　　a. 设置草绘首选项。在"草绘"功能区的"设置"区域选择 草绘器首选项 命令，系统弹出"草绘首选项"对话框，选中"水平/竖直"选项，单击"关闭"按钮，如图 8-252 所示。

　　b. 绘制轴承结构简图。使用"直线""镜像"及"在相交处分割"等命令按照如图 8-253 所示的步骤绘制轴承结构简图（布局中的结构简图只是产品结构的大概表示，不用按照实际尺寸绘制，具体操作请参考随书视频讲解）。

　　步骤 7　创建如图 8-254 所示的球标注解。球标注解用于指示轴承结构。

　　a. 选择命令。在"注释"功能区展开"注释"菜单，选择 球标注解 命令，系统弹出如图 8-255 所示的"注解类型"菜单管理器，设置注解类型。

　　b. 创建外圈球标注解。在"注解类型"菜单管理器中选择"带引线"类型，选择"当前样式"设置注解字体为"正文字体"，单击"进行注解"选择表示轴承外圈的边线进行标注，此时系统弹出如图 8-256 所示的"引线类型"菜单管理器，使用默认设置，在放置球标位置单击鼠标中键，然后在系统弹出的如图 8-257 所示的输入框中输入球标指示名称"外圈"，单击 ✓ 按钮，完成外圈球标注解。

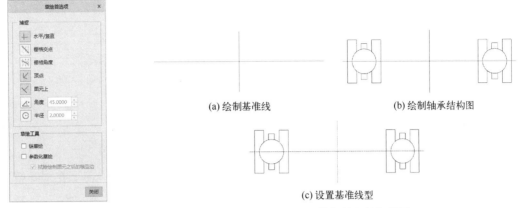

图 8-252　设置草图首选项　　　　　　　　　　　图 8-253　绘制轴承结构简图

(a) 绘制基准线　　　　　　　　(b) 绘制轴承结构图

(c) 设置基准线型

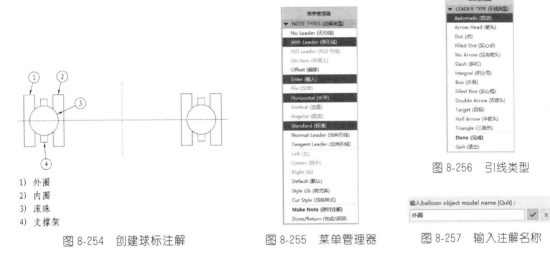

1) 外圈
2) 内圈
3) 滚珠
4) 支撑架

图 8-254　创建球标注解　　　　图 8-255　菜单管理器　　　　图 8-256　引线类型

图 8-257　输入注解名称

c. 创建其余球标注解。参照以上步骤创建内圈、滚珠及支撑架球标注解，然后将所有注解文字移动到合适位置，结果如图 8-254 所示。

步骤 9　创建如图 8-258 所示的尺寸标注，用于定义轴承主要尺寸参数。

a. 选择命令。在"注释"功能区的"注释"区域单击 □ 按钮。

b. 创建内径尺寸标注。选择内径标注对象，在合适位置单击鼠标中键，在弹出的输入框中输入内径尺寸符号 DA，单击 ✓ 按钮，然后输入尺寸值为 85，单击 ✓ 按钮。

c. 创建其余尺寸标注。参照以上步骤创建外径尺寸（DB＝150），支撑架高度尺寸（H1＝31.5），内外圈高度尺寸（H2＝35），支撑架厚度尺寸（T1＝3.75），内外圈厚度尺寸（T2＝7.5），滚珠直径（DC＝25），结果如图 8-258 所示。

d. 查看尺寸参数。创建尺寸标注后，在"工具"功能区的"模型意图"区域选择 [] 参数 命令，系统弹出如图 8-259 所示的"参数"对话框，可以看到以上定义的参数。

说明：此处创建尺寸参数后，如果需要删除不要的尺寸参数，需要在"参数"对话框中选择参数，然后选择"参数"→"删除参数"命令将其删除，如图 8-260 所示。

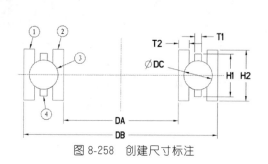

图 8-258　创建尺寸标注

图 8-259　查看尺寸参数

步骤 10　添加滚珠个数参数。在结构图中无法创建滚珠个数参数，需要在"参数"对话框中添加滚珠个数参数。单击 ➕ 按钮添加参数 N，设置参数类型为"整数"，参数值为 12（表示滚珠个数为 12 个），如图 8-261 所示。

图 8-260　删除参数

图 8-261　添加滚珠个数参数

步骤 11　创建参数表格。参数表格中包含产品的主要设计参数，以后可以直接在参数表格中集中修改产品参数，下面具体介绍参数表格创建过程。

a. 选择命令。在"表"功能区的"表"区域展开"表"菜单，选择 ▦ 插入表… 命令，系统弹出如图 8-262 所示的"插入表"对话框，设置列数为 2，行数为 10，高度为 0.6，宽度为 2.5，单击"确定"按钮，得到如图 8-263 所示的初始表格。

b. 设置表格列宽。选择表格左边单元格右键，选择"高度和宽度"命令，系统弹出"高度和宽度"对话框，在对话框中设置列宽为 3，结果如图 8-264 所示。

c. 合并表格。按住 Ctrl 键选择表格最上面的两个单元格，在"表"功能区的"行和列"区域选择 ▦ 合并单元格 命令合并单元格，结果如图 8-265 所示。

d. 输入标题文本。设置"正文字体"为默认字体，在表格第一行及第二行对应单元格中双击，输入标题文本，结果如图 8-266 所示。

e. 输入参数名称文本。设置"正文字体"为默认字体，在表格"参数名称"列的单元格中双击，输入参数名称文本，结果如图 8-267 所示。

f. 输入参数值文本。设置"正文字体"为默认字体，在表格"参数值"列的单元格中双击，按照"&+参数代号（DA、DB、H2、T2、DC、N）"格式输入文本，此时在对应单元格中自动显示参数值，结果如图 8-268 所示。

图 8-262　"插入表"对话框 1

图 8-263　初始表格

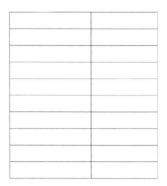

图 8-264　设置表格列宽

图 8-265　合并单元格

轴承参数	
参数名称	参数值

图 8-266　输入标题文本

轴承参数	
参数名称	参数值
DA（内径）	
DB(外径)	
H1（支撑架高度）	
H2（内外圈高度）	
T1（支撑架厚度）	
T2（内外圈厚度）	
DC（滚珠直径）	
N（滚珠个数）	

图 8-267　输入参数名称文本

说明： 此处不用输入 H1 和 T1 参数，因为这两个参数将来需要通过关系计算得到其具体值。

步骤 12　添加如图 8-269 所示的参数关系。H1 和 T1 需要根据 H2 和 T2 计算得到，在"工具"功能区的"模型意图"区域选择 **d= 关系** 命令，输入关系：

/* 计算支撑架高度
H1= 0.9* H2
/* 计算支撑架厚度
T1= 0.5* T2

轴承参数	
参数名称	参数值
DA（内径）	85.000
DB(外径)	150.000
H1（支撑架高度）	
H2（内外圈高度）	35.000
T1（支撑架厚度）	
T2（内外圈厚度）	7.500
DC（滚珠直径）	25.000
N（滚珠个数）	12

图 8-268　输入参数值文本

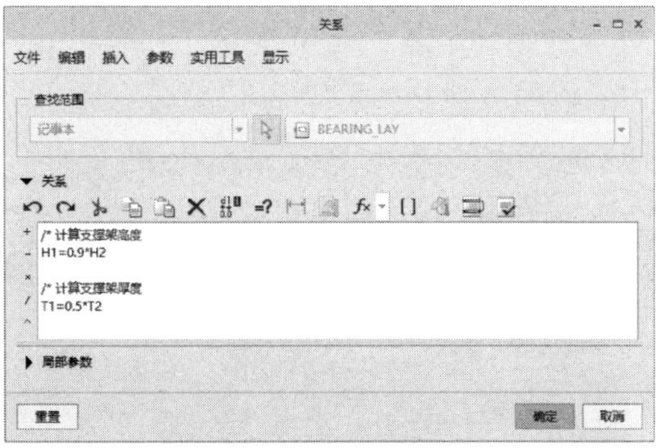

图 8-269　添加参数关系

💡 **说明**：添加参数关系后，在"快速访问"工具栏中单击"重新生成"按钮 🔄 ，系统自动计算参数值，参数结果如图8-270所示，此时"参数"对话框如图8-271所示，其中H1和T1由关系式控制，无法手动修改参数。

步骤13 创建参数审核功能。轴承设计中的滚珠直径（DC）不能太大也不能太小，需要根据支撑架高度、内外径及支撑架厚度进行规范，下面具体介绍。

a. 插入审核表格。在"表"功能区的"表"区域展开"表"菜单，选择 ▦ 插入表... 命令，系统弹出如图8-272所示的"插入表"对话框，设置列数为1，行数为1，高度为2.8，宽度为15.5，单击"确定"按钮，得到如图8-273所示的审核表格。

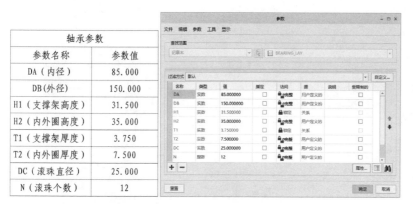

轴承参数	
参数名称	参数值
DA（内径）	85.000
DB（外径）	150.000
H1（支撑架高度）	31.500
H2（内外圈高度）	35.000
T1（支撑架厚度）	3.750
T2（内外圈厚度）	7.500
DC（滚珠直径）	25.000
N（滚珠个数）	12

图8-270　参数结果　　　　　　　　图8-271　查看参数1

图8-272　"插入表"对话框2

b. 添加如图8-274所示的审核关系。在"工具"功能区的"模型意图"区域选择 d= 关系 命令，输入如下关系：

```
/* ERROR CHECKING
  /* 检查滚珠直径
  ifDC> 0.85* H1
    error1= "滚珠直径太大,请减小滚珠直径"
  else
    ifDC< 0.5* (DB-DA)-2* T1
      error1= "滚珠直径太小,请增大滚珠直径"
    else
      error1= ""
    endif
  endif
/* CHECK IF THERE ARE ANY ERRORS
  iferror1= = ""
    errors= "NOERRORS"
  else
    errors= "ERRORSFOUND"
  endif
```

说明：以上审核关系具体含义是：如果滚珠直径（DC）大于 0.85 倍的支撑架高度（H1），此时 error1 参数显示"滚珠直径太大，请减小滚珠直径"；如果滚珠直径（DC）小于 0.5*（DB-DA）-2* T1，此时 error1 参数显示"滚珠直径太小，请增大滚珠直径"；如果不在这两个范围内，此时 error1 显示空值。当 error1 显示空值时，errors 参数显示"NOERRORS"，如果 error1 不为空值，errors 参数显示"ERRORS-FOUND"。添加审核关系后，系统自动添加 error1 和 errors 参数，如图 8-275 所示。

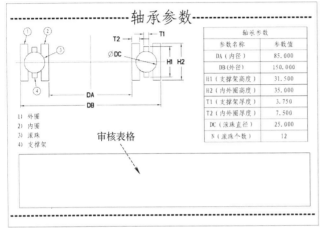

图 8-273　输入审核表格

图 8-274　输入审核关系

c. 输入审核显示文本。设置"正文字体"为默认字体，在审核表格中双击，输入"&ERROR1"和"&ERRORS"文本，此时滚珠直径参数在合理范围内，所以在审核表格中显示"NO ERRORS"，如图 8-276 所示。

图 8-275　查看参数 2

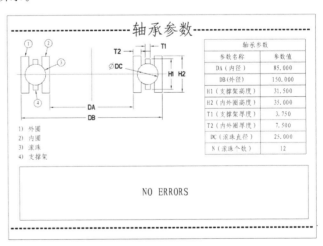

图 8-276　审核结果显示

d. 验证审核功能。在参数表中选中滚珠直径对应的参数值单元格右键，选择"编辑值"命令，输入 27，在"快速访问"工具栏中单击"重新生成"按钮 ，此时在审核表中显示错误信息，提示滚珠直径太大，如图 8-277 所示。

步骤 14　保存轴承布局文件。保存布局文件后不要关闭布局文件，保证布局文件在系统内存中，接下来需要将布局文件与轴承模型进行参数关联。

（3）将布局文件与轴承模型进行关联

以上创建的布局文件与轴承模型之间是毫无关联的，需要将布局文件与轴承模型进行参数关联，这样才能够通过修改布局文件参数驱动轴承模型变化。

步骤 1 打开练习文件 ch08 top_down\8.6\轴承。

步骤 2 对骨架模型进行参数关联。骨架模型控制模型的主要结构参数，下面首先将布局文件与骨架模型进行参数关联。

a. 打开骨架模型。在装配中打开轴承骨架模型（轴承_skel）。

b. 声明记事本。在"文件"菜单中选择"管理文件"→"声明"命令，系统弹出如图 8-278 所示的"声明"菜单管理器，选择"声明记事本"命令，然后选择内存中的记事本文件 bearing _ lay，表示将记事本参数导入到骨架模型中，此时在"参数"对话框中可以查看到记事本中的所有参数，如图 8-279 所示。

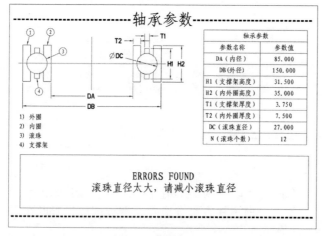

图 8-277　错误结果显示

图 8-278　声明记事本

图 8-279　查看声明参数

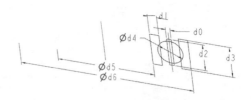

图 8-280　显示模型参数

c. 关联参数。在"工具"功能区的"模型意图"区域选择 **d= 关系** 命令，单击选择骨架草图，此时在骨架模型中显示如图 8-280 所示的参数，输入以下关系：

d5= DA

d6= DB

d2= H1

d3= H2
d0= T1
d1= T2
d4= DC

关联骨架模型参数结果如图 8-281 所示。

d. 更新参数。在"快速访问"工具栏单击"重新生成"按钮 ，更新参数。

步骤 3　对装配模型进行参数关联。装配模型中包含滚珠个数参数，下面将布局文件与装配模型进行参数关联。

a. 声明记事本。从窗口返回到轴承装配模型，在"文件"菜单中选择"管理文件"→"声明"命令，在"声明"菜单管理器中选择"声明记事本"命令，然后选择内存中的记事本文件 bearing_lay，将记事本参数导入到轴承装配模型中。

b. 关联阵列参数。在"工具"功能区的"模型意图"区域选择 命令，单击选择滚珠阵列，输入：p24＝N，将滚珠个数与 N 进行关联，如图 8-282 所示。

c. 更新参数。在"快速访问"工具栏单击"重新生成"按钮 ，更新模型参数，结果如图 8-283 所示。

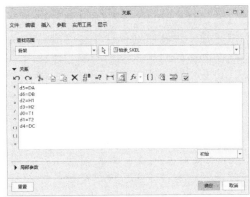

图 8-281　关联骨架模型参数

图 8-282　关联阵列参数

（4）验证布局

在记事本中修改轴承参数，如图 8-284 所示。在"快速访问"工具栏中单击"重新生成"按钮 ，在记事本中更新参数，然后分别在骨架模型及装配模型中更新参数，此时根据记事本参数重新生成模型，结果如图 8-285 所示。

图 8-283　更新模型参数

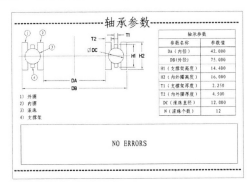

图 8-284　修改轴承参数

图 8-285　测量参数

8.7 复杂系统自顶向下设计

在实际产品设计中，经常需要进行复杂系统的设计，如工程机械、加工中心、汽车、舰船、飞机等，如图 8-286 所示，这些都属于非常复杂的产品，在自顶向下设计过程中要考虑更多、更复杂的因素，任何一点的错误，都有可能导致严重的后果，甚至会影响整个产品的设计，下面具体介绍复杂系统设计流程及注意事项。

图 8-286　复杂系统自顶向下设计应用举例

8.7.1 复杂系统设计流程

对于复杂系统的自顶向下设计，其最主要的特点就是结构非常复杂，涉及的参数也非常多，凭借一个人或几个人的能力是无法完成的，必须是数个团队协同设计才能完成。那么在协同设计中就一定要注意整体设计的一个流程，必须做到流程清晰，思路明确，团队内部还有团队之间都能够很好地共享数据并能够顺畅交流，只有这样才能完成复杂系统的设计。复杂系统自顶向下设计流程如下：

① 总体骨架模型设计，它是整个设计的核心，其规划设计一定要合理，要充分考虑整个设计过程中所存在的所有影响因素，还要充分考虑设计过程中的协同设计问题。

② 各主要子系统骨架模型设计，这一步在上一步的基础上，进一步分割细化，添加各级子系统关键设计参数，最终得到各级子系统骨架模型，它是各子系统设计的核心。

③ 根据系统复杂程度，还可以在上一步的基础上分割更多、更细子系统骨架。

④ 各子系统控件结构设计，这一步是在上一步的基础上，根据各子系统结构特点规划各级主要控件。

⑤ 根据系统复杂程度，还可以在上一步的基础上分割更多、更细控件。

⑥ 系统中所有零部件结构设计。

这里的设计流程一定要与协同设计联系起来进行理解。总体骨架模型设计一般由该系统的总项目工程师根据各方面的考虑来设计，完成之后，再分配给下游设计部门。各主要子系统骨架模型主要是由各子系统设计团队的项目工程师来进行设计，当然在设计中一方面要充分理解总工程师的设计意图，另一方面还要考虑下游的设计，这一步工作完成后就是各级控件的设计了。控件主要由各团队中的一些设计工程师来完成，最后是零部件结构设计，主要由最下面的工作人员来完成。

8.7.2 复杂系统设计布局

对于复杂系统的自顶向下设计，在设计之前，一定要充分了解整个系统的结构特点以及级别关系，然后规划出一个初步的自顶向下设计布局（至少三级布局）。自顶向下设计布局相当于整个项目设计的清单，类似书籍目录与书籍的关系。在自顶向下设计中根据此布局创建装配结构并以此为依据进行自顶向下设计。挖掘机自顶向下设计布局如图 8-287 所示。

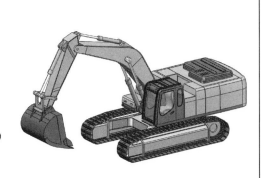

挖掘机总装配（excavator）
1.1 挖掘机底盘总成（chassis_assy）
  1.1.1 底盘支撑系统（chassis_frame）
  1.1.2 底盘行走机构（track_assy）
1.2 挖掘机车身总成（body_assy）
  1.2.1 车身支撑结构（frame_assy）
  1.2.2 驾驶室（cab_assy）
  1.2.3 车身覆盖板总成（cover_assy）
  1.2.4 车身配重（bob_weight）
1.3 挖掘机挖掘机构总成（work_assy）
  1.3.1 动臂总成（arm_assy）
  1.3.2 斗杆总成（boom_assy）
  1.3.3 铲斗总成（bucket_assy）

图 8-287　挖掘机自顶向下设计布局

8.7.3 复杂系统设计案例

下面继续以挖掘机为例介绍复杂系统设计过程，在自顶向下设计中以上一小节的"挖掘机自顶向下设计布局"为依据创建装配结构，下面具体介绍。

步骤 1 创建总装配文件（一级文件）。总装配文件为最高级别的文件，用来控制挖掘机所有项目文件，其他子系统均是在该装配文件中创建的，如图 8-288 所示。

> **说明：** 创建装配结构时一定要注意文件类型，所有的骨架模型、控件均为零件类型，子装配、子系统、总成均为装配类型。

步骤 2 创建二级装配文件。包括主体骨架模型（excavator_skel）及布局文件中的二级文件，具体包括底盘总成（chassis_assy）、车身总成（body_assy）及挖掘机构总成（work_assy），如图 8-289 所示。

图 8-288　创建总装配文件

图 8-289　创建二级装配文件

步骤 3 创建三级装配文件（底盘部分）。包括底盘骨架模型（chassis_skel）及布局文件中的底盘三级文件。底盘三级文件包括底盘支撑结构（chassis_frame）、底盘行走机构总成（track_assy），如图 8-290 所示。

步骤 4 创建三级装配文件（车身部分）。包括车身骨架模型（body_skel）及布局文件中的车身三级文件。车身三级文件包括车身支撑总成（body_frame_assy）、驾驶室总成

（cab_assy）、车身覆盖板总成（cover_assy）及配重（bob_weight），如图 8-291 所示。

步骤 5 创建三级装配文件（工作机构部分）。包括工作机构骨架模型（work_skel）及布局文件中的工作机构三级文件。工作机构三级文件包括动臂总成（arm_assy）、斗杆总成（boom_assy）及铲斗总成（bucket_assy），如图 8-292 所示。

图 8-290　底盘三级装配文件　　　　图 8-291　车身三级装配文件　　　　图 8-292　挖掘机构三级装配文件

本小节只介绍挖掘机装配结构的创建，关于骨架模型的设计以及具体结构的设计此处不做具体讲解，读者可以根据前面小节介绍的骨架模型及控件设计方法自行设计。

8.8　自顶向下设计案例：监控器摄像头

如图 8-293 所示的监控器摄像头，根据产品结构特点完成监控器摄像头自顶向下设计。主要设计监控器摄像头的底座结构（包括上下盖）、支座结构（包括左右盖）及摄像头结构（包括前后盖），设计过程中注意骨架模型设计，特别是分型面的设计。

① 设置工作目录：F:\creo_jxsj\ch08 top_down\8.8。

② 监控器摄像头自顶向下设计思路：因为该产品属于整体性很强的产品，应该使用实体曲面方法创建骨架模型，同时还需要使用草图设计安装定位结构，然后根据监控器摄像头结构特点，使用分型面分别设计监控器摄像头的底座结构（图 8-294）、支座结构（图 8-295）及摄像头结构（图 8-296）。

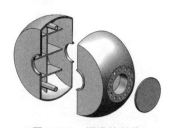

图 8-293　监控器摄像头　　图 8-294　底座结构　　　图 8-295　支座结构　　　　图 8-296　摄像头结构

③ 具体设计过程：由于书籍写作篇幅限制，本书不详细写作监控器摄像头自顶向下设计过程，读者可自行参看随书视频讲解，视频中有详尽的设计过程讲解。